水利水电工程现场管理人员一本通系列丛书

质量员一本通

本书编委会　编

U0279395

中国建材工业出版社

图书在版编目(CIP)数据

质量员一本通/《水利水电工程现场管理人员一本通
系列丛书》编委会编.—北京:中国建材工业出版社,
2008.7(2016.7重印)
(水利水电工程现场管理人员一本通系列丛书)
ISBN 978-7-80227-449-5

Ⅰ.质… Ⅱ.水… Ⅲ.①水利工程-工程质量-质量检
验②水力发电工程-工程质量-质量检验 Ⅳ.TV523

中国版本图书馆 CIP 数据核字(2008)第 096360 号

质量员一本通
本书编委会 编

出版发行:中国建材工业出版社
地 址:北京市海淀区三里河路 1 号
邮 编:100044
经 销:全国各地新华书店
印 刷:北京紫瑞利印刷有限公司
开 本:850mm×1168mm 1/32
印 张:16
字 数:627 千字
版 次:2008 年 9 月第 1 版
印 次:2016 年 7 月第 4 次
书 号:ISBN 978-7-80227-449-5
定 价:40.00 元

本社网址:www.jccbs.com.cn 网上书店:www.kejibook.com
本书如出现印装质量问题,由我社市场营销部负责调换。电话:(010)88386906
对本书内容有任何疑问及建议,请与本书责编联系。邮箱:dayi51@sina.com

内 容 提 要

　　本书详细介绍了水利水电施工质量检查验收的基础知识,全书共分为十二章,主要内容包括:水利水电工程质量管理概述,工程等别与洪水标准,施工导流与截流,基础工程,灌浆工程,地下建筑工程,混凝土坝工程,土石坝工程,堤防工程,泵站与水闸,水闸、启闭机制造与安装,压力阀管与水力机械辅助设备等。

　　本书可供水利水电工程施工质量员使用,也可供水利水电工程施工其他技术人员、工程监理人员及质量监督人员工作时参考。

质量员一本通

编 委 会

前　　言

　　水利水电工程一般是多目标开发的综合性工程,有着巨大的社会效益和经济效益,而且水利水电工程施工在江河上进行,受地形、地质、水文和气候条件影响较大。作为水利水电工程施工现场必备的管理人员(如:施工员、质量员、安全员、测量员、材料员、监理员等),他们的管理能力、技术水平的高低,直接关系到水利水电建设项目能否有序、高效率、高质量地完成。在工程施工新技术、新材料、新工艺得到广泛应用的今天,如何提高这些管理人员的管理能力和技术水平,充分发挥他们的能动性和创造性,把包括能源、原材料和设备在内的各种物资进行科学的组织、筹划和管理,用最少的人力、物力、财力和最短的时间把设计付诸实施,如何使工程施工做到安全、优质、快速和经济,是当前水利水电工程施工企业继续发展的重要课题。

　　为满足水利水电施工现场管理人员对技术业务知识的需求,我们组织有关方面的专家学者,从水利水电工程施工的需要和特点出发,编写出版了这套《水利水电工程现场管理人员一本通系列丛书》。丛书深入地探讨和发展了水利水电工程安全、优质、快速和经济的施工管理技术。

　　本套丛书主要包括以下分册:

　　1.《施工员一本通》

　　2.《质量员一本通》

　　3.《安全员一本通》

　　4.《材料员一本通》

　　5.《测量员一本通》

　　6.《监理员一本通》

　　7.《造价员一本通》

　　8.《资料员一本通》

本套丛书主要具有以下特点：

1. 丛书紧扣"一本通"的理念进行编写。主要对水利水电工程施工现场管理人员的工作职责、专业技术知识、业务管理和质量管理实施细则以及有关的专业法规、标准和规范等进行了介绍，融新材料、新技术、新工艺为一体，是一套拿来就能学、就能用的实用工具书。

2. 丛书从水利水电工程施工现场管理人员的需求出发，突出实用，在对管理理论知识进行阐述的同时，注重收集整理以往成功的工程施工现场管理经验，重点突出对施工管理人员实际工作能力的培养。

3. 丛书资料翔实、内容丰富、图文并茂、编撰体例新颖，注重对水利水电工程施工现场管理人员管理水平和专业技术知识的培养，力求做到文字通俗易懂、叙述的内容一目了然。

本套丛书的编写人员均是多年从事水利水电工程施工现场管理的专家学者，丛书是他们多年实际工作经验的总结与积累。本套丛书在编写过程中，参考或引用了有关部门、单位和个人的资料，得到了相关部门及部分水利水电工程施工单位的大力支持与帮助，在此一并表示衷心的感谢。由于编者的学识和水平有限，丛书中缺点及不当之处在所难免，敬请广大读者提出批评和指正。

编　者

目　　录

第一章　水利水电工程质量管理概述 ………………………… (1)

第一节　质量管理基本概念 …………………………………… (1)

一、质量概念 ………………………………………………… (1)

二、工程质量 ………………………………………………… (1)

三、工序质量 ………………………………………………… (2)

四、工作质量 ………………………………………………… (2)

五、质量体系 ………………………………………………… (3)

六、质量控制 ………………………………………………… (3)

七、质量保证 ………………………………………………… (3)

八、质量管理 ………………………………………………… (4)

九、全面质量管理 …………………………………………… (4)

第二节　质量管理体系的建立与运行 ……………………… (4)

一、质量管理和质量保证标准简介 ………………………… (4)

二、建立质量管理体系的程序 ……………………………… (7)

三、质量管理体系要素 ……………………………………… (9)

四、质量管理体系的运行 …………………………………… (10)

第三节　工程项目质量管理方法 …………………………… (11)

一、PDCA 循环工作方法 …………………………………… (11)

二、质量管理统计分析方法 ………………………………… (13)

第四节　工程项目的划分与管理 …………………………… (28)

一、工程项目划分要求 ……………………………………… (28)

二、工程项目划分程序 ……………………………………… (29)

三、工程项目划分原则 ……………………………………… (29)

四、工程项目具体划分措施 ………………………………… (30)

五、项目质量管理的特点 …………………………………… (46)

六、项目质量管理的原则 …………………………………… (47)

七、项目质量管理的过程 …………………………………… (47)

八、项目质量管理的程序 …………………………… (48)

九、准备阶段质量管理 ……………………………… (48)

十、材料构配件质量管理 …………………………… (50)

十一、施工方案及机械设备质量管理 ……………… (52)

十二、施工工序质量管理 …………………………… (54)

十三、成品保护 ……………………………………… (55)

第五节　质量员的基本工作职责 …………………… (55)

一、施工质量员素质要求 …………………………… (55)

二、施工质量员的基本工作 ………………………… (56)

三、施工质量员的职责 ……………………………… (56)

第六节　施工项目质量问题分析与处理 …………… (57)

一、施工项目质量问题分析 ………………………… (57)

二、施工项目质量问题处理 ………………………… (60)

第七节　工程质量检验与评定 ……………………… (66)

一、工程质量检验 …………………………………… (66)

二、施工质量评定 …………………………………… (68)

第八节　工程施工质量验收 ………………………… (71)

一、基本规定 ………………………………………… (71)

二、分部工程质量验收 ……………………………… (72)

三、工程质量阶段验收 ……………………………… (72)

四、单位工程质量验收 ……………………………… (74)

五、工程质量竣工验收 ……………………………… (75)

第二章　工程等别与洪水标准 ……………………… (77)

第一节　工程等别 …………………………………… (77)

一、分等指标 ………………………………………… (77)

二、水工建筑物级别 ………………………………… (78)

第二节　建筑物洪水标准 …………………………… (80)

一、临时性水工建筑物洪水标准 …………………… (80)

二、永久性水工建筑物洪水标准 …………………… (80)

第三节　建筑物安全超高 …………………………… (84)

一、临时性水工建筑物高程 ………………………… (84)

二、永久性水工建筑物超高 ……………………………… (84)

第三章 施工导流与截流 …………………………… (86)

第一节 导流施工标准 ……………………………… (86)

一、导流建筑物的级别 ……………………………… (86)

二、导流建筑物洪水标准 …………………………… (87)

三、围堰洪水的标准 ………………………………… (87)

四、坝体施工期临时渡汛洪水的标准 ……………… (88)

五、导流泄水建筑物封堵与水库蓄水的标准 ……… (88)

第二节 导流挡水建筑物 …………………………… (89)

一、围堰分类 ………………………………………… (89)

二、围堰的高程 ……………………………………… (89)

三、土石围堰质量检验 ……………………………… (90)

四、混凝土围堰质量检验 …………………………… (92)

五、草土围堰质量检验 ……………………………… (97)

六、钢板桩格型围堰质量检验 ……………………… (100)

七、竹笼围堰质量检验 ……………………………… (102)

八、框格填石围堰质量检验 ………………………… (104)

九、枊槎围堰质量检验 ……………………………… (105)

十、围堰防护检验 …………………………………… (106)

十一、围堰的拆除检验 ……………………………… (107)

第三节 导流泄水建筑物 …………………………… (108)

一、导流时段划分 …………………………………… (108)

二、导流方案的选择 ………………………………… (109)

三、明渠导流 ………………………………………… (113)

四、涵管导流 ………………………………………… (120)

五、隧洞导流 ………………………………………… (121)

六、底孔导流 ………………………………………… (123)

七、分段围堰导流 …………………………………… (124)

第四节 河道截流 …………………………………… (126)

一、截流材料 ………………………………………… (127)

二、截流过程 ………………………………………… (128)

三、截流时段 ……………………………………………… (130)

四、截流方式 ……………………………………………… (130)

五、截流戗堤 ……………………………………………… (132)

六、龙口 …………………………………………………… (133)

七、龙口段截流 …………………………………………… (133)

八、非龙口段截流 ………………………………………… (135)

九、截流技术措施 ………………………………………… (136)

第四章　基础工程 …………………………………………… (138)

第一节　基础开挖工程检验 ……………………………… (138)

一、开挖测量 ……………………………………………… (138)

二、岩石地基开挖检验 …………………………………… (140)

三、岩石边坡开挖检验 …………………………………… (145)

四、软基及岸坡开挖检验 ………………………………… (147)

第二节　基础工程处理 …………………………………… (148)

一、地基分类 ……………………………………………… (148)

二、地基处理及检验 ……………………………………… (149)

三、砂砾石地基 …………………………………………… (165)

第三节　混凝土防渗墙施工检验 ………………………… (166)

一、基本要求 ……………………………………………… (166)

二、施工技术 ……………………………………………… (166)

三、检验要点 ……………………………………………… (176)

四、质量标准与评定 ……………………………………… (179)

第四节　桩基础工程检验 ………………………………… (181)

一、基本要求 ……………………………………………… (181)

二、静力压桩检验 ………………………………………… (181)

三、先张法预应力管桩检验 ……………………………… (183)

四、混凝土预制桩质量检验 ……………………………… (186)

五、钢桩质量检验 ………………………………………… (191)

六、混凝土灌注桩质量检验 ……………………………… (193)

第五节　基坑工程检验 …………………………………… (202)

一、基坑开挖质量检验 …………………………………… (202)

二、排桩墙支护质量检验 ………………………… (202)

三、水泥土桩墙支护质量检验 …………………… (204)

四、锚杆及土钉墙支护质量检验 ………………… (205)

五、地下连续墙质量检验 ………………………… (207)

第六节 河道疏浚工程检验 ……………………… (208)

一、基本要求 …………………………………… (208)

二、施工技术 …………………………………… (209)

三、质量检验与评定 …………………………… (214)

第七节 基础排水工程检验 ……………………… (216)

一、基本要求 …………………………………… (216)

二、检验要点 …………………………………… (216)

三、质量标准与评定 …………………………… (217)

第五章 灌浆工程 ……………………………… (219)

第一节 灌浆材料检验 …………………………… (219)

一、材料基本要求 ……………………………… (219)

二、灌浆方式 …………………………………… (219)

三、检验要点 …………………………………… (220)

第二节 回填灌浆检验 …………………………… (221)

一、基本要求 …………………………………… (221)

二、检验要点 …………………………………… (222)

三、质量标准与评定 …………………………… (222)

第三节 岩基灌浆检验 …………………………… (224)

一、基本要求 …………………………………… (224)

二、检验要点 …………………………………… (224)

三、质量标准与评定 …………………………… (230)

第四节 接触灌浆检验 …………………………… (233)

一、钢衬接触灌浆检验 ………………………… (233)

二、岸坡接触灌浆检验 ………………………… (234)

三、混凝土与岩石之间的接触灌浆检验 ……… (235)

第五节 固结灌浆检验 …………………………… (235)

一、基本要求 …………………………………… (235)

二、检验要点 …………………………………………………（236）

三、质量标准与评定 …………………………………………（237）

第六节　帷幕灌浆检验 …………………………………………（238）

一、基本要求 …………………………………………………（238）

二、检验要点 …………………………………………………（238）

三、质量标准与评定 …………………………………………（240）

第七节　坝体接缝灌浆检验 ……………………………………（241）

一、基本要求 …………………………………………………（241）

二、检验要点 …………………………………………………（241）

三、质量标准与评定 …………………………………………（244）

第八节　高压喷射灌浆检验 ……………………………………（245）

一、基本要求 …………………………………………………（245）

二、检验要点 …………………………………………………（246）

三、质量标准与评定 …………………………………………（247）

第九节　灌浆工程压水试验 ……………………………………（249）

一、一般规定 …………………………………………………（249）

二、压水试验成果 ……………………………………………（249）

三、全压力组成和计算 ………………………………………（250）

四、地下水位的观测和确定 …………………………………（251）

第六章　地下建筑工程 …………………………………………（252）

第一节　地下工程概述 …………………………………………（252）

一、地下工程的类型 …………………………………………（252）

二、围岩地质特征 ……………………………………………（252）

第二节　地下开挖工程检验 ……………………………………（254）

一、基本要求 …………………………………………………（254）

二、施工技术 …………………………………………………（254）

三、检验要点 …………………………………………………（260）

四、质量标准与评定 …………………………………………（262）

第三节　钻孔爆破开挖检验 ……………………………………（265）

一、基本要求 …………………………………………………（265）

二、施工技术 …………………………………………………（265）

三、检验要点 …………………………………………………… (269)

四、质量检验标准 ……………………………………………… (270)

第四节 喷锚支护技术检验 ……………………………………… (270)

一、基本要求 …………………………………………………… (271)

二、施工技术 …………………………………………………… (271)

三、检验要点 …………………………………………………… (272)

第七章 混凝土坝工程 ……………………………………… (278)

第一节 原材料检验 ……………………………………………… (278)

一、水泥质量检验 ……………………………………………… (278)

二、骨料质量检验 ……………………………………………… (279)

三、掺合料质量检验 …………………………………………… (282)

四、外加剂质量检验 …………………………………………… (283)

五、水质量检验 ………………………………………………… (284)

第二节 混凝土模板工程检验 …………………………………… (285)

一、基本要求 …………………………………………………… (285)

二、检验要点 …………………………………………………… (285)

三、检验标准 …………………………………………………… (287)

第三节 水工混凝土施工检验 …………………………………… (289)

一、混凝土制备检验 …………………………………………… (289)

二、混凝土运输检验 …………………………………………… (291)

三、混凝土浇筑质量检验 ……………………………………… (291)

四、混凝土施工温度控制检验 ………………………………… (293)

五、混凝土养护质量检验 ……………………………………… (294)

第四节 混凝土预埋件检验 ……………………………………… (295)

一、基本要求 …………………………………………………… (295)

二、检验要点 …………………………………………………… (295)

三、冷却、接缝灌浆管路检验 ………………………………… (297)

四、预埋铁件检验 ……………………………………………… (297)

第五节 水工碾压混凝土坝施工检验 …………………………… (298)

一、材料检验 …………………………………………………… (298)

二、混凝土坝体碾压检验 ……………………………………… (301)

三、碾压混凝土施工质量控制检验 ……………………………… (304)

四、碾压混凝土层间处理检验 …………………………………… (304)

五、防渗体工程质量检验 ………………………………………… (305)

第八章　土石坝工程 ………………………………………… (307)

第一节　筑坝材料检验 …………………………………………… (307)

一、材料分类 ……………………………………………………… (307)

二、土料的划分标准 ……………………………………………… (307)

三、土料的鉴别 …………………………………………………… (309)

四、材料压实控制标准 …………………………………………… (310)

第二节　碾压式土石坝工程检验 ………………………………… (312)

一、土石坝施工作业 ……………………………………………… (312)

二、坝体施工 ……………………………………………………… (312)

三、坝基及岸坡清理检验 ………………………………………… (314)

四、结合面处理检验 ……………………………………………… (318)

五、填筑质量检验 ………………………………………………… (319)

六、防渗体压实检验 ……………………………………………… (322)

七、结合部位处理检验 …………………………………………… (323)

八、坝体填筑工程检验 …………………………………………… (326)

九、细部工程检验 ………………………………………………… (328)

第三节　心(斜)墙坝工程检验 …………………………………… (333)

一、坝体材料检验 ………………………………………………… (333)

二、坝基与岸坡处理检验 ………………………………………… (334)

三、坝体施工检验 ………………………………………………… (334)

四、坝体结合部位施工检验 ……………………………………… (336)

五、防渗体施工检验 ……………………………………………… (337)

六、质量检验 ……………………………………………………… (338)

第四节　混凝土面板堆石坝工程检验 …………………………… (339)

一、混凝土面板坝坝体 …………………………………………… (339)

二、堆石坝施工质量检验 ………………………………………… (340)

三、坝基与岸坡处理检验 ………………………………………… (342)

四、坝体填筑质量检验 …………………………………………… (343)

　　五、面板、趾板及接缝止水施工检验 ……………………………（348）

　第五节　碾压式沥青混凝土防渗墙施工检验 ………………………（357）

　　一、沥青混凝土的制备质量检验 ……………………………………（357）

　　二、基础面处理与沥青混凝土接合面处理检验 …………………（358）

　　三、模板工程质量检验 ………………………………………………（359）

　　四、沥青混合料铺筑质量检验 ………………………………………（360）

　　五、沥青混凝土面板铺筑检验 ………………………………………（361）

第九章　堤防工程 ………………………………………………………（370）

　第一节　筑堤材料检验 ………………………………………………（370）

　　一、基本要求 …………………………………………………………（370）

　　二、检验要点 …………………………………………………………（370）

　　三、质量检验标准 ……………………………………………………（374）

　第二节　堤基清理 ……………………………………………………（375）

　　一、基本要求 …………………………………………………………（375）

　　二、检验要点 …………………………………………………………（375）

　　三、检验评定标准 ……………………………………………………（376）

　第三节　堤身填筑检验 ………………………………………………（377）

　　一、土料碾压筑堤质量检验 …………………………………………（377）

　　二、砌石筑堤质量检验 ………………………………………………（380）

　　三、抛石筑堤质量检验 ………………………………………………（382）

　　四、土料吹填筑堤质量检验 …………………………………………（383）

　　五、土料吹填压渗平台质量检验 …………………………………（385）

　　六、砂质土堤堤坡堤顶填筑质量检验 …………………………（386）

　第四节　防渗工程检验 ………………………………………………（386）

　　一、基本要求 …………………………………………………………（386）

　　二、检验要点 …………………………………………………………（387）

　　三、质量检验标准与评定 …………………………………………（387）

　第五节　护脚工程检验 ………………………………………………（388）

　　一、基本要求 …………………………………………………………（388）

　　二、检验要点 …………………………………………………………（388）

　　三、质量检验标准与评定 …………………………………………（389）

第六节　护坡工程检验 ……………………………………（390）

一、基本要求 ……………………………………………（390）

二、护坡垫层检验 ………………………………………（390）

三、毛石粗排护坡检验 …………………………………（391）

四、干砌石护坡检验 ……………………………………（392）

五、浆砌石护坡 …………………………………………（393）

六、混凝土预制块护坡 …………………………………（394）

第十章　泵站与水闸 ……………………………………（395）

第一节　泵站概述 ………………………………………（395）

一、泵站类型 ……………………………………………（395）

二、泵站布置 ……………………………………………（396）

第二节　泵房施工检验 …………………………………（397）

一、一般规定 ……………………………………………（397）

二、底板施工检验 ………………………………………（397）

三、楼层结构施工检验 …………………………………（398）

四、埋件和二期混凝土施工检验 ………………………（398）

五、移动式泵房施工检验 ………………………………（399）

第三节　水闸施工检验 …………………………………（399）

一、水闸的类型 …………………………………………（400）

二、水闸的组成 …………………………………………（400）

三、土方开挖与填筑检验 ………………………………（405）

四、地基处理质量检验 …………………………………（405）

五、钢筋混凝土质量检验 ………………………………（407）

六、混凝土构件质量检验 ………………………………（414）

七、砌石工程质量检验 …………………………………（415）

八、防渗与导渗质量检验 ………………………………（417）

第四节　埋件制作与安装检验 …………………………（419）

一、埋件制作质量检验 …………………………………（419）

二、埋件预组装质量检验 ………………………………（421）

三、埋件安装质量检验 …………………………………（421）

第五节　水泵机组安装检验 ……………………………（422）

一、基础及预埋件质量检验 ……………………………………（422）

二、立式机组安装检验 ……………………………………………（423）

三、卧式与斜式机组安装检验 …………………………………（427）

四、灯泡贯流式机组安装检验 …………………………………（430）

第六节 进出水管道安装检验 …………………………………（432）

一、基本要求 ………………………………………………………（432）

二、检验要点 ………………………………………………………（432）

三、质量检验标准 ………………………………………………（436）

第七节 辅助设备安装检验 ……………………………………（437）

一、基本要求 ………………………………………………………（437）

二、检验要点 ………………………………………………………（437）

第十一章 水闸、启闭机制造与安装 ……………………（441）

第一节 水闸制作与安装检验 …………………………………（441）

一、平面闸门制作与安装检验 …………………………………（441）

二、弧形闸门制作与安装检验 …………………………………（444）

三、人字闸门制作与安装检验 …………………………………（446）

四、活动式拦污栅安装检验 ……………………………………（449）

第二节 启闭机制造与安装检验 ………………………………（451）

一、固定卷扬式启闭机制造及安装检验 ……………………（451）

二、螺杆式启闭机制造及安装检验 …………………………（456）

三、移动式启闭机制造及安装检验 …………………………（458）

四、液压式启闭机制造及安装检验 …………………………（462）

第十二章 压力阀管与水力机械辅助设备 …………（465）

第一节 压力钢管制造检验 ……………………………………（465）

一、基本要求 ………………………………………………………（465）

二、检验要点 ………………………………………………………（465）

三、质量检验标准 ………………………………………………（467）

第二节 压力钢管的安装检验 …………………………………（474）

一、基本要求 ………………………………………………………（474）

二、检验要点 ………………………………………………………（474）

三、质量检验标准 ………………………………………………（477）

第三节　压力钢管试验 ……………………………………………（480）

一、基本规定 ………………………………………………………（480）

二、钢管水压试验 …………………………………………………（480）

三、钢管模型试验 …………………………………………………（481）

第四节　水力机械辅助设备安装检验 …………………………（482）

一、辅助设备安装工程检验 ………………………………………（482）

二、水力测量仪表 …………………………………………………（487）

三、管路系统安装工程检验 ………………………………………（488）

参考文献 ……………………………………………………………（494）

第一章 水利水电工程质量管理概述

第一节 质量管理基本概念

一、质量概念

质量的概念有广义和狭义之分。广义的质量概念是相对于全面质量管理阶段而形成的,是指产品或服务满足用户需要的程度,这是一个动态的概念。它不仅包括有形的产品,还包括无形的服务,不再是与标准对比,而是用用户的要求去衡量。它不仅指结果的质量——产品质量,而且包括过程质量——工序质量和工作质量。狭义的质量概念是相对于产品质量检验阶段而形成的,是指产品与特定技术标准符合的程度。这是一个静止的概念,是指活动或过程的结果——产品的特性与固定的、死的质量标准是否相符合及符合的程度。据此可将产品划分为合格品与不合格品或者一、二、三等品。

国际标准化组织(ISO)为了规范全球范围内的质量管理活动,颁布了《质量管理和质量保证——术语》即 ISO 8402∶1994。其中对质的定义是:反映实体满足明确和隐含需要的能力的特征总和。

根据我国国家标准《质量管理和质量保证——术语》(GB/T 6583—1994),质量的定义是"反映实体满足明确和隐含需要的能力的特性总和"。定义中指出的"明确需要",一般是指在合同环境中,用户明确提出的要求或需要。通常通过合同及标准、规范、图纸、技术文件作出明文规定,由供方保证实现。定义中指出的"隐含需要",一般是指非合同环境(即市场环境)中,用户未提出或未提出明确要求,而由生产企业通过市场调研进行识别与探明的要求或需要。这是用户或社会对产品服务的"期望",也就是人们所公认的,不言而喻的那些"需要"。如住宅实体能满足人们最起码的居住功能就属于"隐含需要"。"特性"是指实体所特有的性质,它反映了实体满足需要的能力。

二、工程质量

工程质量是指承建工程的使用价值,是工程满足社会需要所必须具备的质量特征。它体现在工程的性能、寿命、可靠性、安全性和经济性5个方面。

(1)性能。是指对工程使用目的提出的要求,即对使用功能方面的要求。可从内在的和外观的两个方面来区别,内在质量多表现在材料的化学成分、物理性能及力学特征等方面,比如,轨枕的抗拉、抗压强度,钢筋的配制,钢轨枕木的断面尺寸,轨距、接头相错量,轨面高程,螺旋道钉的垂直度,桥梁落位,支座安装等。

(2)寿命。是指工程正常使用期限的长短。

（3）可靠性。是指工程在使用寿命期限和规定的条件下完成工作任务能力的大小及耐久程度,是工程抵抗风化、有害侵蚀、腐蚀的能力。

（4）安全性。是指建设工程在使用周期内的安全程度,是否对人体和周围环境造成危害。

（5）经济性。是指效率、施工成本、使用费用、维修费用的高低,包括能否按合同要求,按期或提前竣工,工程能否提前交付使用,尽早发挥投资效益等。

上述质量特征,有的可以通过仪器测试直接测量而得,如产品性能中的材料组成、物理力学性能、结构尺寸、垂直度、水平度,它们反映了工程的直接质量特征。在许多情况下,质量特性难以定量,且大多与时间有关,只有通过使用才能最终确定,如可靠性、安全性、经济性等。

三、工序质量

工序质量也称施工过程质量,指施工过程中劳动力、机械设备、原材料、操作方法和施工环境等五大要素对工程质量的综合作用过程,也称生产过程中五大要素的综合质量。在整个施工过程中,任何一个工序的质量存在问题,整个工程的质量都会受到影响,为了保证工程质量达到质量标准,必须对工序质量给予足够注意。必须掌握五大要素的变化与质量波动的内在联系,改善不利因素,及时控制质量波动,调整各要素间的相互关系,保证连续不断地生产合格产品。

工序质量可用工序能力和工序能力指数来表示。所谓工序能力是指工序在一定时间内处于控制状态下的实际加工能力。任何生产过程,产品质量特征值总是分散分布的。工序能力越高,产品质量特征值的分散程度越小;工序能力越低,产品质量特征值的分散程度越大。工序能力是用产品质量特征值的分布来表述的,一般用 σ 做定量描述。

工序能力指数是用来衡量工序能力对于技术标准满足程度的一种综合指标。工序能力指数 C_p 可用公差范围与工序能力的比值来表示,即

$$C_p = \frac{公差范围}{工序能力} = \frac{T}{6\sigma} \qquad (1-1)$$

式中　T——公差范围,$T = T_u - T_c$;

　　　T_u——公差上限;

　　　T_c——公差下限;

　　　σ——质量特性的标准差。

显然,工序能力指数越大,说明工序越能满足技术要求,质量指标越有保证或还有潜力可挖。

四、工作质量

工作质量是指参与工程的建设者,为了保证工程的质量所从事工作的水平和完善程度。

工作质量包括:社会工作质量如社会调查、市场预测、质量回访等,生产过程

工作质量如政治思想工作质量、管理工作质量、技术工作质量和后勤工作质量等。工程质量的好坏是建筑工程的形成过程中各方面、各环节工作质量的综合反映，而不是单纯靠质量检验检查出来的。为保证工程质量，要求有关部门和人员精心工作，对决定和影响工程质量的所有因素严加控制，即通过工作质量来保证和提高工程质量。

五、质量体系

质量体系是指"为实施质量管理所需的组织结构、程序、过程和资源"。

(1)组织结构是一个组织为行使其职能按某种方式建立的职责、权限及其相互关系，通常以组织结构图予以规定。一个组织的组织结构图应能显示其机构设置、岗位设置以及它们之间的相互关系。

(2)资源可包括人员、设备、设施、资金、技术和方法，质量体系应提供适宜的各项资源以确保过程和产品的质量。

(3)一个组织所建立的质量体系应既满足本组织管理的需要，又满足顾客对本组织的质量体系要求，但主要目的应是满足本组织管理的需要。顾客仅仅评价组织质量体系中与顾客订购产品有关的部分，而不是组织质量体系的全部。

(4)质量体系和质量管理的关系是，质量管理需通过质量体系来运作，即建立质量体系并使之有效运行是质量管理的主要任务。

六、质量控制

质量控制是指"为达到质量要求所采取的作业技术和活动"。

(1)质量控制的对象是过程。控制的结果应能使被控制对象达到规定的质量要求。

(2)为使控制对象达到规定的质量要求，就必须采取适宜的有效措施，包括作业技术和方法。

七、质量保证

质量保证是指"为了提供足够的信任表明实体能够满足质量要求，而在质量体系中实施并根据需要进行证实的全部有计划和有系统的活动"。

(1)质量保证定义的关键是"信任"，对达到预期质量要求的能力提供足够的信任。质量保证不是买到不合格产品以后的保修、换换、保退。

(2)信任的依据是质量体系的建立和运行。因为这样的质量体系将所有影响质量的因素，包括技术、管理和人员方面的，都采取了有效的方法进行控制，因而具有减少、消除、特别是预防不合格的机制。一言以蔽之，质量保证体系具有持续稳定地满足规定质量要求的能力。

(3)供方规定的质量要求，包括产品的、过程的和质量体系的要求，必须完全反映顾客的需求，才能给顾客以足够的信任。

(4)质量保证总是在有两方的情况下才存在，由一方向另一方提供信任。由于两方的具体情况不同，质量保证分为内部和外部两种。内部质量保证是企业向自己的管理者提供信任;外部质量保证是供方向顾客或第三方认证机构提供信任。

八、质量管理

质量管理是指"确定质量方针、目标和职责并在质量体系中通过诸如质量策划、质量控制、质量保证和质量改进使其实施的全部管理职能的所有活动"。质量管理是下述管理职能中的所有活动。

(1)确定质量方针和目标。

(2)确定岗位职责和权限。

(3)建立质量体系并使其有效运行。

九、全面质量管理

全面质量管理(TQM,Total Quality Management)是指"一个组织以质量为中心,以全员参与为基础,目的在于通过让顾客满意和本组织所有成员及社会受益而达到长期成功的管理途径。"

全面质量管理的特点是针对不同企业的生产条件、工作环境及工作状态等多方面因素的变化,把组织管理、数理统计方法以及现代科学技术、社会心理学、行为科学等综合运用于质量管理,建立适用和完善的质量工作体系,对每一个生产环节加以管理,做到全面运行和控制。通过改善和提高工作质量来保证产品质量;通过对产品的形成和使用全过程管理,全面保证产品质量;通过形成生产(服务)企业全员、全企业、全过程的质量工作系统,建立质量保证体系以保证产品质量始终满足用户需要,使企业用最少的投入获取最佳的效益。

第二节　质量管理体系的建立与运行

一、质量管理和质量保证标准简介

ISO 9000 族标准是由国际标准化组织(ISO)组织制定并颁布的国际标准。国际标准化组织是目前世界上最大的、最具权威性的国际标准化专门机构,是由131 个国家标准化机构参加的世界性组织。ISO 工作是通过约 2800 个技术机构来进行的,到 1999 年 10 月,ISO 标准总数已达到 12235 个,每年制定约 1000 份标准化文件。

在广泛征求意见的基础上,1999 年 11 月提出了 2000 版 ISO/DIS9000、ISO/DIS9001 和 ISO/DIS9004 国际标准草案。此草案经充分讨论并修改后,于 2000年 12 月 15 日正式发布实施。ISO 规定自正式发布之日起三年内,1994 版标准和2000 版标准将同步执行,同时鼓励需要认证的组织,从 2001 年开始可按 2000 版申请认证。

(一)2000 版 ISO 9000 族标准的构成

2000 版的 ISO 9000 族标准由 5 项标准组成。其编号和名称如下:

ISO 9000《质量管理体系——基本原理和术语》

ISO 9001《质量管理体系——要求》

ISO 9004《质量管理体系——业绩改进指南》

ISO 19011《质量和环境审核指南》

ISO 10012《测量控制系统》

2000 版 ISO 9000 族标准文件结构见表 1-1 所示。

表 1-1　　　　　　　　　　　　　标准文件结构

核心标准	其他标准	技术报告 （TR）	小册子	转至其他 技术委员会	技术规范 （TS）
ISO 9000 ISO 9001 ISO 9004 ISO 19011	ISO 10012	ISO/TR 10006 ISO/TR 10007 ISO/TR 10013 ISO/TR 10014 ISO/TR 10015 ISO/TR 10017	质量管理原则 选择和使用指南 小型企业的应用	ISO 9000－3 ISO 9000－4	ISO/TS 16949

（二）2000 版 ISO 9000 族标准的主要特点

2000 版 ISO 9000 族标准对比 1994 版而言,具有以下特点:

1. 思路和结构上的变化

(1)把过去三个外部保证模式 ISO 9001、ISO 9002、ISO 9003 合并为 ISO 9001 标准,允许通过裁剪适用不同类型的组织,同时对裁剪也提出了明确严格的要求。

(2)把过去按 20 个要素排列,改为按过程模式重新组建结构,其标准分为管理职责;资源管理;产品实现;测量、分析和改进四大部分。

(3)引入 PDCA 戴明环闭环管理模式,使持续改进的思想贯穿整个标准,要求质量管理体系及各个部分都按 PDCA 循环,建立实施持续改进结构。

(4)适应组织管理一体化的需要。

2. 新增的内容

(1)以顾客为关注焦点。

(2)持续改进。

(3)质量方针与目标要细化、要分解落实。

(4)强化了最高管理者的管理职责。

(5)增加了内外沟通。

(6)增加了数据分析。

(7)强化了过程的测量与监控。

3. 特点

(1)通用性强,1994 版 ISO 9001 标准主要针对硬件制造业,新标准还同时适用于硬件、软件、流程性材料和服务等行业。

（2）更先进、更科学，总结补充了组织质量管理中一些好的经验，突出了八项质量管理原则。

（3）对 1994 版标准进行简化，简单好用。

（4）提高了同其他管理的相容性，例如同环境管理、财务管理的兼容。

（5）ISO 9001 标准和 ISO 9004 标准作为一套标准，互相对应，协调一致。

（三）系列标准中的主要术语

2000 版 ISO 9000 标准列出了 87 个有关质量管理体系的术语，相对于 ISO 8402：1994 规定的 67 个术语来看，术语的数量和组成情况发生了很大的变化。其中，新增术语 47 个，删掉术语 27 个，内容发生变化术语 40 个。

几个值得特别注意的术语：

（1）质量：产品、体系或过程的一组固有特性满足顾客和其他相关方要求的能力。

注：术语"质量"可使用形容词如好、差或优秀来修饰。

（2）不合格（不符合）：未满足要求。

新定义删去了旧定义中的"某个规定的"词语，不再以"规定的要求"作为判断的依据，而直接以"要求"——明示的、习惯上隐含的或必须履行的需求或期望作为判定的依据。

（3）缺陷：未满足与预期或规定用途有关的要求。

注：1.区分术语缺陷和不合格是重要的，这是因为其中有法律内涵，特别是与产品责任问题有关，因此术语"缺陷"应慎用。

2.预期的用途可能会受供方所提供的信息（如手册）的性质的影响。

（4）质量管理体系：建立质量方针和质量目标并实现这些目标的体系。

该术语把原标准中的"质量体系"术语改称为"质量管理体系"。新定义更强调质量管理体系的各项活动是为了实现质量方针和质量目标。

（5）质量策划：质量管理的一部分，致力于设定质量目标并规定必要的作业过程和相关资源以实现其质量目标。

注：编制质量计划可以是质量策划的一部分。

（6）设计与开发：将要求转换为规定的特性和产品实现过程规范的一组过程。

注：1.术语"设计"和"开发"有时是同义的，有时用于规定整个设计和开发过程的不同阶段。

2.设计和开发的性质可使用修饰词表示（如产品设计开发或过程设计开发）。

"设计与开发"的概念与国内习惯的理解不完全一致，它不但包括产品设计（将顾客、法规等要求转换为产品图纸等所规定的特性），还包括过程设计。对服务业而言，其产品是服务，是一个过程。如果服务业组织针对不同的顾客要求，设计新的服务过程，以便提供特定的服务，则可以使用术语过程"开发"，直接将顾客要求转换为服务提供过程规范。

（7）审核：为获得证据并对其进行客观的评价，以确定满足审核准则的程度所进行的系统的、独立的并形成文件的过程。

二、建立质量管理体系的程序

按照《质量管理体系——基础和术语》(GB/T 19000),建立一个新的质量管理体系或更新、完善现行的质量管理体系,一般有以下步骤:

1. 企业领导决策

企业主要领导要下决心走质量效益型的发展道路,有建立质量管理体系的迫切需要。建立质量管理体系涉及企业内部很多部门参加的一项全面性的工作,如果没有企业主要领导亲自领导、亲自实践和统筹安排,是很难搞好这项工作的。因此,领导真心实意地要求建立质量管理体系,是建立健全质量管理体系的首要条件。

2. 编制工作计划

工作计划包括培训教育、体系分析、职能分配、文件编制、配备仪器仪表设备等内容。

3. 分层次教育培训

组织学习 GB/T 19000 系列标准,结合本企业的特点,了解建立质量管理体系的目的和作用,详细研究与本职工作有直接联系的要素,提出控制要素的办法。

4. 分析企业特点

结合建筑业企业的特点和具体情况,确定采用哪些要素和采用程度。

要素要对控制工程实体质量起主要作用,能保证工程的适用性、符合性。

5. 落实各项要素

企业在选好合适的质量管理体系要素后,要进行二级要素展开,制定实施二级要素所必需的质量活动计划,并把各项质量活动落实到具体部门或个人。

一般,企业在领导的亲自主持下,合理地分配各级要素与活动,使企业各职能部门都明确各自在质量管理体系中应担负的责任、应开展的活动和各项活动的衔接办法。分配各级要素与活动的一个重要原则就是责任部门只能是一个,但允许有若干个配合部门。

在各级要素和活动分配落实后,为了便于实施、检查和考核,还要把工作程序文件化,即把企业的各项管理标准、工作标准、质量责任制、岗位责任制形成与各级要素和活动相对应的有效运行的文件。

6. 编制质量管理体系文件

质量管理体系文件按其作用可分为法规性文件和见证性文件两类。质量管理体系法规性文件是用以规定质量管理工作的原则,阐述质量管理体系的构成,明确有关部门和人员的质量职能,规定各项活动的目的要求、内容和程序的文件。在合同环境下这些文件是供方向需方证实质量管理体系适用性的证据。质量管理体系的见证性文件是用以表明质量管理体系的运行情况和证实其有效性的文件(如质量记录、报告等)。这些文件记载了各质量管理体系要素的实施情况和工程实体质量的状态,是质量管理体系运行的见证。

7. 建筑业企业建立质量管理体系的程序

建筑业企业,因其性质、规模和活动、产品和服务的复杂性不同,其质量管理体系也与其他管理体系有所差异,但不论情况如何,组成质量管理体系的管理要素是相同的。建立质量管理体系的步骤也基本相同,一般建筑业企业认证周期最快需半年。企业建立质量管理体系一般步骤见表1-2。

表 1-2　　　　　　　　　　　企业建立质量管理体系的步骤

序　号	阶段	主要内容	时间/月
1	准备阶段	(1)最高管理者决策; (2)任命管理者代表、建立组织机构; (3)提供资源保障(人、财、物、时间)	企业自定
2	人员培训	(1)内审员培训; (2)体系策划、文件编写培训	
3	体系分析 与设计	(1)企业法律法规符合性; (2)确定要素及其执行程度和证实程度; (3)评价现有的管理制度与 ISO 9001 的差距	0.5～1
4	体系策划和 文件编写	(1)编写质量管理守则/程序文件/作业书指导; (2)文件修改一至两次并定稿	1～2
5	体系试 运行	(1)正式颁布文件; (2)进行全员培训; (3)按文件的要求实施	3～6
6	内审及 管理评审	(1)企业组成审核组进行审核; (2)对不符合项进行整改; (3)最高管理者组织管理评审	0.5～1
7	模拟审核	(1)由咨询机构对质量管理体系进行审核; (2)对不符合项进行整改建议; (3)协助企业办理正式审核前期工作	0.25～1
8	认证审核 准备	(1)选择确定认证审核机构; (2)提供所需文件及资料; (3)必要时接受审核机构预审性	
9	认证审核	(1)现场审核; (2)不符合项整改	0.5～1
10	颁发证书	(1)提交整改结果; (2)审核机构的评审; (3)审核机构打印并颁发证书	

三、质量管理体系要素

1. 施工企业质量管理体系要素

质量管理体系要素是构成质量管理体系的基本单元。它是产生和形成工程产品的主要因素。

质量管理体系是由若干个相互关联、相互作用的基本要素组成。在建筑施工企业施工建筑安装工程的全部活动中，工序内容多，施工环节多，工序交叉作业多，有外部条件和环境的因素，也有内部管理和技术水平的因素，企业要根据自身的特点，参照质量管理和质量保证国际标准和国家标准中所列的质量管理体系要素的内容，选用和增删要素，建立和完善施工企业的质量体系。

质量管理体系的要素中，根据建筑企业的特点可列出 17 个要素。这 17 个要素可分为 5 个层次。第一层次阐述了企业的领导职责，指出厂长、经理的职责是制定实施本企业的质量方针和目标，对建立有效的质量管理体系负责，是质量的第一责任人。质量管理的职能就是负责质量方针的制定与实施。这是企业质量管理的第一步，也是最关键的一步。第二层次阐述了展开质量体系的原理和原则，指出建立质量管理体系必须以质量形成规律——质量环为依据，要建立与质量体系相适应的组织机构，并明确有关人员和部门的质量责任和权限。第三层次阐述了质量成本，从经济角度来衡量体系的有效性，这是企业的主要目的。第四层次阐述了质量形成的各阶段如何进行质量控制和内部质量保证。第五层次阐述了质量形成过程中的间接影响因素。图 1-1 为施工企业质量管理体系要素构成图。

2. 项目质量管理体系要素

项目是建筑施工企业的施工对象。企业要实施 ISO 9000 系列标准，就要把质量管理和质量保证落实到工程项目上。一方面要按企业质量管理体系要素的要求形成本工程项目的质量管理体系，并使之有效运行，达到提高工程质量和服务质量的目的；另一方面，工程项目要实施质量保证，特别是建设单位或第三方提出的外部质量保证要求，以赢得社会信誉，并且是企业进行质量管理体系认证的重要内容。

工程项目施工应达到如下所述的质量目标是

(1)工程项目领导班子应坚持全员、全过程、各职能部门的质量管理，保持并实现工程项目的质量，以不断满足规定要求。

(2)应使企业领导和上级主管部门相信工程施工正在实现并能保持所期望的质量；开展内部质量审核和质量保证活动。

(3)开展一系列有系统、有组织的活动，提供证实文件，使建设单位、建设监理单位确信该工程项目能达到预期的目标。若有必要，应将这种证实的内容和证实的程度明确地写入合同之中。

根据以上工程项目施工应达到的质量目标，从工程施工实际出发，对工程质量管理和质量管理体系要素进行的讨论,仅限于从承接施工任务、施工准备开始,直至竣工交验。从目前市场竞争角度出发,增加竣工交验后的工程回访与保修服务。整个施工管理过程由17个要素构成,见图1-1所示。

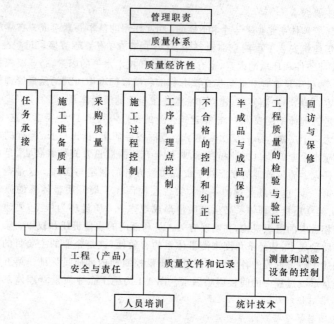

图 1-1　施工企业质量管理体系要素构成

四、质量管理体系的运行

保持质量管理体系的正常运行和持续实用有效,是企业质量管理的一项重要任务,是质量管理体系发挥实际效能、实现质量目标的主要阶段。

质量管理体系运行是执行质量管理体系文件、实现质量目标、保持质量管理体系持续有效和不断优化的过程。

质量管理体系的有效运行是依靠体系的组织机构进行组织协调、实施质量监督、开展信息反馈、进行质量管理体系审核和复审实现的。

1. 组织协调

质量管理体系是入选的软件体系,它的运行是借助于质量管理体系组织结构的组织和协调来进行运行的。组织和协调工作是维护质量管理体系运行的动力。质量管理体系的运行涉及企业众多部门的活动。

2. 质量监督

质量管理体系在运行过程中,各项活动及其结果不可避免地会有发生偏离标准的可能。为此,必须实施质量监督。

质量监督有企业内部监督和外部监督两种,需方或第三方对企业进行的监督是外部质量监督。需方的监督权是在合同环境下进行的。

质量监督是符合性监督。质量监督的任务是对工程实体进行连续性的监视和验证,发现偏离管理标准和技术标准的情况时及时反馈,要求企业采取纠正措施,严重者责令停工整顿。从而促使企业的质量活动和工程实体质量均符合标准所规定的要求。

实施质量监督是保证质量管理体系正常运行的手段。外部质量监督应与企业本身的质量监督考核工作相结合,杜绝重大质量的发生,促进企业各部门认真贯彻各项规定。

3. 质量信息管理

企业的组织机构是企业质量管理体系的骨架,而企业的质量信息系统则是质量管理体系的神经系统,是保证质量管理体系正常运行的重要系统。在质量管理体系的运行中,通过质量信息反馈系统对异常信息的反馈和处理,进行动态控制,从而使各项质量活动和工程实体质量保持受控状态。

质量信息管理和质量监督、组织协调工作是密切联系在一起的。异常信息一般来自质量监督,异常信息的处理要依靠组织协调工作,三者的有机结合,是使质量管理体系有效运行的保证。

4. 质量管理体系审核与评审

企业进行定期的质量管理体系审核与评审,一是对体系要素进行审核、评价,确定其有效性;二是对运行中出现的问题采取纠正措施,对体系的运行进行管理,保持体系的有效性;三是评价质量管理体系对环境的适应性,对体系结构中不适用的采取改进措施。开展质量管理体系审核和评审是保持质量管理体系持续有效运行的主要手段。

第三节 工程项目质量管理方法

一、PDCA 循环工作方法

PDCA 循环是指由计划(Plan)、实施(Do)、检查(Check)和处理(Action)四个阶段组成的工作循环,见图 1-2 所示。PDCA 循环是不断进行的,每循环一次,就实现一定的质量目标,解决一定的问题,使质量水平有所提高。如是不断循环,周而复始,使质量水平也不断提高。它是一种科学管理程序和方法,其工作步骤见表 1-3 所示。

图 1-2 PDCA 循环

表 1-3　　　　　　　　　　　　　PDCA 循环工作步骤

序号	工作步骤	内　　容
1	计划 （Plan）	这个阶段包含以下 4 个步骤： （1）分析质量现状，找出存在的质量问题。 　　首先，要分析企业范围内的质量通病，也就是工程质量上的常见病和多发病，其次，是针对工程中的一些技术复杂、难度大的项目，质量要求高的项目，以及新工艺、新技术、新结构、新材料等项目，要依据大量的数据和情报资料，让数据说话，用数理统计方法来分析反映问题。 （2）分析产生质量问题的原因和影响因素。 　　这一步也要依据大量的数据，应用数理统计方法，并召开有关人员和有关问题的分析会议，最后，绘制成因果分析图。 （3）找出影响质量的主要因素。 　　为找出影响质量的主要因素，可采用的方法有两种：一是利用数理统计方法和图表；二是当数据不容易取得或者受时间限制来不及取得时，可根据有关问题分析会的意见来确定。 （4）制订改善质量的措施，提出行动计划，并预计效果。 　　在进行这一步时，要反复考虑并明确回答以下"5W1H"问题：①为什么要采取这些措施？为什么要这样改进？即要回答采取措施的原因。（Why）②改进后能达到什么目的？有什么效果？（What）③改进措施在何处（哪道工序、哪个环节、哪个过程）执行？（Where）④什么时间执行，什么时间完成？（When）⑤由谁负责执行？（Who）⑥用什么方法完成？用哪种方法比较好？（How）
2	实施 （Do）	这个阶段只有一个步骤，即组织对质量计划或措施的执行。 　　怎样组织计划措施的执行呢？首先，要做好计划的交底和落实。落实包括组织落实、技术落实和物资材料落实。有关人员还要经过训练、实习并经考核合格再执行。其次，计划的执行，要依靠质量管理体系
3	检查 （Check）	检查阶段也只有一个步骤，即检查措施的效果。 　　也就是检查作业是否按计划要求去作的：哪些做对了？哪些还没有达到要求？哪些有效果？哪些还没有效果？
4	处理 （Action）	处理阶段包含两个步骤。 　　第一步，总结经验，巩固成绩。 　　也就是经过上一步检查后，把确有效果的措施在实施中取得的好经验，通过修订相应的工艺文件、工艺规程、作业标准和各种质量管理的规章制度加以总结，把成绩巩固下来。 　　第二步，提出尚未解决的问题。 　　通过检查，把效果还不显著或还不符合要求的那些措施，作为遗留问题，反映到下一循环中

二、质量管理统计分析方法

(一)数理统计方法应用基本原理

数据是进行质量管理的基础,"一切用数据说话"才能作出科学的判断。用数理统计方法,通过收集、整理质量数据,可以帮助我们分析、发现质量问题,以便及时采取对策措施,纠正和预防质量事故。

利用数理统计方法控制质量可以分为 3 个步骤,即统计调查和整理、统计分析以及统计判断。

第一步,统计调查和整理:根据解决某方面质量问题的需要收集数据,将收集到的数据加以整理和归档,用统计表和统计图的方法,并借助于一些统计特征值(如平均数、标准偏差等)来表达这批数据所代表的客观对象的统计性质。

第二步,统计分析:对经过整理、归档的数据进行统计分析,研究它的统计规律。例如判断质量特征的波动是否出现某种趋势或倾向,影响这种波动的又是什么因素,其中有无异常波动等。

第三步,统计判断:根据统计分析的结果对总体的现状或发展趋势作出有科学根据的判断。

1. 数理统计的几个概念

(1)母体:母体又称总体、检查批或批,指研究对象全体元素的集合。母体分有限母体和无限母体两种。有限母体有一定数量表现,如一批同牌号、同规格的钢材或水泥等;无限母体则没有一定数量表现,如一道工序,它源源不断地生产出某一产品,本身是无限的。

(2)子样:系从母体中取出来的部分个体,也叫试样或样本。子样分随机取样和系统抽样,前者多用于产品验收,即母体内各个体都有相同的机会或有可能性被抽取;后者多用于工序的控制,即每经一定的时间间隔,每次连续抽取若干产品作为子样,以代表当时的生产情况。

(3)母体与子样、数据的关系:子样的各种属性都是母体特性的反映。在产品生产过程中,子样所属的一批产品(有限母体)或工序(无限母体)的质量状态和特性值,可从子样取得的数据来推测、判断。母体与子样数据的关系见图1-3所示。

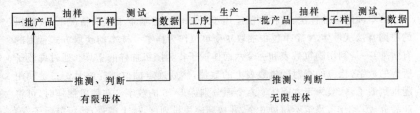

图 1-3　母体与子样数据的关系

　　(4)随机现象:在日常生产、生活的实践活动中,在基本条件不变的情况下,经常会碰到一些不确定的、时而出现这种结果、时而又出现那种结果的现象,这种现象称为随机现象。例如,配制混凝土时,同样的配合比,同样的设备,同样的生产条件,混凝土抗压强度可能偏高,也可能偏低。这就是随机现象。随机现象实质上是一种不确定的现象。然而,随机现象并不是不可以认识的。概率论就是研究这种随机现象规律性的一门学科。

　　(5)随机事件:为了仔细地考察一个随机现象,就需要分析这个现象的各种表现。如某一道工序加工产品的质量,可以表现为合格,也可以表现为不合格。我们把随机现象的每一种表现或结果称为随机事件(简称为事件)。这样,"加工产品合格"和"加工产品不合格"就是随机现象中的两个随机事件。在某一次试验中既定的随机事件可能出现也可能不出现,但经过大量重复的试验后,它却具有某种规律性的表现或结果。

　　(6)随机事件的频率:频率是衡量随机事件发生可能性大小的一种数量标志。在试验数据中,随机事件发生的次数叫"频数",它与数据总数的比值叫"频率"。

　　(7)随机事件的概率:频率的稳定性叫"概率"。

　　2. 质量数据的收集方法

　　(1)全数检验:全数检验是对总体中的全部个体逐一观察、测量、计数、登记,从而获得对总体质量水平评价结论的方法。全数检验一般比较可靠,能提供大量的质量信息,但要消耗很多人力、物力、财力和时间,特别是不能用于具有破坏性的检验和过程质量控制,应用上具有局限性;在有限总体中,对重要的检测项目,当可采用简易快速的不破损检验方法时可选用全数检验方案。

　　(2)随机抽样检验:抽样检验是按照随机抽样的原则,从总体中抽取部分个体组成样本,根据对样品进行检测的结果,推断总体质量水平的方法。随机抽样检验抽取样品不受检验人员主观意愿的支配,每一个体被抽中的概率都相同,从而保证了样本在总体中的分布比较均匀,有充分的代表性;同时它还具有节省人力、物力、财力、时间和准确性高的优点;它又可用于破坏性检验和生产过程的质量监控,完成全数检测无法进行的检测项目,具有广泛的应用空间。抽样的具体方法有:

　　1)单纯随机抽样法:这种方法适用于对母体缺乏基本了解的情况下,按随机的原则直接从母体 N 个单位中抽取 n 个单位作为样本。样本的获取方式常用的有两种:一是利用随机数表和一个六面体骰子作为随机抽样的工具。通过掷骰子所得的数字,相应的查对随机数表上的数值,然后确定抽取试样编号。二是利用随机数骰子,一般为正六面体。六个面分别标 1~6 的数字。在随机抽样时,可将产品分成若干组,每组不超过 6 个,并按顺序先排列好,标上编号,然后掷骰子,骰子正面表现的数,即为抽取的试样编号。

　　2)分层随机抽样法:就是事先把在不同生产条件下(不同的工人、不同的机器设备、不同的材料来源、不同的作业班次等)制造出来的产品归类分组,然后再按一定的比例从各组中随机抽取产品组成子样。

3)整群随机抽样:这种办法的特点不是一次随机抽取一个产品,而是一次随机抽取若干个产品组成子样。比如,对某种产品来说,每隔20小时抽出其中一个小时的产品组成子样;或者是每隔一定时间一次抽取若干个产品组成子样。这种抽样的优点是手续简便,缺点是子样的代表性差,抽样误差大。这种方法常用在工序控制中。

4)等距抽样:等距抽样又称机械抽样、系统抽样,是将个体按某一特性排队编号后均分为 n 组,这时每组有 $K=N/n$ 个个体,然后在第一组内随机抽取第一件样品,以后每隔一定距离(K 号)抽选出其余样品组成样本的方法。如在流水作业线上每生产 100 件产品抽出一件产品做样品,直到抽出 n 件产品组成样本。在这里距离可以理解为空间、时间、数量的距离。若分组特性与研究目的有关,就可看作分组更细且等比例的特殊分层抽样,样品在总体中分布更均匀,更有代表性,抽样误差也最小;若分组特性与研究目的无关,就是纯随机抽样。进行等距抽样时特别要注意的是所采用的距离(K 值)不要与总体质量特性值的变动周期一致,如对于连续生产的产品按时间距离抽样时,相隔的时间不应是每班作业时间 8h 的约数或倍数,以避免产生系统偏差。

5)多阶段抽样:多阶段抽样又称多级抽样。上述抽样方法的共同特点是整个过程中只有一次随机抽样,因而统称为单阶段抽样。但是当总体很大时,很难一次抽样完成预定的目标。多阶段抽样是将各种单阶段抽样方法结合使用,通过多次随机抽样来实现的抽样方法。如检验钢材、水泥等质量时,可以对总体按不同批次分为 R 群,从中随机抽取 r 群,而后在中选的 r 群中的 M 个个体中随机抽取 m 个个体,这就是整群抽样与分层抽样相结合的二阶段抽样,它的随机性表现在群间和群内有两次。

3. 质量数据的分类

质量数据是指由个体产品质量特性值组成的样本(总体)的质量数据集,在统计上称为变量;个体产品质量特性值称变量值。根据质量数据的特点,可以将其分为计量值数据和计数值数据。

(1)计量数据:凡是可以连续取值的或者说可以用测量工具具体测读出小数点以下数值的这类数据就叫做计量数据。如长度、容积、重量、化学成分、温度等等。就拿长度来说,在 1~2mm 之间,还可以连续测出 1.1mm、1.2mm、1.3mm 等等数值来,而在 1.1~1.2mm 之间,又可以进一步测得 1.11mm、1.12mm、1.13mm 等等数值来。这些就是计量数据。

(2)计数数据:凡是不能连续取值的,或者说即使使用测量工具测量,也得不到小数点以下的数据,而只能得到 0 或 1、2、3、4……自然数的这类数据叫做计数数据。如废品件数、不合格品件数、疵点数、缺陷数等等。就拿废品件数来说,就是用卡板、塞规去测量，也只能得到 1 件、2 件、3 件……废品数。计数数据还可以细分为计件数据和计点数据。计件数据是指按件计数的数据，如不合格品件数、不合格品率等。计点数据是指按点计数的数据，如疵点数、焊缝缺陷数、单位缺陷数等等。

4. 质量数据的特征值

(1)子样平均值 $\bar{x}$：子样平均值是表示数据集中位置的各种特征值中最基本的一种。

$$\bar{x}=\frac{1}{n}(x_1+x_2+\cdots+x_n)=\frac{1}{n}\sum_{i=1}^{n}x_i \tag{1-2}$$

式中　n——样本容量；

　　　x_i——样本中第 i 个样品的质量特性值。

(2)样本中位数 $\tilde{x}$：样本中位数是将样本数据按数值大小有序排列后，位置居中的数值。中位数值由位置决定，受样本容量 n 多少的影响，不受极端值大小的影响，数据少时很容易确定。其公式为：

$$\tilde{x}=\begin{cases}x_{\frac{n+1}{2}} & (n \text{ 为奇数})\\(x_{\frac{n}{2}}+x_{\frac{n}{2}+1})/2 & (n \text{ 为偶数})\end{cases} \tag{1-3}$$

中位数也是表示数据集中位置的一种特征值，用它来表示数据集中位置比用子样平均数来表示数据集中位置要粗略一些，但是可以减少计算工作量。

(3)子样方差 s^2：子样方差的计算公式为

$$s^2=\frac{1}{n-1}\sum_{i=1}^{n}(x_i-\bar{x})^2 \tag{1-4}$$

式中　s^2——子样方差；

　　$x_i-\bar{x}$——某个数据与子样平均值 $\bar{x}$ 之间的离差；

　　　n——子样大小。

(4)极差 R：极差是数据中最大值与最小值之差，是用数据变动的幅度来反映其分散状况的特征值。极差计算简单、使用方便，但粗略，数值仅受两个极端值的影响，损失的质量信息多，不能反映中间数据的分布和波动规律，仅适用于小样本。

(5)子样标准偏差：系反映数据分散的程度，常用 S 表示，即：

$$S=\sqrt{\frac{1}{n-1}\sum_{i=1}^{n}(x_i-\bar{x})^2} \tag{1-5}$$

式中　S——子样标准偏差；

　　$x_i-\bar{x}$——第 i 个数据与子样平均值 $\bar{x}$ 之间的离差；

　　　n——子样的大小。

在正常情况下，子样实测数据与子样平均值之间的离差总是有正有负，在 0 的左右摆动，如果观察次数多了，则离差的代数和将接近于 0，就无法用来分析离散的程度。因此把离差平方以后再求出子样的偏差(即子样标准差),用以反映数据的偏离程度。

当子样较大(如,$n > 50$)时,可以采用下式,即:

$$S = \sqrt{\frac{1}{n}\sum_{i=1}^{n}(x_i - \overline{x})^2} \tag{1-6}$$

(6)变异系数 C_v:变异系数又称离散系数,是用标准差除以算术平均数得到的相对数。它表示数据的相对离散波动程度。变异系数小,说明分布集中程度高,离散程度小,均值对母体(样本)的代表性好。由于消除了数据平均水平不同的影响,变异系数适用于均值有较大差异的总体之间离散程度的比较,应用更为广泛。其计算公式为:

$$C_v = \frac{S}{\overline{x}} \times 100\% \qquad C_v = \frac{\sigma}{\mu} \times 100\% \tag{1-7}$$

式中　S——子样标准偏差;

σ——母体标准差;

$\overline{x}$——子样的平均值;

μ——母体的平均值。

5. 质量数据收集应注意事项

(1)应当明确收集数据的目的。目的不同收集数据的过程和方法也不一样,得到的数据也不一样。

(2)数据一定要真实、准确、可靠,严禁弄虚作假。

(3)把收集到的原始数据按照一定的标志进行分类归组,尽量把属于同一种生产条件的数据归并在一起。这就是"分层"的方法。

(4)对收集到的数据要进行分析研究,要认识到,不是任何一个数据都是有用的。

(5)对数据要进行科学系统的整理。不加整理,一大堆杂乱无章的数据,那是没有用的。数据的整理应尽量图表化。

(6)要记录取得数据的时间、地点、使用的测量工具、参加取数据的人员以及取样时发生的一些情况等等。

(二)排列图法

排列图又叫巴雷特图(Pareto),也称主次因素排列图。它是从影响产品的众多因素中找出主要因素的一种有效方法。

该图是意大利经济学家 Pareto 创立的。他发现社会财富的分布状况是绝大多数人处于贫困状态,少数人占有大量财富,并左右了整个社会经济的命脉,即所谓的"关键的少数与次要的多数"的原理。后由质量管理专家朱兰博士(Dr. J. M. Juran)把它应用于质量管理。

(1)作图方法:排列图(图 1-4)有两个纵坐标,左侧纵坐标表示产品频数,即不合格产品件数;右侧纵坐标表示频率,即不合格产品累计百分数。图中横坐标表示影响产品质量的各个不良因素或项目,按影响质量程度的大小,从左到右依次排列。每个直方形的高度表示该因素影响的大小,图中曲线称为巴雷特曲线。在排列图上,通常把曲线的累计百分数分为三级,与此相对应的因素分三类:A类因素对应于频率0~80%,是影响产品质量的主要因素;B类因素对应于频率80%~90%,为次要因素;与频率90%~100%相对应的为C类因素,属一般影响因素。运用排列图,便于找出主次矛盾,使错综复杂问题一目了然,有利于采取对策,加以改善。

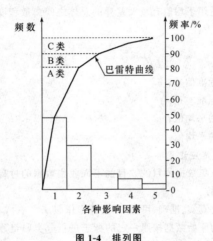

图 1-4　排列图

(2)作图步骤:作排列图需要以准确而可靠的数据为基础,一般按以下步骤进行:

1)按照影响质量的因素进行分类。分类项目要具体而明确,一般按产品品种、规格、不良品、缺陷内容或经济损失等情况而定。

2)统计计算各类影响质量因素的频数和频率。

3)画左右两条纵坐标,确定两条纵坐标的刻度和比例。

4)根据各类影响因素出现的频数大小,从左到右依次排列在横坐标上。各类影响因素的横向间隔距离要相同,并画出相应的矩形图。

5)将各类影响因素发生的频率和累计频率逐个标注在相应的坐标点上,并将各点连成一条折线。

6)在排列图的适当位置,注明统计数据的日期、地点、统计者等可供参考的事项。

(3)作排列图应注意以下几个问题:

1)要注意所取数据的时间和范围。作排列图的目的是为了找出影响质量因素的主次因素,如果收集的数据不是在发生时间内或不属本范围内的数据,作出的排列图起不了控制质量的作用。所以,为了有利于工作循环和比较,说明对策的有效性。就必须注意所取数据的时间和范围。

2)找出的主要因素最好是1~2个,最多不超过3个,否则失去了抓主要矛盾的意义。如遇到这类情况需要重新考虑因素分类。遇到项目较多时,可适当合并一般项目,不太重要的项目通常可以列入"其他"栏内,排在最后一项。

3)针对影响质量的主要因素采取措施后,在PDCA循环过程中,为了检查实施效果需重新作排列图进行比较。

(4)排列图的应用。排列图可以形象、直观地反映主次因素。其主要应用有:

1)按不合格点的缺陷形式分类,可以分析出造成质量问题的薄弱环节。

2)按生产作业分类,可以找出生产不合格品最多的关键过程。

3)按生产班组或单位分类,可以分析比较各单位技术水平和质量管理水平。

4)将采取提高质量措施前后的排列图对比,可以分析措施是否有效。

5)此外还可以用于成本费用分析、安全问题分析等。

(三)直方图法

直方图又称质量分布图、矩形图、频数分布直方图。它是将产品质量频数的分布状态用直方形来表示,根据直方的分布形状和与公差界限的距离来观察、探索质量分布规律,分析、判断整个生产过程是否正常。利用直方图,可以制定质量标准,确定公差范围;可以判明质量分布情况,是否符合标准的要求。但其缺点是不能反映动态变化,而且要求收集的数据较多(50~100个以上),否则难以体现其规律。

(1)直方图的作法。直方图可以按以下步骤绘制:

1)计算极差:收集一批数据(一般取$n > 50$),在全部数据中找出最大值x_{max}和最小值x_{min},极差R可以按下式求得

$$R = x_{max} - x_{min} \tag{1-8}$$

2)确定分组的组数:一批数据究竟分为几组,并无一定规则,一般采用表1-4的经验数值来确定。

表 1-4　　　　　　　　　　　　**数据分组参考表**

数据个数(n)	组数(k)
50 以内	5~6
50~100	6~10
100~250	7~12
250 以上	10~20

3)计算组距:组距是组与组之间的差距。分组要恰当,如果分得太多,则画出的直方图像"锯齿状"从而看不出明显的规律,如分得太少,会掩盖组内数据变动的情况,组距可按下式计算:

$$h = \frac{R}{k} \tag{1-9}$$

式中 R——极差;

　　　　k——组数。

4)计算组界 r_i:一般情况下,组界计算方法如下:

$$r_1 = x_{min} - \frac{h}{2} \tag{1-10}$$

$$r_i = r_{i-1} + h \tag{1-11}$$

为了避免某些数据正好落在组界上,应将组界取得比数据多一位小数。

5)频数统计:根据收集的每一个数据,用正字法计算落入每一组界内的频数,据以确定每一个小直方的高度。以上作出的频数统计,已经基本上显示了全部数据的分布状况,再用图示则更加清楚。直方图的图形由横轴和纵轴组成。选用一定比例在横轴上划出组界,在纵轴上划出频数,绘制成柱形的直方图。

(2)直方图图形分析。直方图形象直观地反映了数据分布情况,通过对直方图的观察和分析可以看出生产是否稳定,及其质量的情况。常见的直方图典型形状有以下几种(图 1-5):

1)对称型——中间为峰,两侧对称分散者[图 1-5(a)]为对称形,这是工序稳定正常时的分布状况。

2)孤岛型——在远离主分布中心的地方出现小的直方,形如孤岛,见图 1-5(b)。孤岛的存在表明生产过程中出现了异常因素,例如原材料一时发生变化;有人代替操作;短期内工作操作不当。

3)双峰型——直方图呈现两个顶峰,图 1-5(c)。这往往是两种不同的分布混在一起的结果。例如两台不同的机床所加工的零件所造成的差异。

4)偏向型——直方图的顶峰偏向一侧,故又称偏坡型,它往往是因计数值或计量值只控制一侧界限或剔除了不合格数据造成的,见图 1-5(d)。

5)平顶型——在直方图顶部呈平顶状态。一般是由多个母体数据混在一起造成的,或者在生产过程中有缓慢变化的因素在起作用所造成。如操作者疲劳而造成直方图的平顶状,见图 1-5(e)。

6)绝壁型——是由于数据收集不正常,可能有意识地去掉下限以下的数据,或是在检测过程中存在某种人为因素所造成的,见图 1-5(f)。

7)锯齿型——直方图出现参差不齐的形状,即频数不是在相邻区间减少,而是隔区间减少,形成了锯齿状。造成这种现象的原因不是生产上的问题,而主要是绘制直方图时分组过多或测量仪器精度不够而造成的,见图 1-5(g)。

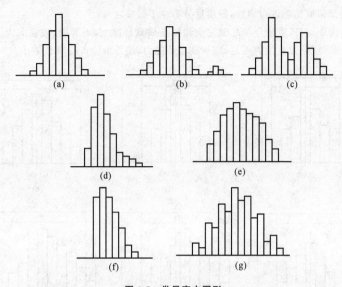

图 1-5 常见直方图形

(a)对称型;(b)孤岛型;(c)双峰型;(d)偏向型;

(e)平顶型;(f)绝壁型;(g)锯齿型

(3)与质量标准对照比较。做出直方图后,除了观察直方图形状,分析质量分布状态外,再将正常型直方图与质量标准比较,从而判断实际生产过程能力。正常型直方图与质量标准相比较,一般有如图 1-6 所示六种情况。

1)图 1-6(a),B 在 T 中间,质量分布中心 $\bar{x}$ 与质量标准中心 M 重合,实际数据分布与质量标准相比较两边还有一定余地。这样的生产过程质量是很理想的,说明生产过程处于正常的稳定状态。在这种情况下生产出来的产品可认为全都是合格品。

2)图 1-6(b),B 虽然落在 T 内,但质量分布中 $\bar{x}$ 与 T 的中心 M 不重合,偏向一边。这样如果生产状态一旦发生变化,就可能超出质量标准下限而出现不合格品。出现这种情况时应迅速采取措施,使直方图移到中间来。

3)图 1-6(c),B 在 T 中间,且 B 的范围接近 T 的范围,没有余地,生产过程一旦发生小的变化,产品的质量特性值就可能超出质量标准。出现这种情况时,必须立即采取措施,以缩小质量分布范围。

4)图 1-6(d),B 在 T 中间,但两边余地太大,说明加工过于精细,不经济。在这种情况下,可以对原材料、设备、工艺、操作等控制要求适当放宽些,有目的地使 B 扩大,从而有利于降低成本。

5)图 1-6(e),质量分布范围 B 已超出标准下限之外,说明已出现不合格品。

此时必须采取措施进行调整,使质量分布位于标准之内。

6)图1-6(f),质量分布范围完全超出了质量标准上、下界限,散差太大,产生许多废品,说明过程能力不足,应提高过程能力,使质量分布范围 B 缩小。

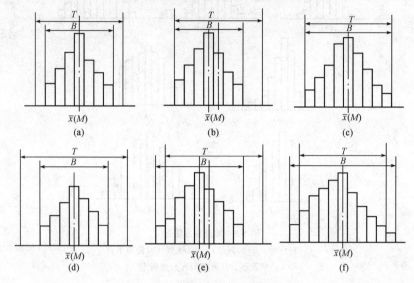

图1-6　实际质量分析与标准比较

T—质量标准要求界限;B—实际质量特性分布范围

(4)直方图法的应用。直方图的用途可归纳为以下几点:

1)作为反映质量情况的报告。

2)用于质量分析。将直方图与标准(规格)进行比较,易于发现异常,以便进一步分析原因,采取措施。

3)用于计算工序能力。

4)用于施工现场工序状态管理控制。

(四)因果分析图法

因果分析图又叫特性要因图、鱼刺图、树枝图。这是一种逐步深入研究和讨论质量问题的图示方法。在工程实践中,任何一种质量问题的产生,往往是多种原因造成的。这些原因有大有小,把这些原因依照大小次序分别用主干、大枝、中枝和小枝图形表示出来,便可一目了然地系统观察出产生质量问题的原因。运用因果分析图可以帮助我们制定对策,解决工程质量上存在的问题,从而达到控制质量的目的。

因果分析图基本形式见图1-7所示。从图1-7可见,因果分析图由质量特性

（即质量结果指某个质量问题）、要因（产生质量问题的主要原因）、枝干（指一系列箭线表示不同层次的原因）、主干（指较粗的直接指向质量结果的水平箭线）等组成。

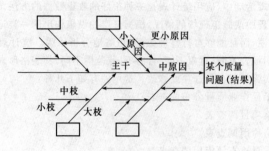

图 1-7　因果分析图的基本形式

（1）因果分析图绘制步骤。因果分析图的绘制一般按以下步骤进行：

1）先确定要分析的某个质量问题（结果），然后由左向右画粗干线，并以箭头指向所要分析的质量问题（结果）。

2）座谈议论、集思广益、罗列影响该质量问题的原因。谈论时要请各方面的有关人员一起参加。把谈论中提出的原因，按照人、机、料、法、环五大要素进行分类，然后分别填入因果分析图的大原因的线条里，再顺序地把中原因，小原因及更小原因同样填入因果分析图内。

3）从整个因果分析图中寻找最主要的原因，并根据重要程度以顺序①、②、③、……表示。

4）画出因果分析图并确定了主要原因后，必要时可到现场作实地调查，进一步搞清主要原因的项目，以便采取相应措施予以解决。

（2）因果分析图绘制注意事项如下：

1）制图并不很难，但如果对工程没有比较全面和深入的了解，没有掌握有关专业技术，是画不好的；同时，一个人的认识是有限的，所以要组织有关人员共同讨论、研究、分析、集思广益，才能准确地找出问题的原因所在，制定行之有效的对策。

2）对于特性产生的原因，要大原因、中原因、小原因、更小原因，一层一层地追下去，追根到底，才能抓住真正的原因。

（3）因果分析图的观察方法如下：

1）大小各种原因，都是通过什么途径，在多大程度上影响结果的。

2）各种原因之间有无关系。

3）各种原因有无测定的可能，准确程度如何。

4)把分析出来的原因与现场的实际情况逐项对比,看与现场有无出入、有无遗漏或不易遵守的条件等。

(五)统计调查表法

在质量管理活动中,应用统计表是一种很好的收集数据的方法。统计表是为了掌握生产过程中或施工现场的情况,根据分层的设想作出的一类记录表。统计表不仅使用方便,而且能够自行整理数据,粗略地分析原因。统计表的形式是多种多样的,使用场合不同、对象不同、目的不同、范围不同,其表格形式内容也不相同,可以根据实际情况自行选项或修改。常用的有如下几种:

(1)分项工程作业质量分布调查表。

(2)不合格项目调查表。

(3)不合格原因调查表。

(4)施工质量检查评定用调查表等。

(六)分层法

分层法又称分类法或分组法,就是将收集到的质量数据,按统计分析的需要,进行分类整理,使之系统化,以便于找到产生质量问题的原因,及时采取措施加以预防。分层的结果使数据各层间的差异突出地显示出来,减少了层内数据的差异。在此基础上再进行层间、层内的比较分析,可以更深入地发现和认识质量问题的原因。

分层法的形式和作图方法与排列图基本一样。分层时,一般按以下方法进行划分:

(1)按时间分:如按日班、夜班、日期、周、旬、月、季划分。

(2)按人员分:如按新、老、男、女或不同年龄特征划分。

(3)按使用仪器工具分:如按不同的测量仪器、不同的钻探工具等划分。

(4)按操作方法分:如按不同的技术作业过程、不同的操作方法等划分。

(5)按原材料分:按不同材料成分、不同进料时间等划分。

(七)相关图法

相关图又称散布图。在进行质量问题原因分析时,常常遇到一些变量共处于一个统一体中,它们相互联系、相互制约,在一定条件下又相互转化。这些变量之间的关系,有些是属于确定性关系,即它们之间的关系,可以用函数关系来表达;而有些则属于非确定性关系,即不能有一个变量的数值精确地求出另一个变量的值。相关图就是将两个非确定性变量的数据对应列出,并用点子画在坐标图上,来观察它们之间关系的图。对它们进行的分析称为相关分析。

相关图可用于质量特性和影响质量因素之间的分析;质量特性和质量特性之间的分析;影响因素和影响因素之间的分析。例如混凝土的强度(质量特性)与水灰比、含砂率(影响因素)之间的关系;强度与抗渗性(质量特性)之间的关系;水灰比与含砂率之间的关系,都可用相关图来分析。

相关图是利用有对应关系的两种数值画出来的坐标图。由于对应的数值反映出来的相关关系的不同。所以数据在坐标图上的散布点也各不相同。因此表现出来的分布状态有各种类型,大体归纳起来有以下几种类型:

(1)强正相关。它的特点是点子的分布面较窄。当横轴上的 x 值增大时,纵坐标 y 也明显增大,散布点呈一条直线带,图 1-8(a)所示的 x 和 y 之间存在着相当明显的相关关系,称为强正相关。

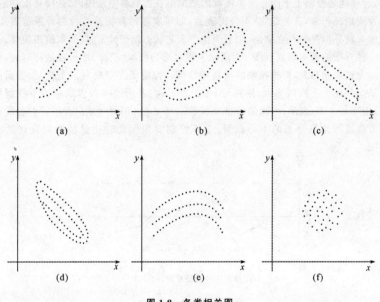

图 1-8　各类相关图

(2)弱正相关。点子在图上散布的面积较宽,但总的趋势是横轴上的 x 值增大时,纵轴上的 y 值也增大。图 1-8(b)所示其相关程度比较弱,叫弱正相关。

(3)强负相关。和强正相关所示的情况相似,也是点子的分布面较窄,只是当 x 值增大时,y 是减小的[图 1-8(c)]。

(4)弱负相关。和弱正相关所示的情况相似。只是当横轴上的 x 值增大时,纵轴上的 y 值却随之减小[图 1-8(d)]。

(5)曲线相关。图 1-8(e)所示的散布点不是呈线性散布,而是曲线散布。它表明两个变量间具有某种非线性相关关系。

(6)不相关。在相关图上点子的散布没有规律性。横轴上的 x 值增大时,纵轴上的 y 值也可能增大,也可能减小。即 x 和 y 间无任何关系[图 1-8(f)]。

(八)控制图法

控制图又称管理图。是用于分析和判断施工生产工序是否处于稳定状态所使用的一种带有控制界限的图表。它的主要作用是反映施工过程的运动状况,分析、监督、控制施工过程,对工程质量的形成过程进行预先控制。所以,常用于工序质量的控制。

(1)控制图的基本原理与形式。控制图的基本原理,就是根据正态分布的性质,合理确定控制上下限。如果实测的数据落在控制界限范围内,且排列无缺陷,则表明情况正常,工艺稳定,不会出废品;如果实测的数据落在控制界限范围外,或虽未越界但排列存在缺陷,则表明生产工艺状态出现异常,应采取措施调整。

控制图的基本形式见图 1-9 所示。横坐标为样本(子样)序号或抽样时间,纵坐标为被控制对象,即被控制的质量特性值。控制图上一般有三条线:在上面的一条虚线称为上控制界限,用符号 UCL 表示;在下面的一条虚线称为下控制界限,用符号 LCL 表示;中间的一条实线称为中心线,用符号 CL 表示。中心线标志着质量特性值分布的中心位置,上下控制界限标志着质量特性值允许波动范围。

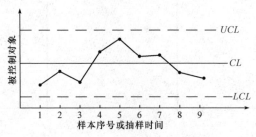

图 1-9　控制图基本形式

在生产过程中通过抽样取得数据,把样本统计量描在图上来分析判断生产过程状态。如果点子随机地落在上、下控制界限内,则表明生产过程正常处于稳定状态,不会产生不合格品;如果点子超出控制界限,或点子排列有缺陷,则表明生产条件发生了异常变化,生产过程处于失控状态。

(2)控制图控制界限的确定。根据数理统计的原理,考虑经济的原则,世界上大多数国家采用"三倍标准偏差法"来确定控制界限,即将中心线定在被控制对象的平均值上,以中心线为基准向上向下各量三倍被控制对象的标准偏差,即为上、下控制界限。如图 1-10 所示。

采用三倍标准偏差法是因为控制图是以正态分布为理论依据的。采用这种方法可以在最经济的条件下,实现生产过程控制,保证产品的质量。在用三倍标准偏差法确定控制界限时,其计算公式如下:

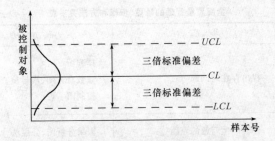

图 1-10　控制界限的确定

中心线　$CL = E(X)$　　　　　　　　　　　　　　　　　　(1-12)

上控制界限　$UCL = E(X) + 3D(X)$　　　　　　　　　　　(1-13)

下控制界线　$UCL = E(X) - 3D(X)$　　　　　　　　　　　(1-14)

式中　X——样本统计量，X 可取 $\bar{x}$（平均值）、$\tilde{x}$（中位数）、x（单值）、R（极差）、P_n（不合格品数）、P（不合格品率）、C（缺陷数）、u（单位缺陷数）等；

$E(X)$——X 的平均值；

$D(X)$——X 的标准偏差。

（3）控制图的用途和应用。控制图是用样本数据来分析判断生产过程是否处于稳定状态的有效工具。它的用途主要有两个：

1）过程分析，即分析生产过程是否稳定。为此，应随机连续收集数据，绘制控制图，观察数据点分布情况并判定生产过程状态。

2）过程控制，即控制生产过程质量状态。为此，要定时抽样取得数据，将其变为点子描在图上，发现并及时消除生产过程中的失调现象，预防不合格品的产生。

应用控制图进行分析判断时，有两条准则：

1）数据点都应在正常区内，不能越出控制界限。

2）数据点的排列，不应有缺陷。

如有以下一些情况，即表示生产工艺中存在异常因素：

1）数据点在中心线的一侧连续出现 7 次以上。

2）连续 7 个以上的数据上升或下降。

3）连续 11 个点中，至少有 10 个点（可以不连续）在中心线的同一侧。

4）连续 3 个点中，至少有 2 个点（可以不连续）在控制界限外出现。

5）数据点呈周期性变化。

（九）全面质量管理的阶段、步骤和方法

全面质量管理的四个阶段、八个步骤和七种管理工具的关系，见表 1-5。

表 1-5　　　　　　　　　　全面质量管理的阶段、步骤和方法关系表

阶段	步　骤		方　法
计 划	一	找出存在的问题	排列图 频数直方图、质量检查统计表 控制图
	二 三 四	分析产生问题的原因 找出影响的主要因素 制定措施计划	因果分析图、分层法 排列图、相关图 回答"5W1H"
实施	五	执行措施计划	要按计划执行,严格落实措施
检 查	六	检查效果	排列图、质量检查统计表 频数直方图 控制图
处 理	七	巩固措施	把工作结果标准化,注意审查: (1)操作规程(标准) (2)检查规程(标准) (3)各种规章制度的制订和修订
	八	提出尚未解决的问题	反映到下一循环(从步骤一重新开始)

第四节　工程项目的划分与管理

一、工程项目划分要求

为加强水利水电工程建设质量管理,保证工程施工质量,实践中通常将大、中型水利水电工程划分为单位工程、分部工程、单元工程三级。

(1)单位工程是指具有独立发挥作用或独立施工条件的建筑物。

(2)分部工程是指在一个建筑物内能组合发挥一种功能的建筑安装工程,是组成单位工程的各个部分;而对单位工程安全、功能或效益起控制作用的分部工程称为主要分部工程。

(3)单元工程是指分部工程中由几个工种施工完成的最小综合体,是日常质量考核的基本单位。

在工程质量检查验收过程中,施工单位、工程监理单位及建设单位应根据工

程项目的划分情况组织人员进行验收,以确保工程施工质量。

二、工程项目划分程序

(1)由项目法人组织监理、设计及施工等单位进行工程项目划分,并确定主要单位工程、主要分部工程、重要隐蔽单元工程和关键部位单元工程。项目法人在主体工程开工前将项目划分表及说明书面报相应工程质量监督机构确认。

(2)工程质量监督机构收到项目划分书面报告后,应在14个工作日内对项目划分进行确认并将确认结果书面通知项目法人。

(3)工程实施过程中,需对单位工程、主要分部工程、重要隐蔽单元工程和关键部位单元工程的项目划分进行调整时,项目法人应重新报送工程质量监督机构确认。

三、工程项目划分原则

1. 单位工程划分

单位工程项目的划分应按下列原则确定:

(1)枢纽工程,一般以每座独立的建筑物为一个单位工程。当工程规模大时,可将一个建筑物中具有独立施工条件的一部分划分为一个单位工程。

(2)堤防工程,按招标标段或工程结构划分单位工程,规模较大的交叉联结建筑物及管理设施以每座独立的建筑物为一个单位工程。

(3)引水(渠道)工程,按招标标段或工程结构划分单位工程。大、中型引水(渠道)建筑物以每座独立的建筑物为一个单位工程。

(4)除险加固工程,按招标标段或加固内容,并结合工程量划分单位工程。

2. 分部工程划分

分部工程项目的划分应按下列原则确定:

(1)枢纽工程,土建部分按设计的主要组成部分划分;金属结构及启闭机安装工程和机电设备安装工程按组合功能划分。

(2)堤防工程,按长度或功能划分。

(3)引水(渠道)工程中的河(渠)道按施工部署或长度划分。大、中型建筑物按工程结构主要组成部分划分。

(4)除险加固工程,按加固内容或部位划分。

(5)同一单位工程中,各个分部工程的工程量(或投资)不宜相差太大,每个单位工程中的分部工程数目,不宜少于5个。

3. 单元工程划分

单元工程项目的划分应按下列原则确定:

(1)按《水利水电基本建设工程单元工程质量等级评定标准(试行)》(SDJ 249.1~SDJ 249.6,SL 38,SL 239)(以下简称《单元工程评定标准》)规定进行划分。

(2)河(渠)道开挖、填筑及衬砌单元工程划分界限宜设在变形缝或结构缝处,长度一般不大于 100m。同一分部工程中各单元工程的工程量（或投资）不宜相差太大。

(3)《单元工程评定标准》中未涉及的单元工程可依据工程结构、施工部署或质量考核要求，按层、块、段进行划分。

四、工程项目具体划分措施

根据《水利水电工程施工质量检验与评定规程》(SL 176—2007)的规定，水利水电枢纽工程、堤防工程、引水(渠道)工程项目划分分别如表 1-6、表 1-7 和表 1-8 所示。

表 1-6   **水利水电枢纽工程项目划分表**

工程类别	单位工程	分部工程	说　明
一、拦河坝工程	（一）土质心（斜）墙土石坝	1. 坝基开挖与处理	
		△2. 坝基及坝肩防渗	视工程量可划分为数个分部工程
		△3. 防渗心（斜）墙	视工程量可划分为数个分部工程
		*4. 坝体填筑	视工程量可划分为数个分部工程
		5. 坝体排水	视工程量可划分为数个分部工程
		6. 坝脚排水棱体（或贴坡排水）	视工程量可划分为数个分部工程
		7. 上游坝面护坡	
		8. 下游坝面护坡	(1)含马道、梯步、排水沟 (2)如为混凝土面板（或预制块）和浆砌石护坡时，应含排水孔及反滤层
		9. 坝顶	含防浪墙、栏杆、路面、灯饰等
		10. 护岸及其他	
		11. 高边坡处理	视工程量可划分为数个分部工程，当工程量很大时，可单列为单位工程
		12. 观测设施	含临测仪器埋设、管理房等。单独招标时，可单列为单位工程
	（二）均质土坝	1. 坝基开挖与处理	
		△2. 坝基及坝肩防渗	视工程量可划分为数个分部工程
		*3. 坝体填筑	视工程量可划分为数个分部工程
		4. 坝体排水	视工程量可划分为数个分部工程

工程类别	单位工程	分部工程	说　明
一、拦河坝工程	（二）均质土坝	5. 坝脚排水棱体（或贴坡排水）	视工程量可划分为数个分部工程
		6. 上游坝面护坡	
		7. 下游坝面护坡	(1)含马道、梯步、排水沟 (2)如为混凝土面板(或预制块)和浆砌石护坡时，应含排水孔及反滤层
		8. 坝顶	含防浪墙、栏杆、路面、灯饰等
		9. 护岸及其他	
		10. 高边坡处理	视工程量可划分为数个分部工程
		11. 观测设施	含监测仪器埋设、管理房等。单独招标时，可单列为单位工程
	（三）混凝土面板堆石坝	1. 坝基开挖与处理	
		△2. 趾板及周边缝止水	视工程量可划分为数个分部工程
		△3. 坝基及坝肩防渗	视工程量可划分为数个分部工程
		△4. 混凝土面板及接缝止水	视工程量可划分为数个分部工程
		5. 垫层与过渡层	
		6. 堆石体	视工程量可划分为数个分部工程
		7. 上游铺盖和盖重	
		8. 下游坝面护坡	含马道、梯步、排水沟
		9. 坝顶	含防浪墙、栏杆、路面、灯饰等
		10. 护岸及其他	
		11. 高边坡处理	视工程量可划分为数个分部工程，当工程量很大时，可单列为单位工程
		12. 观测设施	含监测仪器埋设、管理房等。单独招标时，可单列为单位工程

工程类别	单位工程	分部工程	说　明
一、拦河坝工程	（四）沥青混凝土面板（心墙）堆石坝	1. 坝基开挖与处理	视工程量可划分为数个分部工程
		△2. 坝基及坝肩防渗	视工程量可划分为数个分部工程
		△3. 沥青混凝土面板（心墙）	视工程量可划分为数个分部工程
		＊4. 坝体填筑	视工程量可划分为数个分部工程
		5. 坝体排水	
		6. 上游坝面护坡	沥青混凝土心墙土石坝有此分部
		7. 下游坝面护坡	含马道、梯步、排水沟
		8. 坝顶	含防浪墙、栏杆、路面、灯饰等
		9. 护岸及其他	
		10. 高边坡处理	视工程量可划分为数个分部工程,当工程量很大时,可列为单位工程
		11. 观测设施	含监测仪器埋设、管理房等。单独招标时,可单列为单位工程
	（五）复合土工膜斜（心）墙土石坝	1. 坝基开挖与处理	
		△2. 坝基及坝肩防渗	
		△3. 土工膜斜（心）墙	
		＊4. 坝体填筑	视工程量可划分为数个分部工程
		5. 坝体排水	
		6. 上游坝面护坡	
		7. 下游坝面护坡	含马道、梯步、排水沟
		8. 坝顶	含防浪墙、栏杆、路面、灯饰
		9. 护岸及其他	
		10. 高边坡处理	视工程量可划分为数个分部工程
		11. 观测设施	含监测仪器埋设、管理房等。单独招标时,可单列为单位工程

工程类别	单位工程	分部工程	说　　　明
一、拦河坝工程	（六）混凝土（碾压混凝土）重力坝	1. 坝基开挖与处理	
		△2. 坝基及坝肩防渗与排水	
		3. 非溢流坝段	视工程量可划分为数个分部工程
		△4. 溢流坝段	视工程量可划分为数个分部工程
		*5. 引水坝段	
		6. 厂坝联结段	
		△7. 底孔（中孔）坝段	视工程量可划分为数个分部工程
		8. 坝体接缝灌浆	
		9. 廊道及坝内交通	含灯饰、路面、梯步、排水沟等。如为无灌浆（排水）廊道，本分部应为主要分部工程
		10. 坝顶	含路面、灯饰、栏杆等
		11. 消能防冲工程	视工程量可划分为数个分部工程
		12. 高边坡处理	视工程量可划分为数个分部工程，当工程量很大时，可单列为单位工程
		13. 金属结构及启闭机安装	视工程量可划分为数个分部工程
		14. 观测设施	含监测仪器埋设、管理房等。单独招标时，可单列为单位工程
	（七）混凝土（碾压混凝土）拱坝	1. 坝基开挖与处理	
		△2. 坝基及坝肩防渗排水	视工程量可划分为数个分部工程
		3. 非溢流坝段	视工程量可划分为数个分部工程
		△4. 溢流坝段	
		△5. 底孔（中孔）坝段	
		6. 坝体接缝灌浆	视工程量可划分为数个分部工程
		7. 廊道	含梯步、排水沟、灯饰等。如为无灌浆（排水）廊道，本分部应为主要分部工程
		8. 消能防冲	视工程量可划分为数个分部工程
		9. 坝顶	含路面、栏杆、灯饰等

工程类别	单位工程	分部工程	说　　明
一、拦河坝工程	（七）混凝土（碾压混凝土）拱坝	△10. 推力墩（重力墩、翼坝）	
		11. 周边缝	仅限于有周边缝拱坝
		12. 铰座	仅限于铰拱坝
		13. 高边坡处理	视工程量可划分为数个分部工程
		14. 金属结构及启闭机安装	视工程量可划分为数个分部工程
		15. 观测设施	含监测仪器埋设、管理房等。单独招标时,可单列为单位工程
	（八）浆砌石重力坝	1. 坝基开挖与处理	
		△2. 坝基及坝肩防渗排水	视工程量可划分为数个分部工程
		3. 非溢流坝段	视工程量可划分为数个分部工程
		△4. 溢流坝段	
		＊5. 引水坝段	
		6. 厂坝联结段	
		△7. 底孔（中孔）坝段	
		△8. 坝面（心墙）防渗	
		9. 廊道及坝内交通	含灯饰、路面、梯步、排水沟等。如为无灌浆（排水）廊道,本分部应为主要分部工程
		10. 坝顶	含路面、栏杆、灯饰等
		11. 消能防冲工程	视工程量可划分为数个分部工程
		12. 高边坡处理	视工程量可划分为数个分部工程
		13. 金属结构及启闭机安装	
		14. 观测设施	含监测仪器埋设、管理房等。单独招标时,可单列为单位工程

续表

工程类别	单位工程	分部工程	说　　明
一、拦河坝工程	（九）浆砌石拱坝	1. 坝基开挖与处理	
		△2. 坝基及坝肩防渗排水	
		3. 非溢流坝段	视工程量可划分为数个分部工程
		△4. 溢流坝段	
		△5. 底孔（中孔）坝段	
		△6. 坝面防渗	
		7. 廊道	含灯饰、路面、梯步、排水沟等
		8. 消能防冲	
		9. 坝顶	含路面、栏杆、灯饰等
		△10. 推力墩（重力墩、翼坝）	视工程量可划分为数个分部工程
		11. 高边坡处理	视工程量可划分为数个分部工程
		12. 金属结构及启闭机安装	
		13. 观测设施	含监测仪器埋设、管理房等。单独招标时，可单列为单位工程
	（十）橡胶坝	1. 坝基开挖与处理	
		2. 基础底板	
		3. 边墩（岸墙）、中墩	
		4. 铺盖或截渗墙、上游翼墙及护坡	
		5. 消能防冲	
		△6. 坝袋安装	
		△7. 控制系统	含管路安装、水泵安装、空压机安装
		8. 安全与观测系统	含充水坝安全溢流设备安装、排气阀安装；充气坝安全阀安装、水封管（或 U 形管）安装；自动塌坝装置安装；坝袋内压力观测设施安装，上下游水位观测设施安装
		9. 管理房	房建按《建筑工程施工质量验收统一标准》GB 50300—2001 附录 B 划分分项工程

工程类别	单位工程	分部工程	说　　明
二、泄洪工程	（一）溢洪道工程（含陡槽溢洪道、侧堰溢洪道、竖井溢洪道）	△1. 地基防渗及排水	
		2. 进水渠段	
		△3. 控制段	
		4. 泄槽段	
		5. 消能防冲段	视工程量划分为数个分部工程
		6. 尾水段	
		7. 护坡及其他	
		8. 高边坡处理	视工程量划分为数个分部工程
		9. 金属结构及启闭机安装	视工程量划分为数个分部工程
	（二）泄洪隧洞（放空洞、排砂洞）	△1. 进水口或竖井（土建）	
		2. 有压洞身段	视工程量划分为数个分部工程
		3. 无压洞身段	
		△4. 工作闸门段（土建）	
		5. 出口消能段	
		6. 尾水段	
		△7. 导流洞堵体段	
		8. 金属结构及启闭机安装	
三、枢纽工程中的引水工程	（一）坝体引水工程（含发电、灌溉、工业及生活取水口工程）	△1. 进水闸室段（土建）	
		2. 引水渠段	
		3. 厂坝联结段	
		4. 金属结构及启闭机安装	

工程类别	单位工程	分部工程	说　明
三、枢纽工程中的引水工程	（二）引水隧洞及压力管道工程	△1. 进水闸室段（土建）	
		2. 洞身段	视工程量可划分为数个分部工程
		3. 调压井	
		△4. 压力管道段	
		5. 灌浆工程	含回填灌浆、固结灌浆、接缝灌浆
		6. 封堵体	长隧洞临时支洞
		7. 封堵闸	长隧洞永久支洞
		8. 金属结构及启闭机安装	
四、发电工程	（一）地面发电厂房工程	1. 进口段（指闸坝式）	
		2. 安装间	
		3. 主机段	土建，每台机组段为一分部工程
		4. 尾水段	
		5. 尾水渠	
		6. 副厂房、中控室	安装工作量大时，可单列控制盘柜安装分部工程。房建工程按《建筑工程施工质量验收统一标准》GB 50300—2001 附录 B 划分分项工程
		△7. 水轮发电机组安装	以每台机组安装工程为一个分部工程
		8. 辅助设备安装	
		9. 电气设备安装	电气一次、电气二次可分列分部工程
		10. 通信系统	通信设备安装，单独招标时，可单列为单位工程
		11. 金属结构及启闭（起重）设备安装	拦污栅、进口及尾水闸门启闭机，桥式起重机可单列分部工程
		△12. 主厂房房建工程	按《建筑工程施工质量验收统一标准》GB 50300—2001 附录 B 序号 2、3、4、5、6、8 划分分项工程
		13. 厂区交通、排水及绿化	含道路、建筑小品、亭台、花坛、场坪绿化、排水沟渠等

续表

工程类别	单位工程	分部工程	说　明
四、发电工程	（二）地下发电厂房工程	1. 安装间	
		2. 主机段	土建,每台机组段为一分部工程
		3. 尾水段	
		4. 尾水洞	
		5. 副厂房、中控室	在安装工作量大时,可单列控制盘柜安装分部工程。房建工程按《建筑工程施工质量验收统一标准》GB 50300—2001 附录 B 划分分项工程
		6. 交通隧洞	视工程量可划分为数个分部工程
		7. 出线洞	
		8. 通风洞	
		△9. 水轮发电机组安装	每台机组为一个分部工程
		10. 辅助设备安装	
		11. 电气设备安装	电气一次、电气二次可分列分部工程
		12. 金属结构及启闭(起重)设备安装	尾水闸门启闭机、桥式起重机可单列分部工程
		13. 通信系统	通信设备安装,单独招标时,可单列为单位工程
		14. 砌体及装修工程	按《建筑工程施工质量验收统一标准》GB 50300—2001 附录 B 序号 2、3、4、5、6、8 划分分项工程
	（三）坝内式发电厂房工程	△1. 进水口闸室段(土建)	
		2. 压力管道	
		3. 安装间	
		4. 主机段	土建,每台机组段为一分部工程
		5. 尾水段	
		6. 副厂房及中控室	在安装工作量大时,可单列控制盘柜安装分部工程。房建工程按《建筑工程施工质量验收统一标准》GB 50300—2001 附录 B 划分分项工程
		△7. 水轮发电机组安装	每台机组为一个分部工程
		8. 辅助设备安装	

续表

工程类别	单位工程	分部工程	说　明
四、发电工程	（三）坝内式发电厂房工程	9. 电气设备安装	电气一次、电气二次可分列分部工程
		10. 通信系统	通信设备安装，单独招标时，可单列为单位工程
		11. 交通廊道	含梯步、路面、灯饰工程。电梯按《建筑工程施工质量验收统一标准》GB 50300—2001 附录 B 序号 9 划分分项工程
		12. 金属结构及启闭（起重）设备安装	视工程量可划分为分数个分部工程
		13. 砌体及装修工程	按《建筑工程施工质量验收统一标准》GB 50300—2001 附录 B 序号 2、3、4、5、6、8 划分分项工程
五、升压变电工程	地面升压变电站、地下升压变电站	1. 变电站(土建)	
		2. 开关站(土建)	
		3. 操作控制室	房建工程按《建筑工程施工质量验收标准》GB 50300—2001 附录 B 划分分项工程
		△4. 主变压器安装	
		5. 其他电气设备安装	按设备类型划分
		6. 交通洞	仅限于地下升压站
六、水闸工程	泄洪闸、冲砂闸、进水闸	1. 上游联结段	
		2. 地基防渗及排水	
		△3. 闸室段(土建)	
		4. 消能防冲段	
		5. 下游联结段	
		6. 交通桥(工作桥)	含栏杆、灯饰等
		7. 金属结构及启闭机安装	视工程量可划分为数个分部工程
		8. 闸房	按《建筑工程施工质量验收统一标准》GB 50300—2001 附录 B 划分分项工程

工程类别	单位工程	分部工程	说　　明
七、过鱼工程	（一）鱼闸工程	1. 上鱼室	
		2. 井或闸室	
		3. 下鱼室	
		4. 金属结构及启闭机安装	
	（二）鱼道工程	1. 进口段	
		2. 槽身段	
		3. 出口段	
		4. 金属结构及启闭机安装	
八、航运工程	（一）船闸工程		按交通部《船闸工程质量检验评定标准》JTJ 288-93 表 2.0.2-1、表 2.0.2-2 和表 2.0.2-3 划分分项工程
	（二）升船机工程	1. 上引航道及导航建筑物	按交通部《船闸工程质量检验评定标准》JTJ 288-93 表 2.0.2-1、表 2.0.2-2 和表 2.0.2-3 划分分项工程
		2. 上闸首	按交通部《船闸工程质量检验评定标准》JTJ 288-93 表 2.0.2-1、表 2.0.2-2 和表 2.0.2-3 划分分项工程
		3. 升船机主体	含普通混凝土、混凝土预制构件制作、混凝土预制构件安装、钢构件安装、承船厢制作、承船厢安装、升船机制作、升船机安装、机电设备安装等

工程类别	单位工程	分部工程	说　　明
八、航运工程	（二）升船机工程	4. 下闸首	按交通部《船闸工程质量检验评定标准》JTJ 288-93 表 2.0.2-1、表 2.0.2-2 和表 2.0.2-3 划分分项工程
		5. 下引航道	按交通部《船闸工程质量检验评定标准》JTJ 288-93 表 2.0.2-1、表 2.0.2-2 和表 2.0.2-3 划分分项工程
		6. 金属结构及启闭机安装	按交通部《船闸工程质量检验评定标准》JTJ 288-93 表 2.0.2-1、表 2.0.2-2 和表 2.0.2-3 划分分项工程
		7. 附属设施	按交通部《船闸工程质量检验评定标准》JTJ 288-93 表 2.0.2-1、表 2.0.2-2 和表 2.0.2-3 划分分项工程
九、交通工程	（一）永久性专用公路工程	按交通部《公路工程质量检验评定标准》JTG F80/1～2-2004 进行项目划分	
	（二）永久性专用铁路工程	按铁道部发布的铁路工程有关规定进行项目划分	
十、管理设施	永久性辅助性生产房屋及生活用房按《建筑工程施工质量验收统一标准》GB 50300-2001 附录 B 及附录 C 进行项目划分		

注:分部工程名称前加"△"者为主要分部工程。加"＊"者可定为主要分部工程,也可定为一般分部工程,视实际情况决定。

表 1-7   堤防工程项目划分表

工程类别	单位工程	分 部 工 程	说 明
一、防洪堤(1、2、3级堤防及堤身高于6m的4级堤防)	(一)△堤身工程	△1. 堤基处理	
		2. 堤基防渗	
		3. 堤身防渗	
		△4. 堤身填(浇、砌)筑工程	包括碾压式土堤填筑、土料吹填筑堤、混凝土防洪墙、砌石堤等
		5. 填塘固基	
		6. 压浸平台	
		7. 堤身防护	
		8. 堤脚防护	
		9. 小型穿堤建筑物	视工程量,以一个或同类数个小型穿堤建筑物为1个分部工程
	(二)堤岸防护	1. 护脚工程	
		△2. 护坡工程	
二、交叉联接建筑物(仅限于较大建筑物)	(一)涵洞	1. 地基与基础工程	
		2. 进口段	
		△3. 洞身	视工程量可划分为1个或数个分部工程
		4. 出口段	
	(二)水闸	1. 上游联结段	
		2. 地基与基础	
		△3. 闸室(土建)	
		4. 交通桥	
		5. 消能防冲段	
		6. 下游联结段	
		7. 金属结构及启闭机安装	
	(三)公路桥	按照《公路工程质量检验评定标准》(土建工程)JTG F80/1—2004附录A进行项目划分	
	(四)公路		

续表

工程类别	单位工程	分 部 工 程	说 明
三、管理设施	（一）管理设施	△1. 观测设施	单独招标时,可单列为单位工程
		2. 生产生活设施	房建工程按《建筑工程施工质量验收统一标准》GB 50300—2001 附录 B 划分分项工程
		3. 交通工程	公路按《公路工程质量检验评定标准》JTG F80/1～2—2004 划分分项工程
		4. 通信工程	通信设备安装,单独招标时,可单列为单位工程

注:1. 单位工程名称前加"△"者为主要单位工程,分部工程名称前加"△"者为主要分部工程。

　　2. 交叉联接建筑物中的"较大建筑物"指该建筑物的工程量(投资)与防洪堤中所划分的其他单位工程的工程量(投资)接近的建筑物。

表 1-8　　　　　　　　　　引水(渠道)工程项目划分表

工程类别	单位工程	分 部 工 程	说 明
一、引(输)水河渠道	（一）明渠、暗渠	1. 渠基开挖工程	以开挖为主。视工程量划分为数个分部工程
		2. 渠基填筑工程	以填筑为主。视工程量划分为数个分部工程
		△3. 渠道衬砌工程	视工程量划分为数个分部工程
		4. 渠顶工程	含路面、排水沟、绿化工程、桩号及界桩埋设等
		5. 高边坡处理	指渠顶以上边坡处理,视工程量划分为数个分部工程
		6. 小型渠系建筑物	以同类数座建筑物为一个分部工程

工程类别	单位工程	分 部 工 程			说 明
二、建筑物（＊指1、2、3级建筑物）	（一）水闸	1. 上游引河段			视工程量划分为数个分部工程
		2. 上游联结段			
		3. 闸基开挖与处理			
		4. 地基防渗及排水			
		△5. 闸室段（土建）			
		6. 消能防冲段			
		7. 下游联结段			
		8. 下游引河段			视工程量划分为数个分部工程
		9. 桥梁工程			
		10. 金属结构及启闭机安装			
		11. 闸房			按《建筑工程施工质量验收统一标准》GB 50300—2001 附录 B 中划分分项工程
	（二）渡槽	1. 基础工程			
		2. 进出口段			
		△3. 支承结构			视工程量划分为数个分部工程
		△4. 槽身			视工程量划分为数个分部工程
	（三）隧洞	1. 进口段			
		2. 洞身开挖	△1）洞身段		围岩软弱或裂隙发育时，按长度将洞身划分为数个分部工程，每个分部工程中有开挖单元和衬砌单元，洞身分部工程中对安全、功能或效益起控制作用的分部工程为主要分部工程。
			2）洞身开挖		围岩质地条件较好时，按施工顺序将洞身划分为数个洞身开挖分部工程和数个洞身衬砌分部工程。洞身衬砌分部工程中对安全、功能或效益起控制作用的分部工程为主要分部工程。
			△3）洞身衬砌		
		3. 隧洞固结灌浆			
		△4. 隧洞回填灌浆			
		5. 堵头段（或封堵闸）			临时支洞为堵头段，永久支洞为封堵闸
		6. 出口段			

工程类别	单位工程	分部工程	说明
二、建筑物（＊指1、2、3级建筑物）	（四）倒虹吸工程	1. 进口段	含开挖、砌（浇）筑及回填工程
		△2. 管道段	含管床、管道安装、填墩、支墩、阀井及设备安装等。视工程量可按管道长度划分为数个分部工程
		3. 出口段	含开挖、砌（浇）筑及回填工程
		4. 金属结构及启闭机安装	
	（五）涵洞	1. 基础与地基工程	
		2. 进口段	
		△3. 洞身	视工程量可划分为数个分部工程
		4. 出口段	
	（六）泵站	1. 引渠	视工程量划分为数个分部工程
		2. 前池及进水池	
		3. 地基与基础处理	
		4. 主机段（土建，电机层地面以下）	以每台机组为一个分部工程
		5. 检修间	按《建筑工程施工质量验收统一标准》GB 50300—2001 附录 B 中划分分项工程
		6. 配电间	
		△7. 泵房房建工程（电机层地面至屋顶）	
		△8. 主机泵设备安装	以每台机组安装为一个分部工程
		9. 辅助设备安装	
		10. 金属结构及启闭机安装	视工程量可划分为数个分部工程
		11. 输水管道工程	视工程量可划分为数个分部工程
		12. 变电站	
		13. 出水池	
		14. 观测设备	
		15. 桥梁（检修桥、清污机桥等）	

工程类别	单位工程	分 部 工 程	说 明
二、建筑物（＊指1、2、3级建筑物）	（七）公路桥涵（含引道）	按照《公路工程质量检验评定标准》（土建工程）JTG F80/1—2004 附录 A 进行项目划分	
	（八）铁路桥涵	按照铁道部发布的规定进行项目划分	
	（九）防冰设施（拦冰索、排冰闸等）	按设计及施工部署进行项目划分	
三、船闸工程	按交通部《船闸工程质量检验评定标准》JTJ288—93 表 2.0.2—1、表 2.0.2—2 和表 2.0.2—3 划分分部工程和分项工程		
四、管理设施	管理处（站、点）的生产及生活用房	按《建筑工程施工质量验收统一标准》GB 50300—2001 附录 B 及附录 C 进行项目划分。观测设施及通讯设施单独招标时，单列为单位工程。	

注：1. 分部工程名称前加"△"者为主要的分部工程。

2. 建筑物级别按《灌溉与排水工程设计规范》GB 50288—99 第 2 章规定执行

3. ＊工程量较大的 4 级建筑物，也可划分为单位工程。

五、项目质量管理的特点

由于项目施工涉及面广，是一个极其复杂的综合过程，再加上项目位置固定、生产流动、结构类型不一、质量要求不一、施工方法不一、体型大、整体性强、建设周期长、受自然条件影响大等特点，因此，施工项目的质量比一般工业产品的质量更难以控制，主要表现在以下方面：

（1）影响质量的因素多。如设计、材料、机械、地形、地质、水文、气象、施工工艺、操作方法、技术措施、管理制度等，均直接影响施工项目的质量。

（2）容易产生质量变异。因项目施工不像工业产品生产，有固定的自动性和流水线，有规范化的生产工艺和完善的检测技术，有成套的生产设备和稳定的生产环境，有相同系列规格和相同功能的产品；同时，由于影响施工项目质量的偶然性因素和系统性因素都较多，因此，很容易产生质量变异。如材料性能微小的差异、机械设备正常的磨损、操作微小的变化、环境微小的波动等，均会引起偶然性因素的质量变异；当使用材料的规格、品种有误，施工方法不妥，操作不按规程，机械故障，仪表失灵，设计计算错误等，则会引起系统性因素的质量变异，造成工程质量事故。为此，在施工中要严防出现系统性因素的质量变异；要把质量变异控制在偶然性因素范围内。

（3）容易产生第一、第二判断错误。施工项目由于工序交接多，中间产品多，隐蔽工程多,若不及时检查实质,事后再看表面,就容易产生第二判断错误,也就是说,容易将不合格的产品,认为是合格的产品;反之,若检查不认真,测量仪表不准,读数有误,就会产生第一判断错误,也就是说容易将合格产品认为是不合格的产品。这点,在进行质量检查验收时应特别注意。

(4)质量检查不能解体、拆卸。工程项目建成后,不可能像某些工业产品那样,再拆卸或解体检查内在的质量,或重新更换零件;即使发现质量有问题,也不可能像工业产品那样实行"包换"或"退款"。

(5)质量要受投资、进度的制约。施工项目的质量受投资、进度的制约较大,如一般情况下,投资大、进度慢,质量就好;反之,质量则差。因此,项目在施工中,还必须正确处理质量、投资、进度三者之间的关系,使其达到对立的统一。

六、项目质量管理的原则

对施工项目而言,质量控制,就是为了确保合同、规范所规定的质量标准,所采取的一系列检测、监控措施、手段和方法。在进行施工项目质量控制过程中,应遵循以下几点原则:

(1)坚持"质量第一,用户至上"。社会主义商品经营的原则是"质量第一,用户至上"。建筑产品作为一种特殊的商品,使用年限较长,是"百年大计",直接关系到人民生命财产的安全。所以,工程项目在施工中应自始至终地把"质量第一,用户至上"作为质量控制的基本原则。

(2)"以人为核心"。人是质量的创造者,质量控制必须"以人为核心",把人作为控制的动力,调动人的积极性、创造性;增强人的责任感,树立"质量第一"观念;提高人的素质,避免人的失误;以人的工作质量保工序质量、促工程质量。

(3)"以预防为主"。"以预防为主",就是要从对质量的事后检查把关,转向对质量的事前控制、事中控制;从对产品质量的检查,转向对工作质量的检查、对工序质量的检查,对中间产品的质量检查。这是确保施工项目的有效措施。

(4)坚持质量标准、严格检查,一切用数据说话。质量标准是评价产品质量的尺度,数据是质量控制的基础和依据。产品质量是否符合质量标准,必须通过严格检查,用数据说话。

(5)贯彻科学、公正、守法的职业规范。建筑施工企业的项目经理,在处理质量问题过程中,应尊重客观事实,尊重科学,正直、公正,不持偏见;遵纪、守法,杜绝不正之风;既要坚持原则、严格要求、秉公办事,又要谦虚谨慎、实事求是、以理服人、热情帮助。

七、项目质量管理的过程

任何工程项目都是由分项工程、分部工程和单位工程所组成的,而工程项目的建设,则通过一道道工序来完成。所以,施工项目的质量管理是从工序质量到分项工程质量、分部工程质量、单位工程质量的系统控制过程(图1-11);也是一个由对投入原材料的质量控制开始,直到完成工程质量检验为止的全过程的系统过程(图 1-12)。

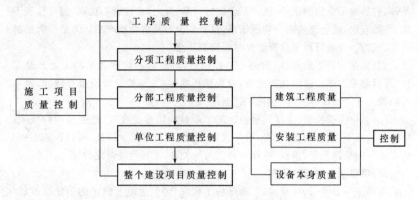

图 1-11　施工项目质量控制过程(一)

图 1-12　施工项目质量控制过程(二)

八、项目质量管理的程序

在进行建筑产品生产的全过程中,项目管理者要对建筑产品施工生产进行全过程、全方位的监督、检查与管理,它与工程竣工验收不同,它不是对最终产品的检查、验收,而是对生产中各环节或中间产品进行监督、检查与验收。这种全过程、全方位的中间质量管理简要程序见图 1-13 所示。

九、准备阶段质量管理

施工准备工作的基本任务是:掌握施工项目工程的特点;了解对施工总进度的要求;摸清施工条件;编制施工组织设计;全面规划和安排施工力量;制定合理的施工方案;组织物资供应;做好现场"三通一平"和平面布置;兴建施工临时设施,为现场施工做好准备工作。

(1)研究和会审图纸及技术交底。通过研究和会审图纸,可以广泛听取使用人员、施工人员的正确意见,弥补设计上的不足,提高设计质量;可以使施工人员了解设计意图、技术要求、施工难点,为保证工程质量打好基础。技术交底是施工前的一项重要准备工作,以使参与施工的技术人员与工人了解承建工程的特点、技术要求、施工工艺及施工操作要点。

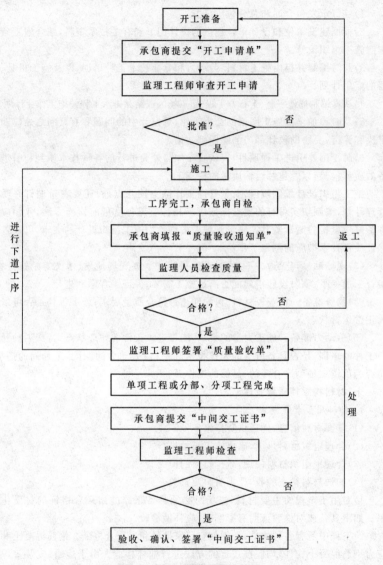

图 1-13　施工质量管理程序简图

(2)施工组织设计和施工方案编制阶段。施工组织设计或施工方案是指导施工的全面性技术经济文件,保证工程质量的各项技术措施是其中的重要内容。这个阶段的主要工作有以下几点:

1）签订承发包合同和总分包协议书。

2）根据建设单位和设计单位提供的设计图纸和有关技术资料，结合施工条件编制施工组织设计。

3）及时编制并提出施工材料、劳动力和专业技术工种培训，以及施工机具、仪器的需用计划。

4）认真编制场地平整、土石方工程、施工场区道路和排水工程的施工作业计划。

5）及时参加全部施工图纸的会审工作，对设计中的问题和有疑问之处应随时解决和弄清，要协助设计部门消除图纸差错。

6）属于国外引进工程项目，应认真参加与外商进行的各种技术谈判和引进设备的质量检验，以及包装运输质量的检查工作。

施工组织设计编制阶段，质量管理工作除上述几点外，还要着重制订好质量管理计划，编制切实可行的质量保证措施和各项工程质量的检验方法，并相应地准备好质量检验测试器具。质量管理人员要参加施工组织设计的会审，以及各项保证质量技术措施的制定工作。

（3）现场勘察与三通一平、临时设施搭建。掌握现场地质、水文等勘察资料，检查三通一平、临时设施搭建能否满足施工需要，保证工程顺利进行。

（4）物资准备。检查原材料、构配件是否符合质量要求；施工机具是否可以进入正常运行状态。

（5）劳动力准备。施工力量的集结，能否进入正常的作业状态；特殊工种及缺门工种的培训，是否具备应有的操作技术和资格；劳动力的调配，工种间的搭接，能否为后续工种创造合理的、足够的工作面。

十、材料构配件质量管理

1. 材料质量管理要求

（1）掌握材料信息，优选供货厂家。

（2）合理组织材料供应，确保施工正常进行。

（3）合理地组织材料使用，减少材料的损失。

（4）加强材料检查验收，严把材料质量关：

1）对用于工程的主要材料，进场时必须具备正式的出厂合格证的材质化验单。如不具备或对检验证明有影响时，应补做检验。

2）工程中所有各种构件，必须具有厂家批号和出厂合格证。钢筋混凝土和预应力钢筋混凝土构件，均应按规定的方法进行抽样检验。由于运输、安装等原因出现的构件质量问题，应分析研究，经处理鉴定后方能使用。

3）凡标志不清或认为质量有问题的材料，对质量保证资料有怀疑或与合同规定不符的一般材料；由于工程重要程度决定，应进行一定比例试验的材料；需要进行追踪检验，以控制和保证其质量的材料等，均应进行抽检。对于进口的材料设备和重要工程或关键施工部位所用的材料，则应进行全部检验。

4)材料质量抽样和检验的方法,应符合《建筑材料质量标准与管理规程》,要能反映该批材料的质量性能。对于重要构件或非匀质的材料,还应酌情增加采样的数量。

5)在现场配制的材料,如混凝土、砂浆、防水材料、防腐材料、绝缘材料、保温材料等的配合比,应先提出试配要求,经试配检验合格后才能使用。

6)对进口材料、设备应会同商检局检验,如核对凭证书发现问题,应取得供方和商检人员签署的商务记录,按期提出索赔。

7)高压电缆、电压绝缘材料要进行耐压试验。

(5)要重视材料的使用认证,以防错用或使用不合格的材料。

1)对主要装饰材料及建筑配件,应在订货前要求厂家提供样品或看样订货;主要设备订货时,要审核设备清单,是否符合设计要求。

2)对材料性能、质量标准、适用范围和对施工要求必须充分了解,以便慎重选择和使用材料。

3)凡是用于重要结构、部位的材料,使用时必须仔细地核对、认证,其材料的品种、规格、型号、性能有无错误,是否适合工程特点和满足设计要求。

4)新材料应用,必须通过试验和鉴定;代用材料必须通过计算和充分的论证,并要符合结构构造的要求。

5)材料认证不合格时,不许用于工程中;有些不合格的材料,如过期、受潮的水泥是否降级使用,亦需结合工程的特点予以论证,但决不允许用于重要的工程或部位。

2. 材料质量管理内容

材料质量控制的内容主要有:材料的质量标准,材料的性能,材料取样、试验方法,材料的适用范围和施工要求等。

(1)材料质量标准。材料质量标准是用以衡量材料质量的尺度,也是作为验收、检验材料质量的依据。不同的材料有不同的质量标准,掌握材料的质量标准,就便于可靠地控制材料和工程的质量。

(2)材料质量的检(试)验。材料质量检验的目的,是通过一系列的检测手段,将所取得的材料数据与材料的质量标准相比较,借以判断材料质量的可靠性,能否使用于工程中;同时,还有利于掌握材料信息。

1)材料质量的检验方法。材料质量检验方法有书面检验、外观检验、理化检验和无损检验等四种。

①书面检验,是通过对提供的材料质量保证资料、试验报告等进行审核,取得认可方能使用。

②外观检验,是对材料从品种、规格、标志、外形尺寸等进行直观检查,看其有无质量问题。

③理化检验,是借助试验设备和仪器对材料样品的化学成分、机械性能等进

行科学的鉴定。

④无损检验，是在不破坏材料样品的前提下，利用超声波、X射线、表面探伤仪等进行检测。

2)材料质量检验程度。根据材料信息和保证资料的具体情况，其质量检验程度分免检、抽检和全部检查三种。

①免检就是免去质量检验过程。对有足够质量保证的一般材料，以及实践证明质量长期稳定且质量保证资料齐全的材料可予免检。

②抽检就是按随机抽样的方法对材料进行抽样检验。当对材料的性能不清楚，或对质量保证资料有怀疑，或对成批生产的构配件，均应按一定比例进行抽样检验。

③全检验。凡对进口的材料、设备和重要工程部位的材料，以及贵重的材料，应进行全部检验，以确保材料和工程质量。

3)材料质量检验的取样。材料质量检验的取样必须有代表性，即所采取样品的质量应能代表该批材料的质量。在采取试样时，必须按规定的部位、数量及采选的操作要求进行。

4)材料抽样检验的判断。抽样检验一般适用于对原材料、半成品或成品的质量鉴定。由于产品数量大或检验费用高，不可能对产品逐个进行检验，特别是破坏性和损伤性的检验。通过抽样检验，可判断整批产品是否合格。

3. 材料的选择和使用

材料的选择和使用不当，均会严重影响工程质量或造成质量事故。为此，必须针对工程特点，根据材料的性能、质量标准、适用范围和对施工要求等方面进行综合考虑，慎重地选择和使用材料。

例如，贮存期超过3个月的过期水泥或受潮、结块的水泥，需重新检定其强度等级，并且不允许用于重要工程中，不同品种、强度等级的水泥，由于水化热不同，不能混合使用；硅酸盐水泥、普通水泥因水化热大，适宜于冬期施工，而不适宜于大体积混凝土工程；矿渣水泥适用于配制大体积混凝土和耐热混凝土，但具有泌水性大的特点，易降低混凝土的匀质性和抗渗性，因此，在施工时必须加以注意。

十一、施工方案及机械设备质量管理

1. 施工方案的质量管理

施工方案正确与否，是直接影响施工项目质量、进度和成本的关键。施工方案考虑不周往往会拖延工期、影响质量、增加投资。为此，在制定施工方案时，必须结合工程实际，从技术、组织、管理、经济等方面进行全面分析、综合考虑，以确保施工方案在技术上可行，有利于提高工程质量，在经济上合理，有利于降低工程成本。在选用施工方案时，应根据工程特点、技术水平和设备条件进行多方案技术经济比较，从中选择最佳方案。

2. 施工机械设备的选用

施工机械设备是实现施工机械化的重要物质基础,是现代化施工中必不可少的设备,对施工项目的进度、质量均有直接影响。为此,施工机械设备的选用,必须综合考虑施工场地的条件、建筑结构形式、机械设备性能、施工工艺和方法、施工组织与管理、建筑经济等各种因素进行多方案比较,使之合理装备、配套使用、有机联系,以充分发挥机械设备的效能,力求获得较好的综合经济效益。

机械设备的选用,应着重从机械设备的选型、机械设备的主要性能参数和机械设备使用操作要求等三方面予以控制。

(1)机械设备的选型。机械设备的选择,应本着因地制宜、因工程制宜,按照技术上先进、经济上合理、生产上适用、性能上可靠、使用上安全、操作方便和维修方便的原则,贯彻执行机械化、半机械化与改良工具相结合的方针,突出施工与机械相结合的特色,使其具有工程的适用性,具有保证工程质量的可靠性,具有使用操作的方便性和安全性。

(2)机械设备的主要性能参数。机械设备的主要性能参数是选择机械设备的依据,要能满足需要和保证质量的要求。

(3)机械设备使用与操作要求。合理使用机械设备,正确地进行操作,是保证项目施工质量的重要环节。应贯彻"人机固定"原则,实行定机、定人、定岗位责任的"三定"制度。操作人员必须认真执行各项规章制度,严格遵守操作规程,防止出现安全质量事故。机械设备在使用中,要尽量避免发生故障,尤其是预防事故损坏(非正常损坏),即指人为的损坏。造成事故损坏的主要原因有:操作人员违反安全技术操作规程和保养规程;操作人员技术不熟练或麻痹大意;机械设备保养、维修不良;机械设备运输和保管不当;施工使用方法不合理和指挥错误,气候和作业条件的影响等。这些都必须采取措施,严加防范,随时要以"五好"标准予以检查控制,即:

1)完成任务好:要做到高效、优质、低耗和服务好。

2)技术状况好:要做到机械设备经常处于完好状态,工作性能达到规定要求,机容整洁和随机工具部件及附属装置等完整齐全。

3)使用好:要认真执行以岗位责任制为主的各项制度,做到合理使用、正确操作和原始记录齐全准确。

4)保养好:要认真执行保养规程,做到精心保养,随时搞好清洁、润滑、调整、紧固、防腐。

5)安全好:要认真遵守安全操作规程和有关安全制度,做到安全生产,无机械事故。

只要调动人的积极性,建立健全合理的规章制度,严格执行技术规定,就能提高机械设备的完好率、利用率和效率。

十二、施工工序质量管理

1. 工序质量管理的概念

工程项目的施工过程，是由一系列相互关联、相互制约的工序所构成的。工序质量是基础，直接影响工程项目的整体质量。要控制工程项目施工过程的质量，首先必须控制工序的质量。

工序质量是指施工中人、材料、机械、工艺方法和环境等对产品综合起作用的过程的质量，又称过程质量，它体现为产品质量。

工序质量包含两方面的内容：一是工序活动条件的质量；二是工序活动效果的质量。从质量管理的角度来看，这两者是互为关联的，一方面要管理工序活动条件的质量，即每道工序投入品的质量（即人、材料、机械、方法和环境的质量）是否符合要求；另一方面又要管理工序活动效果的质量，即每道工序施工完成的工程产品是否达到有关质量标准。

工序质量的管理，就是对工序活动条件的质量管理和工序活动效果的质量管理，据此来达到整个施工过程的质量管理。在进行工序质量管理时要着重于以下几方面的工作：

(1) 确定工序质量控制工作计划。一方面要求对不同的工序活动制定专门的保证质量的技术措施，做出物料投入及活动顺序的专门规定；另一方面须规定质量控制工作流程、质量检验制度等。

(2) 主动控制工序活动条件的质量。工序活动条件主要指影响质量的五大因素，即人、材料、机械设备、方法和环境等。

(3) 及时检验工序活动效果的质量。主要是实行班组自检、互检、上下道工序交接检，特别是对隐蔽工程和分项（部）工程的质量检验。

(4) 设置工序质量控制点（工序管理点），实行重点控制。工序质量控制点是针对影响质量的关键部位或薄弱环节而确定的重点控制对象。正确设置控制点并严格实施是进行工序质量控制的重点。

2. 工序质量控制点的设置

质量控制点设置的原则，是根据工程的重要程度，即质量特性值对整个工程质量的影响程度来确定。为此，在设置质量控制点时，首先要对施工的工程对象进行全面分析、比较，以明确质量控制点；其后进一步分析所设置的质量控制点在施工中可能出现的质量问题或造成质量隐患的原因，针对隐患的原因，相应地提出对策措施予以预防。由此可见，设置质量控制点，是对工程质量进行预控的有力措施。

质量控制点的涉及面较广，根据工程特点，视其重要性、复杂性、精确性、质量标准和要求，可能是结构复杂的某一工程项目，也可能是技术要求高、施工难度大的某一结构构件或分项、分部工程，也可能是影响质量关键的某一环节中的某一工序或若干工序。总之，无论是操作、材料、机械设备、施工顺序、技术参数、自然条件、工程环境等,均可作为质量控制点来设置,主要是视其对质量特征影响的大小及危害程度而定。

质量控制点一般设置在下列部位:

(1)重要的和关键性的施工环节和部位。

(2)质量不稳定、施工质量没有把握的施工工序和环节。

(3)施工技术难度大的、施工条件困难的部位或环节。

(4)质量标准或质量精度要求高的施工内容和项目。

(5)对后续施工或后续工序质量或安全有重要影响的施工工序或部位。

(6)采用新技术、新工艺、新材料施工的部位或环节。

3. 工序质量检验

工序质量的检验,就是利用一定的方法和手段,对工序操作及其完成产品的质量进行实际而及时的测定、查看和检查,并将所测得的结果同该工序的操作规程及形成质量特性的技术标准进行比较,从而判断是否合格或是否优良。

工序质量的检验,也是对工序活动的效果进行评价。工序活动的效果,归根结底就是指通过每道工序所完成的工程项目质量或产品的质量如何,是否符合质量标准。

十三、成品保护

成品保护一般是指在施工过程中,某些分项工程已经完成,而其他一些分项工程尚在施工;或者是在其分项工程施工过程中,某些部位已完成,而其他部位正在施工。在这种情况下,施工单位必须负责对已完成部分采取妥善措施予以保护,以免因成品缺乏保护或保护不善而造成损伤或污染,影响工程整体质量。

第五节　质量员的基本工作职责

一、施工质量员素质要求

工程质量是施工单位各部门、各环节、各项工作质量的综合反映,质量保证工作的中心是各部门各级人员认真履行各自的质量职能。对于一个建设工程来说,项目质量员应对现场质量管理的实施全面负责,其必须具备如下素质,才能担当重任。

(1)要求有足够的专业知识。质量员的工作具有很强的专业性和技术性,必须由专业技术人员来承担,要求对设计、施工、材料、机械、测量、计量,检测、评定等各方面专业知识都应了解并精通。

(2)要求有很强的工作责任心。质量员负责工程的全部质量控制工作,要求其必须对工作认真负责,批批检验,层层把关,及时发现问题,解决问题,确保工程质量。

(3)要求有较强的管理能力和一定的管理经验。质量员是现场质量监控体系的组织者和负责人,要求有一定的组织协调能力和管理经验,确保质量控制工作和质量验收工作有条不紊,井然有序的进行。

二、施工质量员的基本工作

质量员负责工程的全部质量控制工作,负责指导和保证质量控制制度的实施,保证工程建设满足技术规范和合同规定的质量要求,具体有:

(1)负责现行建筑工程适用标准的识别和解释。

(2)负责质量控制制度和质量控制手段的介绍与具体实施,指导质量控制工作的顺利进行。

(3)建立文件和报告制度。主要是工程建设各方关于质量控制的申请和要求,针对施工过程中的质量问题而形成的各种报告、文件的汇总,也包括向各有关部门传达的必要的质量措施。

(4)组织现场试验室和质监部门实施质量控制,监督实验工作。

(5)组织工程质量检查,并针对检查内容,主持召开质量分析会。

(6)指导现场质量监督工作。在施工过程中巡查施工现场,发现并纠正错误操作,并协助工长搞好工程质量自检、互检和交接检,随时掌握各分项工程的质量情况。

(7)负责整理分项、分部和单位工程检查评定的原始记录,及时填报各种质量报表,建立质量档案。

三、施工质量员的职责

1. 施工准备阶段的职责

(1)制订工程项目的现场质量管理制度。根据工程项目特点,结合工程质量目标、工期目标,建立质量控制系统,制定现场质量检验制度,质量统计报表制度,质量事故报告处理制度,质量文件管理制度,并协助分包单位完善其他现场质量管理制度,保证整个工程项目保质保量地完成。

(2)参加施工组织设计和施工方案会审、施工图会审和设计交底。全面掌握施工方法、工艺流程、检验手段和关键部位的质量要求;掌握新工艺,新材料,新技术的特殊质量和施工方法。

(3)对分包队伍人员进行质量培训教育。根据工程项目特点,检查特殊、专业工种和关键的施工工艺或新技术、新工艺、新材料等应用方面的操作人员的能力,对其进行重点质量培训,提高其操作水平和技术水平以及质量意识。

(4)协助机械员和计量员检查施工机械设备和计量仪器。检查施工机械设备型号、技术性能是否满足施工质量控制的要求,是否处于完好状态能正常运转;检查用于质量检测、试验和测量的仪器、设备和仪表是否处于可用状态,是否满足使用需要,检查其合格证明书和检定表。

(5)对进场原材料和现场配制的材料进行检验。检查进场材料的出厂合格证和材质化验单,并仔细核对其品种、规格、型号,性能;新型材料必须通过试验和鉴定,经监理工程师审核与审批;现场配制的材料的配合比,应先试配,试配检验合格才能使用。

(6)检查分包队伍的质量管理体系和劳动条件,检查外送委托检测、试验机构资质等级是否合格;复核原始基准点、基准线、参考标高,复测施工测量控制网,并报监理工程师审核。

2. 施工过程中的职责

(1)根据工程施工工序和施工关键部位,建立工程质量控制点。在施工过程中,对工程关键工序和质量薄弱环节实施强化管理,防止和减少质量问题的发生。

(2)在单位工程、分部工程、分项工程正式施工前协助工长认真做好技术交底工作。技术交底主要是让参与施工的人员在施工前了解设计与施工的技术要求,以便科学地组织施工,按合理的工序进行作业。其主要内容包括施工图、施工组织设计、施工工艺、技术安全措施,规范要求、操作规程,质量标准要求等,对工程项目采用的新结构、新工艺、新材料和新技术的特殊要求,更要详细地交代清楚。

(3)在施工过程中进行技术复核工作,即检查施工人员是否按施工图纸,技术交底及技术操作规程施工。

(4)负责监督施工过程中自检、互检、交接检制度的执行,并参加施工的中间检查、工序交接检查,填写好相关记录。负责纠正不合格工序,对出现的质量事故,应及时停止该部位及相关部位施工,实施事故处理程序。

(5)按照有关验收规定做好隐预检验收工作,并做好隐预检验记录,归档保存。

3. 施工验收阶段的职责

按照工程质量验收规范对分项工程、分部工程、单位工程进行验收,办理验收手续,填写验收记录,整理有关的工程项目质量的技术文件,归档保存。

第六节 施工项目质量问题分析与处理

一、施工项目质量问题分析

(一)施工项目质量问题的特点

施工项目质量缺陷具有复杂性、严重性、可变性和多发性的特点。

1. 复杂性

施工项目质量缺陷的复杂性,主要表现在引发质量缺陷的因素复杂,从而增加了对质量缺陷的性质、危害的分析、判断和处理的复杂性。例如建筑物的倒塌,可能是未认真进行地质勘察,地基的容许承载力与持力层不符;也可能是未处理好不均匀地基,产生过大的不均匀沉降;或是盲目套用图纸,结构方案不正确,计算简图与实际受力不符;或是荷载取值过小,内力分析有误,结构的刚度、强度、稳定性差;或是施工偷工减料、不按图施工、施工质量低劣;或是建筑材料及制品不合格,擅自代用材料等原因所造成。由此可见,即使同一性质的质量问题,原因有时截然不同,所以在处理质量问题时,必须深入地进行调查研究,针对其质量问题的特征作具体分析。

2. 严重性

施工项目质量缺陷,轻者影响施工顺利进行,拖延工期,增加工程费用;重者,给工程留下隐患,成为危房,影响安全使用或不能使用;更严重的是引起建筑物倒塌,造成人民生命财产的巨大损失。

3. 可变性

许多工程质量缺陷,还将随着时间不断发展变化。例如,钢筋混凝土结构出现的裂缝将随着环境湿度、温度的变化而变化,或随着荷载的大小和持荷时间而变化;建筑物的倾斜,将随着附加弯矩的增加和地基的沉降而变化;混合结构墙体的裂缝也会随着温度应力和地基的沉降量而变化;甚至有的细微裂缝,也可以发展成构件断裂或结构物倒塌等重大事故。所以,在分析、处理工程质量问题时,一定要特别重视质量事故的可变性,应及时采取可靠的措施,以免事故进一步恶化。

4. 多发性

施工项目中有些质量缺陷,就像"常见病"、"多发病"一样经常发生,而成为质量通病。因此,吸取多发性事故的教训,认真总结经验,是避免事故重演的有效措施。

(二)施工项目质量问题的分类

工程质量问题一般分为工程质量缺陷、工程质量通病、工程质量事故。

1. 工程质量缺陷

是指工程达不到技术标准允许的技术指标的现象。

2. 工程质量通病

是指各类影响工程结构、使用功能和外形观感的常见性质量损伤,犹如"多发病"一样,而称为质量通病。

3. 工程质量事故

是指在工程建设过程中或交付使用后,对工程结构安全、使用功能和外形观感影响较大、损失较大的质量损伤。如桥梁结构坍塌,大体积混凝土强度不足等等。它的特点是:

(1)经济损失达到较大的金额。

(2)有时造成人员伤亡。

(3)后果严重,影响结构安全。

(4)无法降级使用,难以修复时必须推倒重建。

(三)施工项目质量问题原因分析

施工项目质量问题表现的形式多种多样,诸如建筑结构的错位、变形、倾斜、倒塌、破坏、开裂、渗水、漏水、刚度差、强度不足、断面尺寸不准等等,但究其原因,可归纳如下：

1. 违背建设程序

如不经可行性论证，不做调查分析就拍板定案；没有搞清工程地质、水文地质就仓促开工；无证设计，无图施工；任意修改设计，不按图纸施工；工程竣工不进行试车运转、不经验收就交付使用等盲干现象，致使不少工程项目留有严重隐患，房屋倒塌事故也常有发生。

2. 工程地质勘察原因

未认真进行地质勘察，提供地质资料、数据有误；地质勘察时，钻孔间距太大，不能全面反映地基的实际情况，如当基岩地面起伏变化较大时，软土层厚薄相差亦甚大；地质勘察钻孔深度不够，没有查清地下软土层、滑坡、墓穴、孔洞等地层构造；地质勘察报告不详细、不准确等，均会导致采用错误的基础方案，造成地基不均匀沉降、失稳，使上部结构及墙体开裂、破坏、倒塌。

3. 未加固处理好地基

对软弱土、冲填土、杂填土、湿陷性黄土、膨胀土、岩层出露、熔岩、土洞等不均匀地基未进行加固处理或处理不当，均是导致重大质量问题的原因。必须根据不同地基的工程特性，按照地基处理应与上部结构相结合，使其共同工作的原则，从地基处理、设计措施、结构措施、防水措施、施工措施等方面综合考虑治理。

4. 设计计算问题

设计考虑不周，结构构造不合理，计算简图不正确，计算荷载取值过小，内力分析有误，沉降缝及伸缩缝设置不当，悬挑结构未进行抗倾覆验算等，都是诱发质量问题的隐患。

5. 材料及制品不合格

诸如：钢筋物理力学性能不符合标准，水泥受潮、过期、结块、安定性不良，砂石级配不合理、有害物含量过多，混凝土配合比不准，外加剂性能、掺量不符合要求时，均会影响混凝土强度、和易性、密实性、抗渗性，导致混凝土结构强度不足、裂缝、渗漏、蜂窝、露筋等质量问题；预制构件断面尺寸不准，支承锚固长度不足，未可靠建立预应力值，钢筋漏放、错位，板面开裂等，必然会出现断裂、垮塌。

6. 施工和管理问题

许多工程质量问题，往往是由施工和管理所造成。例如：

(1)不熟悉图纸，盲目施工，图纸未经会审，仓促施工；未经监理、设计部门同意，擅自修改设计。

(2)不按图施工。把铰接做成刚接，把简支梁做成连续梁，抗裂结构用光圆钢筋替变形钢筋等，致使结构裂缝破坏；挡土墙不按图设滤水层，留排水孔，致使土压力增大，造成挡土墙倾覆。

(3)不按有关施工验收规范施工。如现浇混凝土结构不按规定的位置和方法任意留设施工缝;不按规定的强度拆除模板;砌体不按组砌形式砌筑,留直槎不加拉结条,在小于1m宽的窗间墙上留设脚手眼等。

(4)不按有关操作规程施工。如用插入式振捣器捣实混凝土时,不按插点均布、快插慢拔、上下抽动、层层扣搭的操作方法,致使混凝土振捣不实,整体性差;又如,砖砌体包心砌筑,上下通缝,灰浆不均匀饱满,游丁走缝,不横平竖直等都是导致砖墙、砖柱破坏、倒塌的主要原因。

(5)缺乏基本结构知识,施工蛮干。如将钢筋混凝土预制梁倒放安装;将悬臂梁的受拉钢筋放在受压区;结构构件吊点选择不合理,不了解结构使用受力和吊装受力的状态;施工中在楼面超载堆放构件和材料等,均将给质量和安全造成严重的后果。

(6)施工管理紊乱,施工方案考虑不周,施工顺序错误。技术组织措施不当,技术交底不清,违章作业。不重视质量检查和验收工作等等,都是导致质量问题的祸根。

7. 自然条件影响

施工项目周期长、露天作业多,受自然条件影响大,温度、湿度、日照、雷电、供水、大风、暴雨等都能造成重大的质量事故,施工中应特别重视,采取有效措施予以预防。

8. 建筑结构使用问题

建筑物使用不当,亦易造成质量问题。如不经校核、验算,就在原有建筑物上任意加层;使用荷载超过原设计的容许荷载;任意开槽、打洞、削弱承重结构的截面等。

二、施工项目质量问题处理

(一)施工项目质量问题处理的基本要求

(1)处理应达到安全可靠,不留隐患,满足生产、使用要求,施工方便,经济合理的目的。

(2)重视消除事故的原因。这不仅是一种处理方向,也是防止事故重演的重要措施,如地基由于浸水沉降引起的质量问题,则应消除浸入的原因,制定防治浸水的措施。

(3)注意综合治理。既要防止原有事故的处理引发新的事故;又要注意处理方法的综合应用,如结构承载能力不足时,则可采取结构补强、卸荷,增设支撑、改变结构方案等方法的综合应用。

(4)正确确定处理范围。除了直接处理事故发生的部位外,还应检查事故对相邻区域及整个结构的影响,以正确确定处理范围。例如,板的承载能力不足进行加固时,往往形成从板、梁、柱到基础均可能要予以加固。

(5)正确选择处理时间和方法。发现质量问题后,一般均应及时分析处理。但并非所有质量问题的处理都是越早越好,如裂缝、沉降,变形尚未稳定就匆忙处理,往往不能达到预期的效果,而常会进行重复处理。处理方法的选择,应根据质量问题的特点,综合考虑安全可靠、技术可行、经济合理、施工方便等因素,经分析比较,择优选定。

(6)加强事故处理的检查验收工作。从施工准备到竣工,均应根据有关规范的规定和设计要求的质量标准进行检查验收。

(7)认真复查事故的实际情况。在事故处理中若发现事故情况与调查报告中所述的内容差异较大时,应停止施工,待查清问题的实质,采取相应的措施后再继续施工。

(8)确保事故处理期的安全。事故现场中不安全因素较多,应事先采取可靠的安全技术措施和防护措施,并严格检查、执行。

(二)施工项目质量问题分析处理的程序

施工项目质量问题分析、处理的程序,一般可按图 1-14 所示进行。

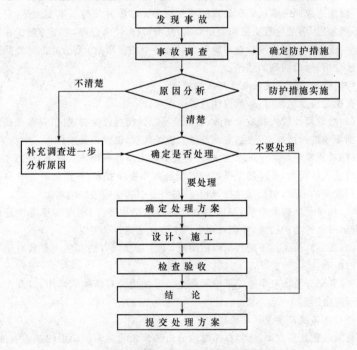

图 1-14　质量问题分析、处理程序框图

事故发生后,应及时组织调查处理。调查的主要目的,是要确定事故的范围、性质、影响和原因等,通过调查为事故的分析与处理提供依据,一定要力求全面、准确、客观。调查结果,要整理撰写成事故调查报告,其内容包括:

(1)工程概况,重点介绍事故有关部分的工程情况。

(2)事故情况,事故发生时间、性质、现状及发展变化的情况。

(3)是否需要采取临时应急防护措施。

(4)事故调查中的数据、资料。

(5)事故原因的初步判断。

(6)事故涉及人员与主要责任者的情况等。

事故的原因分析,要建立在事故情况调查的基础上,避免情况不明就主观分析判断事故的原因。尤其是有些事故,其原因错综复杂,往往涉及勘察、设计、施工、材质、使用管理等几方面,只有对调查提供的数据、资料进行详细分析后,才能去伪存真,找到造成事故的主要原因。

事故的处理要建立在原因分析的基础上,对有些事故一时认识不清时,只要事故不致产生严重的恶化,可以继续观察一段时间,做进一步调查分析,不要急于求成,以免造成同一事故多次处理的不良后果。事故处理的基本要求是:安全可靠,不留隐患,满足建筑功能和使用要求,技术可行,经济合理,施工方便。在事故处理中,还必须加强质量检查和验收。对每一个质量事故,无论是否需要处理都要经过分析,做出明确的结论。

(三)施工项目质量问题处理应急措施

在拟定应急措施时,一般应注意以下事项:

(1)对危险性较大的质量事故,首先应予以封闭或设立警戒区,只有在确认不可能倒塌或进行可靠支护后,方准许进入现场处理,以免人员的伤亡。

(2)对需要进行部分拆除的事故,应充分考虑事故对相邻区域结构的影响,以免事故进一步扩大,且应制定可靠的安全措施和拆除方案,要严防对原有事故的处理引发新的事故,如托梁换柱,稍有疏忽将会引起整幢房屋倒塌。

(3)凡涉及结构安全的,都应对处理阶段的结构强度、刚度和稳定性进行验算,提出可靠的防护措施,并在处理中严密监视结构的稳定性。

(4)在不卸荷条件下进行结构加固时,要注意加固方法和施工荷载对结构承载力的影响。

(5)要充分考虑对事故处理中所产生的附加内力对结构的作用,以及由此引起的不安全因素。

(四)施工项目质量问题处理方案

质量问题处理方案,应当在正确地分析和判断质量问题原因的基础上进行。对于工程质量问题,通常可以根据质量问题的情况,做出以下四类不同性质的处理方案。

(1)修补处理。这是最常采用的一类处理方案。通常当工程的某些部分的质量虽未达到规定的规范、标准或设计要求,存在一定的缺陷,但经过修补后还可达到要求的标准,又不影响使用功能或外观要求,在此情况下,可以做出进行修补处理的决定。

属于修补这类方案的具体方案有很多,诸如封闭保护、复位纠偏、结构补强、表面处理等均是。例如,某些混凝土结构表面出现蜂窝麻面,经调查、分析,该部位经修补处理后,不会影响其使用及外观;某些结构混凝土发生表面裂缝,根据其受力情况,仅作表面封闭保护即可等等。

(2)返工处理。当工程质量未达到规定的标准或要求,有明显的严重质量问题,对结构的使用和安全有重大影响,而又无法通过修补的办法纠正所出现的缺陷情况下,可以做出返工处理的决定。例如,某防洪堤坝的填筑压实后,其压实土的干密度未达到规定的要求干密度值,核算将影响土体的稳定和抗渗要求,可以进行返工处理,即挖除不合格土,重新填筑。又如某工程预应力按混凝土规定张力系数为 1.3,但实际仅为 0.8,属于严重的质量缺陷,也无法修补,即需做出返工处理的决定。十分严重的质量事故甚至要做出整体拆除的决定。

(3)限制使用。当工程质量问题按修补方案处理无法保证达到规定的使用要求和安全,而又无法返工处理的情况下,不得已时可以做出诸如结构卸荷或减荷以及限制使用的决定。

(4)不做处理。某些工程质量问题虽然不符合规定的要求或标准,但如其情况不严重,对工程或结构的使用及安全影响不大,经过分析、论证和慎重考虑后,也可做出不作专门处理的决定。可以不做处理的情况一般有以下几种:

1)不影响结构安全和使用要求者。例如,有的建筑物出现放线定位偏差,若要纠正则会造成重大经济损失,若其偏差不大,不影响使用要求,在外观上也无明显影响,经分析论证后,可不做处理;又如,某些隐蔽部位的混凝土表面裂缝,经检查分析,属于表面养护不够的干缩微裂,不影响使用及外观,也可不做处理。

2)有些不严重的质量问题,经过后续工序可以弥补的,例如,混凝土的轻微蜂窝麻面或墙面,可通过后续的抹灰、喷涂或刷白等工序弥补,可以不对该缺陷进行专门处理。

3)出现的质量问题,经复核验算,仍能满足设计要求者。例如,某一结构断面做小了,但复核后仍能满足设计的承载能力,可考虑不再处理。这种做法实际上是挖掘设计潜力或降低设计的安全系数,因此需要慎重处理。

(五)施工项目质量问题处理资料

一般质量问题的处理,必须具备以下资料:

(1)与事故有关的施工图。

(2)与施工有关的资料,如建筑材料试验报告、施工记录、试块强度试验报告等。

(3)事故调查分析报告,包括:

1)事故情况:出现事故时间、地点;事故的描述;事故观测记录;事故发展变化规律;事故是否已经稳定等。

2)事故性质:应区分属于结构性问题还是一般性缺陷;是表面性的还是实质性的;是否需要及时处理;是否需要采取防护性措施。

3)事故原因:应阐明所造成事故的重要原因,如结构裂缝,是因地基不均匀沉降,还是温度变形;是因施工振动,还是由于结构本身承载能力不足所造成。

4)事故评估:阐明事故对建筑功能、使用要求、结构受力性能及施工安全有何影响,并应附有实测、验算数据和试验资料。

5)事故涉及人员及主要责任者的情况。

(4)设计、施工、使用单位对事故的意见和要求等。

(六)施工项目质量问题性质的确定

质量缺陷性质的确定,是最终确定缺陷问题处理办法的首要工作和根本依据。一般通过下列方法来确定缺陷的性质:

(1)了解和检查。是指对有缺陷的工程进行现场情况、施工过程、施工设备和全部基础资料的了解和检查,主要包括调查、检查质量试验检测报告、施工日志、施工工艺流程、施工机械情况以及气候情况等。

(2)检测与试验。通过检查和了解可以发现一些表面的问题,得出初步结论,但往往需要进一步的检测与试验来加以验证。检测与试验,主要是检验该缺陷工程的有关技术指标,以便准确找出产生缺陷的原因。例如,若发现石灰土的强度不足,则在检验强度指标的同时,还应检验石灰剂量,石灰与土的物理化学性质,以便发现石灰土强度不足是因为材料不合格、配比不合格或养护不好,还是因为其他如气候之类的原因造成的。检测和试验的结果将作为确定缺陷性质的主要依据。

(3)专门调研。有些质量问题,仅仅通过以上两种方法仍不能确定。如某工程出现异常现象,但在发现问题时,有些指标却无法被证明是否满足规范要求,只能采用参考的检测方法。像水泥混凝土,规范要求的是28天的强度,而对于已经浇筑的混凝土无法再检测,只能通过规范以外的方法进行检测,其检测结果作为参考依据之一。为了得到这样的参考依据并对其进行分析,往往有必要组织有关方面的专家或专题调查组,提出检测方案,对所得到的一系列参考依据和指标进行综合分析研究,找出产生缺陷的原因,确定缺陷的性质。这种专题研究,对缺陷问题的妥善解决作用重大,因此经常被采用。

(七)施工项目质量问题处理决策的辅助方法

对质量问题处理的决策,是复杂而重要的工作,它直接关系到工程的质量、费用与工期。所以,要做出对质量问题处理的决定,特别是对需要返工或不做处理的决定,应当慎重对待。在对于某些复杂的质量问题做出处理决定前,可采取以下方法做进一步论证。

(1)实验验证。即对某些有严重质量缺陷的项目,可采取合同规定的常规试验以外的试验方法进一步进行验证,以便确定缺陷的严重程度。例如混凝土构件的试件强度低于要求的标准不太大(例如10%以下)时,可进行加载试验,以证明其是否满足使用要求;又如公路工程的沥青面层厚度误差超过了规范允许的范围,可采用弯沉试验,检查路面的整体强度等。根据对试验验证检查的分析、论证再研究处理决策。

(2)定期观测。有些工程,在发现其质量缺陷时,其状态可能尚未达到稳定,仍会继续发展,在这种情况下,一般不宜过早做出决定,可以对其进行一段时间的观测,然后再根据情况做出决定。属于这类的质量缺陷,如桥墩或其他工程的基础,在施工期间发生沉降超过预计的或规定的标准;混凝土或高填土发生裂缝,并处于发展状态等。有些有缺陷的工程,短期内其影响可能不十分明显,需要较长时间的观测才能得出结论。

(3)专家论证。对于某些工程缺陷,可能涉及的技术领域比较广泛,则可采取专家论证。采用这种办法时,应事先做好充分准备,尽早为专家提供尽可能详尽的情况和资料,以便使专家能够进行较充分的、全面和细致的分析、研究,提出切实的意见与建议。实践证明,采取这种方法,对重大的质量问题做出恰当处理的决定十分有益。

(八)施工项目质量问题处理的鉴定验收

质量问题处理是否达到预期的目的,是否留有隐患,需要通过检查验收来做出结论。事故处理质量检查验收,必需严格按施工验收规范中有关规定进行,必要时,还要通过实测、实量,荷载试验,取样试压,仪表检测等方法来获取可靠的数据。这样,才可能对事故做出明确的处理结论。

事故处理结论的内容有以下几种:

(1)事故已排除,可以继续施工。

(2)隐患已经消除,结构安全可靠。

(3)经修补处理后,完全满足使用要求。

(4)基本满足使用要求,但附有限制条件,如限制使用荷载,限制使用条件等。

(5)对耐久性影响的结论。

(6)对建筑外观影响的结论。

(7)对事故责任的结论等。

此外,对一时难以做出结论的事故,还应进一步提出观测检查的要求。

事故处理后,还必须提交完整的事故处理报告,其内容包括:事故调查的原始资料、测试数据;事故的原因分析、论证;事故处理的依据;事故处理方案、方法及技术措施;检查验收记录;事故勿需处理的论证;事故处理结论等。

第七节　工程质量检验与评定

一、工程质量检验

1. 基本规定

(1)承担工程检测业务的检测单位应具有水行政主管部门颁发的资质证书。其设备和人员的配备应与所承担的任务相适应,有健全的管理制度。

(2)工程质量检验项目和数量应符合《单元工程评定标准》规定。

(3)工程质量检验方法,应符合《单元工程评定标准》和国家及行业现行技术标准的有关规定。

(4)工程质量检验数据应真实可靠,检验记录及签证应完整齐全。

(5)工程项目中如遇《单元工程评定标准》中尚未涉及的项目质量评定标准时,其质量标准及评定表格,由项目法人组织监理、设计及施工单位按水利部有关规定进行编制和报批。

(6)工程施工质量检验中使用的计量器具、试验仪器仪表及设备应定期进行检定,并具备有效的检定证书。国家规定需强制检定的计量器具应经县级以上计量行政部门认定的计量检定机构或其授权设置的计量检定机构进行检定。

(7)检测人员应熟悉检测业务,了解被检测对象性质和所用仪器设备性能,经考核合格后,持证上岗。参与中间产品及混凝土(砂浆)试件质量资料复核的人员应具有工程师以上工程系列技术职称,并从事过相关试验工作。

(8)堤防工程竣工验收前,项目法人应委托具有相应资质等级的质量检测单位进行抽样检测,工程质量抽检项目和数量由工程质量监督机构确定。

(9)对涉及工程结构安全的试块、试件及有关材料,应实行见证取样。见证取样资料由施工单位制备,记录应真实齐全,参与见证取样人员应在相关文件上签字。

2. 质量检验职责范围

(1)永久性工程(包括主体工程及附属工程)施工质量检验:

1)施工单位应依据工程设计要求、施工技术标准和合同约定,结合《单元工程评定标准》的规定确定检验项目及数量并进行自检,自检过程应有书面记录,同时结合自检情况如实填写水利部颁发的《水利水电工程施工质量评定表》(办建管[2002]182号)。

2)监理单位应根据《单元工程评定标准》和抽样检测结果复核工程质量。其平行检测和跟踪检测的数量按《水利工程建设项目施工监理规范》(SL 288—2003)(以下简称《监理规范》)或合同约定执行。

3)项目法人应对施工单位自检和监理单位抽检过程进行督促检查,对报工程质量监督机构核备、核定的工程质量等级进行认定。

4)工程质量监督机构应对项目法人、监理、勘测、设计、施工单位以及工程其他参建单位的质量行为和工程实物质量进行监督检查。检查结果应按有关规定及时公布,并书面通知有关单位。

(2)临时工程质量检验及评定标准,由项目法人组织监理、设计及施工等单位根据工程特点,参照《单元工程评定标准》和其他相关标准确定,并报相应的工程质量监督机构核备。

3. 质量检验数据的处理

(1)测量误差的判断和处理,应符合《测量误差及数据处理》(JJF 1027—1991)和《测量不确定度评定与表示》(JJF 1059—1999)的规定。

(2)数据保留位数,应符合国家及行业有关试验规程及施工规范的规定。计算合格率时,小数点后保留一位。

(3)数值修约应符合《数值修约规则》(GB/T 8170—1987)的规定。

(4)检验和分析数据可靠性时,应符合下列要求:

1)检查取样应具有代表性。

2)检验方法及仪器设备应符合国家及行业规定。

3)操作应准确无误。

(5)实测数据是评定质量的基础资料,严禁伪造或随意舍弃检测数据。对可疑数据,应检查分析原因,并作出书面记录。

(6)单元(工序)工程检测成果按《单元工程评定标准》规定进行计算。

(7)水泥、钢材、外加剂、混合材及其他原材料的检测数量与数据统计方法按现行国家和行业有关标准执行。

(8)砂石骨料、石料及混凝土预制件等中间产品检测数据统计方法应符合《单元工程评定标准》的规定。

(9)混凝土强度的检验评定应符合以下规定:

1)普通混凝土试块试验数据统计应符合《水利水电工程施工质量检验与评定规程》(SL 176—2007)附录 C 的规定。试块组数较少或对结论有怀疑时,也可采取其他措施进行检验。

2)碾压混凝土质量检验与评定按《水工碾压混凝土施工规范》(SL 53—1994)规定执行。

3)喷射混凝土抗压强度的检验与评定应符合喷射混凝土抗压强度检验评定标准,详见《水利水电工程施工质量检验与评定规程》(SL 176—2007)附录 D。

砂浆、砌筑用混凝土强度检验评定标准应符合《水利水电工程施工质量检验与评定规程》(SL 176—2007)附录 E 的规定。

混凝土、砂浆的抗冻、抗渗等其他检验评定标准应符合设计和相关技术标准的要求。

4. 质量检验内容

(1)质量检验包括施工准备检查,原材料与中间产品质量检验,水工金属结构、启闭机及机电产品质量检查,单元(工序)工程质量检验,质量事故检查和质量缺陷备案,工程外观质量检验等。

(2)主体工程开工前,施工单位应组织人员进行施工准备检查,并经项目法人或监理单位确认合格以及履行相关手续后,才能进行主体工程施工。

(3)施工单位应按《单元工程评定标准》及有关技术标准对水泥、钢材等原材料与中间产品质量进行检验,并报监理单位复核。不合格产品,不得使用。

(4)水工金属结构、启闭机及机电产品进场后,有关单位应按有关合同进行交货检查和验收。安装前,施工单位应检查产品是否有出厂合格证、设备安装说明书及有关技术文件,对在运输和存放过程中发生的变形、受潮、损坏等问题应作好记录,并进行妥善处理。无出厂合格证或不符合质量标准的产品不得用于工程中。

(5)施工单位应按《单元工程评定标准》检验工序及单元工程质量,作好书面记录,在自检合格后,填写《水利水电工程施工质量评定表》报监理单位复核。监理单位根据抽检资料核定单元(工序)工程质量等级。发现不合格单元(工序)工程,应要求施工单位及时进行处理,合格后才能进行后续工程施工。对施工中的质量缺陷应书面记录备案,进行必要的统计分析,并在相应单元(工序)工程质量评定表"评定意见"栏内注明。

(6)施工单位应及时将原材料、中间产品及单元(工序)工程质量检验结果报监理单位复核。并按月将施工质量情况报送监理单位,由监理单位汇总分析后报项目法人和工程质量监督机构。

(7)单位工程完工后,项目法人组织监理、设计、施工及工程运行管理等单位组成工程外观质量评定组,现场进行工程外观质量检验评定并将评定结论报工程质量监督机构核定。参加工程外观质量评定的人员应具有工程师以上技术职称或相应执业资格。评定组人数应不少于5人,大型工程不宜少于7人。工程外观质量评定办法见《水利水电工程施工质量检验与评定规程》(SL 176—2007)附录A。

二、施工质量评定

1. 质量评定工作的组织与管理

(1)单元(工序)工程质量在施工单位自评合格后,报监理单位复核,由监理工程师核定质量等级并签证认可。

(2)重要隐蔽单元工程及关键部位单元工程质量经施工单位自评合格、监理单位抽检后,由项目法人(或委托监理)、监理、设计、施工、工程运行管理(施工阶段已经有时)等单位组成联合小组,共同检查核定其质量等级并填写签证表,报工程质量监督机构核备。重要隐蔽单元工程(关键部位单元工程)质量等级签证表见《水利水电工程施工质量检验与评定规程》(SL 176—2007)附录F。

(3)分部工程质量,在施工单位自评合格后,报监理单位复核,项目法人认定。分部工程验收的质量结论由项目法人报工程质量监督机构核备。大型枢纽工程主要建筑物的分部工程验收的质量结论由项目法人报工程质量监督机构核定。

分部工程施工质量评定表见《水利水电工程施工质量检验与评定规程》(SL 176—2007)附录 G 表 G.0.1。

(4)单位工程质量，在施工单位自评合格后，由监理单位复核，项目法人认定。单位工程验收的质量结论由项目法人报工程质量监督机构核定。单位工程施工质量评定表见《水利水电工程施工质量检验与评定规程》(SL 176—2007)附录 G 表 G.0.2，单位工程施工质量检验与评定资料核查表见《水利水电工程施工质量检验与评定规程》(SL 176—2007)附录 G 表 G.0.3。

(5)工程项目质量，在单位工程质量评定合格后，由监理单位进行统计并评定工程项目质量等级，经项目法人认定后，报工程质量监督机构核定。工程项目施工质量评定表见《水利水电工程施工质量检验与评定规程》(SL 176—2007)附录 G 表 G.0.4。

(6)阶段验收前，工程质量监督机构应提交工程质量评价意见。

(7)工程质量监督机构应按有关规定在工程竣工验收前提交工程质量监督报告，工程质量监督报告应有工程质量是否合格的明确结论。

2.质量评定依据

水利水电工程施工质量等级评定的主要依据有：

(1)国家及相关行业技术标准。

(2)《单元工程评定标准》。

(3)经批准的设计文件、施工图纸、金属结构设计图样与技术条件、设计修改通知书、厂家提供的设备安装说明书及有关技术文件。

(4)工程承发包合同中约定的技术标准。

(5)工程施工期及试运行期的试验和观测分析成果。

3.质量评定标准

(1)合格标准。合格标准是工程验收标准。不合格工程必须进行处理且达到合格标准后，才能进行后续工程施工或验收。

1)单元(工序)工程施工质量合格标准应按照《单元工程评定标准》或合同约定的合格标准执行。当达不到合格标准时，应及时处理。处理后的质量等级按下列规定重新确定：

①全部返工重做的，可重新评定质量等级。

②经加固补强并经设计和监理单位鉴定能达到设计要求时，其质量评为合格。

③处理后的工程部分质量指标仍达不到设计要求时，经设计复核，项目法人及监理单位确认能满足安全和使用功能要求，可不再进行处理；或经加固补强后，改变了外形尺寸或造成工程永久性缺陷的，经项目法人、监理及设计单位确认能基本满足设计要求，其质量可定为合格，但应按规定进行质量缺陷备案。

2)分部工程施工质量同时满足下列标准时，其质量评为合格：

①所含单元工程的质量全部合格。质量事故及质量缺陷已按要求处理，并经

检验合格。

②原材料、中间产品及混凝土(砂浆)试件质量全部合格,金属结构及启闭机制造质量合格,机电产品质量合格。

3)单位工程施工质量同时满足下列标准时,其质量评为合格:

①所含分部工程质量全部合格。

②质量事故已按要求进行处理。

③工程外观质量得分率达到70%以上。

④单位工程施工质量检验与评定资料基本齐全。

⑤工程施工期及试运行期,单位工程观测资料分析结果符合国家和行业技术标准以及合同约定的标准要求。

4)工程项目施工质量同时满足下列标准时,其质量评为合格:

①单位工程质量全部合格。

②工程施工期及试运行期,各单位工程观测资料分析结果均符合国家和行业技术标准以及合同约定的标准要求。

(2)优良标准

优良标准是为工程项目质量创优而设置。

1)单元工程施工质量优良标准按照《单元工程评定标准》以及合同约定的优良标准执行。全部返工重做的单元工程,经检验达到优良标准时,可评为优良等级。

2)分部工程施工质量同时满足下列标准时,其质量评为优良:

①所含单元工程质量全部合格,其中70%以上达到优良等级,重要隐蔽单元工程和关键部位单元工程质量优良率达90%以上,且未发生过质量事故。

②中间产品质量全部合格,混凝土(砂浆)试件质量达到优良等级(当试件组数小于30时,试件质量合格)。原材料质量、金属结构及启闭机制造质量合格,机电产品质量合格。

3)单位工程施工质量同时满足下列标准时,其质量评为优良:

①所含分部工程质量全部合格,其中70%以上达到优良等级,主要分部工程质量全部优良,且施工中未发生过较大质量事故。

②质量事故已按要求进行处理。

③外观质量得分率达到85%以上。

④单位工程施工质量检验与评定资料齐全。

⑤工程施工期及试运行期,单位工程观测资料分析结果符合国家和行业技术标准以及合同约定的标准要求。

4)工程项目施工质量同时满足下列标准时,其质量评为优良:

①单位工程质量全部合格,其中70%以上单位工程质量达到优良等级,且主要单位工程质量全部优良。

②工程施工期及试运行期,各单位工程观测资料分析结果均符合国家和行业技术标准以及合同约定的标准要求。

第八节　工程施工质量验收

工程施工质量验收分为分部工程验收、阶段验收、单位工程验收和竣工验收。按照验收的性质,可分为投入使用验收和完工验收。

一、基本规定

(1)工程开工后,项目法人或有关责任主体(以下简称项目法人)应依据本规程,并结合工程建设计划编制验收计划,报工程建设主管部门备案。

(2)工程施工质量验收的主要依据是有关法律、规章和技术标准,主管部门有关文件,批准的设计文件及相应设计变更、修改文件,施工合同,监理工程师签发的施工图纸和说明,设备技术说明书等。此外,还应符合国家现行有关法规的规定。利用外资项目还必须符合外资项目管理的有关规定。

(3)工程施工质量验收的主要内容:

1)检查工程是否按照批准的设计进行建设;

2)检查已完工程在设计、施工、设备制造安装等方面的质量,并对验收遗留问题提出处理要求;

3)检查工程是否具备运行或进行下一阶段建设的条件;

4)总结工程建设中的经验教训,并对工程作出评价;

5)及时移交工程,尽早发挥投资效益。

(4)当工程具备验收条件时,应及时组织验收。未经验收或验收不合格的工程不得交付使用或进行后续工程施工。验收工作应相互衔接,不应重复进行。

(5)工程进行验收时必须要有质量评定意见:

1)按照水利行业现行标准《水利水电工程施工质量检验与评定规程》(SL 176—2007)进行质量评定;

2)阶段验收和单位工程验收应有水利水电工程质量监督单位的工程质量评价意见;

3)竣工验收必须有水利水电工程质量监督单位的工程质量评定报告;竣工验收委员会在其基础上鉴定工程质量等级。

(6)验收工作由验收委员会(组)负责,验收结论必须经 2/3 以上验收委员会成员同意。对于验收过程中发现的问题,其处理原则由验收委员会(组)协商确定。

验收委员会(组)成员必须在验收成果文件上签字。验收委员(组员)的保留意见应在验收鉴定书或签证中明确记载。

(7)工程验收的遗留问题,各有关单位应按验收委员会(组)所提要求,负责按期处理完毕。

(8)验收资料制备由项目法人负责统一组织,有关单位应按项目法人的要求及时完成。验收所需费用列入工程概算,由项目法人列支。

二、分部工程质量验收

（1）分部工程验收应具备的条件是该分部工程的所有单元工程已经完建且质量全部合格。

（2）分部工程验收由验收工作组负责，分部工程验收工作组由项目法人或监理主持，设计、施工、运行管理单位有关专业技术人员参加，每个单位以不超过 2 人为宜。

（3）分部工程验收的主要工作是：鉴定工程是否达到设计标准；按现行国家或行业技术标准，评定工程质量等级；对验收遗留问题提出处理意见。

（4）分部工程验收的图纸、资料和成果是竣工验收资料的组成部分，必须按竣工验收标准制备。

（5）分部工程验收的成果是"分部工程验收签证"。签证原件不少于 4 份，暂由项目法人保存，待竣工验收后，分送有关单位。

三、工程质量阶段验收

1. 一般规定

（1）当工程建设进入关键阶段时（如基础处理完毕、截流、水库蓄水、机组启动、输水工程通水等），应进行阶段验收。

（2）工程施工质量阶段验收应由竣工验收单位或其委托单位主持。

（3）工程阶段验收人员应由项目法人单位、设计单位、施工单位、监理单位及质量监督机构相关人员组成，必要时可邀请地方政府及有关部门参加。

（4）阶段验收的主要工作是：检查已完工程的质量和形象面貌；检查在建工程建设情况；检查待建工程的计划安排和主要技术措施落实情况，以及是否具备施工条件；检查拟投入使用工程是否具备使用条件；对验收遗留问题提出处理要求。

（5）阶段验收完成后，应签署"阶段验收鉴定书"。该鉴定书的原件应不少于 5 份，除验收主持单位留存 1 份外，其余暂由项目法人保存，待竣工验收后，分送有关单位。

2. 工程截流前验收

（1）工程截流前应进行截流前验收。大型枢纽工程在截流、蓄水等阶段验收前，可先进行技术性初步验收。初步验收可参照竣工初验的有关规定施行。

（2）工程截流前验收应具备的条件：

1）导流工程已基本完成，投入运行后不影响（包括采取措施后）其他未完工程继续施工；

2）满足截流要求的水下隐蔽工程已经完成；

3）导流建筑物已具备过水条件；

4）截流设计已获批准，并做好各项准备工作；

5）截流后的渡汛方案已经有关部门审查，措施基本落实；

6）截流后壅高水位以下的建设征地已落实，移民已迁移安置，库底已清理；

7）碍航问题已得到妥善解决。

（3）工程截流前验收的主要工作：

1）检查已完成的水下工程、隐蔽工程、导流截流工程的建设情况，鉴定工程质量；

2）审查截流方案，检查截流措施和准备工作的落实情况；

3）检查建设征地、移民迁移安置和库底清理情况，以及为解决碍航等问题而采取的临时措施落实情况；

4）研究验收中发现的其他问题，并提出处理要求。

3. 工程蓄引水验收

（1）在水库等工程蓄引水前，必须进行蓄引水验收。验收前，应按照有关规定，对工程进行蓄水安全鉴定。

（2）工程蓄引水验收应具备以下条件：

1）挡水、引水建筑物的形象面貌满足蓄引水位要求。

2）蓄引水后未完工程施工措施已落实。

3）引水控制设施已基本完成。

4）蓄水后需要投入运行的泄水建筑物已基本建成。

5）有关观测仪器、设备已按设计要求安装和调试，并已取得初始值。

6）下游引水工程基本完成。

7）蓄引水位以下的建设征地及移民迁移安置已经完成。

8）蓄引水位以下的库区清理已经完成。

9）蓄引水后影响工程安全运行的问题已按设计要求进行处理，有关重大技术问题已有结论。

10）下闸蓄水的施工方案已经形成。

11）蓄引水调度、运用、渡汛方案已经编制，措施基本落实。

（3）蓄引水验收的主要工作：检查已完工程的建设情况，鉴定工程质量；审查蓄引水方案，检查蓄引水措施和准备工作落实情况；检查库区清理、建设征地及移民迁移安置情况；研究验收中发现的问题，特别是影响蓄引水工程安全的问题，并提出处理要求；确定可以进行交接的工程项目。

4. 机组启动验收

（1）水电站每台机组投入运行前，应进行机组启动验收。

（2）机组启动验收应具备以下条件：

1）与机组启动运行有关的建筑物基本完成。

2）与机组启动运行有关的金属结构及启闭设备安装完成，并经过试运行。

3）暂不运行使用的压力管道等已进行必要的处理。

4）过水建筑物已具备过水条件。

5）机组和附属设备以及油、水、气等辅助设备安装完成，经调整试验合格并经分部试运行，满足机组启动运行要求。

6）必需的输配电设备安装完成，送（供）电准备工作已就绪，通信系统满足机组启动运行要求。

7)机组启动运行的测量、监视、控制和保护等电气设备已安装完成并调试合格。

8)有关机组启动运行的安全防护和厂房消防措施已落实,并准备就绪。

9)按设计要求配备的仪器、仪表、工具及其他机电设备已能满足机组启动运行的需要。

10)运行操作规程已经编制。

11)运行人员的组织配备可满足启动运行要求。

12)水位和引水量满足机组运行最低要求。

(3)机组启动验收的主要工作:检查有关工程建设及设备安装情况,鉴定质量;审查机组启动运行计划以及机组是否具备启动试运行条件,确定机组启动时间;审查机组启动应具备的条件。

(4)机组启动运行的主要试验程序和内容应按国家现行标准《水轮发电机组安装技术规范》(GB/T 8564—2003)和《泵站技术规范》(SL 255—2000)中的有关机组试运行要求进行。试运行过程中,应作好详细记录。

(5)水电站机组启动验收的各台机组运行时间为投入系统带额定负载连续运行72h。由于负荷不足或库水位不够等原因造成机组不能达到额定负载时,验收委员会可根据当时的具体情况,确定机组应带的最大负荷。

(6)泵站水泵机组启动验收可参照发电机组启动验收的有关要求进行。

1)水泵机组的各台机组运行时间为带额定负载连续运行24h(含无故障停机)或7d内累计运行48h(含全站机组联合运行小时数),全站机组联合运行时间一般为6h,且机组无故障停机次数不少于3次。

2)执行机组运行时间确有困难时,可由验收委员会或上级主管部门根据具体情况适当减少,但最少不宜少于2h。

(7)第一台(次)和最后一台(次)机组启动验收由竣工验收主持单位或其委托单位主持,其他台(次)机组的启动验收,验收委员会可委托项目法人主持。

四、单位工程质量验收

1. 投入使用质量验收

(1)在竣工验收前已经建成并能够发挥效益,需要提前投入使用的单位工程,在投入使用前应进行投入使用验收。

(2)工程投入使用验收应具备以下条件:

1)已按批准设计文件规定的内容全部建成;

2)工程投入使用后,不影响其他工程正常施工,且其他工程施工不影响该单位工程安全运行(或防护措施已落实);

3)运行管理条件已初步具备;

4)少量施工已妥善安排;

5)需移交运行管理单位时,项目法人与运行管理单位已签订单位工程提前启用协议书。

（3）工程投入使用验收应由竣工验收单位或其委托单位主持。

（4）工程投入使用验收的主要工作：检查工程是否已按批准设计完建；进行工程质量鉴定并对工程缺陷提出处理要求；检查工程是否已具备安全运行条件；对验收遗留问题提出处理要求；主持单位工程移交。

（5）投入使用验收的成果是"单位工程验收鉴定书"。自鉴定书通过之日起28d内，由验收主持单位行文发送有关单位。

（6）"单位工程验收鉴定书"原件不少于5份，除竣工验收主持单位、运行管理单位及施工单位各保存1份外，其余暂由项目法人保存，待竣工验收后，分送有关单位。

2．完工验收

（1）单位工程完工验收应具备的条件是所有分部工程已经完建并验收合格。

（2）完工验收由项目法人主持。验收委员会由监理、设计、施工、运行管理等单位专业技术人员组成。

（3）完工验收的主要工作：检查工程是否按批准设计完成；检查工程质量，评定质量等级，对工程缺陷提出处理要求；对验收遗留问题提出处理要求；按照合同规定，施工单位向项目法人移交工程。

（4）单位工程完工验收的成果是"单位工程验收鉴定书"。鉴定书原件不应少于5份，暂由项目法人保存，待竣工验收后，分送有关单位。

五、工程质量竣工验收

1．工程初步验收

（1）工程竣工验收前应进行初步验收，不进行初步验收必须经过竣工验收主持单位批准。

（2）初步验收应具备以下条件：工程主要建设内容已按批准设计全部完成；工程投资已基本到位，并具备财务决算条件；有关验收报告已准备就绪。

（3）工程初步验收一般由初步验收工作组负责，由项目法人主持。

（4）初步验收的主要工作：审查有关单位的工作报告；检查工程建设情况，鉴定工程质量；检查历次验收中的遗留问题和已投入使用单位工程在运行中所发现问题的处理情况；确定尾工内容清单、完成期限和责任单位等；对重大技术问题作出评价；检查工程档案资料的准备情况；根据专业技术组的要求，对工程质量做必要的抽检；提出竣工验收的建议日期；起草"竣工验收鉴定书"初稿。

（5）初步验收的工作程序：

1）召开预备会，确定初步验收工作组成员，成立初步验收各专业技术组；

2）召开大会，宣布验收会议议程；宣布初步验收工作组和各专业技术组成员名单；听取项目法人、设计、施工、监理、建设征地补偿及移民安置、质量监督等单位的工作报告；看工程声像、文字资料；

3）分专业技术组检查工程，讨论并形成各专业技术组工作报告；

4）召开初步验收工作组会议，听取各专业技术组工作报告。讨论并形成"初

步验收工作报告",讨论并修改竣工验收鉴定书初稿;

5)召开大会,宣读"初步验收工作报告";验收工作组成员在"初步验收工作报告"上签字。

(6)初步验收的成果是"初步验收工作报告"。验收工作报告暂由项目法人保存,待竣工验收后,再分送各有关单位。

2. 工程竣工验收

(1)工程在投入使用前必须通过竣工验收。竣工验收应在全部工程完工后 3 个月内进行。进行验收确有困难的,经工程验收主持单位同意,可以适当延长期限。

(2)竣工验收应具备以下条件:

1)工程已按批准设计规定的内容全部建成;

2)各单位工程能正常运行;

3)历次验收所发现的问题已基本处理完毕;

4)归档资料符合工程档案资料管理的有关规定;

5)工程建设征地补偿及移民安置等问题已基本处理完毕,工程主要建筑物安全保护范围内的迁建和工程管理土地征用已经完成;

6)工程投资已经全部到位;

7)竣工决算已经完成并通过竣工审计。

如个别单位工程尚未建成,但不影响主体工程正常运行和效益发挥,或由于特殊原因致使少量尾工不能完成,不影响工程正常安全运用时,仍可进行竣工验收。

(3)竣工验收的主要工作:审查项目法人"工程建设管理工作报告"和初步验收工作组"初步验收工作报告";检查工程建设和运行情况;协调处理有关问题;讨论并通过"竣工验收鉴定书"。

(4)竣工验收会的一般工作程序:

1)召开预备会,听取项目法人有关验收会准备情况汇报,确定竣工验收委员会成员名单;

2)召开大会,宣布验收会议议程;宣布竣工验收委员会委员名单;听取项目法人"工程建设管理工作报告";听取初步验收工作组"初步验收工作报告";看工程声像、文字资料;

3)检查工程;

4)召开验收委员会会议,协调处理有关问题,讨论并通过"竣工验收鉴定书";

5)召开大会,宣读"竣工验收鉴定书";竣工验收委员会委员在"竣工验收鉴定书"上签字;被验收单位代表在"竣工验收鉴定书"上签字。

(5)工程竣工验收应由竣工验收委员会负责。在验收过程中,如发现重大问题,验收委员会应采取停止验收移交或部分验收等措施,并及时报上级主管部门。

对于竣工验收遗留问题,可由竣工验收委员会责成有关单位妥善处理。项目法人应负责督促和检查遗留问题的处理,及时将处理结果报告竣工验收主持单位。

第二章 工程等别与洪水标准

第一节 工程等别

一、分等指标

（1）对于水利水电工程，其工程等级应根据其规模、效益及在国民经济中的重要性来确定。工程分等指标见表 2-1。

表 2-1　　　　　　　　　　水利水电工程分等指标

工程等别	工程规模	水库总库容（×10⁸m³）	防　洪		治涝治涝面积（×10⁴亩）	灌溉灌溉面积（×10⁴亩）	供　水供水对象的重要性	发　电装机容量（×10⁴kW）
			保护城镇及工矿企业的重要性	保护农田（×10⁴亩）				
Ⅰ	大(1)型	≥10	特别重要	≥500	≥200	≥150	特别重要	≥120
Ⅱ	大(2)型	10～1.0	重要	500～100	200～60	150～50	重要	120～30
Ⅲ	中型	1.0～0.10	中等	100～30	60～15	50～5	中等	30～5
Ⅳ	小(1)型	0.10～0.01	一般	30～5	15～3	5～0.5	一般	5～1
Ⅴ	小(2)型	0.01～0.001		<5	<3	<0.5		<1

注：1. 水库总库容指水库最高水位以下的静库容；

2. 治涝面积和灌溉面积均指设计面积。

（2）对综合利用的水利水电工程，当与按各综合利用项目的分等指标确定的等别不同时，其工程等别应按其中最高等别确定。

（3）工业、城镇供水泵站的等别，应根据其供水对象的重要性，按表 2-1 确定。

（4）对于拦河水闸工程的等别，应根据其过闸流量，按表 2-2 确定。

表 2-2　　　　　　　　　　拦河水闸工程分等指标

工程等别	工程规模	过闸流量（m³/s）
Ⅰ	大(1)型	≥5000
Ⅱ	大(2)型	5000～1000
Ⅲ	中型	1000～100
Ⅳ	小(1)型	100～20
Ⅴ	小(2)型	<20

（5）灌溉、排水泵站的等别，应根据其装机流量与装机功率，按表 2-3 确定。

表 2-3   灌溉、排水泵站分等指标

工程等别	工程规模	分等指标	
		装机流量(m³/s)	装机功率(×10⁴kW)
Ⅰ	大(1)型	≥200	≥3
Ⅱ	大(2)型	200~50	3~1
Ⅲ	中型	50~10	1~0.1
Ⅳ	小(1)型	10~2	0.1~0.01
Ⅴ	小(2)型	<2	<0.01

注:1. 装机流量、装机功率系指包括备用机组在内的单站指标;

2. 当泵站按分等指标分属两个不同等别时,其等别按其中高的等别确定;

3. 由多级或多座泵站联合组成的泵站系统工程的等别,可按其系统的指标确定。

二、水工建筑物级别

根据使用的期限,水工建筑物可分为临时性建筑物和永久性建筑物。

1. 临时性水工建筑物级别

(1)在施工期使用的临时性挡水和泄水建筑物的级别,应根据保护对象的重要性、失事后果、使用年限和临时性建筑物规模,按表 2-4 确定。

表 2-4   临时性水工建筑物级别

级别	保护对象	失事后果	使用年限(年)	临时性水工建筑物规模	
				高度(m)	库容(×10⁸m³)
3	有特殊要求的1级永久性水工建筑物	淹没重要城镇、工矿企业、交通干线或推迟总工期及第一台(批)机组发电,造成重大灾害和损失	>3	>50	>1.0
4	1、2级永久性水工建筑物	淹没一般城镇、工矿企业或影响工程总工期及第一台(批)机组发电而造成较大经济损失	3~1.5	50~15	1.0~0.1
5	3、4级永久性水工建筑物	淹没基坑,但对总工期及第一台(批)机组发电影响不大,经济损失较小	<1.5	<15	<0.1

(2)当临时性水工建筑物根据表 2-6 指标分属不同级别时,其级别应按其中最高级别确定。但对 3 级临时性水工建筑物,符合该级别规定的指标不得少于

两项。

（3）当利用临时性水工建筑物挡水发电、通航时，3级以下临时性水工建筑物的级别可提高一级。

2. 永久性水工建筑物级别

（1）根据其所在工程的等别和建筑物的重要性，永久性水工建筑物的级别可按表2-5确定。

1）对于失事后损失巨大或影响十分严重的水利水电工程的2～5级主要永久性水工建筑物，经过论证并报主管部门批准，可提高一级；

2）失事后造成损失不大的水利水电工程的1～4级主要永久性水工建筑物，经过论证并报主管部门批准，可降低一级。

表 2-5 永久性水工建筑物级别

工程等别	主要建筑物	次要建筑物
Ⅰ	1	3
Ⅱ	2	3
Ⅲ	3	4
Ⅳ	4	5
Ⅴ	5	5

注：1. 主要建筑物是指失事后将造成下游灾害或严重影响工程效益的建筑物，如堤坝、泄洪建筑物、输水建筑物、电站厂房及泵站等。

　　2. 次要建筑物指失事后不致造成下游灾害或对工程效益影响不大并易于修复的建筑物，如失事后不影响主要建筑物和设备运行的挡土墙、导流墙及护岸等。

（2）水库大坝按表2-5中规定为2级、3级的永久性水工建筑物，如坝高超过表2-6所列指标，其级别可提高一级，但洪水标准可不提高。

表 2-6 水库大坝级别指标

级 别	坝 型	坝高(m)
2	土石坝	90
	混凝土坝、浆砌石坝	130
3	土石坝	70
	混凝土坝、浆砌石坝	100

（3）当永久性水工建筑物基础的工程地质条件复杂或采用新型结构时，对2～5级建筑物可提高一级设计，但洪水标准不予提高。

（4）堤防工程的级别，应按《堤防工程设计规范》(GB 50286—1998)确定。穿堤水工建筑物的级别,按所在堤防工程的级别和与建筑物规模相应的级别高者确定。

第二节　建筑物洪水标准

洪水标准是指在水利水电工程中,不同等级的建筑物所采用的按某种频率或重现期表示的洪水,它包括洪峰流量、洪水总量及洪水过程。

一、临时性水工建筑物洪水标准

临时性水工建筑物洪水标准应根据建筑物的结构类型和级别,在表 2-7 规定的幅度内,结合风险度综合分析,合理选用。对失事后果严重的,应考虑遇超标准洪水的应急措施。

表 2-7　　　　临时性水工建筑物洪水标准[重现期(年)]

临时性建筑物类型	临时性水工建筑物级别		
	3	4	5
土石结构	50～20	20～10	10～5
混凝土、浆砌石结构	20～10	10～5	5～3

二、永久性水工建筑物洪水标准

1. 山区、丘陵区永久性水工建筑物洪水标准

(1)在山区和丘陵区,永久性水工建筑物的洪水标准见表 2-8。

表 2-8　　　　　　山区、丘陵区水利水电工程永久性水工

建筑物洪水标准[重现期(年)]

项　　目		水工建筑物级别				
		1	2	3	4	5
设　　计		1000～500	500～100	100～50	50～30	30～20
校核	土石坝	可能最大洪水(PMF)或10000～5000	5000～2000	2000～1000	1000～300	300～200
	混凝土坝、浆砌石坝	5000～2000	2000～1000	1000～500	500～200	200～100

(2)对土石坝,如失事下游将造成特别重大灾害时,1级建筑物的校核洪水标准应取可能最大洪水(PMF)或重现期 10000 年标准;2～4 级建筑物的校核洪水标准可提高一级。

（3）对混凝土坝、浆砌石坝，如洪水漫顶将造成极严重的损失时，1级建筑物的校核洪水标准可取可能最大洪水（PMF）或重现期 10000 年标准。

（4）当永久性泄水建筑物消能防冲设计的洪水标准低于泄水建筑物的洪水标准时，应根据泄水建筑物的级别按表 2-9 确定，并应考虑在低于消能防冲设计洪水标准时可能出现的不利情况。

对超过消能设计标准的洪水，容许消能防冲建筑物出现局部破坏，但必须不危及挡水建筑物及其他主要建筑物的安全，且易于修复，不致长期影响工程运行。

表 2-9　　　　　山区、丘陵区水利水电工程消能防冲建筑物洪水标准

永久性泄水建筑物级别	1	2	3	4	5
洪水重现期（年）	100	50	30	20	10

（5）水电站厂房的洪水标准应根据其级别，按表 2-10 的规定确定。河床式水电站厂房挡水部分的洪水标准，应与工程的主要挡水建筑物的洪水标准相一致。水电站厂房的副厂房、主变压器场、开关站、进厂交通等的洪水标准，可按表 2-10 确定。

表 2-10　　　　　　水电站厂房洪水标准［重现期（年）］

水电站厂房级别	设　计	校　核
1	200	1000
2	200～100	500
3	100～50	200
4	50～30	100
5	30～20	50

（6）抽水蓄能电站的上、下调节池，若容积较小，失事后对下游的危害不大，且修复较容易时，其水工建筑物的洪水标准可根据其级别，按表 2-10 的规定确定。

（7）坝体施工期临时渡汛洪水标准应根据坝型及坝前拦洪库容，按表 2-11 确定。根据其失事后对下游的影响，标准可适当提高或降低。

表 2-11　　　　　坝体施工期临时渡汛洪水标准［重现期（年）］

坝　型	拦洪库容（$\times 10^8 m^3$）		
	＞1.0	1.0～0.1	＜0.1
土　石　坝	＞100	100～50	50～20
混凝土坝、浆砌石坝	＞50	50～20	20～10

(8)导流泄水建筑物封堵后,如永久泄洪建筑物尚未具备设计泄洪能力,坝体渡汛洪水标准应通过分析坝体施工和运行要求,按表 2-12 规定确定。

(9)在山区、丘陵区,当永久性水工建筑物的挡水高度低于 15m 时,且上下游最大水头差小于 10m 时,其洪水标准宜按平原、滨海区标准确定。

表 2-12　　　　　　　　导流泄水建筑物封堵后坝体渡汛洪水

标准[重现期(年)]

坝　　　型		大　坝　级　别		
		1	2	3
混凝土坝、浆砌石坝	设计	200～100	100～50	50～20
	校核	500～200	200～100	100～50
土　石　坝	设计	500～200	200～100	100～50
	校核	1000～500	500～200	200～100

2. 平原区、滨海区永久性水工建筑物洪水标准

(1)平原区水利水电工程永久性水工建筑物洪水标准应按表 2-13 确定。

表 2-13　　　　　　　　平原区水利水电工程永久性水工

建筑物洪水标准[重现期(年)]

项　　目		永久性水工建筑物级别				
		1	2	3	4	5
水库工程	设计	300～100	100～50	50～20	20～10	10
	校核	2000～1000	1000～300	300～100	100～50	50～20
拦河水闸	设计	100～50	50～20	20～10	20～10	10
	校核	300～200	200～100	100～50	50～30	30～20

(2)潮汐河口段和滨海区水利水电工程永久性水工建筑物的潮水标准应根据其级别,按表 2-14 确定。对 1 级、2 级建筑物,若确定的设计潮水位低于当地历史最高潮水位时,应采用当地历史最高潮水位校核。

表 2-14　　　　　　潮汐河口段和滨海区水利水电工程永久性水工

建筑物潮水标准

永久性水工建筑物级别	1	2	3	4、5
设计潮水位重现期(年)	≥100	100～50	50～20	20～10

(3)平原区水电站厂房的洪水标准应根据其级别按表 2-13 确定。

(4)平原区、滨海区水利水电工程的永久性泄水建筑物消能防冲洪水标准,应根据泄水建筑物的级别,分别按表 2-13 和表 2-14 确定。

(5)当平原区、滨海区的水利水电工程永久性水工建筑物的挡水高度高于15m,且上下游最大水头差大于 10m 时,其洪水标准宜按山区、丘陵区标准确定。

3. 其他永久性水工建筑物洪水标准

(1)灌溉和治涝工程永久性水工建筑物洪水标准应根据其级别按表 2-15 确定。

表 2-15　　　　　灌溉和治涝工程永久性水工建筑物洪水标准

永久性水工建筑物级别	1	2	3	4	5
洪水重现期(年)	100～50	50～30	30～20	20～10	10

注:灌溉和治涝工程永久性水工建筑物的校核洪水标准,可视具体情况和需要研究确定。

(2)供水工程永久性水工建筑物洪水标准应根据其级别按表 2-16 确定。

表 2-16　　　　　供水工程永久性水工
建筑物洪水标准[重现期(年)]

运用情况	永久性水工建筑物级别			
	1	2	3	4
设　计	100～50	50～30	30～20	20～10
校　核	300～200	200～100	100～50	50～30

(3)泵站建筑物洪水标准应根据其级别按表 2-17 确定。

表 2-17　　　　　泵站建筑物洪水标准[重现期(年)]

运用情况	永久性水工建筑物级别				
	1	2	3	4	5
设　计	100	50	30	20	10
校　核	300	200	100	50	20

(4)堤防工程的洪水标准应根据江河防洪规划和保护对象的重要性分析确定。对没有整体防洪规划河流的堤防,或不影响整体防洪规划的相对独立的局部堤防,其洪水标准应根据保护对象的重要性,按《堤防工程设计规范》(GB 50286—1998)确定。对于穿堤永久性水工建筑物的洪水标准应不低于堤防工程洪水标准。

第三节　建筑物安全超高

一、临时性水工建筑物高程

(1)不过水的临时性挡水建筑物的顶部高程,应按设计洪水位加波浪高度,再加安全加高确定。安全加高值按表 2-18 确定。

(2)对于过水的临时性挡水建筑物顶部高程,应按设计洪水位加波浪高度确定,不另加安全加高。

表 2-18　　　　　临时性挡水建筑物安全加高　　　　　(m)

临时性挡水建筑物类型	建筑物级别	
	3	4、5
土石结构	0.7	0.5
混凝土、浆砌石结构	0.4	0.3

二、永久性水工建筑物超高

(1)对于永久性挡水建筑物顶部高程,应按工程设计情况和校核情况时的静水位加相应的波浪爬高、风壅增高和安全加高确定。其安全加高应不小于表 2-19 中的规定。

表 2-19　　　　　永久性挡水建筑物安全加高　　　　　(m)

建筑物类型及运用情况			永久性挡水建筑物级别			
			1	2	3	4、5
土石坝	设计		1.5	1.0	0.7	0.5
	校核	山区、丘陵区	0.7	0.5	0.4	0.3
		平原、滨海区	1.0	0.7	0.5	0.3
混凝土闸坝、浆砌石闸坝	设计		0.7	0.5	0.4	0.3
	校核		0.5	0.4	0.3	0.2

(2)当水利水电工程永久性挡水建筑物顶部设有稳定、坚固和不透水的且与建筑物的防渗体紧密结合的防浪墙时,防浪墙顶部高程可按表 2-19 确定,但挡水建筑物顶部高程应不低于水库正常蓄水位。

(3)土石坝土质防渗体顶部在设计静水位以上的超高,应在表 2-20 规定的范围内选取,防渗体顶部高程应不低于校核情况下的静水位。对于严寒地区土石坝土质防渗体顶部的保护层厚度应不小于该地区的冻结深度。

表 2-20　　　　　　设计情况下土石坝土质防渗体顶部超高　　　　　　（m）

防渗体结构形式	超高（m）
斜　墙	0.8～0.6
心　墙	0.6～0.3

（4）堤防工程的顶部高程，应按设计洪水位或设计高潮位加堤顶超高确定。堤顶超高包括设计波浪爬高、设计风壅增水高度和安全加高三部分。安全加高值应不小于表 2-21 的规定。

表 2-21　　　　　　　　堤防工程顶部安全加高　　　　　　　　（m）

防浪条件	堤防级别				
	1	2	3	4	5
不允许越浪	1.0	0.8	0.7	0.6	0.5
允许越浪	0.5	0.4	0.4	0.3	0.3

第三章　施工导流与截流

第一节　导流施工标准

一、导流建筑物的级别

根据导流建筑物所保护的对象、失事后果、使用年限和工程规模等因素,导流建筑物的级别可按表 3-1 确定。

表 3-1　　　　　　　　　　　　　　导流建筑物级别的划分

级别	保护对象	失事后果	使用年限(年)	围堰工程规模	
				堰高(m)	库容($\times 10^8 m^3$)
Ⅲ	有特殊要求的Ⅰ级永久建筑物	淹没重要城镇、工矿企业、交通干线或推迟工程总工期及第一台(批)机组发电,造成重大灾害和损失	>3	>50	>1.0
Ⅳ	Ⅰ、Ⅱ级永久建筑物	淹没一般城镇、工矿企业或影响工程总工期及第一台(批)机组发电,造成较大经济损失	1.5～3	15～50	0.1～1.0
Ⅴ	Ⅲ、Ⅳ级永久建筑物	淹没基坑,但对总工期及第一台(批)机组发电影响不大,经济损失较小	<1.5	<15	<0.1

注:1. 导流建筑物包括挡水和泄水建筑物,两者级别相同。

2. 表中所列四项指标均按导流分期划分。

3. 有、无特殊要求的永久建筑物均系针对施工期而言,有特殊要求的Ⅰ级永久建筑物系施工期不允许过水的土坝及其他有特殊要求的永久建筑物。

4. 使用年限系指导流建筑物每一导流分期的工作年限,两个或两个以上施工阶段共用的导流建筑物,如分期导流一、二期共用的纵向围堰,其使用年限不能叠加计算。

5. 围堰工程规模一栏中,堰高指挡水围堰最大高度,库容指堰前设计水位所拦蓄的水量,两者必须同时满足。

(1)当导流建筑物分属不同级别时,应以其中最高级别为准;但列为 3 级导流建筑物时,至少应有两项指标符合要求。

(2)利用围堰挡水发电时,围堰级别可提高一级。

(3)对规模巨大且在国民经济中占有特殊地位的水利水电工程,其导流建筑物的级别,应经充分论证后报上级批准。

二、导流建筑物洪水标准

(1)根据导流建筑物的级别和类型来确定导流建筑物的洪水标准,见表 3-2。

对导流建筑物级别为Ⅲ级且失事后果严重的工程可结合风险度进行综合分析,并提出发生超标准洪水时的预案。

表 3-2　　　　　　　　　　　　导流建筑物洪水标准划分

导流建筑物类型	导流建筑物级别		
	3	4	5
	洪水重现期(年)		
土　石	50～20	20～10	10～5
混凝土	20～10	10～5	5～3

注:在下述情况下,导流建筑物洪水标准可用表中上限值:

1. 河流水文实测资料系列较短(小于 20 年),或工程处于暴雨中心区。

2. 采用新型围堰结构型式。

3. 处于关键施工阶段,失事后可能导致严重后果。

4. 工程规模、投资和技术难度用上限值和下限值相差不大。

(2)在下列情况下,导流建筑物洪水标准可取表 3-2 中的上限值:

1)河流水文实测资料系列较短(小于 20 年),或工程处于暴雨中心区。

2)采用新型围堰结构型式。

3)处于关键施工阶段,失事后可能造成严重后果。

4)工程规模、投资和技术难度用上限值与下限值相差不大。

5)在导流建筑物级别划分中属于本级别上限时。

(3)在同一施工阶段中,各导流建筑物的洪水标准必须相同,一般以主要挡水建筑物的洪水标准为准。

(4)导流建筑物与永久建筑物结合时,其结合部分应采用永久建筑物级别标准。

三、围堰洪水的标准

1. 围堰安全超高

(1)不过水围堰堰顶高程应不低于设计洪水的静水位加波浪高度,其安全超高不得低于表3-3中下限值。

(2)过水围堰堰顶高程按静水位加波浪高度确定,不另加安全超高值。

2. 过水围堰设计标准

(1)过水围堰挡水标准应采用重限期(3～20 年)方法,结合水文特点、施工工期、挡水时段确定;如水文系列较长(大于或等于 30 年)时,也可根据实测资料选用。

(2)根据过水围堰的级别和表 3-3 选定围堰过水时的设计洪水标准。当水文系列较长(大于或等于 30 年)时,也可按实测典型年资料分析选用。

表 3-3　　　　　　　　　不过水围堰堰顶安全超高下限值

围堰型式	围堰级别		围堰形式	围堰级别	
	Ⅲ	Ⅳ—Ⅴ		Ⅲ	Ⅳ—Ⅴ
土石围堰	0.7	0.5	混凝土围堰	0.4	0.3

四、坝体施工期临时渡汛洪水的标准

当坝体筑到高程超过围堰顶高程时,进入后期导流,改由未完建坝体挡水,其临时渡汛洪水标准应根据坝型及坝前拦蓄库容,按表 3-4 的规定确定。

表 3-4　　　　　　　坝体施工期临时渡汛洪水标准(SL 303—2004)

坝　　型	拦洪库容($10^8 m^3$)		
	≥1.0	1.0～0.1	<0.1
	洪水重现期(年)		
土石坝	≥100	100～50	50～20
混凝土坝、浆砌石坝	≥50	50～20	20～10

五、导流泄水建筑物封堵与水库蓄水的标准

1. 导流泄水建筑物的封堵的标准

在满足水库拦洪蓄水要求前提下,导流泄水建筑物的封堵时间应根据施工总进度确定。封堵下闸的设计流量可用封堵时段 5～10 年重现期的月或旬平均流量,或按实测水文统计资料分析确定。

封堵工程施工阶段的导流设计标准,可根据工程重要性、失事后果等因素在该时段 5～20 年重现期范围内选定。

2. 封堵后坝体渡汛洪水的标准

导流泄水建筑物封堵后,如永久性泄水建筑物尚未具备设计泄洪能力,坝体渡汛洪水标准应按表 3-5 执行。汛前坝体上升高度应满足拦洪要求,帷幕灌浆及接缝灌浆高程应能满足蓄水要求。

表 3-5　　　　　　导流泄水建筑物封堵后坝体渡汛洪水标准

大 坝 类 型		大 坝 级 别		
		Ⅰ	Ⅱ	Ⅲ
		洪水重现期(年)		
混凝土坝、浆砌石坝	设　计	200～100	100～50	50～20
	校　核	500～200	200～100	100～50
土石坝	设　计	500～200	200～100	100～50
	校　核	1000～500	500～200	200～100

3. 水库蓄水标准

水库施工期蓄水标准根据发电、灌溉、通航、供水等要求和大坝安全超高等因素分析确定，一般保证率为 75%～85%。

第二节　导流挡水建筑物

围堰是一种临时性挡水水工建筑物，用来围护永久水工建筑物的施工但也有与主体工程结合成为永久工程的一部分。导流任务完成后，如果对永久建筑物的运行有妨碍或没有考虑作为永久建筑物的一部分时，应将有妨碍的部分拆除。

一、围堰分类

(1)按围堰使用的材料，可以分为土石围堰、混凝土围堰、草土围堰、木笼围堰、竹笼围堰和钢板桩格形围堰等；

(2)按照围堰与水流方向的相对位置，可以分为横向围堰和纵向围堰；

(3)按导流期间基坑的淹没条件，可以分为过水围堰和不过水围堰，其中过水围堰除了需要满足一般围堰的基本要求外，还要满足堰顶过水的专门要求。

二、围堰的高程

围堰高程的确定有 3 种情况，即上游、下游和纵向围堰高程的确定，取决于导流设计流量及围堰的工作条件。

1. 下游围堰高程

下游围堰的堰顶高程由下式决定：

$$H_下 = h_下 + \delta + h_a \tag{3-1}$$

式中　$H_下$——下游围堰堰顶高程，m；

$h_下$——下游水面高程，m；

δ——围堰的安全超高(对于过水围堰可不予考虑，对于不过水围堰采用表 3-6 中的数值)，m；

h_a——波浪爬高，m。

表 3-6   不过水围堰堰顶安全高程下限值   （m）

围堰型式	围堰级别	
	3	4～5
土石围堰	0.7	0.5
混凝土围堰	0.4	0.3

2. 上游围堰高程

上游围堰的堰顶高程由下式决定：

$$H_上 = h_下 + Z + \delta + h_a \qquad (3\text{-}2)$$

式中 $H_上$——上游围堰堰顶高程，m；

Z——上下游水位差，m。

3. 纵向围堰高程

纵向围堰的堰顶高程要与束窄河床中宣泄导流设计流量时的水面曲线相适应，其上游部分与上游围堰同高，下游部分与下游围堰同高，中间纵向围堰的顶面往往作成阶梯形式或倾斜状。

三、土石围堰质量检验

1. 围堰填料

（1）土石围堰的填料，除淤泥、沼泽土外，任何土砾料都可用做围堰填料。

（2）干填碾压防渗土料的质量应符合表 3-7 的规定。

表 3-7   干填碾压防渗土料

项　目	指　　　标		备　　　注
黏粒含量	均质围堰	10%～30%为宜	大于 50%～60%的重黏土不宜采用
	斜墙或心墙围堰	15%～50%为宜	
塑性指数	均质围堰	7～20	大于 30 时，其黏粒含量太高，不宜采用
	斜墙或心墙围堰	10～25	
渗透系数	均质围堰	小于 $1×10^{-4}$ cm/s	
	斜墙或心墙围堰	小于 $1×10^{-5}$ cm/s	
天然含水量	最好接近最优含水量或塑限		一般以不偏离最优含水量的 1%～2%为宜

（3）水中抛填土料的质量应符合表 3-8 的规定。

表 3-8 水中抛填土料的一般要求

项 目	指 标	备 注
宜用土料	砂质黏土或砂壤土	
黏粒含量	$15\%\sim35\%$	黏粒含量大于 $40\%\sim50\%$ 的黏土,浸水后不易崩解,不宜采用
渗透系数	$1\times10^{-4}\sim1\times10^{-6}\text{cm/s}$	
天然含水量	$6\%\sim i$	i 为 1.2 倍塑限
崩解性能	良好	30min 崩解 $50\%\sim70\%$,24h 完全崩解

(4)反滤料应采用级配性能较好的砂、卵石或砾石。粒径小于 0.1mm 的颗粒不宜大于 $5\%\sim10\%$,渗透系数应大于被保护土渗透系数的 $50\sim100$ 倍。

对于砂砾石与块石之间的过渡层,可采用竹席、柴排与土工织物等来达到反滤目的。

(5)堰壳填料并无很高的要求,各类石料、石碴、砂卵石等均可采用,但应尽可能利用开挖弃料。

2. 堰顶宽度

(1)堰顶宽度应根据围堰高度、结构型式及其材料组合等来确定:

1)高于 10m 的围堰,其最小宽度不应小于 3.0m;

2)堰高超过 $20\sim30$m 时,宽度一般为 $4\sim6$m。

(2)如堰顶需要通行汽车等大型车辆,其宽度应符合交通要求。

(3)当需要挡御超标准洪水时,还应考虑设置子堰或防汛抢险材料堆存要求。

(4)土石围堰的边坡应根据土石料的性质、压实程度及地基的承载能力等因素确定。

3. 不过水土石围堰

(1)不过水土石围堰宜在流水中、深水中、岩基或有覆盖层的河床上修建。

(2)填筑材料应采用当地材料,可就地取材或充分利用开挖的弃料。

1)若当地有足够数量的渗透系数小于 10^{-4}cm/s 的防渗材料时,可采用斜墙式或斜墙带水平铺盖式结构;

2)若当地没有足够数量的防渗料或覆盖层较厚时,可采用垂直防渗墙式或帷幕灌浆式结构,用混凝土防渗墙、高喷墙、自凝灰浆墙或帷幕灌浆来解决基础和堰身的防渗问题。

(3)土石围堰的断面较大,一般用于横向围堰;在宽阔河床的分期导流中,由于围堰束窄河床增加的流速不大,也可作为纵向围堰,但需注意防冲设计,以保证围堰安全。

(4)土石围堰水下部分的施工,石碴、堆石体的填筑可采用进占法,也可采用各种驳船抛填水下材料。

(5)土石围堰水上部分的施工与一般土石坝相同,可采用分层填筑、碾压施工的方法,并适时安排防渗墙施工。

4. 过水土石围堰

(1)在山区河流中,当洪枯流量和水位变幅均较大时,宜采用过水土石围堰。

(2)过水土石围堰的挡水标准必须综合各方面的因素,经比较论证后才能合理选定。

(3)要求堰体必须允许过水时,如土石围堰是散粒体结构,则不允许堰体溢流。

(4)经常采用的过水围堰有大块石护面、钢筋石笼护面、加筋护面及混凝土板护面等,采用较普遍的是混凝土板护面。

(5)混凝土护面板的安装或浇筑应错缝、跳仓,其施工顺序应从下游面坡脚向堰顶进行。

(6)混凝土护面板与围堰下游坡之间一般需设置垫层,以削减板下水流压强,以利于面板的平整与稳定。

(7)加筋过水土石围堰应在围堰的下游坡面上铺设钢筋网,在下游部分堰体内埋没水平向主锚筋,以防止坡面块石被冲走。

(8)钢筋网由纵向主筋、横向构造筋及横向加筋组成。纵向主筋 $\phi6\sim\phi30$,间距为 $100\sim450$mm;横向构造筋中 $\phi8\sim\phi25$,间距为 $150\sim225$mm;横向加筋 $\phi20\sim\phi30$,间距为 $1500\sim3000$mm。

1)横向加筋应放置在纵向加筋的下面,以防止钢筋网隆起,被水流挟带的杂物所切断;

2)水平向立锚筋应安置在堰体内,一般采用 $\phi20\sim\phi38$,其垂直间距为 $1500\sim3000$mm,水平间距为 $230\sim1500$mm。水平向立锚筋可事先预制,然后在现场进行装配。

(9)对过水土石围堰的下游坡面及堰脚应采取可靠的加固保护措施。

四、混凝土围堰质量检验

1. 一般规定

(1)混凝土围堰是用常态混凝土或碾压混凝土浇筑而成的,一般需在低水土石围堰围护下施工,也可采用水下浇筑的方式。

(2)常用的混凝土围堰有干地浇筑的重力式及拱型围堰,此外还有浆砌石围堰。一般采用重力式居多。

(3)混凝土围堰易于与永久建筑物结合,并且堰顶可溢流。

2. 重力式混凝土围堰

(1)重力式混凝土围堰应建于岩基上,其断面可做成实心式,与非溢流重力坝类似;也可做成空心式。如三门峡工程的纵向围堰(图 3-1)。

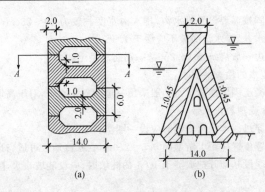

图 3-1　三门峡工程的纵向围堰(单位:m)

(a)平面图;(b)A—A 剖面

(2)重力式混凝土围堰的基本断面为三角形,其顶点高程应在堰顶附近,宜选在上游最高库水位,断面尺寸必须通过稳定和强度计算确定:

1)采用的基本断面为上游面垂直时,下游面坡度为 1:0.6~1:0.8;

2)为利用水重,上游面可做成 1:0.1~1:0.25 的折坡,折坡的起点一般在 1/3~2/3 堰高处。

3)纵向围堰两侧交替挡水,其基本断面尺寸宜为等腰三角形或近似于等腰三角形。过水围堰的断面型式,还应结合过水时的流态及消能方式确定。

(3)混凝土围堰顶在设计洪水静位以上应加安全超高,对Ⅲ级混凝土围堰安全超高的要求不小于 0.4m,对Ⅳ、Ⅴ级围堰安全超高要求不小于 0.3m。

对于混凝土围堰,堰顶短时漫流是允许的。

(4)碾压混凝土重力围堰的断面形式在体形上应力求简单,便于施工。围堰顶宽度应为 5~8m,上游面宜采用铅直或斜面,应尽量避免折面。

(5)堰体廊道有纵向廊道(平行于围堰轴线)和横向廊道(垂直于围堰轴线)两种。当堰体较高时,纵向廊道可设几层。其检查要求如下:

1)廊道内应有适宜的通风条件,每隔一定距离应设置竖井通至堰顶或下游堰外,否则,应配备人工通风系统。

2)廊道上游侧面至堰体上游面的距离一般为该处堰面水头的 0.07~0.1 倍,且不小于 3m。

3)廊道的断面应按其用途确定:一般采用城门洞形,基础灌浆廊道一般宽度为 2.5~3.0m,高度为 3.0~3.5m;基础排水廊道一般宽度为 1.5~2.5m,高度为 2.2~3.5m;交通廊道及其他廊道最小尺寸为宽 1.2m,高 2.2m。

4)较长的基础灌浆廊道,每隔 50~100m 宜设置灌浆泵房,其纵向坡度应缓于 45°;当岸坡基础陡于 45°时,灌浆廊道可分层布置,用竖井连接。

5)廊道底脚按需要设置排水沟,排水沟宽度一般为 20～25cm,深20～30cm,排水沟通至集水井,排水沟底坡不应缓于 1.5‰。

6)廊道周边一般浇筑厚 1～2m 常态钢筋混凝土。

(6)堰体止水的检查的要求:

1)碾压混凝土围堰横缝止水一般采用一道塑料止水带,对于高堰可加设一道止水带(紫铜片或塑料止水带)。

2)当孔洞穿过堰体永久横缝时应设一圈塑料止水带。

3)止水设置位置应距上游堰面 0.5～2.0m,在寒冷地区可适当远些。

4)当岸坡堰段基础开挖成陡于 1∶1 的陡坡时,应设陡坡止水,陡坡止水一般采用止水带。

5)当止水槽深 0.4～0.6m 时,宽 1～2m 时,应设锚筋进行加固,并和预埋止水片与横缝止水对应。

6)对于特别重要的围堰,两道止水片之间还应设排水槽,止水片下游宜设排水孔,以利于排除渗水。

(7)堰体排水系统的检查要求:

1)堰体竖向排水系统的排水管应设置在堰体上游防渗层后面。排水管顶部按需要通至堰顶或堰体某一高程,其底部通至排水廊道、基础灌浆廊道内。

2)碾压混凝土围堰排水管一般为预制的无砂混凝土管,亦可采用钻孔或拔管等方法形成,管距为 2.0～3.0m,内径为 15～20cm,常态混凝土围堰排水管内径为 15～25cm。

(8)堰体分缝分块的检查要求:

1)碾压混凝土围堰一般不设置纵缝。

对于分期施工的堰体,如温控措施较复杂,可将堰体改为常态混凝土浇筑,并按要求设置纵缝和键槽,对纵缝应进行接缝灌浆及必要的并缝措施。

2)碾压混凝土围堰堰段间设置横缝,横缝间距宜为 20～50m。

①横缝为非暴露平面的连续缝,可由切缝嵌金属片或用其他材料进行人工埋设造缝;

②横缝为非暴露平面的不连续诱导缝,可采用钻孔、切缝、预埋等方法形成,但应严格控制缝距、方向及斜度。

(9)堰体混凝土分区检查要求:

1)碾压混凝土的抗压强度一般采用 90～180d 龄期,当堰体开始承受荷载时间早于 90～180d 时,应进行核算,必要时可缩短龄期或调整强度等级。

2)堰体内部混凝土强度等级应相同。不同强度等级的混凝土,其分区宽度应根据堰体受力状态、构造要求和施工条件确定。

3)碾压混凝土垫层必须采用常态混凝土,其厚度一般为 1.0～1.5m。

4)碾压混凝土围堰上游堰面防渗层采用常态混凝土或富胶凝材料的碾压混

凝土。防渗层最小的有效厚度一般为堰面水头的 $1/30 \sim 1/15$，但不宜小于 1.0m。

防渗层混凝土抗渗强度等级的最小允许值为：H（水头）$<30m$ 时为 W4；$H=30\sim60m$ 时为 W6；$H=60\sim120m$ 时为 W8；$H>120m$ 时，应进行专门试验论证。

5）为确保防渗可靠，碾压混凝土围堰上游堰面应涂刷防渗材料。

3. 拱型混凝土围堰检查验收

(1)拱型混凝土围堰应修建在岸坡稳定、岩石坚硬完整的地基上，适用于两岸陡峻、岩石坚实的山区河流。

(2)拱型混凝土围堰适用的地形（L 为堰顶的河谷宽度，H 为最大堰高）：

1）$L/H\leqslant1.5\sim3.0$ 时，适宜于拱型；

2）$L/H\leqslant3.0\sim3.5$ 时，适宜于重力拱型；

3）$L/H>3.5\sim4.0$ 时，不宜采用拱型结构。

(3)拱型围堰有薄拱型、拱型和重力拱型三种，常采用拱型或重力拱型，薄拱型较少采用。

1）当底厚 T 和高度 H 的比值 $T/H<0.1$ 时，为薄拱型；

2）$T/H=0.1\sim0.4$ 时，为拱型；

3）$T/H=0.4\sim0.6$ 时，为重力拱型；

4）$T/H=0.6\sim0.8$ 时，则为重力式。

(4)围堰的拱座应修筑在枯水期的水面以上。

(5)进行基础处理时，如河床的覆盖层较薄，应进行水下清基；如覆盖层较厚，应灌注水泥浆防渗加固。

(6)围堰堰身的混凝土浇筑宜进行水下施工；在拱基两侧应回填部分砂砾料，以利于灌浆，形成阻水帷幕。见图 3-2。

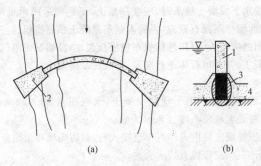

(a)　　　　　　　　(b)

图 3-2　拱型混凝土围堰

(a)平面图；(b)横断面图

1—拱身；2—拱座；3—灌浆帷幕；4—覆盖层

(7)混凝土围堰水下施工时,其检查要求是:

1)对于浅水,在麻袋混凝土或清基立模后,直接浇筑混凝土。

2)对于深水,其工艺程序为测量放样、水下清基、立模就位、清仓堵漏、水下混凝土浇筑及模板拆除等,均应符合相关工艺要求。

(8)水下清基应采用空气吸砂器和人工水下装吊两种方法进行:

小颗粒砂砾,应用吸砂器吸出;30~40cm 的块石,由潜水员将石块装入钢筋笼内吊出;50~60cm 的大块石,则套扎钢丝绳直接吊出运走;遇更大的巨石,需进行水下爆破后清除。

(9)钢木围令模板组装、沉放到位后,潜水员应进行清仓封堵,并清除靠近模板处的残留渣物,堵塞模板与基岩间不密合的缝隙。

(10)采用导管法进行水下混凝土浇筑时,导管应高出水面 1~2m;浇筑混凝土时,导管埋入混凝土的深度应在 50cm 以上,其扩散半径约 3.0m。

导管不宜埋置过深,宜控制在 1.5m 以内。

(11)混凝土应具有良好的流动性和泌水性,应采用坍落度为 15~20cm,水灰比为 0.5~0.6 的混凝土。

(12)边墩施工时,如流速在 0.5m/s 以内时,可采取潜水员水下立模,导管浇筑混凝土的方法。浅水部位,可采用以混凝土赶水的直接浇筑方法。

(13)中墩施工时,如流速为 1.0~1.5m/s,无法进行水下立模时,宜采用在中墩左右两侧各用钢围令组装模板下沉定位,然后进行清仓、堵漏,并用导管浇筑混凝土。

(14)闸孔段水下混凝土浇筑时,为保护混凝土,使底槛表面平整,可在人字梁上嵌有厚 10mm 的钢板盖。盖板上设有浇筑孔,导管通过盖板孔插入仓内,进行水下混凝土浇筑。

(15)深槽段水下混凝土施工时,应在深槽上、下游侧采用两道钢围令框架格栅沉放,然后在两围令间抛石截流,再插入钢筋混凝土预制模板。

由于插板间缝隙较大,可用悬挂帆布将模板包住,抛填黏土闭气,然后在围令框架内浇筑混凝土,并对填石体进行灌浆,形成注浆混凝土。

4. 碾压混凝土围堰

(1)碾压式混凝土宜采用干硬性混凝土,水泥用量 85~120kg/m³,掺合料 30%~40%,骨料最大粒径不超过 8cm 为宜。

(2)围堰碾压混凝土可由自卸汽车直接入仓,如因场地和运输条件的制约,也可采用塔机吊运入仓、皮带机直接入仓。

(3)根据围堰施工强度与运输道路的布置,仓内宜分成两个工作面。自卸汽车采用左右两侧进入仓内,并在专人指挥下有序倒料,及时摊铺和碾压。

(4)通仓薄层应连续浇筑,混凝土拌合料从出机口到平仓面碾压完毕应控制在 2 小时以内。

(5)应控制摊铺厚度,以减少骨料分离。铺层厚度一般为 30~40cm,最大不宜超过 80cm。

(6)自卸汽车铺料后,应由推土机将骨料推到适宜厚度,再用振动碾进行碾压,切割机切缝。

(7)仓内大面积碾压作业时,宜采用自重和激振力较大、频率较高而振幅相对较低的双轮自行式振动碾;在仓内边角部位,可选用手扶式小型振动碾压实。

(8)仓面进行薄层连续浇筑时,铺料、平仓、碾压作业应在整个仓面分条带进行。条带的方向应平行于围堰轴线,上下层的条带应错开。

(9)层间间隔宜大于 8~12h。冬季气温较低时,可延长至 14~16h,否则应进行铺砂浆等处理。

(10)碾压混凝土 4~5 月份施工时,应采用预冷混凝土。为防止混凝土表面出现干燥而产生裂缝,仓内应备有喷雾设施,也可配备洒水车进行喷雾处理。

(11)模板应能适应堰体的上升速度和振动压实力的特点;模板支撑围令应有足够的刚度。

(12)如需设置伸缩缝,应在浇筑后 1.5~3h 内,用切缝机切出永久缝,缝内插入塑料板。

五、草土围堰质量检验

草土围堰是我国劳动人民长期与水作斗争的智慧结晶,它是一种以麦草、稻草、芦柴、柳枝和土为主要原料的草土混合结构,目前,已有 2000 多年的历史。这种围堰主要用于黄河流域中下游的堵口工程中,解放后,在青铜峡、盐锅峡、八盘峡等工程中,以及南方的黄坛口工程中均得到应用。

1. 筑堰材料

(1)草料一般为麦草、稻草或其他柔软性山草,要求柔软、干燥、不腐烂、新旧不限。单支草茎长在 0.5m 以上。使用时,应经过打场碾压。

(2)除纯砂土和纯黏土外,一般土壤均可用作土料,但不允许用冻土。土内不应含有石子、大量的砂砾及植物根茎等杂物。

(3)草土用量的比例关系应根据施工条件、施工时的水深和流速等因素确定。

(4)制作草捆时,应将麦草或稻草做成长 1.2~1.8m,直径 0.5~0.7m,重约10kg 的单个草捆,然后将两个草捆靠齐压扁,再用长 6~8m、直径 4~5cm 粗草绳系紧。

2. 围堰断面

(1)草土围堰的断面尺寸应满足抗滑、抗渗、抗倾覆等要求,同时还应满足堰顶运草及运土等要求。

(2)围堰的断面一般为矩形或梯形,其边坡坡边宜为 1:0.2~1:0.3。在岩基河床上,草土围堰的宽度比为 2~3;在软基河床上,围堰宽度比为 4~5。

(3)草土围堰与混凝土等建筑物的接头布置宜选择在具有坡面的位置,使草土体沉陷后可自然压紧。

(4)草土围堰的水深与顶宽比一般为1：2～1：2.5。在堰顶有压重和施工质量较好的情况下,且地基为岩石时,水深与顶宽比为1：1.5。转弯部分堰体应适当加宽。堰顶高程应比运用期间的最高水位高出1.0～1.5m。

(5)围堰内侧应留有5～10m的余地,以便于堵漏和排水。围堰与岸边接头应选择在岸坡小于45°的缓坡处(见图3-3)。

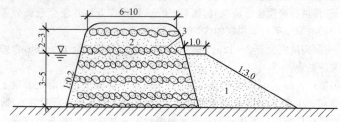

图3-3　草土围堰断面(单位:m)
1—戗土;2—土料;3—草捆

3. 捆草法水中填筑

草土围堰的施工方法比较特殊,就其实质来说也是一种进占法。按其所用草料型式的不同,可以分为散草法、捆草法、埽捆法三种。按其施工条件可分为水中填筑和干地填筑两种。实践中的草土围堰,普遍采用捆草法施工,如图3-4所示。

(1)采用捆草法修建围堰时,应先将草料做成草捆,然后一层草捆一层土料进占而成。

(2)进占前,应先清理岸边,铺填一层土料,然后将草捆垂直岸边并排沉放。

(3)第一排草捆沉入水中1/3～1/2草捆长时,应将草绳拉直固定在岸边,以便与后铺的草捆互相连接。

(4)在第一层草捆上后退压放第二层草捆,两层草捆搭接长度一般为1/2～1/3草捆长,当压草层数较多时,搭接长度可适当减少。

(5)随着草捆的逐层压放,形成一个30°～40°的斜坡,直到满足所需层数为止(斜坡长度不小于1.5倍水深)。

(6)当草捆压好后,再铺一层厚约30cm的散草,填补捆草间的空隙。同时盖住草绳,使其随草捆下沉。

(7)铺草完成后应洒水润湿草料,以便于下沉和压实。然后在散草上铺土,铺土厚度为30～35cm。

(8)铺好的土层应踩实或加夯压实。当一层草土填筑完成,再进行第二层草土填筑,逐渐向前进占。

(9)随着草土的不断循环填筑,堰体不断向前进占。当堰体高出水面后,应立即铺土夯实,并将围堰加高至设计高程。

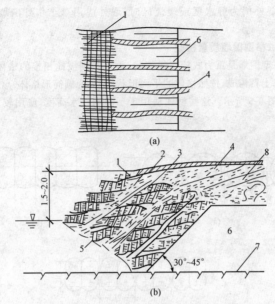

图 3-4　草土围堰施工示意图(单位:m)

(a)围堰进占平面图;(b)围堰进占纵断面图

1—草捆;2—铺土层;3—散草;4—草绳;5—飘浮楔形体前沿;

6—已建堰体或岸坡;7—河底;8—散草铺土加高

(10)如施工期水位与围堰运用期的最高水位相差较大,则可将堰体堆筑分两次完成。先将堰体筑至施工水位以上 1.0m 左右,待合龙后再加高水上部分的堰体。

(11)填筑时,应超过设计高程一定高度:水中填筑的沉陷超高为堰高的 8%~10%;干地填筑为 10%~12%。

4.围堰防渗

(1)草土围堰与河岸接头处,基岩面上的覆盖层应清除干净,其清除范围应同围堰底部同宽。

(2)在软基上修建的草土围堰,如地基渗透系数较大时,应对地基进行灌浆。

1)钻孔灌浆工作应在堰顶进行;

2)灌浆材料应采用水泥、黏土等;当渗水量很大时可用水泥砂浆,或掺入一定数量的掺合料;

3)灌浆孔应沿围堰中心线布置,并根据承受水头和地基性质决定灌浆孔的孔距和排数。

(3)当围堰外侧为静水区或缓流区时,堰外应用草土作外围墙,中间填以黏土。

六、钢板桩格型围堰质量检验

钢板桩格型围堰是重力式挡水建筑物,由一系列彼此相接的格体形成外壳,然后在内填以土料构成,按照格体的平面形状,可分为圆筒形格体、扇形格体和花瓣形格体,如图 3-5 所示。这些型式适用于不同的挡水高度,应用较多的是圆筒形格体。

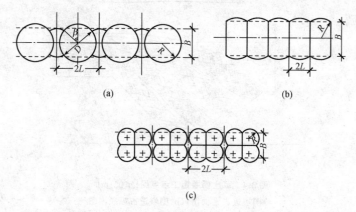

图 3-5 钢板桩格型围堰平面形式
(a)圆筒形格体;(b)扇形格体;(c)花瓣形格体

1. 格形围堰的布置

格形围堰的布置首先需确定标准格体尺寸,通常采用同一尺寸的标准格体。格体可以沿直线或曲线布置。格体定线时需考虑到格体板桩间的固有连锁关系;格体与河岸、格体与已建水工建筑物或其他形式围堰的连接方式。

格形围堰格体本身一般不需采用专门的防渗措施。为减少岩基上格体渗漏或防止格体填料从底部漏失掉,迎水面板桩必须打进基岩内 0.3～0.6m。一般在迎水侧板桩外面浇 0.5m 厚水下混凝土或用水泥砂袋封底。基岩渗漏常用灌浆处理。

为降低格体内浸润线高程,格体需采取排水措施。一般是在背水侧板桩上开 30mm 直径排水孔,垂直间距 0.5～1m,水平间距 1.2～2m(即在第三根或第五根板桩上开孔)。格体填料的透水性较差时必须采取强制性排水措施,在填料底部设置排水层。

2. 格体内部填料

格体内应填充透水性强的填料,这样填料可以依靠水的重力流动通过排水孔来满足排水要求,同时,填料必须耐冲刷,并具有很高的抗剪强度和抗滑重度。施工中,常用的填料有砂、砂卵石或石渣等。在向格体内进行填料时,必须保持各格体内的填料表面大致均衡上升,因高差太大会使格体变形。

3. 格形围堰施工

格形围堰的施工工序依次是定位、打设模架支柱、模架就位、安插钢板桩、打设钢板桩、填充料碴、取出模架及其支柱和填充料碴到设计高度等。对于鼓形格形围堰的鼓形格体,可以通过延长隔墙的方式来增加围堰的有效高度,这样钢板桩的用量较少,板桩的拼装和插打比较容易,但每个格体不能单独稳定,也不能单独回填,仅能在平衡的水流中施工。而花瓣形格形围堰的每个格体均是一独立稳定的单元。花瓣形格体本身可用十字隔墙加固,只是所需板桩的数量较多。

4. 圆筒形格体钢板桩围堰

圆筒形格体钢板桩围堰是由"一字形"钢板桩拼装而成,由一系列主格体和联弧段所构成。根据经验,圆筒形格体的直径 D 一般为挡水高度 H 的 $0.9\sim1.4$ 倍,平均宽度 B 为 $0.85D$,见图 3-6。圆筒形格体钢板桩围堰一般适用的挡水高度小于 $15\sim18m$,可以建在岩基或非岩基上,也可作过水围堰用。

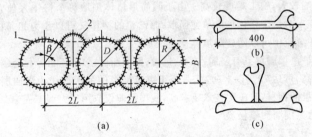

图 3-6　圆筒形格体钢板桩围堰(单位:mm)
(a)平面图;(b)"一字形"钢板桩;(c)钢板桩异形接头
1—主格体;2—联弧段

(1)设计要求。由于圆筒形格体钢板桩围堰不是一个刚性体,而是一个柔性结构,在格体挡水时会产生变位(图 3-7),填料沿格体轴线的垂直平面(图 3-7 中 A—A 平面)发生错动,可通过提高填料本身的抗剪强度以及填料与钢板桩之间的抗滑力,来提高格体的抗剪稳定性;此外,钢板桩的锁口由于受到填料的侧压力而会产生拉力,因此,圆筒形格体钢板桩围堰的设计,除了应按水工建筑物一般要求,核算抗滑、抗倾覆稳定及地基强度外,尚需核算格体轴线垂直平面上的抗剪稳定性和钢板桩锁口的抗拉强度等。

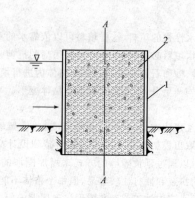

图 3-7　格体挡水时变位示意图

1—钢板桩；2—填料

（2）围堰修建。圆筒形格体钢板桩围堰的修建是由定位、打设模架支柱、模架就位、安插钢板桩、填充料渣、取出模架及其支柱和填充料渣到设计高度等工序组成的（图 3-8）。圆筒形格体钢板桩围堰一般需在流水中修筑，受水位变化和水面波动的影响较大，施工难度较高。由于圆筒形格体围堰每个格体为独立稳定单元，故而施工时每个格体可以单独回填；而已建的格体又可以作为相邻格体的施工平台，在急流中可以随建随填。

钢板桩格型围堰具有坚固、抗冲、抗渗、围堰断面小，便于机械化施工；钢板桩的回收率高，可达 70% 以上；尤其适用于束窄度大的河床段作为纵向围堰，但由于需要大量的钢材，且施工技术要求高，我国目前仅应用于大型工程中。

七、竹笼围堰质量检验

1. 竹材质量要求

（1）从外形上，竹材应当修长而挺直。竹竿粗细要均匀，质地坚硬，无开裂、损伤、腐烂、虫蛀等缺陷。

（2）采用毛竹时，应采用 4～6 生的毛竹；冬竹则以 6 年生的为宜，采伐时间应以冬季采伐为好。

2. 竹笼质量要求

（1）笼体直径应为 0.5～0.6m，长度应为 3～10m，也可根据需要而定。如采用铅丝笼或钢筋笼，笼体可适当增大。

（2）竹筋宽度应为 2～3cm，厚度以 3mm 为宜，最低抗拉强度应大于 10^8 Pa，如使用期限超过 1～2 年或受力较大时，应进行防腐处理。

（3）竹笼编制孔格尺寸应为 10～12cm，竹筋搭接长度应大于 3 个孔格。对受力较大部分的竹笼，顶盖应采用双筋，延伸长度应大于 2.0m。

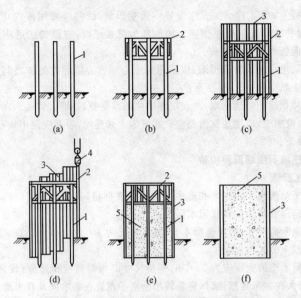

图 3-8 圆筒形格体钢板桩围堰施工程序图

(a)定位、打设模架支柱;(b)模架就位;(c)安插钢板桩;
(d)打设钢板桩;(e)填充料渣;(f)取出模架及其支柱和填充料渣到设计高程
1—模架支柱;2—模架;3—钢板桩;4—吊钩;5—料渣

(4)竹笼内填石应以卵石为宜,石料应大小相辅,填石密度应达到 1.45g/cm³。

(5)面板拉筋应松紧均匀,拉筋与锚桩应在填石时同时填入,不应松动。砂卵石垫层应用水冲压密实。

3. 围堰质量检验

(1)竹笼围堰不得过高,其最大高度不得超过 15~16m。

(2)施工时,水深不宜超过 2~3m。采用水面板阻水时,允许流速不得超过 4~5m/s;采用混凝土面板阻水时,最大流速不得超过 8~10m/s。

(3)堰顶宽度应满足其稳定要求和交通需要。竹笼体临水面坡度应为 1:0.1~1:0.5,背水面坡度应为 1:0.5。

(4)木阻水面板应采用迎水面直立式。面板结构为两层木板夹油毛毡,然后用围令夹固,再通过拉筋锚固在竹笼体上。面板与竹笼体之间填入厚 0.5~1.0m 的砂卵石垫层。

(5)钢筋混凝土面板的厚度应为 0.5~1.0m。现场浇筑时,应采用顶部薄底部厚的渐变断面;也可采用现场拼装较薄的装配式预制板。两者均应设置垫层,通过拉筋固定在竹笼体上。

(6)面板上,每隔 10～20m 应设置一道变形缝,缝间应采用橡皮止水。面板与基岩连接处应设置混凝土垫座。如地基为覆盖层时,应设置能适应变形的垫座,以防止面板产生过度扭曲。

(7)如采用心墙式竹笼围堰,应采用黏土心墙。心墙与竹笼体之间应设置过度层,以防止黏土流失。

(8)在冲积层上修建围堰,对表层细砂应加以平整,并铺上竹席。在竹笼与地基之间应加设插桩,以增加抗滑稳定。在基岩上修建时,岩面应先用块石填平,然后再叠放竹笼。

八、框格填石围堰质量检验

1. 木笼围堰

(1)木笼结构应采用横木和直木交叉搭叠成框格,其节点应用栓钉连接。框格内应填块石,临水面应设置阻水面板。

(2)木笼断面尺寸:对于宽型木笼,其高宽比为 1:1.0～1:1.5;窄型木笼的高宽比应为1:0.6。

(3)单只木笼的宽度应为 5～7m,框格尺寸必须与高度相适应;较低的木笼,框格可适当大些。布置框格时,应将较小的格子布置在临水面和背水面。

(4)横直木交叉处应用穿透 3 层木料的钢栓钉销合。栓钉直径不宜过大。

(5)阻水面板应由两层木板夹两层油毛毡组成,并用铁钉、夹木和螺栓固定在木笼临水面横木上。

(6)木笼之间的接头应采用橡皮止水。橡皮的厚度与宽度应符合要求,两侧应用压木钉在木笼面板上。

(7)在木笼临水面一格浇筑水下混凝土进行封底。封底混凝土的高度应为1.0～1.5m。为抵抗填石冲击力,封底混凝土浇筑 3～4d 后才能回填框格。

(8)过水木笼混凝土顶盖的外形轮廓,有交通要求时应做成平顶,无交通要求可做成斜面或曲面。为加强顶盖与框格之间的连接,框格应伸入混凝土顶盖内0.3～0.5m。

为适应木笼框格较大的变形,混凝土顶盖内应设置变形缝。变形缝的数量应与框格大小相适应。

(9)填料时,应采用内摩擦角大、压实性好的砾石料,块石级配应良好。

2. 钢筋混凝土叠梁框格围堰

(1)叠梁预制件的长度和截面尺寸,除应满足受力要求外,还应满足吊装运输的需要。

(2)叠梁预制件的预留孔或预埋螺栓的位置要准确。

(3)叠梁配筋应考虑施工吊装自重荷载,应采用双面配筋,避免采用弯起筋,可采用增加钢箍、减小跨度或适当增大断面等措施来满足应力要求。

(4)每根梁的两端应做成突起的接头,并预留插筋孔。接头的突起高度和长度应根据节点推力确定,突起高度应大于钢筋保护层。

(5)阻水面板可采用木面板或钢筋混凝土面板:

1)采用木面板时,其构造同木笼围堰,但横梁上应预埋固定螺栓,并用夹木将面板固定在横梁上。

2)采用钢筋混凝土面板时,应将钢筋和横梁联系起来。

(6)钢筋混凝土叠梁断面的宽高比值应比木笼小,可按其稳定计算来确定。

九、杩槎围堰质量检验

1. 杩槎质量检验

杩槎是用木料竹绳捆绑而成的等边三角架。其检验要求如下:

(1)杩脚是三根竖向木料,其与水平面的夹角应为50°~60°;盘杠为用竹绳绑在杩脚上的三根短木,应高于水面0.5~0.8m。位于迎水面的两根杩脚为照面木,背水面的一根杩脚为箭木,三根杩脚上端为杩脑顶,如图3-9所示。

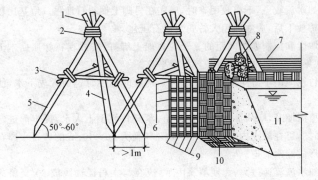

图3-9 杩槎围堰构造示意图

1—杩脑顶;2—竹绳;3—盘杠;4—箭木;5—照面木;6—堰梁;

7—压盘木;8—碗儿兜;9—签子;10—篱笆;11—泥埂

(2)为增加杩槎的稳定性,每个杩槎的压盘木(即在盘杠上密排的小杂木)上应放置4~10个圆形竹筐,每个筐里装卵石0.2m³。

(3)按水压力情况,堰梁的布置应上稀下密,并按深槽多、浅槽少的原则进行安排。距河底高度0.5m内应密排,其他间距应控制在0.2~0.3m之间,浮水木(即最上一根堰梁)应高出水面0.5m。

(4)堰梁上捆绑的竖向木称为签子,其间距为0.2m,顶端高压盘木0.3m。

(5)竹笆是用慈竹编成的粗笆子,应铺在签子上。竹笆应沿河底伸展0.5~1.0m,顶部应伸出水面0.6m。

(6)竹笆前应抛填黏土和壤土,形成混合料防渗体(泥埂)。泥埂顶部宽约1.0m,埂顶应高出水面0.5m。

(7)枵脚料应采用桤木和硬杂木,也可采用杉木,其规格尺寸应符合设计要求。堰梁、签子一般应采用杂木。竹绳、竹笆、碗儿兜用慈竹。

2. 枵槎围堰施工

(1)捆绑枵槎在岸上进行。箭木受力大,应用坚实和粗大的木料。照面上脚木应稍大,下脚木应稍小。

(2)枵脑顶应用双五花(直径 2.2cm)竹绳捆 40 圈,再用人力扒开枵脚木。压盘木应用单五花(直径 2cm)竹绳或 8 号铅丝捆 8 圈,绑接点应用木楔楔紧。

(3)下枵时,应从下游到上游依次进行。水浅应用人工抬枵安放;水深 1m 以上应用船下枵。操作时,应先固定木船,再将枵槎横放于船舱上。先将枵脚伸出船舷,然后平稳入河中,应使三根枵脚同时着地。

(4)为使枵脚不被水冲走,应边下枵、边压盘。对于主河槽的枵槎,应加大压盘的载重,一般压卵石 1.5～2.0m³。

(5)如水流较急,下枵较困难时,应先在枵脚上捆块石加重。地基比较松散的河床,枵槎放下后,应立即用大竹兜装块石压住。

(6)堰梁和控制堰梁间距的签子应在船上绑好,安放在枵槎照面木上。最上面一根堰梁应拴牢,堰梁和签子应尽量平整。

(7)竹笆应由下游至上游分段进行。铺放时应使竹笆前端先下水,使之紧贴河底。

(8)填泥埂时,应从上游岸边处开始,紧靠竹笆倒土入水,逐步前进。为增加泥埂的强度,可在黏土内加入 20％～30％粒径为 20～40cm 的卵石。卵石不能集中,以免形成漏水通道。

(9)如水流流速过大,泥埂填筑困难,应在与主枵槎轴线成 30°交角的上游布置支水枵槎,并用 5～6m 长的杂木绑接在主枵槎的盘杠上,以挑开水流,减小流速。

(10)如泥埂漏水较小,应及时补抛土料;如漏水较大,则应投放树枝、白夹竹、竹笼装石等,然后再倒土阻水。

(11)在荷载作用下,若发现堰梁挠度过大,应立即在下游用木料打撑子;也可在枵槎下游用慈竹编大竹兜装卵石撑住枵槎。

十、围堰防护检验

1. 围堰防冲

(1)为避免出现局部淘刷,应采用抛石护底、铅丝笼护底、柴排护底等措施。

(2)围堰区护底范围及护底材料尺寸的大小,应通过水工模型试验确定。

(3)在围堰的上下游转角处设置导流墙。如以纵向围堰作为永久建筑物的隔墩或导墙的一部分,则应采用混凝土结构。

(4)对于土石纵向围堰,应对围堰水面以下的堰体进行有效的保护。

2. 防冲措施

(1)护底。为避免由局部淘刷而导致溃堰的严重后果,一般多采用抛石护底、铅丝笼护底、柴排护底等措施来保护堰脚及其基础的局部冲刷。关于围堰区护底范围及护底材料尺寸的大小,应通过水工模型试验确定。

(2)设置导流墙。在大中型水利水电工程中,通常在围堰的上下游转角处设置导流墙,如图 3-10 所示,以改善束窄河段进出口的水流条件,力求使水流平顺地进、出束窄河段。在设置导流墙后,河底最大局部流速有所增加,但混凝土的抗冲能力较高,不至于有发生冲刷破坏的危险。如果考虑以纵向围堰作为永久建筑物的隔墩或导墙的一部分,则一般采用混凝土结构,导墙实质上是混凝土纵向围堰分别向上、下游的延伸。如果采用土石纵向围堰,则应对围堰水面以下的堰体进行有效的保护。

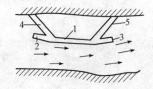

图 3-10　导流墙和围堰布置图

1—纵向围堰;2—上游导流墙;3—下游导流墙;

4—上游横向围堰;5—下游横向围堰

3. 围堰防渗

(1)土石围堰的防渗,应采用斜墙、斜墙接水平铺盖、垂直防渗墙或灌浆帷幕等措施。

(2)防渗斜墙和水平铺盖,应采用人工抛填的方法进行施工。施工时,应控制滑坡、颗粒分离及坡面的平整情况。

(3)斜墙及水平铺盖填土密实度应均匀,防渗性能应良好,干密度应在 $1.45g/cm^3$ 以上,且无显著分层沉积现象。

(4)土坡应稳定,上部坡高应在 8～9m 以内,坡度为 1:2.5～1:3.0;下部坡度较缓,应在1:4.0以上。

(5)抛填三个月后,应取样检查,查看其是否符合相关要求。

十一、围堰的拆除检验

围堰是临时建筑物,导流任务完成以后,应按设计要求进行拆除,以免影响永久建筑物的施工及运行。

围堰的拆除应当符合设计要求。在采用分段围堰法导流时,第一期横向围堰的拆除如果不合要求,势必会增加上、下游水位差,增加截流料物的重量及数量,从而增加截流难度。如果下游横向围堰拆除不干净将会抬高尾水位,影响水轮机的利用水头,从而降低了水轮机出力,造成不应有的损失。

1. 土石围堰拆除

土石围堰相对说来断面较大,拆除工作一般是在运行期限的最后一个汛期过后,随上游水位的下降,逐层拆除围堰的背水坡和水上部分。但必须保证依次拆除后所残留的断面,能继续挡水和维持稳定,以免发生安全事故,使基坑过早淹没,影响施工。土石围堰的拆除一般可用挖土机或爆破开挖等方法。

2. 草土围堰拆除

草土围堰的拆除比较容易,一般水上部分用人工拆除,水下部分可在堰体开挖缺口,让其过水冲毁或用爆破法炸除。

3. 混凝土围堰拆除

混凝土围堰的拆除,一般只能用爆破法炸除,但应注意,必须使主体建筑物或其他设施不受爆破危害。

4. 钢板桩格型围堰拆除

钢板桩格型围堰的拆除,首先要用抓斗或吸石器将填料清除,然后用拔桩机起拔钢板桩。

第三节　导流泄水建筑物

一、导流时段划分

导流时段就是按照导流程序所划分的各个施工阶段的延续时间。导流时段的划分实质上就是解决主体建筑物在整个施工过程中各个时段的水流控制问题,也就是确定工程施工顺序、施工期间不同时段宣泄不同的导流流量的方式,以及与之相适应的导流建筑物的高程和尺寸。因此导流时段的确定,与主体建筑物型式、导流方式、施工进度等有关。

导流建筑物是为主体工程施工服务的。因此服务时间越短,标准越低越经济。根据河床的水文特性,一般可划分为枯水期、中水期、洪水期(如图 3-11)。如安排导流建筑物只在枯水期内工作,则因流量小、水位低,导流建筑物工程量不大,可以获得较大的经济效益;但也不能只追求经济效益而有碍于主体工程的施工,因此,合理的划分导流时段,明确不同时段导流建筑物的工作条件,是既安全又经济地完成导流任务的基本要求。

1. 土石坝、堆石坝导流时段划分

一般土石坝、堆石坝等不允许坝顶溢流,如在一个枯水期不能建成拦洪时,导流时段就要考虑以全年为标准,其导流设计流量就应以年最大洪水的一定频率来设计;如能争取让土坝在汛前修到临时拦洪断面,则可缩短围堰使用期限,降低堰高度、减少围堰工程量,这样导流时段可按不包括汛期的施工时段为标准,导流设计流量即为该时段按某导流标准的设计频率计算得到的最大流量。

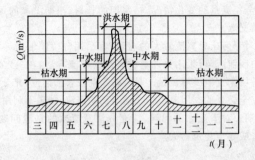

图 3-11　全年流量变化过程线

若土石坝、堆石坝在施工期间坝体泄洪,应通过水力计算或经水工模型试验专门论证确定坝体堆筑高度、过流断面形式、水力学条件及相应的防护措施。

2. 混凝土坝、浆砌石坝导流时段划分

对于混凝土坝、浆砌石坝等施工期允许坝顶溢流的建筑物,可考虑洪峰来时,让未建成的主体工程过水,部分或全部工程停工,待洪水过后再继续施工。

选择的导流设计流量越低,基坑的年淹没次数就越多、年有效施工天数就越少,相应的基坑淹没损失就越大,而导流建筑物的费用则越低;反之,则基坑淹没损失就越小,而导流建筑物的费用则越高。

在采用允许基坑淹没的导流方案时,应注意对未建成的主体工程及施工设施的保护,如电站厂房、已开挖基坑、建在基坑内部的拌合站等。

二、导流方案的选择

(一)导流方案概念

导流方案就是不同导流时段不同导流方法的组合。

对于一项水利水电枢纽工程的施工,从开工到完建往往不是采用单一的导流方法,而是几种导流方法组合起来配合运用,以取得最佳的技术经济效果。例如,三峡工程采用分期导流方式,分三期进行施工,第一期土石围堰围护右岸岔河,江水和船舶从主河槽通过;第二期围护主河槽,江水经导流明渠泄向下游;第三期修建碾压混凝土围堰拦断明渠,江水经由泄洪坝段的永久深孔和 22 个临时导流底孔下泄。

(二)影响导流方案选择的因素

合理的导流方案必须在周密地研究各种影响因素的基础上,拟定几个可能的方案,通过技术经济比较,从中选择技术经济指标优越的方案。由于导流方案的选择受以下几种因素的影响,因此,在选择导流方案时必须予以充分考虑。

1. 河流水文特征

在选择导流方案时,首先应当考虑河流的水文特征,比如河流的流量大小、水位变化的幅度、全年流量的变化情况、枯水期的长短、汛期洪水的延续时间、冬季的流冰及冰冻情况等。

一般来说,对于河床单宽流量大的河流,宜采用分段围堰法导流。对于水位变化幅度大的山区河流,可采用允许基坑淹没的导流方法,在一定时期内通过过水围堰和淹没基坑来宣泄洪峰流量。对于枯水期较长的河流,充分利用枯水期安排工程施工是完全必要的。但对于枯水期不长的河流,如果不利用洪水期进行施工,就会拖延工期。对于流冰的河流,应充分注意流冰的宣泄问题,以免流冰壅塞,影响泄流,造成导流建筑物失事。

2. 河流地质条件

河流导流方案的选择和导流建筑物的布置,与河流两岸及河床的地质条件有直接的关系。若河流两岸或一岸岩石坚硬、风化层薄、且有足够的抗压强度时,则有利于选用隧洞导流。如果岩石的风化层厚且破碎,或有较厚的沉积滩地,则适合于采用明渠导流。

在采用分段围堰导流时,由于河床的束窄,减小了过水断面的面积,使水流流速增大,这时为了河床不受过大的冲刷,避免把围堰基础淘空,应根据河床地质条件来决定河床可能束窄的程度。对于岩石河床,抗冲刷能力较强,河床允许束窄程度较大,甚至可达到 88%,流速有增加到 7.5m/s。但对覆盖层较厚的河床,抗冲刷能力较差,其束窄程度都不到 30%,流速仅允许达到 3.0m/s。

此外,河流两岸及河床的地质条件还与围堰型式的选择,基坑能否允许淹没以及能否利用当地材料修筑围堰等密切相关。同时,水文地质条件还对基坑排水工作有很大的关系。

3. 施工现场的地形条件

施工现场的地形条件,也对导流方案的选择有很大的影响。在河段狭窄两岸陡峻、山岩坚实的地区,宜采用隧洞导流;平原河道,河流的两岸或一岸比较平坦,或有河湾、老河道可资利用时,则宜采用明渠导流;对于河床宽阔的河流,尤其在施工期间有通航、过木要求的情况,宜采用分段围堰法导流;如河床中有天然岛屿或沙洲时,采用分段围堰法导流,更有利于导流围堰的布置,特别是纵向围堰的布置。例如三峡工程利用长江中的中堡岛来布置一期纵向围堰,取得了良好的技术经济效果。

4. 水工建筑物的型式及其布置特点

水工建筑物的型式和布置与导流方案相互影响,在拟定或选定导流方案时,应充分考虑水工建筑物的型式及其布置特点。一般情况下,在设计永久泄水建筑物的断面尺寸和拟定其布置方案时,应该充分考虑施工导流的要求。如果枢纽组成中有隧洞、渠道、涵管、泄水孔等永久泄水建筑物,在选择导流方案时应该尽可能加以利用。

在选择挡水建筑物的型式时,由于土坝、土石混合坝和堆石坝的抗冲能力小,除采用特殊措施外,一般不允许从坝身过水,所以多利用坝身以外的泄水建筑物如隧洞、明渠等或坝身范围内的涵管来导流,施工时通常要求在一个枯水期内将坝身抢筑到拦洪高程以上,以免水流漫顶,发生事故;至于混凝土坝,特别是混凝土重力坝,由于抗冲能力较强,允许流速达到 25m/s,故不但可以通过底孔泄流,还可以通过未完建的坝身过水,因此导流方案选择较为灵活。

在采用分段围堰法修建混凝土坝枢纽时,应充分利用水电站与混凝土坝之间或混凝土坝溢流段和非溢流段之间的隔墙,以降低导流建筑物的造价。在这种情况下,对于第二期工程所修建的混凝土坝,应该核算它是否能够布置二期工程导流建筑物(底孔、预留缺口)。例如,三门峡水利枢纽溢流坝段的宽度主要就是由二期导流条件所控制的,与此同时,为了防止河床冲刷过大,还应核算河床的束窄程度,保证有足够的过水断面来宣泄施工导流流量。

5. 施工期间河流的综合利用

在选择河流的导流方案时,应充分考虑到施工期间河流的综合利用,如河流的通航、筏运、渔业、供水、灌溉或水电站的运转等。

对于通航的河流,大多采用分段围堰法导流,不仅要求河流在束窄以后,河宽仍能便于船只的通行,而且要求水深与船只吃水深度相适应,束窄断面的最大流速一般不得超过 2.0m/s,特殊情况需与当地航运部门协商研究确定;对于浮运木筏或散材的河流,在施工导流期间,要避免木材拥塞泄水建筑物或者堵塞束窄河床。

在施工中后期,水库拦洪蓄水时,在满足下游供水、灌溉用水和水电站运行的要求的同时,为了保证渔业的要求,还应修建临时的过鱼设施,以便鱼群能回游。

6. 施工进度和施工方法

在水利水电枢纽施工导流过程中,对施工进度起控制作用的关键性时段主要有:导流建筑物的完工期限、截断河床水流的时间、坝体拦洪的期限、封堵临时泄水建筑物的时间以及水库蓄水发电的时间等。由于各项工程的施工方法和施工进度直接影响到各时段中导流任务的合理性和可能性,因此,在选择导流方案时必须充分考虑到施工和进度和施工方法,三者紧密相连,密不可分。通常根据导流方案来安排控制性进度,并进而确定施工方法。

7. 施工场地的布置

导流方案的选择与施工场地的布置亦相互影响,例如,在混凝土坝施工中,当混凝土生产系统布置在一岸时,以采用全段围堰法导流为宜。若采用分段围堰法导流,则应以混凝土生产系统所在的一岸作为第一期工程,因为这样两岸的交通运输问题比较容易解决。

在选择导流方案时,除了综合考虑以上各方面因素以外,还应使主体工程尽可能及早发挥效益,简化导流程序,降低导流费用,使导流建筑物既简单易行,又适用可靠。

(三)导流方案比较

导流方案的比较选择,应在同精度、同深度的几种可行性方案中进行。首先研究分析采用何种导流方法,然后再研究什么类型,在此基础上进行全面分析,排除其中明显不合理的方案,保留可行方案或可能的组合方案。以四川白龙江宝珠寺水电站的导流方案比较为例:

四川白龙江宝珠寺水电站工程是以发电为主,兼有灌溉、防洪等效益的综合利用大型水电工程。挡水建筑物为混凝土重力坝,坝顶长 524.48m,最大坝高132m,水电站厂房为坝后式,属Ⅰ级建筑物。

1. 水文资料分析

根据水文资料分析,河流为山区型,洪水涨落变化大,一次洪水过程一般为 $1\sim3d$。汛期在 $7\sim8$ 月份,实测最大洪水流量为 $11300\text{m}^3/\text{s}$,其 10% 频率的最大洪水流量为 $7800\text{m}^3/\text{s}$,5% 频率为 $9570\text{m}^3/\text{s}$;1% 频率为 $1300\text{m}^3/\text{s}$。河流多年含沙量为 2.04kg/m^3,汛期平均含沙量为 2.72kg/m^3,实测最大含沙量为 169kg/m^3。

2. 拟定导流比较方案

在施工组织设计中,共拟定了五个导流比较方案,分别为:

(1)全段围堰隧洞导流。

(2)右岸隧洞、过水围堰、底孔导流。

(3)坝体临时断面挡水、右岸小明渠导流。

(4)右岸隧洞及左岸明渠导流。

(5)右岸大明渠导流、高围堰挡水。

3. 导流方案的分析比较

针对上述五种导流方案,经过分析比较,考虑到地质条件差、工程量大及投资大等因素,不宜开挖专用的导流隧洞,宜采用明渠导流。由于明渠所处河段正位于河湾段,上游天然河道的主流位于右岸,至明渠进口处,转向左岸。根据水流情况,明渠宜布置在左岸。但由于地质条件限制,左岸明渠需高边坡开挖达140m,且岩层倾向与坡向接近一致,边坡稳定条件更差,相应的处理工程量较大;而右岸岩层倾向下游偏内,对边坡稳定有利,故选定明渠布置于右岸。若汛期基坑过水,工期又难以保证,故最后决定采用右岸大明渠导流、高围堰挡水的方案,见图3-12。

4. 导流施工进度控制

第一期工程。在第一期围堰围护下,修建右岸宽35m的导流明渠,河水由左岸束窄不多的河床下泄。工期自第二年7月起至第四年11月第二期上游围堰截流、右岸导流明渠过水为止。

第二期工程。左岸河床截流,并修筑拦挡5%频率全年洪水的高围堰,河水全部经由导流明渠宣泄。左岸河床坝段混凝土浇筑超过第二期围堰高程后,拆除第二期围堰。工期自第4年11月左岸上游围堰合龙起至第七年11月右岸明渠截流、左岸坝体永久底孔开始泄水止。

后期工程。明渠坝段在第八年 5 月前加高至 518m 高程；汛期由明渠坝段 518m 高程的预留缺口及 485m 高程 2 个 5m×10m 临时底孔泄洪；汛后明渠坝段继续加高，由永久底孔泄流。工期自第 7 年 12 月起至第 8 年 11 月止。

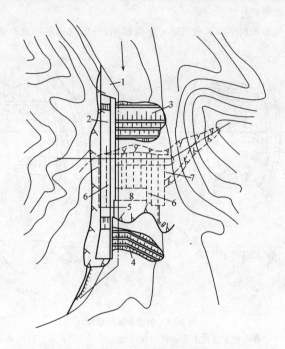

图 3-12　四川宝珠寺水电站分期导流布置图

1—第一期围堰轴线；2—导流明渠；3—第二期上游围堰；4—第二期下游围堰；

5—纵向围堰；6—导流底孔；7—混凝土重力坝；8—厂房

完建期。此时坝体已浇筑至相当高程，第 8 年 11 月下旬至 12 月中旬，最后一个底孔闸门沉放，开始蓄水发电。

三、明渠导流

1. 适用条件

明渠导流通常适用于河床较窄或河床覆盖层较深，分期导流比较困难的地方，同时还需具备下列条件之一：

（1）河床一岸有较宽的台地、垭口或古河道；

（2）导流流量大，地质条件不适于开挖导流隧洞；

（3）施工期间有通航、排水、过水等要求；

(4)总工期紧,不具备挖洞经验和设备。

2.布置形式

(1)导流明渠应布置在较宽台地、垭口或古河道一岸,其形式有以下三种:

1)开挖岸边形成明渠。利用岸边河滩地开挖导流明渠,其渠身穿过坝段(挡水坝段),以供初期导流。

2)与永久工程相结合。利用岸边永久船闸、升船机或溢洪道布置明渠,如图3-13所示。

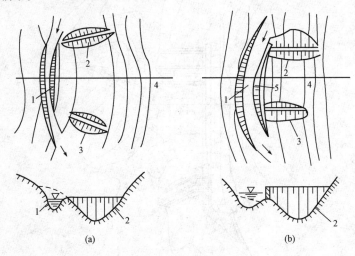

图 3-13　明渠导流示意图

(a)在岸坡上开挖的明渠;(b)在滩地上开挖并设有导墙的明渠

1—导流明渠;2—上游围堰;3—下游围堰;4—坝轴线;5—明渠外导墙

3)在河床外开挖明渠。在远离主河床的山垭处设置导流明渠。

(2)渠身轴线要伸出上下游围堰外坡脚,水平距离要满足防冲要求,一般为50~100m。

(3)明渠进出口应与上下游水流相衔接,与河道主流的交角以 30°为宜。

(4)为保证水流畅通,明渠转弯半径应大于 5 倍渠底宽。

(5)明渠轴线布置应尽可能缩短明渠长度和避免深挖方。

3.进出口位置

(1)明渠进、出口的布置应有利于进水和出水的水流衔接,尽量消除回流、涡流的不利影响。

(2)进、出口方向与河道主流方向的交角宜小于 30°。进、出口力求不冲、不淤、不产生回流。

(3)进、出口的最小安全距离依据围堰型式和堰脚防冲措施而定。

1)无保护措施的土石围堰取 30～50m；

2)有保护措施的土石围堰及混凝土围堰取 10～20m。

(4)进、出口高程和渠道水流流态应满足施工期通航、排冰等要求。

(5)明渠底宽应符合施工导流及航运、排冰等各项要求。

(6)出口的消能和防冲保护。当出口为岩石地基时，一般不需要设置特殊的消能和防冲保护；当为软基或出口流速超过地基抗冲刷能力时，应采取消能及防冲保护措施。

4. 明渠断面

(1)明渠断面一般为梯形；渠底为坚硬基岩时，可为矩形；为满足截流和通航不同目的，也采用复式梯形断面。

(2)明渠断面尺寸应与设计导流流量相适应。

(3)受地形地质和允许抗冲流速影响，不同明渠的断面尺寸应经过综合分析后确定。

(4)有通航要求的明渠，明渠的断面尺寸应符合航道等级和通过船舶的尺度要求。

5. 明渠边坡

(1)明渠开挖坡度需根据地质条件确定。一般各类岩土的稳定边坡宜根据表3-9～表 3-13 选取。

表 3-9　　　　　　　　　　导流明渠水下最小边坡系数

岩土类别	明渠水下边坡系数 m	岩土类别	明渠水下边坡系数 m
稍胶结的卵石	1.00～1.25	砂壤土	1.50～2.00
夹砂的卵石和砾石	1.25～1.50	砂 土	3.00～3.50
黏土、重壤土、中壤土	1.25～1.50	风化的岩石	0.25～0.50
轻壤土	2.0～2.50	未风化的岩石	0.10～0.25

表 3-10　　　　　　　　　　渠岸以上黏土低边坡容许坡比值

土的类别	密实度或黏土的状态	边坡高度	
		＜5m	5～10m
黏土、重黏土	坚　硬	1：0.35～1：0.50	1：0.50～1：0.75
	硬　塑	1：0.50～1：0.75	1：0.75～1：1.00
一般黏性土	坚　硬	1：0.75～1：1.00	1：1.00～1：1.25
	硬　塑	1：1.00～1：1.25	1：1.25～1：1.50

表 3-11   渠岸以上黄土低边坡容许总坡比值

年　代	开挖情况	边　坡　高　度		
		＜5m	5～10m	10～15m
次生黄土 Q_4	锹挖容易	1：0.50～1：0.75	1：0.75～1：1.00	1：1.00～1：1.25
马兰黄土 Q_3	锹挖较容易	1：0.30～1：0.50	1：0.50～1：0.75	1：0.75～1：1.00
离石黄土 Q_2	镐　挖	1：0.20～1：0.30	1：0.30～1：0.50	1：0.50～1：0.75
午城黄土 Q_1	镐挖困难	1：0.10～1：0.20	1：0.20～1：0.30	1：0.30～1：0.50

表 3-12   碎石土边坡总坡比参考值

土体结合密实程度		边　坡　高　度		
		＜10m	10～20m	20～30m
胶结的		1：0.30	1：0.30～1：0.50	1：0.50
密实的		1：0.50	1：0.50～1：0.75	1：0.75～1：1
中等密实的		1：0.75～1：1.10	1：1	1：1.25～1：1.5
松散的	大多数块径＞40cm	1：0.50	1：0.75	1：0.75～1：1
	大多数块径＞25cm	1：0.75	1：1.00	1：1～1：1.25
	块径一般小于25cm	1：1.25	1：1.50	1：1.5～1：1.75

注：1. 含土多时，还需要按土质边坡进行验算。

2. 含石多且松散时，可视其具体情况挖成折线形或台阶形。

3. 如大块石中含较多黏性土时，边坡一般为 1：1～1：1.5。

表 3-13   岩石边坡坡度

山坡岩石种类及特征	岩石的风化程度	边　坡　高　度							
		＜15m			15～30m			30～40m	
		节理很少～节理发育	节理发育	节理极发育	节理很少～节理发育	节理发育	节理极发育	节理很少～节理发育	节理发育
坚固的花岗岩、正长岩、闪长岩及其过渡型岩石	微、中风化	1：0.1～1：0.2	1：0.2～1：0.3	1：0.3～1：0.5	1：0.1～1：0.3	1：0.2～1：0.5	1：0.5～1：0.75	1：0.2～1：0.4	1：0.5～1：0.75
	强风化	1：0.3	1：0.5	1：0.75	1：0.3～1：0.5	1：0.75	1：0.75～1：1	1：0.75～1：1	
辉长岩、辉岩、辉绿岩（块状、坚硬）	微、中风化	1：0.2～1：0.3	1：0.5	1：0.5	1：0.5	1：0.5～1：0.75	1：0.5	1：0.75	
	强风化	1：0.3	1：0.75	1：0.75	1：0.75	1：1	1：0.75～1：1		

续表

山坡岩石种类及特征	岩石的风化程度	边坡高度							
		<15m			15~30m			30~40m	
		节理很少~节理发育	节理发育	节理极发育	节理很少~节理发育	节理发育	节理极发育	节理很少~节理发育	节理发育
喷出火山岩类、流纹岩、安山岩、玄武岩、凝灰岩	微、中风化	1:0.2~1:0.3	1:0.3~1:0.5	1:0.5	1:0.3~1:0.5	1:0.5~1:0.75	1:0.75	1:0.5	1:0.75
	强风化	1:0.3~1:0.5	1:0.5	1:0.75	1:0.5	1:0.75	1:1	1:0.75~1:1	
砂岩、砾岩、厚层块状钙铁硅质胶结(结构致密)	微、中风化	1:0.1~1:0.2	1:0.2~1:0.4	1:0.4~1:0.5	1:0.2~1:0.3				
	强风化	1:0.3~1:0.4	1:0.4~1:0.5	1:0.5~1:0.75	1:0.5	1:0.75	1:0.75~1:1	1:0.75	
砂岩、砾岩、中薄层泥质钙质,胶结不完整(结构不密实)	微、中风化	1:0.3~1:0.5	1:0.5	1:0.5	1:0.5	1:0.5~1:0.75	1:0.75~1:1	1:0.75	1:0.75~1:1
	强风化	1:0.75	1:0.75	1:0.75~1:1	1:0.5~1:0.75	1:0.75~1:1	1:1~1:1.25	1:0.75~1:1	
薄层砂岩、页岩、砾岩互层或页岩,多含泥质碳质及黄铁矿等有害矿物	微、中风化	1:0.5	1:0.5	1:0.5~1:0.75	1:0.5~1:0.75	1:0.75~1:1.25	1:0.75~1:1.25	1:0.75	1:1
	强风化	1:0.5~1:0.75	1:0.75~1:1	1:1	1:1	1:1	1:1.25~1:1.5	1:1	
中等薄层页岩或其他砂岩、砾岩的互层(无夹层者)	微、中风化	1:0.5	1:0.5	1:0.5~1:0.75	1:0.5~1:0.75	1:0.75~1:1	1:1	1:0.75~1:1	1:1
	强风化	1:0.5~1:0.75	1:0.5~1:0.75	1:0.75~1:1	1:0.75~1:1	1:1	1:1~1:1.5	1:0.75~1:1	
石灰岩厚层(块状、致密、坚硬)	微、中风化	1:0.1~1:0.2	1:0.2~1:0.3	1:0.3	1:0.2~1:0.3	1:0.3~1:0.5	1:0.5	1:0.3~1:0.5	1:0.5~1:0.75
	强风化	1:0.2~1:0.4	1:0.4~1:0.5	1:0.5~1:0.75	1:0.5	1:0.5~1:0.75	1:0.75~1:1	1:0.75	
白云岩,燧质、硅质、泥质、铁质石灰岩,磷灰岩或其互层,薄层、中层(致密)	微、中风化	1:0.2~1:0.3	1:0.3~1:0.4	1:0.4~1:0.5	1:0.3~1:0.4	1:0.4~1:0.6	1:0.6	1:0.4~1:0.5	1:0.5~1:0.75
	强风化	1:0.3~1:0.5	1:0.5	1:0.75	1:0.5	1:0.75	1:1	1:0.75	

续表

山坡岩石种类及特征	岩石的风化程度	边坡高度							
		<15m			15~30m			30~40m	
		节理很少~节理发育	节理发育	节理极发育	节理很少~节理发育	节理发育	节理极发育	节理很少~节理发育	节理发育
角砾层及凝灰角砾岩(胶结不完整)	微、中风化	1:0.3~1:0.4	1:0.4~1:0.5	1:0.5	1:0.4~1:0.5	1:0.5~1:0.75	1:0.75	1:0.5	1:0.75~1:1
	强风化	1:0.5	1:0.5~1:0.75	1:0.75~1:1	1:0.5~1:0.75	1:0.75~1:1	1:1~1:1.25	1:0.75~1:1	
各种中薄层层状岩石单一或互层,夹黏土、泥质页岩	微、中风化	1:0.5	1:0.5~1:0.75	1:0.75	1:0.75	1:0.75~1:1	1:1~1:1.5		
	强风化	1:0.75	1:0.75~1:1	1:1~1:1.25	1:0.75~1:1	1:1~1:1.25	1:1.25~1:1.5		
片麻岩、花岗片岩、磁铁片岩	微、中风化	1:0.25~1:0.3	1:0.3~1:0.5	1:0.5	1:0.3~1:0.5	1:0.5	1:0.5~1:0.75	1:0.5	1:0.5~1:0.75
	强风化	1:0.3~1:0.5	1:0.5		1:0.5~1:0.75	1:0.75~1:1	1:0.5~1:0.75		1:0.5~1:0.75
变质砂砾岩、石英岩、石英片岩、硅质板岩、大理岩及互层	微、中风化	1:0.2~1:0.3		1:0.5	1:0.3~1:0.5		1:0.5		1:0.5~1:0.75
	强风化	1:0.3~1:0.5		1:0.5	1:0.5~1:0.75		1:1	1:0.75	
千枚岩、云母片岩、角闪片岩及绿泥片岩、滑石片岩及其互层	微、中风化		1:0.5	1:0.5~1:0.75	1:0.75~1:1	1:0.75~1:1	1:1		
	强风化	1:0.75	1:0.75~1:1	1:1~1:1.25	1:1	1:1~1:1.25	1:1.25~1:1.5		

注:当地下水比较发育或具有软弱结构面的倾斜地层,当岩层层面或主要节理面的倾斜方向与边坡倾斜方向相一致,且两者走向的夹角小于45°时,安全坡比应另行确定。

(2)当坡高大于15~20m时,应设置马道,以利于边坡稳定和检修。

(3)当边坡稳定难以满足要求时,应采取以下加固措施:

1)加强排水设施。

2)锚杆和锚索锚固。一般用于局部滑动地段,小块滑动用锚杆,大块滑动用锚索。

3)锚固桩。常用于大体积的滑动。

4)重力式挡墙。局部或大范围的不稳定地段可采用,但工程量较大。

(4)检查导流明渠边坡稳定安全系数 K 值:一般根据工程等级及地质条件采用 $1.15\sim1.25$;当考虑地震荷载时,应不小于 $1.05\sim1.10$。

6. 渠岸超高

(1)渠岸超高指明渠最高洪水位(水面线)以上需增设的高度 F_b,一般可按式(3-3)计算:

$$F_b = h_b + \delta \tag{3-3}$$

式中 h_b——风浪爬高;

δ——安全超高,一般为 $0.3\sim0.7\mathrm{m}$。

(2)对于有通航要求的导流明渠,其渠岸超高还需考虑船行波在岸坡上的上卷高度。一般情况下可按式(3-4)计算:

$$h_H = \beta \frac{0.5(2h) + mi}{1 - mi} \tag{3-4}$$

式中 h_H——船行波在岸坡上的上卷高度;

β——系数,对于抛石护坡 $\beta=0.8$;对于砖石护坡 $\beta=1.0$;对于混凝土板护坡 $\beta=1.4$;

m——岸坡的坡度;

i——船行波的波陡,可近似采用 $i=0.05$;

$2h$——船行波的波高,可参考式(3-5)计算。

$$2h = \frac{0.8}{(1-n)^{2.5}} \sqrt{\frac{\delta T_c}{L_c} \cdot \frac{v_c^2}{2g}} \tag{3-5}$$

式中 δ——船舶的载重系数;

T_c——设计船舶的吃水深;

L_c——设计船舶的高度;

v_c——设计船舶的航速;

n——断面系数,即明渠过水断面面积 Ω 与船中横断面的浸水断面面积 A 的比值($n=\Omega/A$)。

(3)弯道的超高。当弯道半径小于 5 倍水面宽度及平均流速大于 $2\mathrm{m/s}$ 时,弯道凹岸顶端的超高应予增加,其增加值可按式(3-6)计算:

$$F'_b = \frac{B}{R} \cdot \frac{v^2}{2g} \tag{3-6}$$

式中 F'_b——增加的超高值,m;

B——最大流量时水面宽度,m;

R——弯道半径,m;

v——平均流速,m/s。

7. 明渠底坡

(1)对于无通航要求的明渠,在渠内流速允许时,应采用陡坡,以减少明渠断面或降低围堰高程。

(2)明渠底坡应保证渠内流速和进、出口水流衔接良好,必要时各渠段可采用不同的底坡。

(3)对于有通航、过木要求的明渠,宜采用缓坡。

8. 明渠封堵设置

(1)导流明渠结构布置应考虑后期封堵要求。

(2)当施工期有通航、放木和排冰任务,明渠较宽时,应在明渠内预设闸门墩,以利于后期封堵。

(3)施工期无通航、过木和排冰任务时,应于明渠通水前,将明渠坝段施工到适当高程,并设置导流底孔和坝面缺口使二者联合泄流。

四、涵管导流

1. 适用条件

(1)涵洞(管)导流一般修筑在土坝、堆石坝工程中,涵洞(管)埋入坝下。

(2)涵洞(管)布置在河岸岩滩上,且位于枯水位以上。

(3)涵洞结构除进出口暴露部分外,其结构强度和稳定要求应与大坝同等。

2. 布置形式

(1)涵洞(管)应布置在良好的地基上,一般应坐落在岩基上,或对地基进行适当处理。

(2)涵洞(管)应尽量采用明流泄水;如必须采用有压泄流时,应采取适当措施,以消除振动和负压影响。

(3)涵洞(管)轴线应呈直线布置,如必须转弯时,应控制好转弯半径。当水头大于 20m 时,不允许设置弯道。

(4)进水口的型式应具有良好的进水条件,进口曲线一般应采用 1/4 椭圆,并具有良好的渐变段。

(5)出口必须有消能措施和可靠的防冲保护,其高程和底坡应符合设计要求。

(6)当水头不高时,导流涵洞可与永久建筑物结合(见图 3-14)。

3. 其他检查事项

(1)在建筑物基岩中开挖沟槽,必要时予以衬砌,然后封上混凝土或钢筋混凝土顶盖,形成涵管。

(2)为了防止涵管外壁与坝身防渗体之间的渗流,应在涵管外壁每隔一定距离设置截流环。

(3)要严格检查涵管外壁防渗体的压实质量。防渗体的压实质量应符合设计要求。

(4)涵管管身的温度缝或沉陷缝中的止水应符合设计要求。

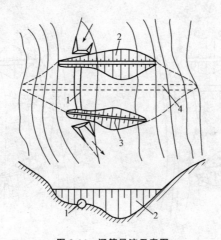

图 3-14　涵管导流示意图
1—导流涵管;2—上游围堰;3—下游围堰;4—土石坝

五、隧洞导流

隧洞导流就是上下游围堰一次拦断河床形成基坑,保护主体建筑物干地施工,天然河道水流全部通过导流隧洞向下流宣泄的一种导流方式。

1. 适用条件

(1)适用于导流流量不大,坝址河床狭窄,两岸地形陡峻的地区。

(2)河床两岸或一岸的地形、地质条件较好,也可采用隧洞导流。

2. 布置形式检查

(1)导流隧洞的布置应与电站枢纽总布置相协调,尽量与永久泄洪或引水建筑物相结合见图 3-15。

(2)满足施工导、截流与隧洞封堵要求,与主体工程结合部分应满足永久运用要求。

(3)满足冬季排冰要求;沿程地质条件及水力学条件良好。

(4)隧洞轴线宜按直线布置,如有转弯,则转弯半径不小于 5 倍洞径(或洞宽),转角不宜大于 60°;弯道首尾应设直线段,长度不应小于 3～5 倍的洞径(或洞宽)。

(5)洞线与岩层、构造断裂面及主要软弱带应具有较大的夹角:

1)对整体块状结构岩体,其夹角一般不应小于 30°;

2)对层状岩体,特别是层间结合疏松的高倾角薄岩层,其夹角一般不应小于 45°;

(6)在高地应力区,洞线应与最大水平主应力方向一致或尽量减少其夹角。

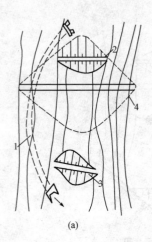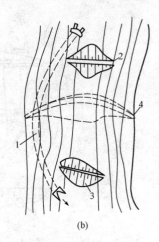

(a)   (b)

图 3-15 隧洞导流示意图

（a）土石坝枢纽；（b）混凝土坝枢纽

1—导流隧洞；2—上游围堰；3—下游围堰；4—主坝

（7）相邻两隧洞间岩体厚度一般不应小于 2 倍洞径（或洞宽）；岩体较好时，并辅以合理的施工措施，可放宽到 1 倍洞径（或洞宽）。

3. 进出口布置

（1）隧洞进、出口布置应根据枢纽总布置、上下游围堰位置及地形地质条件确定。

（2）进、出口应与下游水流衔接良好，并有利于防淤、防沙、防冰、防冲及防污等。

（3）进、出口应满足过水流流量及设置闸门的要求。

（4）进出口应选在地质构造简单、风化覆盖层较浅的地区，尽量避开不良地质构造、山崩、滑坡等地区；无法避免时，应采取加固措施。

（5）进口高程应在枯水位以下；出口高程应尽量不使隧洞在常遇流量下产生淹没出流或产生大的跌落。

4. 隧洞断面

（1）导流隧洞的断面型式有圆形、马蹄形和方圆形，见图 3-16。圆形多用于高水头处；马蹄形多用于地质条件不良处；方圆形有利于截流和施工。国内外导流隧洞以多采用方圆形为多。

（2）隧洞断面尺寸应满足施工导流期泄洪，尤其是后期施工渡汛的要求。

（3）隧洞断面尺寸应能满足安全及布置条件要求。

（4）隧洞断面尺寸应能满足施工工期的要求。

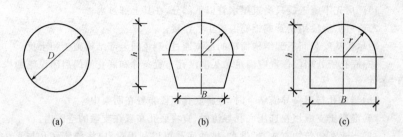

图 3-16　隧洞断面形式

（a)圆形；(b)马蹄形；(c)方圆形

　　(5)隧洞断面尺寸的大小与设计流量、地质和施工条件有关,洞径应控制在施工技术和结构安全允许范围内。目前国内单洞断面尺寸多在 200m² 以内,泄流量不超过 2000~2500m³/s。

　　5. 隧洞洞身

　　(1)对隧洞洞身的检查,主要是对糙率值的检查。糙率值的大小直接影响到断面的大小。

　　(2)糙率值的大小与隧洞洞身是否衬砌、衬砌的材料和施工质量、开挖的方法和质量等因素有关:

　　1)一般混凝土衬砌糙率值为 0.014~0.017;

　　2)不衬砌隧洞的糙率:光面爆破时为 0.025~0.032,一般炮眼爆破时为 0.035~0.044。

　　(3)重要的导流隧洞工程,应通过水工模型试验验证其糙率的合理性。

　　(4)对于一般临时导流隧洞,若地质条件良好,可不作专门衬砌。

　　(5)对于流速较高的导流隧洞,应采用喷钢纤维混凝土支护或其他抗冲耐磨结构支护措施。

　　六、底孔导流

　　导流底孔是在坝体内设置的临时泄水孔口,主要用于中后期导流工程。

　　1. 底孔位置

　　(1)导流底孔的位置应设在基础条件好,进水、出流顺畅的坝段。如底孔孔数较多,应保证各孔进水均匀。

　　(2)导流底孔布置在大坝泄洪坝段内时,应便于利用消力塘或护坦作出口的消能防冲。

　　(3)设置在非溢流坝段时,应符合底孔出口的防冲要求;必要时,采取防护措施。

　　(4)将导流底孔布置在厂房引水坝段时,应采取以下措施:

1)厂房先不施工或只浇筑尾水管以下部分,在其上部过水;

2)通过厂房段用钢管或钢筋混凝土管连接;

3)尽量从安装间下部结构简单的部位通过,避免同上部结构施工相干扰。

(5)底孔所处坝段位置应满足永久泄洪孔布置条件和底孔闸门启闭设施的操作条件。

(6)当底孔与明渠导流结合时,宜将底孔坝段布置在明渠中。

(7)混凝土支墩坝在选用底孔导流时,宜将底孔布置在支墩的空腔内。

(8)当永久建筑物有放空、供水、排沙底孔可以利用时,应将导流底孔与永久建筑物底孔相结合。

2. 底孔高程

(1)导流底孔设置高程应能满足施工期导流要求,并同其他导流泄水建筑物协调。

(2)导流底孔设置高程应与大坝永久泄洪孔相协调。

(3)底孔设置高程应接近于河床高程。当底孔数目较多时,可设在同一高程,也可将底孔分设于不同高程。

(4)后期导流渡汛的底孔可适当抬高。

3. 底孔型式与孔口尺寸

(1)底孔总过水面积应按设计流量、围堰高度要求、坝体渡汛和后期封堵等要求。

(2)底孔横断面尺寸在满足泄量要求的前提下,一般采用数量较多而尺寸较小的泄水孔,其最小尺寸以不妨碍后期封堵为度。

(3)底孔应满足封孔闸门尺寸和启闭能力的要求,如为了控制闸门尺寸,应在进口设置中墩。

(4)当需要利用底孔通航时,底孔的宽度和高度应满足船舶或木排的航运宽度和净空要求,进口一般不宜设置中墩。当底孔数目较多时,应设置专门的通航孔,其孔口尺寸和高程应符合设计要求。

(5)当底孔上部同时有坝体过水等双层泄水情况时,应通过水工模型试验验证,并采取避免对底孔空蚀破坏的措施。

(6)底孔导流后,应采取措施保证封堵混凝土与坝体的良好结合。

(7)对于重力坝和支墩坝,一般常用拱门形和矩形。大跨度用拱门形,小跨度用矩形或截角矩形。

七、分段围堰导流

1. 分段与分期要求

(1)分段就是在空间上用围堰将建筑物分为若干施工段进行施工。分期就是在时间上将导流分为若干时期。

(2)工程导流的分期数和围堰的分段数,应根据河床的特性、枢纽及导流建筑物的布置综合确定。

（3）在工程实践中，二段二期导流用得最多。只有在比较宽阔的通航河道上施工，且不允许断航或其他特殊情况下，才采用多段多期的导流方法。施工中，常用的导流分期分段见图3-17。

（4）在同一导流分期中，建筑物可以在一段围堰内施工，也可以同时在两段围堰中施工。

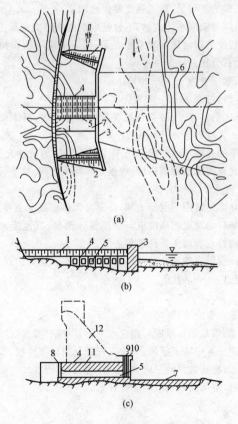

图 3-17　分段围堰法导流

（a）平面图；（b）下游立视图；（c）导流底孔纵断面图

1——期上游横向围堰；2——期下游横向围堰；3——一、二期纵向围堰；

4——预留缺口；5——导流底孔；6——二期上下游围堰轴线；7——护坦；

8——封堵闸门槽；9——工作闸门槽；10——事故闸门槽；

11——已浇筑的混凝土坝体；12——未浇筑的混凝土坝体

2. 纵向围堰位置

(1)检查纵向围堰的位置或选择河床的束窄程度时,应重视下列问题:

1)充分利用河心洲、小岛等有利地形条件;

2)纵向围堰尽可能与导墙、隔墙等永久建筑物相结合;

3)束窄河床流速要考虑施工通航、筏运、围堰和河床防冲等要求,不能超过允许流速;

4)各段主体工程的工程量、施工强度要比较均衡;

5)便于布置后期导流泄水建筑物,不致使后期围堰过高或截流落差过大。

(2)河床束窄程度常用河床束窄系数表示,即一期围堰所占河床过水面积与原河床过水面积之百分比:

1)河床束窄系数一般为 40%～60%;

2)覆盖层较厚时,可为 30%～50%;

3)低水头河床式电站,一期必须有足够的泄水建筑物,河床束窄系数多控制在 60%左右。

(3)束窄河床段的允许流速一般取决于围堰及河床的抗冲允许流速;但在某些情况下,也可以允许河床被适当刷深,或预先将河床挖深、扩宽,采取防冲措施。

3. 坝体缺口

(1)坝体缺口导流多适用于混凝土坝,特别是大体积混凝土坝。

(2)坝体预留缺口的宽度和高度应与导流设计流量、其他泄水建筑物的泄水能力、建筑物的结构特点和施工条件等相适应。

(3)采用底坝高程不同的缺口时,为避免压力分布不均匀的斜向卷流,高低缺口间的高差以不超过 4～6m 为宜。

4. 底孔检查

(1)底孔应修建在混凝土坝体内。

(2)底孔的尺寸、数目和布置应与相应水力学计算确定的标准相适应。

(3)临时底孔的布置应满足截流、围堰工程及其封堵等要求,其底坝高程应布置在枯水位以下。当底孔数目较多时,应布置不同的高程。

(4)封堵底孔时,应从高程最低的底孔开始。

第四节　河　道　截　流

河道截流是大中型水利水电工程施工中的关键环节之一,不仅直接影响工期和造价,而且将影响整个工程的全局。在导流泄水建筑物建成后,应抓住有利时机,迅速截断河床水流,使河水经导流泄水建筑物下泄,以确保工程各环节顺利进行。

一、截流材料

(一)截流材料的选择

河道截流时,应本着就地取材的原则,尽可能采用当地材料。由于我国地域广阔,南北差异很大,各地所采用的截流材料也不尽相同。在黄河上,长期以来用梢料、麻袋、草包、石料、土料等作为堤防溃口的截流堵口材料;而在南方,则常用卵石竹笼、砾石和栿槎等作为截流堵河分流的主要材料。此外,当截流水力条件较差时,还必须使用人工块体,如混凝土六面体、四面体、四脚体、钢筋混凝土构架(图 3-18)以及钢筋笼、合金网兜等。

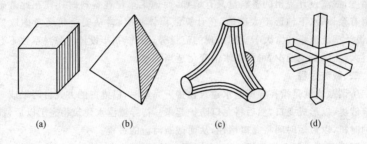

(a)   (b)   (c)   (d)

图 3-18 截流材料
(a)混凝土六面体;(b)混凝土四面体;(c)混凝土四脚体;(d)钢筋混凝土构架

截流施工中,对截流材料的选择主要取决于截流时可能发生的流速及开挖、起重、运输设备的能力。由于石料的容重较大,抗冲能力强,较易获得且也比较经济,因此,有条件者均应优先选用石块截流。人工块体的制作、使用较为方便,抗冲能力强,在大中型工程截流中,选用较为普遍,如三峡工程等。在龙口水力条件不利的条件下,可采用石笼或石串截流;在一些大型工程中,除了石笼、石串外,也可采用混凝土块体串。对于某些缺乏石料或河床易冲刷处的工程,也可根据当地条件采用梢捆、草土等材料截流。

(二)材料尺寸的确定

在截流中,合理选择截流材料的尺寸或重量,对于截流的成败和截流费用的节省具有重大意义。截流材料的尺寸或重量主要取决于龙口的流速,根据龙口的流速、流态变化采用相应的抛投技术和材料。

采用块石和混凝土块体截流时,所需材料尺寸可通过水力计算初步确定,同时考虑工程可能拥有的起重运输设备的能力,以确定材料尺寸。

(三)截流材料的储备

1. 备料量计算

备料量的计算,可以设计戗堤体积为准,另外还得考虑各项损失,如堆存、运输中的损失,水流冲失,戗堤沉陷以及可能发生比设计更坏的水力条件而预留的备用量等。平堵截流的设计戗堤体积计算比较复杂,可按戗堤不同阶段的轮廓计算其备料量;立堵截流戗堤断面为梯形,设计戗堤体积计算较简单,戗堤顶宽可视截流施工需要而定,一般为 10～18m,可保证 2～3 辆汽车同时卸料。

2. 备料数量

备料量的多少取决于对流失量的估计。实际工程中备料量与设计用量之比多在 1.3～1.5 之间,个别工程可达到 2.0,但在实践中,常因估计不准致使截流材料备料量均超过实际用量,少者多余 50%,多则达 400%,尤其是人工块体大量多余,造成浪费。究其原因,主要是截流模型试验的推荐值本身就包含了一定安全裕度,截流设计提出的备料量又有增加,而施工单位在备料时往往在此基础上又留有余地;水下地形不太准确,在计算戗堤体积时,常从安全角度考虑取偏大值;设计截流流量通常大于实际出现的流量等,因此,初步设计时备料系数不必取得过大,实际截流前夕,可根据水情变化适当调整。

二、截流过程

所谓截流就是指在导流泄水建筑物接近完工时,以进占的方式自两岸或一岸建筑戗堤,以形成龙口,然后将龙口防护起来。待导流泄水建筑物完工以后,抓住有利时机,以最短时间将龙口堵住,从而截断河流的过程。

河道截流一般包括戗堤进占、龙口裹头及护底、合龙、闭气等工作。

(1)戗堤进占是指在河床的一侧或两侧向河床中填筑截流戗堤,这种向水中筑堤的工作叫进占。

(2)戗堤进占到一定程度,河床束窄,形成流速较大的泄水缺口叫龙口。为了保证龙口两侧堤端和底部的抗冲稳定,通常采用工程防护措施,如抛投大块石、铅丝笼等,这种防护堤端叫裹头。龙口一般选在河流水深较浅,覆盖层较薄或基岩部位,以降低截流难度。

(3)合龙是指封堵龙口的工作。在合龙开始以前,如果龙口河床或戗堤端部容易被冲毁,则须采取防冲措施对龙口加固,如对龙口河床进行护底、对戗堤端部作裹头处理等。

(4)合龙以后,龙口部位的戗堤虽已高出水面,但其本身依然漏水,因此须在其迎水面设置防渗设施。在戗堤全线上设置防渗体的工作叫闭气。截流以后,再对戗堤进行加高培厚,直至达到围堰设计要求。在施工导流中,只有截断原河床水流,才能把河水引向导流泄水建筑物下泄。截流戗堤一般与围堰相结合,因此截流工作实际上是在河床中修筑横向围堰工作的一部分,见图 3-19。由此可见,截流在施工导流中占有重要的地位,如果截流不能按时完成,就会延误整个河床部分建筑物的开工日期;如果截流失败,失去了以水文年计算的良好截流时机,则可能拖延工期达一年,在通航河流上甚至严重影响航运。

为了成功截流,必须充分掌握河流的水文特性和河床的地形、地质条件,掌握在截流过程中水流的变化规律及其对截流的影响。同时,必须在非常狭小的工作面上以相当大的施工强度在较短的时间内进行截流的各项工作,为此必须严密组织施工。对于大型或重要的截流工程,事先必须进行周密的设计和水工模型试验,对截流工作作出充分的论证。

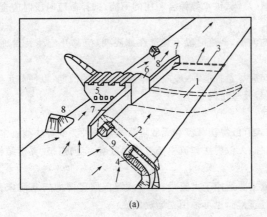

(a)

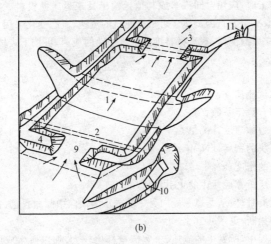

(b)

图 3-19　截流布置示意图

(a)采用分段围堰底孔导流时的布置;(b)采用全段围堰隧洞导流时的布置

1—大坝基坑;2—上游围堰;3—下游围堰;

4—戗堤;5—底孔;6—已浇混凝土坝体;

7—二期纵向围堰;8——一期围堰的残留部分;

9—龙口;10—导流隧洞进口;11—导流隧洞出口

三、截流时段

(1)河流截流时段应选择在河道枯水期流量较小的时段。

(2)截流时段应考虑到围堰施工工期,确保围堰安全渡汛。

(3)对有通航、灌溉、供水等综合利用的河流,选择截流时段时应全面兼顾,尽量减少对其影响。

(4)有冰情的河流,截流时段不宜选在冰凌期,应避开流冰及封冻期,以利于截流及闭气施工。

(5)截流时间应尽量提前,一般应安排在枯水期的前期,以便有足够时间来完成围堰的后期工程及基坑内工作。

四、截流方式

河道截流方式有戗堤法截流和无戗堤法截流两种。戗堤法截流主要有立堵、平堵和混合堵三种;无戗堤法截流主要有建闸截流、定向爆破、浮运结构截流等。

1. 立堵截流

(1)立堵截流主要适用于大流量、岩基或覆盖层较薄的岩基河床。对于软基河床只要护底措施得当,也可采用立堵法截流。

(2)截流施工时,应用自卸汽车或其他运输工具来运送抛投料。抛投料的尺寸和重量主要取决于龙口的流速。可根据龙口的流速、流态变化采用相应的抛投技术和材料。立堵截流时,截流材料抵抗水流冲动的流速,可按下式估算:

$$v = K \sqrt{2g \frac{\gamma_1 - \gamma}{\gamma} D} \qquad (3-7)$$

式中　v——水流流速,m/s;

　　　K——综合稳定系数;

　　　g——重力加速度,m/s^2;

　　　γ_1——石块的密度,kN/m^3;

　　　γ——水的密度,kN/m^3;

　　　D——石块折算成球体的化引直径,m。

(3)立堵截流时,应从龙口一端向另一端或从两端向中间抛投进占,逐渐束窄龙口,直至全部拦断,见图3-20。

(4)截流过程中,所发生的流速、单宽流量都比较大,加以所生成的楔形水流和下游形成的立轴漩涡,将对龙口及下游河床产生严重冲刷,应采取措施,对河床作妥善防护。

2. 平堵截流

(1)平堵截流应适用于软基河床上,特别适用于易冲刷的地基上。

(2)平堵截流时,应事先在龙口上架设浮桥或栈桥。浮桥或栈桥应结实、牢固,能保证车辆在上安全通行。

(3)截流材料的尺寸和重量应与龙口的流速相适应,根据龙口的流速和流态变化采取相应的抛投技术和材料。

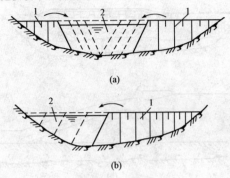

图 3-20　立堵截流法

(a)双向进占；(b)单向进占

1—截流戗堤；2—龙口

1)采取抛石平堵截流时,抛石平堵截流所形成的戗堤断面在开始阶段为等边三角形,此时使石块发生移动所需要的最小流速为：

$$v_{\min} = K_1 \sqrt{2gD \frac{\gamma_1 - \gamma}{\gamma}} \qquad (3-8)$$

式中　K_1——石块在石堆上的抗滑稳定系数,取 $K_1 = 0.9$。

2)当龙口流速增加,石块发生移动之后,戗堤断面逐渐变成梯形,此时石块不致发生滚动的最大流速为：

$$v_{\max} = K_2 \sqrt{2gD \frac{\gamma_1 - \gamma}{\gamma}} \qquad (3-9)$$

式中　K_2——石块在石堆上的抗倾稳定系数,取 $K_2 = 1.2$。

(4)截流施工时,应用自卸汽车或其他运输工具运送抛投料,沿龙口全线从浮桥或栈桥上均匀、逐层抛填截流材料,见图 3-21。

(5)抛投时,应先下小料,随着流速增加,逐渐抛投大块料,使堆筑戗堤均匀地在水下上升,直至高出水面,截断河床。

(6)对于有通航要求的河流,采用平堵法截流时,应充分考虑、合理安排,尽量缩小影响。

3. 混合堵截流

(1)混合堵是采用立堵与平堵相结合的方法,有先平堵后立堵和先立堵后平堵两种。

(2)混合堵和平堵、立堵都属于抛投块料截流,适用于大流量、大落差的河道上的截流。

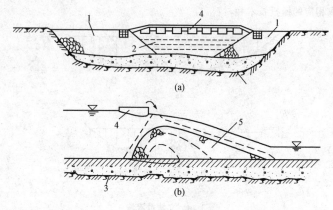

图 3-21　平堵法截流

(a)立面图；(b)横断面图

1—截流戗堤；2—龙口；3—覆盖层；4—浮桥；5—截流体

(3)抛投物料有石块和人工块体,如混凝土方块、混凝土四面体、铅丝笼、竹笼、柳石枕、串石等。

(4)采用平立堵截流时,应先从龙口两端下料,保护戗堤头部,同时进行护底工程并抬高龙口底槛高程到一定高度,最后用立堵截断河流。

4.其他方式截流

(1)建闸截流。应先建截流闸进行分流,以降低戗堤水头,待抛石截流后,再下闸断流。

(2)水力冲填。当水流含砂量远大于该挟砂能力时,粗颗粒泥砂将沉淀河底进行冲填,施工时,应采取措施,合理利用。

(3)定向爆破。适用于峡谷地区、岩石坚硬、岸坡陡峻、交通不便或缺乏运输设备的地段。

1)定向爆破时,应符合爆破安全规定。爆破作业人员应具有相应资格。

2)为了瞬间抛入龙口大量材料封闭龙口,除了用定向爆破岩石外,还可在河床上预先浇筑巨大的混凝土块体,将其支撑体用爆破法炸断,使块体落入水中,将龙口封闭。

(4)浮运结构。可利用旧驳船及各种浮运结构,将其拖至龙口,在垾捆、柴排护底下,装载土砂料,然后充分使其沉没水中,一次性截断水流。也可利用封闭式钢筋混凝土浮箱,浮箱之间应留出缺口,形成"梳齿孔"过流,浮箱沉放后放下缺口闸阀,即可截断水流。

五、截流戗堤

(1)截流戗堤的断面型式应为梯形,堤顶宽度应为 15～20m；为提高抛投强度,堤顶宽度可达到 30m。

(2)截流戗堤堤顶高程应保证整个进占过程中不受洪水的漫溢和冲刷。

(3)截流戗堤应两端高、中间低,顶面纵坡一般应不大于 5%,局部应不大于 8%,以利于车辆行驶。

(4)截流戗堤是在水中抛投进占形成的,其边坡应由抛投料自然休止角决定。一般戗堤上游边坡为 1:1.2~1:1.5,下游边坡为 1:1.4~1:1.5,堤头边坡为 1:1.3~1:1.5。

(5)戗堤轴线应根据河床和两岸地形、地质、交通条件、主流流向及通航要求等因素综合分析确定。

1)单戗堤立堵截流时,戗堤应布置在上游围堰,以利于围堰闭气后基坑抽水。

2)平堵截流戗堤轴线应便于架桥,尽量减小架桥工程量。栈桥应考虑桥墩处的地质条件。

3)双戗堤或多戗堤截流的戗堤应分别布置在上、下游围堰内,戗堤间距应满足一定要求。

(6)布置截流戗堤时,应考虑与围堰防渗体的关系,防止截流合龙时戗堤进占抛投料流失进入防渗体部位。

(7)截流戗堤在上游围堰内的位置,应尽量布置在围堰背水侧。

六、龙口

1. 龙口位置

(1)龙口应尽量选在河床覆盖层较薄处或基岩裸露处。龙口处河床不宜有顺流向陡坡和深坑,如选在基岩面突变的河床,应采取措施,确保截流戗堤稳定。

(2)有通航要求的河道截流,龙口应选在河床深槽主航道处;无通航要求的河道截流,龙口应选在浅滩处。

(3)龙口附近应有比较宽阔的场地,以便堆放合龙抛投料。

2. 龙口宽度

(1)龙口的宽度应根据河流综合利用要求和水力条件确定:

1)有通航等要求的河流,其龙口宽度应考虑截流施工期间的通航等条件,尽量缩短其影响时间;

2)无综合利用要求的河道,龙口宽度应根据戗堤堤头使用材料的抗冲刷能力确定。

(2)龙口宽度的确定,还应考虑合龙工程量和施工条件等因素。

(3)对大流量河道,截流龙口宽度应通过水工模型试验,验证后优选。

七、龙口段截流

1. 抛投物料

(1)抛投物料应尽量利用主体工程基础开挖或围堰拆除料,不足部分应另辟料场开采或制备。

(2)抛投物料块径应按该区段可能出现的最不利水力条件计算,也可结合工程施工机械及抛投技术条件,通过水工模型试验验证综合分析确定。

(3)截流抛投物料的规格应符合下列要求:

1)石碴料。要求岩性坚硬,不易破碎和水解,其粒径应为0.5～80cm,其中粒径20～60cm块石的含量应大于50%,粒径2cm以下的含量应小于20%。

2)中小石。即粒径0.3～0.7m(重40～480kg)的块石。备料时,应按粒径大于0.4m,重量大于170kg的块石含量大于50%石碴料控制。

3)大块石。即粒径0.7～1.3m,重0.48～3t的块石。

4)特大块石。即粒径1.3～1.6m以上,重量大于3～5t的块石,串体一般3～5块一串。

(4)如特大石备料较困难,可制备一定重量的混凝土块体(四面体或六面体)、钢架石笼或钢丝石笼代替。

(5)选择截流材料时,应根据截流时可能发生的流速及开挖、起重、运输设备的能力进行选择:

1)石料的容量较大,抗冲能力强,较易获得,应优先选用;

2)人工块体的制作、使用较为方便,抗冲能力强,在大中型工程中应用较为普遍;

3)在龙口水力条件不利的条件下,应采用石笼或石串截流;大型工程中,除石笼、石串外,也可采用混凝土块体串;

4)在某些缺乏石料或河床易冲刷处,可根据当地条件采用梢捆、草土等材料截流。

2. 抛投物料适用流速

不同截流材料的适用流速各不相同。材料的适用流速,即截流材料抵抗水流冲动的经验流速,见表3-14。

表3-14   截流材料的适用流速

截流材料	适用流速(m/s)	截流材料	适用流速(m/s)
土料	0.5～0.7	3t重大块石或钢筋石笼	3.5
20～30kg重石块	0.8～1.0	4.5t重混凝土六面体	4.5
50～70kg重石块	1.2～1.3	5t重大块石、大石串或钢筋石笼	4.5～5.5
麻袋装土(0.7m×0.4m×0.2m)	1.5		
ϕ0.5×2m装石竹笼	2.0	12～15t重混凝土四面体	7.2
ϕ0.6×4m装石竹笼	2.5～3.0	20t重混凝土四面体	7.5
ϕ0.8×6m装石竹笼	3.5～4.0	ϕ1.0×1.5m柴石枕	约7～8

3.抛投物料进占数量

(1)龙口段进占抛投物料数量应按设计的戗堤断面计算,并按进占过程中抛投料的20%计入流失量。

(2)进占过程中,戗堤断面范围内未护底河床覆盖层应按冲刷100%计入抛投量。

(3)抛投块石尺寸应按每一区的最大流速计算,截流块石料的级配按 $K=0.9$ 算出的块石直径占20%,$K=1.2$ 算出的块石直径占60%,其他粒径占20%。

(4)龙口段流速较大区段,用 $K=0.9$ 算出所需块石直径较大而难以开采时,应考虑采用混凝土块体。在未取得水工试验资料前,所需混凝土块体吨位大小及其数量可暂将该区抛投量的40%作为抛投量以外的附加量。

4.龙口段进占施工

(1)截流戗堤龙口段应从两岸同时抛投或从一岸抛投进占合龙,一般应与围堰相结合。

(2)应根据合龙过程中不同宽度口门流速、落差等水力学指标合理划分施工区段,一般划分为3～4个施工区段。

(3)施工时,应从河床的一侧或两侧向河床中填筑截流戗堤,截流戗堤的位置、宽度、高程等应符合设计要求。

(4)为保证龙口两侧堤端和底部的抗冲稳定,应采取防护措施,如抛投大块石、铅丝笼等。

(5)合龙前,应对龙口河床或戗堤端部采取防护措施,如对龙口河床进行护底、对戗堤端部作裹头处理等。

(6)截流后,应对戗堤进行加高培厚,直至达到设计要求。如龙口部位的戗堤出现漏水现象,应在迎水面设置防渗设施。

(7)为改善龙口水力条件,减轻截流施工难度,应采用双戗或三戗截流。

八、非龙口段截流

1.抛投物料

(1)抛投物料选用要求:

1)非龙口段进占抛投物料应以石碴及中小块石料为主,尽量减少大块石料的用量。

2)为降低截流工程造价,非龙口段进占抛投料不应使用混凝土块体和笼装块石等。

3)为减少截流块石用量,两岸非龙口段进占抛投料应尽量利用主体建筑物基础开挖的石碴混合料及围堰拆除的石碴混合料或砂砾石料。

(2)抛投物料规格检查:

1)砂砾石料。砂卵石料干密度为 $1.98\sim2.11\text{g/cm}^3$,粗料含量为60%～70%,卵石粒径一般为40～200mm,大者为500mm左右。

2)石碴混合料。主体建筑物基础开挖的石碴混合料,干密度为 1.86～
2.00g/cm³,一般粒径为 10～40cm,含泥量为 5%～15%。

3)块石料。应根据戗堤进占抗冲要求,结合块石料的开采条件,对其规格作
如下检验:①一般石碴(称小石)。块石粒径(折算为球体直径,下同)小于 0.4m,
重量小于 90kg 的块石石碴混合料。开采时控制粒径为 0.2～0.3m,重量为 15～
40kg 的块石在石碴中的含量应大于 60%。②中等块石料(称中石)。块石粒径为
0.4～0.7m,重量为 90～500kg 的规格石料。为便于备料,可用中小石碴代替,但
需控制粒径大于 0.5m,重量大于 170kg 的块石在石碴中的含量大于 60%。③大
块石料(称大石)。块石料径大于 1.0m,重量大于 1.4t 的大块体石料。

(3)抛投物料数量检查。检查非龙口段进占抛投物料数量时,应依据下列
规定:

1)抛投物料数量按设计的戗堤断面计算,同时按进占过程中抛投料的 10%
计入流失量。

2)进占过程中,戗堤断面范围内河床覆盖层未护底时,应按冲刷 50%计入抛
投量。

3)进占抛投物料应按施工期间当旬 5%频率旬平均流量相应的水力学指标
计算块石料径;同时用当旬 5%频率最大流量相应的水力学指标核算其块石的抗
冲稳定。

2. 非龙口段进占施工

(1)应根据束窄河道水力学条件的变化,合理制定非龙口段进占施工速度。

(2)对通航河道,在非龙口段进占过程中,戗堤进占时应尽量减少对航道的影
响,合理拟定进占长度。

(3)应控制束窄口门的落差和流速,减少覆盖层冲刷及戗堤抛投料的流失量。

(4)两岸非龙口段戗堤施工期间,应划分为若干施工时段,限制进占长度,尽
量利用石碴料。

(5)非龙口段进占时,必须兼顾对下游围堰施工的影响。

(6)两岸非龙口段应尽量提前进占,为围堰填筑及防渗体施工创造条件。

九、截流技术措施

截流工程是整个水利枢纽施工的关键,直接影响工程的施工进度。而影响截
流工程成功与否的因素,主要取决于河流的流量、泄水条件、龙口的落差、流速、地
形地质条件、材料供应情况及施工方法和施工设备等。因此,必须采取相应的技
术措施,减少截流施工的难度,以利于截流工程的顺利进行。

(一)加大河道分流量

河道的分流量直接影响到截流过程中龙口的流量、落差和流速,因此,应在确
保泄水建筑物上下游引渠开挖和上下游围堰拆除的质量的情况下,合理确定导流
建筑物尺寸、断面形式和底高程。在截流开始前,应修好导流泄水建筑物,并作好

过水准备。在永久泄水建筑物泄流能力不足时,可以专门修建截流分水闸或其他形式泄水道帮助分流,以增大截流建筑物的泄水能力。

（二）改善龙口水力条件

尽管龙口合龙所需的时间往往很短,一般从数小时到几天,但是龙口流速较急,落差较大,极易产生冲刷等现象,因此必须采取措施改善龙口的水力条件。常用的措施有以下几种:

1. 宽戗截流

所谓宽戗截流就是增大戗堤宽度,以分散水流落差,从而改善龙口水流条件。增大戗堤宽度,致使工程量也随之大为增加,虽可以分散水流落差,改善龙口水流条件,但是进占前线宽,要求投抛强度大,所以只有当戗堤可以作为坝体（土石坝）的一部分时,才宜采用。

2. 双戗或三戗截流

采用双戗或三戗截流,其原理是利用各戗对河道的进占,从而达到分摊落差,改善龙口水力条件,减轻截流施工难度的目的。常见的进占方式有上下戗轮换进占、双戗固定进占和以上两种进占方式混合使用;也有以上戗进占为主,由下戗配合进占一定距离,局部壅高上戗下游水位,减少上戗进占的龙口落差和流速,借此时机抓紧施工。

采用双戗或三戗截流,虽可以起到分摊落差,减轻截流难度,但二线施工,尤其是三线施工,施工组织也较单戗截流复杂得多;同时,二戗堤的施工进度要求甚是严格,不易指挥,应根据具体情况采取相应的措施。若在地基较软的河段采取双戗截流时,若双线进占龙口均要求护底,则大大增加了护底的工程量。

此时,对于某些水位较深,流量较大,河床基础覆盖层较厚的河道,常采取在龙口部位一定范围抛投一些适宜的填料,以抬高河床底部的高程,从而达到减少截流抛投强度,降低龙口流速的目的。有人将这种方法称为平抛垫底,由于这种方法较为经济合理,故而在施工中常被采用。

（三）增大施工强度

加大截流施工强度常采用的措施有加大材料供应量、改进施工方法、增加施工设备投入等。加大材料的供应量,同时还须增大抛投料的稳定性,减少块料流失,多采用特大块石、葡萄串石、钢构架石笼、混凝土块体等抛投材料。有时,为了加大抛投料的稳定性,可在龙口下游平行于戗堤轴线设置一排拦石坎来保证抛投料的稳定,防止抛投料的流失。而加大截流施工强度,加快施工速度,不仅可以减少龙口的流量和落差,降低截流施工难度,同时还可减少投抛料的流失,节省投资成本。

河道截流工程完成后,还需要继续加高围堰,以完成基坑的排水、清基和基础处理等工作,并把围堰或永久建筑物在汛期前抢修到一定高程以上。

第四章 基础工程

第一节 基础开挖工程检验

一、开挖测量

(一)基本要求

(1)工程开挖测量包括对开挖区原始地形图和原始断面图的测量、开挖轮廓点放样、开挖竣工地形和断面的测量以及工程量测算等。

(2)工程开挖前,应实测开挖区的原始断面图或地形图。

(3)所有细部放样点均应注意校核。校核方法宜简单易行,以能发现错误为目的。

(4)工程开挖过程中,要定期实测收方断面图或地形图。在预裂面或其他适当部位,应以醒目的标志标明桩号、高程或开挖轮廓线。

(5)开挖部位接近竣工时,应及时测放基础轮廓点及散点高程,并将欠挖部位及尺寸标于实地。必要时,可在实地画出开挖轮廓线,以备验收。

(6)开挖工程结束后,必须实测竣工断面图或竣工地形图。

(二)检验要点

1. 工程细部放样

(1)应在实地放出控制开挖轮廓的坡顶点、转角点或坡脚点,并标以醒目标志。

(2)采用测角前方交会法放样时,在三个交会方向上应以"半测圆"标定;如采用极坐标法放样时,其方向线的测设方法按相关规定执行。

(3)开挖放样时,其高程控制点应不低于五等水准测量精度。

(4)工程细部高程放样时,应采用支线水准、光电测距三角高程或经纬仪置平测高法:

1)支线水准应往返测量,其较差不应大于表 4-1 关于高程中误差的 1/2。

2)光电测距三角高程,采用测距一测回,天顶距一测回。

3)经纬仪置平测高,需正、倒镜读数取平均值;转站时,需往返测,其较差限值且转站数不应超过四站。

2. 工程断面测量

(1)工程断面测量间距应根据用途、工程部位和地形复杂程度在 5~20m 范围内选择。有特殊要求的部位按设计要求执行。

(2)工程断面测量点间距应能正确反映断面形状,满足面积计算精度要求;地形变化处应加密测量点。

表 4-1　　　　　　　　开挖轮廓点点位中误差　　　　　　　　（mm）

工 程 部 位	点位中误差		备　注
	平 面	高 程	
主体工程部位的基础轮廓点、预裂爆破孔定位点	±50～±100	±100	±50mm 的误差仅指有密集钢筋网的部位,点位误差值均相对于邻近控制点或测站点、轴线点而言
主体工程部位的坡顶点、中间点、非主体工程部位的基础轮廓点	±100	±100	
土、砂、石覆盖面开挖轮廓点	±200	±200	

（3）断面宽度应超出开挖边线 3～10m。

（4）采用花杆皮尺法测断面时,断面中心桩每侧的距离不应大于 20m;若地形平坦,每侧长度可放宽至 50m。断面方向可用"+"字直角架标定。

（5）采用地面摄影方法,施测各种比例尺的断面图和地形图时,应符合下列规定:

1）摄影基线长度 B 在下列范围内选择:

$$\frac{Y_{max}}{20} \leqslant B \leqslant \frac{Y_{max}}{4} \tag{4-1}$$

基线丈量相对中误差不大于 1/2000,两摄影站高差不大于 $B/5$。

2）最大竖距长度（Y_{max}）不应大于表 4-2 的规定。

表 4-2　　　　　　　　　　最大竖距长度表　　　　　　　　　（m）

最大竖距长度 ＼ 基线长度 ＼ 断面类别	$B \geqslant \dfrac{Y_{max}}{10}$	$\dfrac{Y_{max}}{10} > B \geqslant \dfrac{Y_{max}}{20}$
原始,收方断面	1.6M	0.8M
竣工断面	0.8M	0.4M

注:①M 为成图比例尺分母;

②在像控点按《水利水电工程施工测量规范》（SL 52—1993）附录 E 的标准形式布置时,最大竖距长度可再增加 0.5M。

3）像控点坐标及摄影站坐标应在野外测定,其平面和高程中误差应不大于图上 0.2mm,在作业困难地段可放宽至 0.3mm。但不得在无像控点的像对上量测断面。

（6）采用视距法测量断面时,如断面线太长或视线受阻需转站时,对于原始、收方断面应支出一个视距站点,但 1∶200 的竣工断面测量则不宜采用视距法。

(三)质量检验与评定

(1)丈量距离时,应满足工程施工需要和精度要求:

1)用钢尺或皮尺丈量的,以不超过一尺段为宜;皮尺应经过比长。在高差较大地区,应丈量斜距加倾斜改正。

2)用视距法测定,其视距长度不应大于 50m。预裂爆破放样,不宜采用视距法。

3)用视差法测定,端点长度不应大于 70m。

(2)断面中心桩的精度要求应满足表 4-3 的规定。

表 4-3　　　　　　　　　断面中心桩测量的精度要求　　　　　　　(cm)

断面类别	纵向误差	横向误差	断面类别	纵向误差	横向误差
原始、收方断面	±10	±10	竣工断面	±5	±5

(3)断面点相对于断面中心桩的误差,应符合表 4-4 的规定。

表 4-4　　　　　　　　　　断面点的精度要求

断面类别	比　例　尺	断面点误差(图上 mm)	
		平　面	高　程
原始、收方断面	1∶1000、1∶500	±1.0	±0.7
竣工断面	1∶200	±0.75	±0.5

(4)采用视距法测断面,最大视距长度应符合表 4-5 的规定。

表 4-5　　　　　　　　　　　视距长度限值　　　　　　　　　　(cm)

断面类别	绘图比例尺	视距长度	断面类别	绘图比例尺	视距长度
原始、收方断面	1∶200 1∶500	<40 <100	竣工断面	1∶200	—

二、岩石地基开挖检验

(一)基本要求

(1)岩石基础开挖工程包括保护层的清除和地质弱面的处理。但不应包括混凝土浇筑前的清洗、排水和少量碎渣、杂物的清理。

(2)地基保护层的厚度应由爆破试验确定,若无条件试验,可采用类比法,且厚度不得小于 1.5m。

(3)开挖保护层必须采用浅孔火炮爆破开挖,宜自上而下进行,且严格控制炮孔深度和装药量。如减小或不留保护层,须经试验和专门论证。

(4)开挖爆破不得损害岩体的完整性,基础面应无明显爆破裂隙,必要时用声波检测。

建基面必须无松动岩块、小块悬挂体、裂隙光面、陡坎尖角等。

(5)坑槽孔洞开挖壁面,应按设计或开挖措施的要求进行处理。

(6)所有主体建筑物的建基面,均应进行检查验收,当确认符合要求,质检部门签发合格证后,方可浇筑。

(二)检验要点

1. 开挖与排水

(1)开挖应自上而下进行。某些部位如需上、下同时开挖,应采取有效安全技术措施。

(2)基础岩石开挖应主要采用分层的梯段爆破方法。

(3)开挖紧邻水平建基面,应采用预留岩体保护层并对其进行分层爆破;若采用其他方法,应通过试验论证。

(4)基坑开挖施工中,应及时排出工作场地的积水。

(5)基坑排水不得污染河流。如基坑中来水量很大,则应采取有效措施以减少来水量。

(6)在坑、槽部位和有特殊要求的部位,以及在水下开挖时,应采取相应的开挖方法。

2. 爆破试验

(1)钻孔爆破施工前或施工中,应按有关要求进行爆破试验。

(2)爆破试验应由有关人员组成的试验组进行。爆破试验内容如下:

1)爆破材料性能试验;

2)爆破参数试验;

3)爆破破坏范围试验;

4)爆破地震效应试验

(3)试验时,对爆破空气冲击波、水中冲击波和飞石等应有防护措施。

(4)爆破试验和爆破监测成果应具有科学性和先进性。

3. 钻孔爆破

(1)钻孔爆破施工应按爆破设计进行。

(2)钻孔施工不宜采用直径大于150mm的钻头钻孔。紧邻设计建基面、设计边坡、建筑物或防护目标的,不应采用大孔径爆破方法。

(3)在水或潮湿条件下进行爆破时,应采用抗水爆破材料。在寒冷地区的冬季进行爆破时,必须采用抗冻爆破材料。

(4)钻孔质量应符合下列要求:

1)钻孔孔位应根据爆破设计确定;钻孔开孔位置与爆破设计孔位的偏差不宜大于钻头直径的尺寸。

2)钻孔角度和孔深应符合爆破设计的规定。

3)已造好的钻孔,孔内岩粉应予清除,孔口必须盖严。

(5)钻孔经检查合格才可装药。炮孔的装药和堵塞、爆破网络的连接以及起爆,必须由爆破负责人统一指挥,由爆破员按爆破设计规定进行。

(6)爆破后,应及时调查爆破效果,并根据爆破效果和爆破监测结果,及时调整爆破参数。

4. 预裂爆破和光面爆破

(1)对主要水工建筑物的设计建基面进行预裂爆破时,预裂范围应超出梯段爆破区。

(2)预裂炮孔和梯段炮孔若在同一爆破网络中起爆,预裂炮孔先于相邻梯段炮孔起爆的时间不得少于 75~100ms。

(3)预裂爆破和光面爆破的效果,在开挖轮廓面上,残留炮孔痕迹应均匀分布。

1)残留炮孔痕迹保存率,对节理裂隙不发育的岩体,应达到 80% 以上;

2)对节理裂隙较发育和发育的岩体,应达到 80%~50%;

3)对节理裂隙极发育的岩体,应达到 50%~10%。

(4)相邻两炮孔间岩面的不平整度,不应大于 15cm。炮孔壁不应有明显的爆破裂隙。

5. 梯段爆破

(1)梯段爆破的效果应符合下述要求:

1)爆破石碴的块度和爆堆,应能适合挖掘机械作业。爆破石碴如需利用,其块度或级配还应符合有关要求。

2)爆破对紧邻爆区岩体的破坏范围小,爆区底部炮眼少。

3)爆破地震效应和空气冲击波(或噪声)小,爆破飞石少。

(2)紧邻设计边坡的一排梯段炮孔,其孔距、排距和每孔装药量,应较其他梯段炮孔小。

(3)若采用预留岩体保护层开挖方法,其上部的梯段炮孔不得穿入保护层。

(4)梯段爆破的最大一段起爆药量,不得大于 500kg;邻近设计建基面和设计边坡时,不得大于 300kg。

6. 紧邻水平建基面爆破

(1)紧邻水平建基面的岩体保护层厚度应由爆破试验确定。

(2)不得使水平建基面岩体产生大量爆破裂隙,也不得使节理裂隙面、层面等弱面明显弱化。

(3)岩体保护层应分层爆破,并且应符合下列要求:

第一层:炮孔不得穿入距水平建基面 1.5m 的范围;炮孔装药直径不应大于 40mm,应采用梯段爆破方法。

第二层:对节理裂隙不发育、较发育、发育和坚硬的岩体,炮孔不得穿入距水平建基面 0.5m 的范围;对节理裂隙极发育和软弱的岩体,炮孔不得穿入距水平建基面 0.7m 的范围。

炮孔与水平建基面的夹角不应大于 60°,炮孔装药直径不应大于 32mm。应采用单孔起爆方法。

第三层:对节理裂隙不发育、较发育、发育和坚硬、中等坚硬的岩体,炮孔不得穿过水平建基面;对节理裂隙极发育和较弱的岩体,炮孔不得穿入距水平建基面 0.2m 的范围,剩余 0.2m 厚的岩体应进行撬挖。

炮孔角度、装药直径和起爆方法,均同第二层的规定。

(4)有岩体保护层紧邻水平建基面应采用梯段爆破法一次爆破,炮孔不得穿过水平建基面,炮孔垫层应用柔性材料充填或由空气充填。

(5)无岩体保护层水平建基面开挖应采用预裂爆破;基础岩石开挖,应采用梯段爆破,梯段炮孔底与水平预裂面应有一定距离。

7. 出渣

(1)出渣运输和堆(弃)渣应按设计要求进行,并不得污染环境。

(2)堆渣或弃渣的场所应有足够的容量,施工中不宜变动。除通过论证合理或对堆(弃)渣需要利用者外,应避免二次挖运。

(3)堆(弃)渣应符合下列规定:

1)应不占或少占耕地,有条件时应结合堆(弃)渣造地。

2)不得占用其他施工场地和妨碍其他工程施工。

3)不得堵塞河流,不得污染环境。

(三)质量检验与评定

1. 质量检查项目

(1)岩石地基开挖工程质量检查项目、质量标准及检测方法见表 4-6。

(2)对节理裂隙不发育、较发育、发育和坚硬、中等坚硬的岩体,水平建基面高程的开挖偏差不应大于 ±20cm。

(3)对节理裂隙极发育和软弱的岩体,不良地质地段的岩体开挖偏差均应符合设计要求。

表 4-6　　　　岩石地基开挖工程质量检查项目、质量标准及检测方法

项类	检查项目	质量标准	检测方法
主控项目	1. 保护层开挖	浅孔、密孔、少药量、控制爆破	观察检查与查看施工记录,必要时进行声波检测
	2. 建基面	无松动岩块,无明显爆破裂隙	
	3. 不良地质开挖处理	满足设计处理要求	
	4. 多组切割的不稳定岩体开挖		

项类	检查项目	质量标准	检测方法
一般项目	1. 孔、洞（井）或洞穴的处理	满足设计处理要求	观察检查或查看施工记录
	2. 基坑（槽）无结构要求或无配筋预埋件等	坑（槽）长或宽 5m 以内：-10cm，+20cm 坑（槽）长或宽 5～10m：-20cm，+30cm 坑（槽）长或宽 10～15m：-30cm，+40cm 坑（槽）长或宽 15m 以上：-30cm，+50cm	测量仪器、测量工具检查
		坑（槽）底部标高：-10cm，+20cm	用 2m 直尺检查
		垂直或斜面不平整度：20cm	
	3. 基坑（槽）有结构要求或有配筋预埋件等	坑（槽）长或宽 5m 以内：0，+10cm 坑（槽）长或宽 5～10m：0，+20cm 坑（槽）长或宽 10～15m：0，+30cm 坑（槽）长或宽 15m 以上：0，+40cm	测量仪器、测量工具检查
		坑（槽）底部标高：0，+20cm	用 2m 直尺检查
		垂直或斜面不平整度：15cm	
	4. 声波检测（需要时采用）	声波降低率小于10％，或达到设计要求声波值以上	仪器检测

注：1. "-"为欠挖，"+"为超挖。某些特殊部位，如结构设计不允许欠挖，允许超挖尺寸另行确定。

　　2. 需要立模的周边部位，其允许超挖尺寸另行确定。

　　3. 表中所列允许偏差值系指个别欠挖的突出部位（面积不大于 0.5m² 的平均值和局部超挖的凹陷部位（面积不大于 0.5m²）的平均值（地质原因除外）。

2. 质量检测数量

(1)检测面积在 200m² 以内，总检测点数不少于 20 个；检测面积在 200m² 以上，总检测点数不少于 30 个。

(2)局部突出或凹陷部位（面积在 0.5m² 以上者）应增设检测点。

3. 质量等级评定

(1)岩石地基开挖工程质量等级评定表如表 4-7 所示。

表 4-7　　　　　　　　　　　岩石地基开挖单元工程质量等级评定表

单位工程名称			单元工程量			
分部工程名称			起止桩号(高程)			
单元工程名称、部位			检验日期			年　月　日
项类	检查项目		质量标准			检查记录
主控项目	1. 保护层开挖		浅孔、密孔、少药量、控制爆破			
	2. 建基面		无松动岩块，无明显爆破裂隙			
	3. 不良地质处理		按设计要求处理			
	4. 多组切割的不稳定岩体开挖		按设计要求处理			
一般项目	检测项目		设计值	允许偏差(cm)	实测值	合格数点　合格率(%)
	1. 孔、洞(井)或洞穴			按设计要求处理		
	2. 基坑(槽)无结构要求或无配筋预埋件等	坑(槽)长宽				
		坑(槽)底部标高		−10　+20		
		垂直或斜面不平整度		20		
	3. 基坑(槽)有结构要求或有配筋预埋件等	坑(槽)长宽				
		坑(槽)底部标高		0　+20		
		垂直或斜面不平整度		15		
	4. 声波检测(需要时采用)		声波降低率小于10%，或达到设计要求声波值以上			
检验结果	主控项目					
	一般项目	共实测　　点,其中合格　　点,合格率　　%				
单元工程等级评定	施工单位			单元工程质量等级		
		年　月　日				
	监理单位			单元工程质量等级		
		年　月　日				

注:根据所在工程需要决定是否采用岩石地基声波检测,不是岩石地基开挖工程必需的检测项目。

　　(2)岩石地基开挖工程质量等级可分为"合格"和"优良"两种,具体标准如下:

　　1)合格:主控项目符合质量标准;一般项目中第1项符合质量标准,第2项或第3项不少于70%的检查点符合质量标准。

　　2)优良:主控项目符合质量标准;一般项目中第1项符合质量标准,第2项或第3项不少于90%的检查点符合质量标准。

三、岩石边坡开挖检验

(一)基本要求

　　(1)各类岩石开挖应自上而下进行,分层检查、检测及处理。

　　(2)为保证设计边坡线以下岩体不受破坏,在施工中应尽量采用预裂防震措施,或按设计要求留足保护层,然后再进行开挖区的松动爆破。必要时应事先进行爆破试验,控制装药量。

(3)保护层开挖应采用浅孔、密孔、少药量的火炮爆破开挖。

(4)开挖坡面必须稳定,无松动岩块,且不陡于设计坡度。对地质弱面应按设计要求分层进行处理。

(5)开挖弃渣应倒在指定地点,不得任意向下游河床内弃渣。

(二)检验要点

(1)设计边坡开挖前,必须做好开挖线外的危石清理、削坡、加固和排水等工作。

(2)设计边坡轮廓面开挖,应采取预裂爆破或光面爆破;对于高度较大的永久和半永久边坡,应分台阶开挖。

(3)开挖处于不良地质地段的设计边坡时,应确保设计边坡的稳定。

(4)已开挖的边坡应及时检查处理及验收和保护。对于高边坡或岩体可能失稳的边坡,应进行边坡稳定监测;必要时应采取加固措施。

(三)质量检验与评定

1. 质量检测数量

(1)总检测点数采用横断面控制,断面间距不大于10m,各横断面沿坡面斜长方向测点间距不大于5m,且点数不少于6个。

(2)局部突出或凹陷部位(面积在0.5m² 以上者)应增设检测点。

2. 质量检查标准

(1)岩石边坡开挖工程质量检查项目、质量标准及检测方法见表4-8。

表4-8　　　　岩石边坡开挖工程质量检查项目、质量标准及检测方法

项类	检查项目		质量标准	检测方法
主控项目	1. 开挖坡面		稳定无松动岩块,对不良地质应按设计要求进行处理	观察检查,仪器测量及查看施工记录与地质报告
	2. 平均坡度		不陡于设计坡度	
	3. 保护层开挖		浅孔、密孔、少药量、控制爆破	
一般项目	1. 坡脚标高		±20cm	观察检查,仪器测量
	2. 坡面局部超挖欠挖		±2%	
	3. 半孔率	节理裂隙不发育的岩体	>80%	观察检查
		节理裂隙发育的岩体	>50%	
		节理裂隙极发育的岩体	>20%	

(2)在一次钻孔深度条件下开挖时,设计边坡轮廓面的开挖偏差不应大于其开挖高度的±2%。

(3)分台阶开挖时,其最下部一个台阶坡脚位置的偏差及整体边坡的平均坡度均应符合设计要求。

(4)在开挖轮廓面上,残留炮孔痕迹应均匀分布。

3.质量等级评定

岩石边坡开挖工程质量等级分为"合格"和"优良"两种,具体标准如下:

(1)合格:主控项目符合质量标准;一般项目不少于70%的检查点符合质量标准。

(2)优良:主控项目符合质量标准;一般项目不少于90%的检查点符合质量标准。

四、软基及岸坡开挖检验

(一)检验要点

(1)软基开挖及岸坡处理均应符合相关技术规范和设计要求。

(2)建基面和岸坡处理时,应将树木、草皮、树根、乱石、腐殖土、淤泥软土、坟墓及各种建筑物全部清除,对水井、泉水、渗水、地质探孔(洞、穴)、洞穴、有害裂缝等进行处理。

(3)地基和岸坡清理后如不能立即回填时,应预留保护层,其厚度可根据土质及施工条件确定。

(4)土坝坝体与岸坡必须采取斜面连接,严禁将岸坡清理成台阶式,更不能允许有反坡。

(5)清基完成后,必须按规范要求全面取样检验,并应选择有代表性的样品妥善保存。当确认符合设计要求,并经检查验收后,方可进行土石填筑或混凝土浇筑。

(二)质量检查与评定

1.质量检测数量

(1)按50～100m正方形检查网进行取样,局部可加密至15～25m;

(2)建基面轮廓尺寸检测面积在200m² 以内,总检测点数不少于10个;检测面积每增加100m²,新增检测点数不少于3个。

2.质量检查标准

(1)软基和岸坡开挖工程质量检查项目分为主控项目和一般项目,见表4-9,其质量均应符合设计要求。

表 4-9　　　　　　　　　软基和岸坡开挖工程质量检查项目

项次	检查项目	项次	检查项目
主控项目	清基取样检验	一般项目	建基面开挖轮廓尺寸
	开挖清理坡度		
	建基面保护		建基面和岸坡处理

（2）软基和岸坡开挖工程质量检查内容和质量标准,见表 4-10。

表 4-10　　　软基和岸坡开挖工程质量检查内容和质量标准

项次	质量检查内容	质量标准
1	地基清理和处理	无树根、草皮、乱石、坟墓、水井、泉眼,堵塞好钻孔,坑洞分层回填夯实,地质符合设计要求,预留保护层已挖除
2	取样检验	符合设计要求
3·	岸坡清理和处理	无树根、草皮、乱石、腐殖土、有害裂隙,洞空已处理
4	岩石岸坡清理坡度	符合设计要求
5	黏性土、弱湿陷性黄土清理坡度	符合设计要求
6	截水槽地基处理	泉眼渗水已处理,岩石冲洗洁净,无积水
7	截水墙基岩面坡度	符合设计要求

3. 质量等级评定

软基和岸坡开挖工程质量等级分为"合格"和"优良"两种,具体标准如下:

（1）合格:主控项目符合质量标准;一般项目第 2 项符合质量标准,第 1 项不少于 70% 的检查点符合质量标准。

（2）优良:主控项目符合质量标准;一般项目第 2 项符合质量标准,第 1 项不少于 90% 的检查点符合质量标准。

第二节　基础工程处理

一、地基分类

地基一般泛指支承建筑物基础的那部分地层。

在水利水电工程中,由于天然地基的构造地质和水文地质作用的影响,往往存在不同形式和程度的缺陷,需要经过人工处理,才能作为修筑水工建筑物的地基。水工建筑物的地基一般分为岩基和软基两大类型。

（一）岩基

岩基,也称岩石地基,又称硬基,是指由岩石构成的地基。

岩石是由一种或数种矿物组成的集合体,即岩石可以由一种矿物组成,如石英岩由石英组成,也可以由多种矿物组成,如花岗岩由石英、正长石、云母组成。

地球表面以由多种矿物组成的岩石为多。岩石的工程性质对地基建筑条件的好坏有直接影响。

对于岩基的一般地质缺陷，常采用开挖、灌浆等方法进行处理；但对于一些比较特殊的地质缺陷，如断层破碎带、缓倾角的软弱夹层、层理以及岩溶地区较大的空洞和漏水通道等，必须采取一些特殊的处理措施。

（二）软基

软基是指由淤泥、壤土、砂、砂砾石、砂卵石等构成的地基。根据其特点的不同，可进一步细分为软土地基和砂砾石地基。

1. 软土地基

软土地基是由淤泥、壤土、细流砂等细微粒子构成的地基。它的承载力低、沉陷量大、触变性强，同时，还具有孔隙率大、压缩性大、渗透系数小、含水量大、水分不易排出等特点，在外力的作用下很容易发生变形。常用的处理方法，按其原理不同，可分为置换、夯实、排水、固结等几种类型。

2. 砂砾石地基

砂砾石地基是由砂砾石、砂卵石等颗粒材料构成的地基，具有空隙率大、透水性强的特点，须进行防渗处理后，方可作为水工建筑物的地基。常用的处理方法有开挖、防渗墙、桩基、灌浆、设排水通道等几种类型。

二、地基处理及检验

（一）岩基处理

对于表层岩石存在的缺陷，可采用爆破开挖处理，当基岩在较深的范围内存在风化、节理裂隙、破碎带及软弱夹层等地质问题时，常采用专门的处理方法。

1. 断层破碎带处理

断层是岩石或岩层受力发生断裂并向两侧产生显著位移而出现的破碎发育岩体，有断层破碎带和挤压破碎带两种。一般情况下，破碎带的长度和深度比较大，且风化强烈，岩块极易破碎，常夹有泥质充填物，其强度、承载能力和抗渗性不能满足设计要求，必须予以处理。

对于较浅的断层破碎带，通常可采用开挖和回填混凝土的办法进行处理。处理时将一定深度范围内的断层及其两侧的破碎风化岩石清理干净，直至新鲜岩石，然后回填混凝土。

对于深度较大的断层破碎带，可开挖一层，回填一层，回填混凝土时预留竖井或斜井，作为继续下挖的通道。直到预定深度为止。

对于贯通建筑物上下游的宽而深的断层破碎带或深厚覆盖层的河床深槽，处理时，既要解决地基承载能力，又要截断渗透通道，为此可采用支承拱和防渗墙法。

2. 软弱夹层处理

软弱夹层是指基岩出现层面之间强度较低，已泥化或遇水容易泥化的夹层，尤其是缓倾角软弱夹层,处理不当会对坝体稳定带来严重影响。

对于陡倾角的夹层,如不与水库连通,可采用开挖和回填混凝土的方法处理。如夹层和库水相通,除对基础范围内的夹层进行开挖回填外,还必须在夹层上游库水入口处,进行封闭处理,切断通路。

对于缓倾角夹层,当埋藏不深,开挖量不很大时,最好是彻底挖除。如夹层埋藏较深,或夹层上部有足够厚度的支撑岩体,能维持基岩的深层抗滑稳定,可以只挖除上游部位的夹层,并进行封闭处理。如果夹层埋藏很深,且没有深层滑动的危险,处理的目的主要是加固地基,可采用一般的灌浆方法进行处理。

3. 岩溶的处理

岩溶是指可溶性岩层(石灰岩、白云岩)长期受地表水或地下水溶蚀作用产生的溶洞、溶槽、暗沟、暗河、溶泉等现象。这些地质缺陷削弱了地基承载力,形成漏水的通道,会危及水工建筑物的正常运行。对岩溶处理的目的是防止渗漏,保证蓄水,提高地基承载能力,确保建筑物的稳定安全。

对岩溶的处理可采取堵、铺、截、围、导、灌等措施。堵就是堵塞漏水的洞眼;铺就是在漏水地段做铺盖;截就是在漏水处修筑截水墙;围就是将间歇泉、落水洞围住;导就是将下游的泉水导出建筑物;灌就是进行固结灌浆和帷幕灌浆,对于大裂隙破碎岩溶地段,采取群孔水气冲洗,高压灌浆;对于松散物质的大型溶洞,可对洞内进行高压旋喷灌浆。

(二)软土地基检验

软土地基由于承载力较低,沉陷量较大,所以必须进行处理,常用的处理方法有挖除置换法、重锤夯实法、砂井预压法、振动水冲法等几种。

1. 挖除置换法

挖除置换法是指将建筑物基础底面以下一定范围内的软土层挖除,换填无侵蚀性及低压缩性的散粒材料,这些材料可以是粗砂、砾(卵)石、灰土、石屑、煤渣等。通过置换,减小沉降,改善排水条件,加速固结。

当地基软土层厚度不大时,可全部挖除,并换以砂土、黏土、壤土或砂壤土等回填夯实,回填时应分层夯实,严格控制压实质量。

(1)检验要点。

1)置换材料应选用无侵蚀性、低压缩性的散粒材料,如粗砂、砾(卵)石、灰土、石屑、煤渣等。

2)置换软土层的厚度应符合设计要求;当地基软土层厚度不大时,应全部挖除。

3)置换材料回填时,应分层夯实,并严格控制压实质量。置换材料的质量和配合比应符合设计要求。

4)施工结束后应检验地基的承载力。地基的强度和承载力必须达到设计要求的标准。

(2)质量检验数量。

1)每个单位工程不得少于 3 点;每个独立基础下至少应有 1 点。基槽每 20 延米应有 1 点。

2)对于 1000m^2 以上的工程,每 100m^2 至少应检测 1 点;3000m^2 以上的工程,每 300m^2 至少应检测 1 点。

(3)质量检验标准

1)灰土地基的质量验收标准应符合表 4-11 的规定。

表 4-11　　　　　　　　　　　灰土地基质量检验标准

项目	序号	检查项目	允许偏差或允许值		检查方法
			单位	数值	
主控项目	1	地基承载力	设计要求		按规定方法
	2	配合比	设计要求		按拌合时的体积比
	3	压实系数	设计要求		现场实测
一般项目	1	石灰粒径	mm	≤5	筛分法
	2	土料有机质含量	%	≤5	试验室焙烧法
	3	土颗粒粒径	mm	≤5	筛分法
	4	含水量(与要求的最优含水量比较)	%	±2	烘干法
	5	分层厚度偏差(与设计要求比较)	mm	±50	水准仪

2)砂和砂石地基的质量验收标准应符合表 4-12 的规定。

表 4-12　　　　　　　　　　　砂及砂石地基质量检验标准

项目	序号	检查项目	允许偏差或允许值		检查方法
			单位	数值	
主控项目	1	地基承载力	设计要求		按规定方法
	2	配合比	设计要求		检查拌合时的体积比或重量比
	3	压实系数	设计要求		现场实测
一般项目	1	砂石料有机质含量	mm	≤5	焙烧法
	2	砂石料含泥量	%	≤5	水洗法
	3	石粒粒径	mm	≤100	筛分法
	4	含水量(与最优含水量比较)	%	±2	烘干法
	5	分层厚度(与设计要求比较)	mm	±50	水准仪

3)土工合成材料地基质量检验标准应符合表 4-13 的规定。

表 4-13　　　　　　　土工合成材料地基质量检验标准

项目	序号	检查项目	允许偏差或允许值		检查方法
			单位	数值	
主控项目	1	土工合成材料强度	%	≤5	置于夹具上做拉伸试验（结果与设计标准相比）
	2	土工合成材料延伸率	%	≤3	置于夹具上做拉伸试验（结果与设计标准相比）
	3	地基承载力	设计要求		按规定方法
一般项目	1	土工合成材料搭接长度	mm	≥300	用钢尺量
	2	土石料有机质含量	%	≤5	焙烧法
	3	层面平整度		≤20	用 2m 靠尺
	4	每层铺设厚度	mm	±25	水准仪

4）粉煤灰地基质量检验标准应符合表 4-14 的规定

表 4-14　　　　　　　粉煤灰地基质量检验标准

项目	序号	检查项目	允许偏差或允许值		检查方法
			单位	数值	
主控项目	1	压实系数	设计要求		现场实测
	2	地基承载力	设计要求		按规定方法
一般项目	1	粉煤灰粒径	mm	0.001～2.000	过筛
	2	氧化铝及二氧化硅含量	%	≥70	试验室化学分析
	3	烧失量	%	≤12	试验室烧结法
	4	每层铺筑厚度	mm	±50	水准仪
	5	含水量（与最优含水量比较）	%	±2	取样后试验室确定

2. 重锤夯实法

重锤夯实法是用一带有自动脱钩装置的履带式起重机,将重锤吊起到一定高度脱钩让其自由下落,利用下落的冲击能把土夯实。

当地基软土层厚度不大时,可以不开挖,采用重锤夯实法进行处理。当夯锤重为 5～7t、落距 5～9m 时，夯实深度 2～3.5m；夯锤重为 8～40t、落距 14～40m 时，夯实影响深度达 20～30m。此法可以省去大开大挖，节省成本，能耗少，机具简单；只是机械磨损大，震动大，施工不易控制。

（1）基本要求。

1）将重锤吊升到一定高度，然后脱钩让其自由下落，利用下落的冲击能把土夯实。

2）当地基软土层厚度不大时，可以不开挖，利用重锤夯实法进行处理。

3）施工前应检查夯锤重量、尺寸，落距控制手段，排水设施及被夯地基的土质。

4）施工过程中，应注意检查落距、夯击遍数、夯点位置及夯击范围，确保地基强度和承载能力符合设计要求。

（2）质量检查数量。

重锤夯实法质量检查数量与挖除置换法相同。

（3）质量检验标准。

强夯地基质量检验标准应符合表 4-15 的规定。

表 4-15　　　　　　　　强夯地基质量检验标准

项目	序号	检查项目	允许偏差或允许值		检查方法
			单位	数值	
主控项目	1	地基强度	设计要求		按规定方法
	2	地基承载力	设计要求		按规定方法
一般项目	1	夯锤落距	mm	±300	钢索设标志
	2	锤重	kg	±100	称重
	3	夯击遍数及顺序	设计要求		计数法
	4	夯点间距	mm	±500	用钢尺量
	5	夯击范围（超出基础范围距离）	设计要求		用钢尺量
	6	前后两遍间歇时间	设计要求		

3. 砂井预压法

砂井预压法也称垂直排水法，是采取人为措施，使地基表层或内部形成垂直排水通道，在自重或外荷作用下，加速排水和固结，从而提高其强度。

（1）基本要求。

1）预压施工前，应注意检查施工监测措施，沉降、孔隙水压力等原始数据，排水设施、砂井、塑料排水带等位置。塑料排水带的质量标准应符合规定。

2)堆载施工应检查堆载高度、沉降速率。

3)真空预压施工应检查密封膜的密封性能和真空表读数等。

4)施工结束后应检查地基土的强度和承载能力,要求达到设计要求的标准。

(2)检验要点。

1)排水井应建在软土层中,井内灌入砂子,以形成竖向排水通道,砂子的质量和级配应符合规定。

2)砂井直径多采用 20～100cm,井距采用 1.0～2.5m。井深主要取决于土层情况,一般以 10～20m 为宜。

3)砂井顶部应设水平砂垫层,厚度为 0.3～0.5m,以连通各砂井并引出井中渗水。

4)软土层较薄时,砂井应贯穿软土层;软土层较厚且夹有砂层时,一般应设在砂层上;软土层较厚又无砂层,或软土层下有承压水时,则不应打穿。

5)预压荷载应为设计荷载的 1.2～1.5 倍,但不得超过此时基土的承载能力。

(3)质量检验数量。

采用砂井预压法处理地基,其质量检验数量与挖除置换法相同。

(4)质量检验标准。

预压地基和塑料排水带质量检验标准应符合表 4-16 的规定。

表 4-16　　　　　　　　预压地基和塑料排水带质量检验标准

项目	序号	检查项目	允许偏差或允许值		检查方法
			单位	数值	
主控项目	1	预压载荷	％	≤2	水准仪
	2	固结度(与设计要求比)	％	≤2	根据设计要求采用不同方法
	3	承载力或其他性能指标	设计要求		按规定方法
一般项目	1	沉降速率(与控制值比)	％	±10	水准仪
	2	砂井或塑料排水带位置	mm	±100	用钢尺量
	3	砂井或塑料排水带插入深度	mm	±200	插入时用经纬仪检查
	4	插入塑料排水带的回带长度	mm	≤500	用钢尺量
	5	塑料排水带或砂井高出砂垫层距离	mm	≥200	用钢尺量
	6	插入塑料排水带的回带根数	％	<5	目测

注:如真空预压,主控项目中预压载荷的检查为真空度降低值小于 2％。

4. 振动水冲法

振动水冲法是用一种类似插入式混凝土振捣器的振冲器,在土层中振冲造孔,并以碎石或砂砾填成碎石或砂砾桩,达到加固地基的一种方法。这种方法不仅适用于松砂地基,也可用于黏性土地基,因碎石承担了大部分传递荷载,同时又改善了地基排水条件,加速了地基的固结,提高了地基的承载能力。一般碎石桩的直径为 0.6~1.1m,桩距视地质条件在 1.2~2.5m 范围内选择。

(1)检验要点。

1)振动水冲法处理地基主要适用于松砂地基,也可用于黏性土地基。

2)把振冲器插入土层中进行射水振冲造孔,并以碎石或砂砾充填,形成碎石桩或砂砾桩。

3)碎石桩的直径应为 0.6~1.1m,桩距应视地质条件在 1.2~2.5m 的范围内选择。

4)施工前应检查振冲器的性能,电流表、电压表的准确度及填料的性能。

5)施工中应检查密实电流、供水压力、供水量、填料量、孔底留振时间、振冲点位置、振冲器施工参数等(施工参数由振冲试验或设计确定)。

6)施工结束后,应在有代表性的地段做地基强度或地基承载力检验。

(2)质量检测数量。

1)对单元工程内的振冲桩主控项目进行全数或抽样检查:桩数检测数量为100%;桩体密实度抽样检测数量为总桩数的 1%~3%,并不少于 3 根桩;填料质量按规定的验收批进行抽样检查;桩间土密实度按设计规定的数量进行检查。

2)对单元工程内的振冲桩一般项目进行全数或抽样检查。除主控项目检测数量外,柱基础、条形基础的桩中心位置偏差检测数量为 100%;其他一般项目的检测数量为本单元工程总桩数的 20% 以上,并不少于 10 根。

(3)质量检验标准。

1)振冲法地基处理工程的质量检查项目、质量标准及检测方法见表 4-17。

2)填料含泥量应小于 5%;振冲器喷水中心与孔径中心允许偏差不得超过5cm;成孔中心与设计孔位中心的允许偏差不得超过 10cm。

表 4-17　　　　　　　振冲法地基处理工程质量检查项目、
质量标准及检测方法

项类	检查项目	质量标准	检测方法
主控项目	1. 桩数	符合设计要求	现场检查
	2. 填料质量与数量	符合设计要求	现场检查,试验报告
	3. 桩体密实度	符合设计要求	现场检查,试验报告
	4. 桩间土密实度	符合设计要求	现场检查,试验报告
	5. 施工记录	齐全、准确、清晰	查看资料

项类	检查项目			质量标准	检测方法
一般项目	1. 加密电流			符合设计要求	现场抽查,施工记录
	2. 留振时间			符合设计要求	现场抽查,施工记录
	3. 加密段长度			符合设计要求	现场抽查,施工记录
	4. 孔深			符合设计要求	钢尺量测
	5. 桩体直径			符合设计要求	钢尺量测
	6. 桩中心位置偏差	柱基础	边缘桩	$\leqslant D/5$	钢尺量测
			内部桩	$\leqslant D/4$	
		大面积基础满堂布桩		$\leqslant D/4$	钢尺量测
		条形基础桩		$\leqslant D/5$	钢尺量测

注:表中 D 表示桩直径。

5. 注浆处理法

(1)检验要点。

1)浆液组成材料的性能应符合设计要求,注浆设备应确保正常运转。

2)施工前,应仔细检查注浆点位置、浆液配比及注浆施工技术参数等。

3)施工中应经常抽查浆液的配比及主要性能指标,注浆的顺序、注浆过程中的压力控制等。

4)施工结束后,应检查注浆体强度、承载力等。检验应在注浆后 15d(砂土、黄土)或 60d(黏性土)进行。

(2)质量检验数量。

1)每单位工程不应少于 3 点。对于 1000m² 以上的工程,每 100m² 至少应检验 1 点;3000m² 以上的工程,每 300m² 至少应检验 1 点。

2)每一个独立基础下面至少应检查 1 点;基槽每 20 延米应有 1 点。

3)检查孔数应为总量的 2%～5%,当不合格率大于或等于 20% 时应进行二次注浆。

(3)质量检验标准。

注浆地基的质量检验标准应符合表 4-18 的规定。

6. 高压喷射注浆法

(1)检验要点。

1)施工前应检查水泥、外掺剂等的质量,桩位,压力表、流量表的精度和灵敏度,高压喷射设备的性能等。

2)施工中应检查施工参数(压力、水泥浆量、提升速度、旋转速度等)及施工程序。

3)施工结束后,应检验桩体强度、平均直径、桩身中心位置、桩体质量及承载力等。桩体质量及承载力检验应在施工结束后28d进行。

表 4-18 注浆地基质量检验标准

项目	序号	检查项目		允许偏差或允许值		检查方法
				单位	数值	
主控项目	1	原材料检验	水泥	设计要求		查产品合格证书或抽样送检
			注浆用砂:粒径	mm	<2.5	试验室试验
			细度模数		<2.0	
			含泥量及有机物含量	%	<3	
			注浆用黏土:塑性指数		>14	试验室试验
			黏粒含量	%	>25	
			含砂量	%	<5	
			有机物含量	%	<3	
			粉煤灰:细度	不粗于同时使用的水泥		试验室试验
			烧失量	%	<3	
			水玻璃:模数	2.5~3.3		抽样送检
			其他化学浆液	设计要求		查产品合格证书或抽样送检
	2	注浆体强度		设计要求		取样检验
	3	地基承载力		设计要求		按规定方法
一般项目	1	各种注浆材料称量误差		%	<3	抽查
	2	注浆孔位		mm	±20	用钢尺量
	3	注浆孔深		mm	±100	量测注浆管长度
	4	注浆压力(与设计参数比)		%	±10	检查压力表读数

(2)质量检验数量。

1)每单位工程不应少于3点,每一个独立基础下面至少应检验1点;基槽每20延米应检验1点。

2)对于1000m² 以上的工程,每100m² 至少应检验1点;3000m² 以上的工程,每300m² 至少应检验1点。

(3)质量检验标准。

高压喷射注浆地基质量检验标准应符合表4-19的规定。

表 4-19　　　　　　　高压喷射注浆地基质量检验标准

项目	序号	检查项目	允许偏差或允许值		检查方法
			单位	数值	
主控项目	1	水泥及外掺剂质量	符合出厂要求		查产品合格证书或抽样送检
	2	水泥用量	设计要求		查看流量表及水泥浆水灰比
	3	桩体强度或完整性检验	设计要求		按规定方法
	4	地基承载力	设计要求		按规定方法
一般项目	1	钻孔位置	mm	≤50	用钢尺量
	2	钻孔垂直度	%	≤1.5	经纬仪测钻杆或实测
	3	孔深	mm	±200	用钢尺量
	4	注浆压力	按设计参数指标		查看压力表
	5	桩体搭接	mm	>200	用钢尺量
	6	桩体直径	mm	≤50	开挖后用钢尺量
	7	桩身中心允许偏差		≤0.2D	开挖后桩顶下500mm处用钢尺量，D为桩径

7. 水泥土搅拌法

(1)检验要点。

1)应选用强度等级为 42.5 级以上的普通硅酸盐水泥。水泥掺量除块状加固时可用被加固湿土质量的 7%～12%外，其余应选用 12%～20%。

外掺剂应根据工程需要和土质条件选用具有早强、缓凝、减水效果以节省水泥的材料，但应避免污染环境。

2)施工现场应事先予以平整，并清除地上及地下的障碍物。遇有明浜、池塘及洼地时应抽水和清淤，回填黏性土料应予以压实，不得回填杂填土或生活垃圾。

3)施工前应先试桩，数量不得少于 2 根。当桩周为成层土时，应对相对软弱土层增加搅拌次数或增加水泥掺量。

4)施工中应检查机头提升速度、水泥浆或水泥注入量、搅拌桩的长度及标高。

5)施工中应保持搅拌桩机底盘的水平和导向架的竖直，搅拌桩的垂直偏差不得超过 1%；桩位的偏差不得大于 50mm；成桩直径、桩长不得小于设计值。

6)竖向承载搅拌桩施工时,停浆(灰)面应高于桩顶设计标高 300～500mm。

7)施工结束后,应检查桩体强度、桩体直径及地基承载力。

(2)质量检验数量。

1)成桩 7d 后,采用浅部开挖桩头[深度宜超过停浆(灰)面以下 0.5m],目测检查搅拌的均匀性,量测成桩直径。检查量为总桩数的 5%。也可在成桩 3d 后,采用轻型动力触探检查每米桩身的均匀性,检验数量为施工总桩数的 1%,且不少于 3 根。

2)进行强度检验时,对承重水泥土搅拌桩应取 90d 后的试件;对支护水泥土搅拌桩应取 28d 后的试件。检验数量为桩总数的 0.5%～1%,且每项单体工程不得少于 3 点。

(3)质量检验标准。

水泥土搅拌桩地基质量检验标准应符合表 4-20 的规定。

表 4-20　　　　　　　　水泥土搅拌桩地基质量检验标准

项目	序号	检查项目	允许偏差或允许值		检查方法
			单位	数值	
主控项目	1	水泥及外掺剂质量	设计要求		检查产品合格证书或抽样送检
	2	水泥用量	参数指标		查看流量计
	3	桩体强度	设计要求		按规定办法
	4	地基承载力	设计要求		按规定办法
一般项目	1	机头提升速度	m/min	≤0.5	量机头上升距离及时间
	2	桩底标高	mm	±200	测机头深度
	3	桩顶标高	mm	+100 −50	水准仪(最上部 500mm 不计入)
	4	桩位偏差	mm	<50	用钢尺量
	5	桩径		<0.04D	用钢尺量,D 为桩径
	6	垂直度	%	≤1.5	用经纬仪测量
	7	桩体搭接	mm	>200	用钢尺量

8. 夯实水泥土桩法

(1)检验要点。

1)水泥及夯实用土料的质量应符合设计要求。

①土料中有机质含量不得超过 5%,不得含有冻土或膨胀土,使用时应过 10～20mm 筛。

②混合料的含水量应满足土料的最优含水量,其允许偏差不得大于±2%。

③材料应级配良好,不含植物残体、垃圾等杂质。土料与水泥应拌合均匀,水泥用量不得少于按配比试验确定的重量。

2)施工过程中应注意检查孔位、孔深、孔径、水泥和土的配合比、混合料含水量等。

3)向孔内填料前孔底必须夯实。桩顶夯填高度应大于设计桩顶标高 200～300mm。桩顶面应水平。

4)施工过程中应有专人监测成孔及回填夯实的质量,并作好施工记录。

5)施工结束后应对桩体质量及复合地基承载力做检验,褥垫层应检查其夯填度。

(2)质量检验数量。

1)施工过程中,对夯实水泥土桩的成桩质量,应及时进行抽样检验。抽样检验的数量不应少于总桩数的 2%。

2)夯实水泥土桩地基检验数量应为总桩数的 0.5%～1%,且每个单体工程不应少于 3 点。

(3)质量检验标准。

夯实水泥土桩复合地基的质量检验标准应符合表 4-21 的规定。

表 4-21　　　　　　**夯实水泥土桩复合地基质量检验标准**

项目	序号	检查项目	允许偏差或允许值		检查方法
			单位	数值	
主控项目	1	桩径	mm	−20	用钢尺量
	2	桩长	mm	+500	测桩孔深度
	3	桩体干密度	设计要求		现场取样检查
	4	地基承载力	设计要求		按规定的方法
一般项目	1	土料有机质含量	%	≤5	焙烧法
	2	含水量(与最优含水量比)	%	±2	烘干法
	3	土料粒径	mm	≤20	筛分法
	4	水泥质量	设计要求		查产品质量合格证书或抽样送检
	5	桩位偏差	满堂布桩≤0.40D 条基布桩≤0.25D		用钢尺量,D 为桩径
	6	桩孔垂直度	%	≤1.5	用经纬仪测桩管
	7	褥垫层夯填度	≤0.9		用钢尺量

9. 水泥粉煤灰碎石桩法

(1)检验要点。

1)水泥、粉煤灰、砂及碎石等原材料应符合设计要求。

2)施工中应检查桩身混合料的配合比、坍落度和提拔钻杆速度(或提拔套管速度)、成孔深度、混合料灌入量等。

3)桩顶和基础之间应设置褥垫层,褥垫层厚度应取 150～300mm;当桩径或桩距较大时,褥垫层厚度应取高值。

4)清土和截桩时,不得造成桩顶标高以下桩身断裂和扰动桩间土。

5)褥垫层铺设宜采用静力压实法,当基础底面下桩间土的含水量较小时,也可采用动力夯实法,夯填度不得大于 0.9。

6)施工结束后应对桩顶标高、桩位、桩体质量、地基承载力以及褥垫层的质量做检查。

(2)质量检验数量。

1)水泥粉煤灰碎石桩地基检验应在桩身强度满足试验荷载条件时,并宜在施工结束 28d 后进行。试验数量宜为总桩数的 0.5%～1%,且每个单体工程的试验数量不应少于 3 点。

2)应抽取不少于总桩数的 10%的桩进行低应变动力试验,检测桩身完整性。

(3)质量检验标准。

水泥粉煤灰碎石桩复合地基的质量检验标准应符合表 4-22 的规定。

表 4-22　　　　　　　　水泥粉煤灰碎石桩复合地基质量检验标准

项目	序号	检查项目	允许偏差或允许值		检查方法
			单位	数值	
主控项目	1	原材料	设计要求		查产品合格证书或抽样送检
	2	桩径	mm	−20	用钢尺量或计算填料量
	3	桩身强度	设计要求		查 28d 试块强度
	4	地基承载力	设计要求		按规定的方法
一般项目	1	桩身完整性	按桩基检测技术规范		按桩基检测技术规范
	2	桩位偏差	满堂布桩≤0.40D 条基布桩≤0.25D		用钢尺量,D 为桩径
	3	桩垂直度	%	≤1.5	用经纬仪测桩管
	4	桩长	mm	+100	测桩管长度或垂球测孔深
	5	褥垫层夯填度	≤0.9		用钢尺量

注:1. 夯填度指夯实后的褥垫层厚度与虚体厚度的比值。

2. 桩径允许偏差负值是指个别断面。

10. 灰土挤密桩法和土挤密桩法

(1)检验要点。

1)施工前应对土及灰土的质量、桩孔放样位置等做检查。

2)施工中应对桩孔直径、桩孔深度、夯击次数、填料的含水量等做检查。

3)铺设灰土垫层前,应按设计要求将桩顶标高以上的预留松动土层挖除或夯(压)密实。

4)向孔内填料前,应将孔底夯实,并抽样检查桩孔的直径、深度和垂直度。

①桩孔垂直度偏差不应大于 1.5%;

②桩孔中心点的偏差不得超过桩距设计值的 5%。

5)检验合格后应按设计要求向孔内分层填入筛好的素土、灰土或其他填料,并分层夯实至设计标高。

6)施工结束后应检验成桩的质量及地基承载力。

(2)质量检验数量。

1)成桩后应及时抽样检验。抽样检验的数量,对一般工程不应少于桩总数的1%;对重要工程不应少于桩总数的 1.5%。

2)检验数量不应少于桩总数的 0.5%,且每项单体工程不应少于 3 点。

(3)质量检验标准。

土和灰土挤密桩地基质量检验标准应符合表 4-23 的规定。

表 4-23　　　　　　土和灰土挤密桩地基质量检验标准

项目	序号	检查项目	允许偏差或允许值		检查方法
			单位	数值	
主控项目	1	桩体及桩间土干密度	设计要求		现场取样检查
	2	桩长	mm	+500	测桩管长度或垂球测孔深
	3	地基承载力	设计要求		按规定的方法
	4	桩径	mm	−20	用钢尺量
一般项目	1	土料有机质含量	%	≤5	试验室焙烧法
	2	石灰粒径	mm	≤5	筛分法
	3	桩位偏差	满堂布桩≤0.40D 条基布桩≤0.25D		用钢尺量,D 为桩径
	4	垂直度	%	≤1.5	用经纬仪测桩管
	5	桩径	mm	−20	用钢尺量

注:桩径允许偏差负值是指个别断面。

11. 砂石桩法

(1)检验要点。

1)施工前应检查砂料的含泥量及有机质含量、样桩的位置等。

2)施工中检查每根砂桩的桩位、灌砂量、标高、垂直度等。

3)砂石桩施工时,对砂土地基应从外围或两侧向中间进行;对黏性土地基应从中间向外围或隔排施工。

4)施工时,桩位水平偏差不应大于 0.3 倍套管外径,套管垂直度偏差不应大于 1%。

5)砂石桩施工后,应将基底标高下的松散层挖除或夯压密实,随后铺设并压实砂石垫层。

6)施工结束后应检验被加固地基的强度或承载力。

(2)质量检验数量。

1)施工后应间隔一定时间方可进行质量检验:

①对饱和黏性土地基应待孔隙水压力消散后进行,间隔时间不宜少于 28d,

②对粉土、砂土和杂填土地基,不应少于 7d。

2)桩间土质量的检测位置应在等边三角形或正方形的中心,检测数量不应少于桩孔总数的 2%。

3)采用复合地基载荷试验来检验承载力时,检验数量不应少于总桩数的 0.5%,且每个单体建筑不应少于 3 点。

(3)质量检验标准。

砂桩地基的质量检验标准应符合表 4-24 的规定。

表 4-24　　　　　　　砂桩地基的质量检验标准

项目	序号	检查项目	允许偏差或允许值		检查方法
			单位	数值	
主控项目	1	灌砂量	%	≥95	实际用砂量与计算体积比
	2	地基强度	设计要求		按规定方法
	3	地基承载力	设计要求		按规定方法
一般项目	1	砂料的含泥量	%	≤3	试验室测定
	2	砂料的有机质含量	%	≤5	焙烧法
	3	桩位	mm	≤50	用钢尺量
	4	砂桩标高	mm	±150	水准仪
	5	垂直度	%	≤1.5	经纬仪检查桩管垂直度

（三）岩石地基

1. 基本要求

(1)对于表层岩石存在的缺陷,可采用爆破开挖法处理。

(2)当基岩在较深的范围内存在风化、节理裂隙、破碎带及软弱夹层等地质问题时,应采用专门的处理方法。

(3)岩石地基经过处理后,必须满足设计要求;必要时,应对强度、承载能力和抗渗性进行检验。

2. 检验要点

(1)断层破碎带。

1)断层是岩石或岩层受力发生断裂并向两侧产生显著位移而出现的破碎发育岩体。

2)断层破碎带的长度和深度比较大,且风化强烈,岩块极易破碎,常夹有泥质充填物,必须予以处理。

3)较浅的断层破碎带,应采用开挖和回填混凝土的办法进行处理。处理时将一定深度范围内的断层及其两侧的破碎风化岩石清理干净,直到新鲜岩石,然后回填混凝土。

4)深度较大的断层破碎带,应开挖一层,回填一层。回填混凝土时应预留竖井或斜井,作为继续下挖的通道,直到预定深度为止。

5)贯通建筑物上下游的宽而深的断层破碎带或深厚覆盖层的河床深槽,处理时,应采用支承拱和防渗墙。

(2)软弱夹层。

1)软弱夹层是指基岩出现层面之间强度较低,已泥化或遇水容易泥化的夹层。

2)对于陡倾角夹层,如不与库水连通,可采用开挖和回填混凝土的方法处理。如夹层和库水相通,除对基础范围内的夹层进行开挖回填外,还必须在夹层上游库水入口处,进行封闭处理。

3)对于缓倾角夹层,如埋藏不深,开挖量不是很大,应彻底挖除。

①如夹层埋藏较深,或夹层上部有足够厚度的支撑岩体,能维持基岩的深层抗滑稳定,应只挖除上游部位的夹层,并进行封闭处理。

②如夹层埋藏很深,且没有深层滑动的危险,应采用灌浆的方法加固地基。

4)对于缓倾角软弱夹层,当分布较浅、层数较多时,应设置钢筋混凝土桩和预应力锚索进行加固。

(3)岩溶。

1)岩溶是指可溶性岩层(石灰岩、白云岩)长期受地表水或地下水溶蚀作用产生的溶洞、溶槽、暗沟、暗河、溶泉等现象。

2)对岩溶的处理可采取堵、铺、截、围、导、灌等措施。

3)岩溶处理后,应能防止渗漏,保证蓄水,提高地基承载能力,确保建筑物的稳定安全。

三、砂砾石地基

砂砾石地基由于空隙率大,透水性强,作为水工建筑物的地基必须进行防渗处理。

1. 灌浆材料

(1)砂砾石地基灌浆多用于修筑防渗帷幕,一般采用水泥黏土混合灌浆。

(2)帷幕幕体的渗透系数应降至 $1/1000 \sim 1/100000$ cm/s 以下,28d 结合强度达到 $0.4 \sim 0.5$ MPa。

(3)浆液配比应根据帷幕设计要求而定,常用配比为:水泥:黏土 $=1:2 \sim 1:4$(重量比)。浆液稠度为:水:干料 $=6:1 \sim 1:1$。

(4)由于固结速度慢,强度低,抗渗抗冲能力差,水泥黏土浆多用于低水头临时建筑的地基防渗。

(5)为提高固结速度,加快黏结速度,可采用化学灌浆。

2. 钻灌方法

(1)打管灌浆。

1)打管灌浆适用于砂砾石层较浅、结构松散、颗粒不大、容易打管和起拔的场合。

2)打管灌浆就是将带有灌浆花管的厚壁无缝钢管直接打入受灌地层中,并利用它进行灌浆。

3)施工时,先把钢管打入到设计深度,再用压力水将管内冲洗干净,然后用灌浆泵进行压力灌浆。也可利用浆液自重进行自流灌浆。

4)灌完一段后,将钢管起拔到一个灌浆段高度,再进行冲洗和灌浆,如此自下而上,拔一段灌一段,直到结束。

(2)套管灌浆。

1)下套管时,应一边钻孔一边跟着下护壁套管。也可一边打设护壁套管,一边冲淘管内的砂砾石,直到套管下到设计深度。

2)待钻孔冲洗干净后,再下入灌浆管,然后起拔套管到第一灌浆段顶部,安好止浆塞,对第一段进行灌浆。

3)应自下而上,逐段提升灌浆管和套管,逐段灌浆,直到结束。

4)灌浆时,由于有套管护壁,不会产生坍孔埋钻等事故,但灌浆时间不宜过长,否则会胶结套管,造成起拔困难。

5)灌浆过程中应尽量减少浆液沿套管外壁向上流动,防止产生地表冒浆现象。

(3)循环钻灌。

1)循环钻灌实质上就是一种自上而下,钻一段灌一段,无需待凝,钻孔与灌浆循环进行的施工方法。

2)钻孔时用黏土浆或最稀一级水泥黏土浆固壁。

3)钻孔长度即灌浆段的长度,应视孔壁稳定和砂砾石层渗漏程度而定。

4)容易坍孔和渗漏严重的地层,分段应短一些,反之应长一些,一般为1～2m。

5)灌浆时可利用钻杆作灌浆管。用这种方法灌浆,应做好孔口封闭,以防止地面抬动和地表冒浆。

(4)预埋花管灌浆。

1)施工时应采用回转式或冲击式钻机钻孔,跟着下护壁套管,一次直达孔的全深。

2)钻孔结束后应立即进行清孔,以清除孔底残留的石碴。

3)在套管内安设花管时,花管的直径一般为 73～108mm,沿管长每隔 33～50cm 钻一排 3～4 个射浆孔,孔径 1cm。射浆孔外面用橡皮圈箍紧,花管底部封闭要严密牢固。

4)在花管与套管之间灌注填料。应边下填料,边起拔套管,连续灌注,直到全孔填满套管拔出为止。填料由水泥、黏土和水配制而成。

5)填料要待凝 5～15d,待达到一定强度,可紧密地将花管与孔壁之间的环形圈封闭起来。

6)在花管中下入双栓灌浆塞。灌浆塞的出浆孔要对准射浆孔。

7)灌浆时,应先用清水或稀浆压开花管上的橡皮圈,压穿填料,形成通路,然后通过花管的射浆孔进行灌浆。

8)灌完一段后,应移动双栓灌浆塞,使其出浆孔对准另一排射浆孔,进入另一灌浆段的开环与灌浆。

第三节 混凝土防渗墙施工检验

一、基本要求

(1)防渗墙墙体应均匀完整,不得有混浆、夹泥、断墙、孔洞等。

(2)采用的泥浆应选用新鲜洁净的淡水配制泥浆。必要时应进行水质分析。

(3)浇筑孔槽的几何尺寸和位置、钻孔偏斜、入岩深度等均应符合设计要求。

(4)施工中,应严格控制浇筑导管的位置和导管埋深。混凝土原材料、浇筑速度和浇筑高度等应符合设计要求。

(5)防渗墙的抗渗能力应符合设计要求。

二、施工技术

(一)墙体材料

防渗墙的墙体材料,按其抗压强度和弹性模量,一般分为刚性材料和柔性材料。

1. 刚性材料

刚性材料包括普通混凝土、黏土混凝土和掺粉煤灰混凝土等,其抗压强度大于 5MPa,弹性模量大于 10000MPa。防渗墙混凝土是在泥浆中浇筑的,无法振捣,因此要求其有在自重作用下自行流动的性能,有抗离析的性能以及保持水分不易析出的性能,具有良好的流动性。

(1)普通混凝土。普通混凝土是指其强度在 7.5~20MPa,不加其他掺和料的高流动性混凝土。在材料的选用方面,水泥强度等级不应低于 42.5 级,石子的粒径不宜大于 40mm,砂以中、粗砂为宜。在材料的配合比方面,水泥用量不宜低于 300kg/m³,砂率以 35%~40% 为宜,水灰比宜控制在 0.55~0.7 之间,坍落度一般为 180~220mm,扩散度为 340~380mm。

(2)黏土混凝土。在混凝土中掺入一定量的黏土,一般以总量的 12%~20% 为宜,不仅可以节省水泥,还可以降低混凝土的弹性模量,改变其变形性能,增加其和易性,改善其易堵性。如果以干土的形式掺入黏土,则必须将黏土风干、碾碎、磨细,否则混凝土不易搅拌均匀。由于此种工艺过于复杂,施工中常将黏土制成泥浆后再加入。一般黏土混凝土的强度在 10MPa 左右,抗渗性相对普通混凝土要差。

所掺用黏土中,黏粒的含量应不低于 40%,塑性指数不应小于 17,含砂量小于 5%,有机物含量小于 3%。

(3)粉煤灰混凝土。在混凝土中掺加一定比例的粉煤灰,能改善混凝土的和易性,降低混凝土发热量,提高混凝土密实性和抗侵蚀性,并具有较高的后期强度。这对于防渗墙的施工和运行都是十分有利的。

2. 柔性材料

防渗墙体中,柔性材料的抗压强度则小于 5MPa,弹性模量小于 10000MPa,包括塑性混凝土、自凝灰浆和固化灰浆等。

(1)塑性混凝土。塑性混凝土是指以黏土和(或)膨润土取代普通混凝土中的大部分水泥所形成的一种柔性墙体材料。其抗压强度不高,一般为 0.5~2MPa,弹性模量为 100~500MPa,渗透系数 10^{-6}~10^{-7}cm/s。

塑性混凝土的水泥用量仅为 80~100kg/m³,使其强度低,特别是弹性模量值低到与周围介质(基础)相接近时,墙体适应变形的能力大大提高,几乎不产生拉应力,减少了墙体出现开裂现象的可能性。

(2)自凝灰浆。自凝灰浆是在固壁浆液(以膨润土为主)中加入水泥和缓凝剂所制成的一种灰浆。凝固前作为造孔用的固壁泥浆,槽孔造成后则自行凝固成墙。由于自凝灰浆减少了墙身的浇筑工序,简化了施工程序,使建造速度加快、成本降低。在水头不大的堤坝基础及围堰工程中使用较多。

自凝灰浆每立方固化体需水泥 200~300kg,膨润土 30~60kg,水 850kg,采用糖蜜或木质素磺酸盐类材料作为缓凝剂。其强度在 0.2～0.4MPa,变形模量 40～300MPa,与土层和砂砾石层比较接近,可以很好地适应墙后介质的变形,墙身不易开裂。

(3)固化灰浆。固化灰浆是在槽段造孔完成后,向固壁的泥浆中加入水泥等固化材料,砂子、粉煤灰等掺和料,水玻璃等外加剂,经机械搅拌或压缩空气搅拌后,凝固成墙体。其强度在 0.5MPa 左右,弹性模量 100MPa,渗透系数 10^{-6}～10^{-7}cm/s,一般能够满足中低水头对抗渗的要求。

以固化灰浆作墙体材料,可省去导管法混凝土浇筑工序,提高造接头孔工效,减少泥浆废弃,使劳动强度减轻,施工进度加快。

另外,现在有些工程开始使用强度大于 25MPa 的高强混凝土,以适应高坝深基础对防渗墙的技术要求。

(二)防渗墙的结构

防渗墙的类型较多,但从其构造特点来说,主要是两类:槽孔(板)型防渗墙和桩柱型防渗墙。前者是我国水利水电工程中混凝土防渗墙的主要形式。

1. 主面布置型式

防渗墙系垂直防渗措施,其立面布置有两种型式:封闭式与悬挂式。

封闭式防渗墙是指墙体插入到基岩或相对不透水层一定深度,以实现全面截断渗流的目的;而悬挂式防渗墙,墙体只深入地层一定深度,仅能加长渗径,无法完全封闭渗流。

对于高水头的坝体或重要的围堰,有时设置两道防渗墙,共同作用,按一定比例分担水头。水头应合理分配,避免造成单道墙承受水头过大而破坏,这对另一道墙也是很危险的。

2. 防渗墙的厚度

防渗墙的厚度主要由防渗要求、抗渗耐久性、墙体的应力与强度及施工设备等因素确定。其中,防渗墙的耐久性是指抵抗渗流侵蚀和化学溶蚀的性能,这两种破坏作用均与水力梯度有关。不同的墙体材料具有不同的抗渗耐久性,其允许水力梯度值 J_P 值也就不同。如普通混凝土防渗墙的 J_P 一般在 80～100,而塑性混凝土因其抗化学溶蚀性能较好,J_{max} 可达 300,J_P 一般在 50～60。

目前,防渗墙厚度 δ(m)的确定主要是从水力梯度考试的,即:

$$\left.\begin{array}{l} \delta = H/J_P \\ J_P = J_{max}/K \end{array}\right\} \qquad (4-2)$$

式中　H——防渗墙的工作水头;

　　　J_p——防渗墙的允许水力梯度;

　　　J_{max}——防渗墙破坏时的最大水力梯度;

　　　K——安全系数。

3. 槽孔长度

对于槽孔型防渗墙,为了保证防渗墙的整体性,应尽量减少槽孔间的接头,尽量采用较长的槽孔。但槽孔过长,可能影响混凝土墙的上升速度,导致产生质量事故。为此,槽孔长度必须满足下述条件:

$$L \leqslant \frac{Q}{kBV} \tag{4-3}$$

式中　L——槽孔长度,m;

Q——混凝土生产能力,m³/h;

B——防渗墙厚度,m;

V——槽孔混凝土上升速度,m/h;

k——墙厚扩大系数,可取 1.2～1.3。

槽孔长度应综合分析地层特性、槽孔深浅、造孔机具性能、工期要求和混凝土生产能力等因素决定,一般为 5～9m。深槽段、槽壁易塌段宜取小值。

(三)槽孔型防渗墙施工

槽孔型防渗墙是由一段段槽孔套接而成的地下墙,其施工过程包括平整场地、挖导向槽、做导墙、安装挖槽机械设备、制备泥浆、注入导向槽、成槽、混凝土浇筑成墙等。

1. 导向槽施工

导向槽沿防渗墙轴线设在槽孔上方,用以控制造孔的方向,支撑上部孔壁。它对于保证质量,预防孔壁坍塌,保证地面土体稳定具有很大的作用。

导向槽可用木料、条石、灰拌土或混凝土制成。施工时,应根据防渗墙的设计要求和槽孔长度进行划分,作好槽孔的测量定位工作,并在此基础上,设置导向槽。导向槽的净宽一般等于或略大于防渗墙的设计厚度,高度以 1.5～2.0m 为宜。为了维持槽孔的稳定,要求导向槽底部高出地下水位 0.5m 以上。为了防止地表积水倒流和便于自流排浆,其顶部高程应比两侧地面略高。

2. 导墙施工

对于钢筋混凝土导墙,常用现场浇筑法,其施工顺序是:平整场地、测量位置、挖槽与处理弃土、绑扎钢筋、支模板、灌注混凝土、拆模板并设横撑、回填导墙外侧空隙并碾压密实。导墙的施工接头位置,应与防渗墙的施工接头位置错开。另外还可设置插铁以保持导墙的连续性。

3. 安装钻机

导向槽安设好后,即可在槽侧铺设造孔钻机的轨道,安装钻机;同时,修筑运输道路,架设动力和照明路线以及供水供浆管路,作好排水排浆系统,并向槽内充灌泥浆,保持泥浆液面在槽顶以下 300～500mm。做好这些准备工作以后,就可开始造孔。

4. 泥浆制备

在防渗墙施工中,由于泥浆具有特殊的重要性,故而在国内外工程建设中,对泥浆的制浆土料、配比以及质量控制等方面均有严格的要求。泥浆的制浆材料主要有膨润土、黏土、水以及改善泥浆性能的掺和料,如加重剂、增粘剂、分散剂和堵漏剂等。制浆材料通过搅拌机进行拌制,经筛网过滤后,放入专用储浆池备用。

根据大量的工程实践,制浆土料的基本要求是黏粒含量大于50%,塑性指数大于20,含砂量小于5%,氧化硅与三氧化二铝含量的比值以3～4为宜。

配制而成的泥浆,其性能指标应根据地层特性、造孔方法和泥浆用途等,通过试验选定。表4-25所列为新制黏土泥浆性能指标,可供参考。

表 4-25   新制黏土泥浆性能指标

漏斗黏度(s)	密度(g/cm³)	含砂量(%)	胶体率(%)	稳定性[g/(cm³·d)]	失水量(mL/30min)	1min静切力(Pa)	泥饼厚(mm)	pH值
18～25	1.1～1.2	≤5	≥96	≤0.03	<30	2.0～5.0	2～4	7～9

5. 泥浆固壁作业

在松散透水的地层和坝(堰)体内进行造孔成墙时,如何维持槽孔内孔壁的稳定是防渗墙施工的关键,工程实践中,常采用泥浆固壁作业,来解决这类问题。

泥浆固壁作业的施工原理是由于槽孔内的泥浆压力要高于地层的水压力,使泥浆渗入槽壁介质中,其中较细的颗粒进入空隙,较粗的颗粒附在孔壁上,形成泥皮。泥皮对地下水的流动形成阻力,使槽孔内的泥浆与地层被泥皮隔开。泥浆一般具有较大的密度,所产生的侧压力通过泥皮作用在孔壁上,就保证了槽壁的稳定。

泥浆除了固壁作用外,在造孔过程中,尚有悬浮和携带岩屑、冷却润滑钻头的作用;成墙以后,渗入孔壁的泥浆和胶结在孔壁的泥皮,还对防渗起辅助作用。在施工过程中,要注意及时调整泥浆性能。

泥浆的造价一般可占防渗墙总造价的15%以上,故应尽量做到泥浆的再生净化和回收利用,以降低工程造价,同时也有利于环境的保护。泥浆在重复使用前,必须进行净化和恢复其性能,保持性能稳定,这样可以节省大量造浆费用。

6. 成槽工艺

造孔成槽工序约占防渗墙整个施工工期的一半,槽孔的精度直接影响防渗墙的质量。选择合适的造孔机具与挖槽方法对于提高施工质量、加快施工速度至关重要。

开挖槽孔用的钻挖机械型式很多,主要有冲击钻机、回转钻机、钢绳抓斗及液压铣槽机等。就钻挖方式来看,主要有冲击式、回转式和抓挖式三种以及这三种方式的组合。为提高工效常将一个槽段划分成主孔和副孔,然后采用钻劈法、钻抓法或分层钻进等方法成槽。

(1)钻劈法。钻劈法又称"主孔钻进,副孔劈打"法,如图4-1所示。把一个槽孔划分成奇数个主孔,主孔长度等于终孔钻头直径;副孔长度通过施工试验确定,一般等于 1.5~1.6 倍主孔长度。

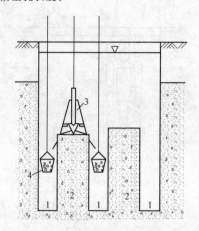

图 4-1 钻劈法成槽工艺示意图
1—主孔;2—副孔;3—冲击钻头;4—接砂斗

利用冲击式钻机的钻头自重,首先钻凿主孔,当主孔钻到一定深度后,就为劈打副孔创造了临空面。然后用同样的机械劈打副孔两侧,打至距主孔底 1m 处停止,再继续钻主孔,如此交替进行,直至设计深度。此法适用于砂卵石、全风化或半风化基岩。

使用冲击钻劈打副孔产生的碎渣,通常有两种出渣方式:一是利用泵吸设备将泥浆连同碎渣一起吸出槽外,通过再生处理后,泥浆可以循环使用;二是利用抽砂筒及接砂斗出渣,钻进与出渣间歇性作业。

(2)钻抓法。钻抓法又称"主孔钻进,副孔抓取"法,如图 4-2 所示。主、副孔的划分与钻劈法基本相同,主孔长度等于终孔钻头直径,副孔长度等于抓斗的有效抓取长度。先用冲击钻或回转钻钻凿主孔,然后用抓斗抓挖副孔。

该方法可以充分发挥两种机具的优势,抓斗的效率高,而钻机可钻进不同深度地层。具体施工时,可以两钻一抓、也可三钻两抓、四钻三抓形成不同长度的槽孔,适合于粒径较小的松散软弱地层。

(3)分层钻进法。分层钻进也叫分层平打法,如图 4-3 所示。它是利用钻具的重量和钻头的回转切削作用,分层钻进,每层深度一般等于半根或一根钻杆的长度。为防止槽孔两端发生孔斜,两端钻孔应先行超前钻进,比预计要钻进的层深超深 3~5m。分层下挖时,用砂泵经空心钻杆将土碴连同泥浆排出槽外。分层钻进法适用于细砂层或胶结的土层,不适于含有大粒径卵石或漂石的地层。

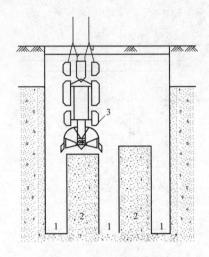

图 4-2　钻抓法成槽工艺示意图

1—主孔；2—副孔；3—液压导板式抓斗

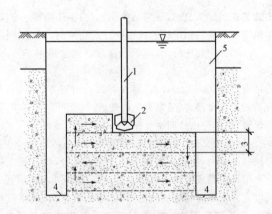

图 4-3　分层钻进法成槽工艺示意图

1—钻杆；2—钻头；3—每层深度；4—超前端孔；5—孔内泥浆

　　(4)锯槽法。采用锯槽法施工时，所用的设备是由液压系统、工作装置(刀排刀杆)、排渣系统、起重和电气系统组成。利用钻槽机开挖成槽后，再浇筑混凝土，修建混凝土防渗墙。

　　开槽前，应先打导孔。导孔底应钻至防渗墙底设计高程，然后把刀杆吊入导孔。在液压装置带动下,刀杆及刀排做下往复运动,切削土体。被切掉的土体及土渣,由反循环排渣系统排出槽孔。

在开挖过程中,可分段浇筑混凝土,分段开挖,段与段之间可采用柔性或刚性隔离体隔开。槽内多采用泥浆固壁,可连续不断成槽,直到槽的设计末端,开挖成规则而连续的长方形槽。开槽最深可达40m。成墙厚度最小180mm,最厚达400mm。采用该方法施工时,槽孔是连续的,混凝土整体防渗性好,适用于壤土、砂壤土、粉土等软土地层。

(5)射水法。射水法造墙主要是通过射水法造墙机组来完成的。

射水法造墙机组是由在同一轨道上电动行走的造孔机、混凝土浇筑机和混凝土搅拌机组成,利用造孔机上水泵和成形器中的射水装置,形成高速泥浆射流,切割破碎原地层的砂、土、卵石结构;砂石泵将水土混合渣浆反循环抽吸出槽孔,排入沉淀池;同时利用卷扬机带动成槽器作上下往复冲击运动,再由成槽器下沿的刀具切割修整槽孔壁,形成具有一定规格尺寸的槽孔后,使用导管法在水下进行混凝土浇筑。在造孔浇筑过程中,应先跳槽完成单序号槽段造孔浇筑;待初凝后,再进行双序号槽段的造孔浇筑。在进行过程中,应不断冲洗单序号槽板的端面,以利于双序号槽浇筑与单序号槽板端的充分连接,形成连续的地下防渗墙体。

7. 清孔换浆

清孔换浆的目的,是在混凝土浇筑前,对留在孔底的沉渣进行清除,换上新鲜泥浆,以保证混凝土和不透水地层连接的质量。

终孔验收的项目和要求,如表4-26所列。验收合格方准进行清孔换浆。

表 4-26　　　　　　　　　　终孔验收项目与要求

终孔验收项目	终孔验收要求	终孔验收项目	终孔验收要求
槽位允许偏差	±3cm	一、二期槽孔搭接孔位中心偏差	≤1/3 设计墙厚
槽宽要求	≥设计墙厚	槽孔水平断面上	没有梅花孔、小墙
槽孔孔斜	≤4‰	槽孔嵌入基岩深度	满足设计要求

清孔换浆应该达到的标准是经过1h后,孔底淤积厚度不大于100mm,孔内泥浆密度不大于1.3,粘度不大于30s,含砂量不大于10%。一般要求清孔换浆以后4h内开始浇筑混凝土。如果不能按时浇筑,应采取措施,防止落淤,否则,在浇筑前要重新清孔换浆。

8. 墙体浇筑

混凝土防渗墙是在泥浆下进行混凝土浇筑的,与一般混凝土浇筑不同。泥浆下混凝土浇筑的主要特点是混凝土应连续浇筑,一气呵成,决不允许泥浆与混凝土掺混形成泥浆夹层,确保混凝土与基础以及一、二期混凝土之间的结合。泥浆下浇筑混凝土常用直升导管法。

(1)导管布置。

布置导管时,应有利于全槽混凝土面的均衡上升,有利于一、二期混凝土的结合,并可防止混凝土与泥浆掺混。

导管由若干节 $\phi 20 \sim \phi 25$ 的钢管连接而成,沿槽孔轴线布置,相邻导管的间距不宜大于 3.5m,一期槽孔两端的导管距端面以 1.0～1.5m 为宜,开浇时导管口距孔底 100～250mm。当孔底高差大于 250mm 时,导管中心应布置在该导管控制范围的最低处,如图 4-4 所示。

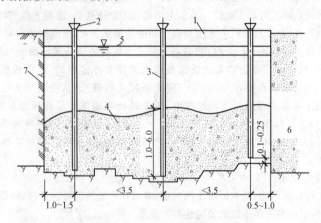

图 4-4 导管布置图(单位:m)
1—导向槽;2—受料斗;3—导管;4—混凝土;
5—泥浆液面;6—已浇槽孔;7—未挖槽孔

(2)浇筑工艺。

1)槽孔浇筑应严格遵循先深后浅的顺序,即从最深的导管开始,由深到浅一个一个导管依次开浇,待全槽混凝土面浇平以后,再全槽均衡上升。

2)导管开浇时,先下入导注塞,并在导管中灌入适量的水泥砂浆,准备好足够数量的混凝土,将导注塞压到导管底部,使导管内泥浆挤出管外。然后将导管稍微上提,使导注塞浮出,一举将导管底端被泻出的砂浆和混凝土埋住,保证后续浇筑的混凝土不致与泥浆掺混。

3)在浇筑过程中,应保证连续供料,一气呵成;保持导管埋入混凝土的深度不小于 1m,但不超过 6m,以防泥浆掺混和埋管;维持全槽混凝土面均衡上升,上升速度不应小于 2m/h,高差控制在 0.5m 范围内。

4)浇筑过程中应注意观测,作好混凝土面上升的记录,防止堵管、埋管、导管漏浆和泥浆掺混等事故的发生。槽孔混凝土的浇筑,必须保持均衡、连续、有节奏,直到全槽成墙为止。

9. 施工质量检查

对混凝土防渗墙的质量检查应按规范及设计要求进行,主要有如下几个方面:

(1)槽孔的检查,包括几何尺寸和位置、钻孔偏斜、入岩深度等。

(2)清孔检查,包括槽段接头、孔底淤积厚度、清孔质量等。

(3)混凝土质量的检查,包括对混凝土浇筑时导管的位置以及导管埋深、浇筑速度和浇筑高程、混凝土原材料等方面进行检查和控制,浇筑时还应对混凝土的坍落度、和易性、扩散度以及机口取样的物理力学指标等技术指标进行严格检查和控制。

(4)墙体的质量检测,主要通过钻孔取芯、超声波及地震透射层析成像(CT)技术等方法全面检查墙体的质量。

(四)桩柱体防渗墙施工

对于桩柱体防渗墙,可采用多头小直径深层搅拌桩成墙施工。多头小直径深层搅拌桩成墙是用特制的多头小直径深层搅拌机械,将喷入土体的水泥搅拌形成水泥土防渗墙的一种施工方法。其施工顺序如图 4-5 所示。

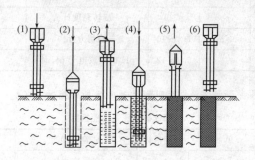

图 4-5　深层搅拌桩成墙施工顺序
1—就位;2—贯入;3—提升;4—重复贯入;5—重复提升;6—结束

施工时,先将多头小直径深层搅拌桩机械定位、调平,由主机动力装置带动多个并列的钻杆转动,并以一定的推进力使钻头向土层推进至设计深度,然后进行有控制的提升。提升过程中喷射水泥浆进行搅拌,使土体与水泥浆充分混合,形成桩形墙段。

机械不断地平移定位、调平,重复上述过程,并注意与上一段间的搭接施工,又形成新的桩形墙段,最终形成一道连续的防渗墙。

桩柱体防渗墙也可采用高压旋喷注浆成墙施工。

三、检验要点

1. 泥浆

(1)应根据施工条件、造孔工艺、经济技术指标等因素选择拌制泥浆的土料。

(2)土料应优先选用膨润土。拌制泥浆的黏土,应经过物理试验、化学分析和矿物鉴定。

(3)泥浆处理剂的品种和掺加率应通过试验确定,加量误差值不得大于 5%。

(4)拌制膨润土泥浆应用高速搅拌机。储浆池内的泥浆应经常搅动,保持泥浆性能指标一致。

(5)膨润土泥浆新制浆液性能以满足表 4-27 指标为宜。

表 4-27　　　　　　　　　新制膨润土泥浆性能指标

项　　目	单　　位	性能指标	试验用仪器	备　　注
浓　度	%	>4.5		指 100kg 水所用膨润土重量
密　度	g/cm³	<1.1	泥浆比重秤	
漏斗黏度	s	30~90	946/1500mL 马氏漏斗	
塑性黏度	cp	<20	旋转黏度计	
10 分钟静切力	N/m²	1.4~10	静切力计	
pH 值		9.5~12	pH 试纸或电子 pH 计	

(6)黏土泥浆新制浆液性能以满足表 4-28 所列指标为宜。

表 4-28　　　　　　　　　新制黏土泥浆性能指标

项　　目	单　　位	性能指标	试验用仪器	备　　注
密　度	g/cm³	1.1~1.2	泥浆比重秤	
漏斗黏度	s	18~25	500/700mL 漏斗	
含砂量	%	≤5	含砂量测量器	
胶体率	%	≥96	量筒	
稳定性		≤0.03	量筒、泥浆比重秤	
失水量	mL/30min	<30	失水量仪	又称为滤失量
泥饼厚	mm	2~4	失水量仪	
1 分钟静切力	N/m²	2.0~5.0	静切力计	
pH 值		7~9	pH 试纸或电子 pH 计	

2. 墙体材料

(1)配制墙体材料的水泥、骨料、水、掺合料及外加剂等应符合有关标准的规定。

(2)墙体材料拌合物应具有良好的施工性能,其抗压强度和抗渗性能应符合设计要求。

(3)配制混凝土的骨料应优先选用天然卵石、砾石和中、粗砂;最大骨料粒径应不大于 40mm,且不得大于钢筋净间距的 1/4。

(4)普通混凝土的胶凝材料用量不宜少于 $350kg/m^3$;水胶比不宜大于 0.65。水泥强度等级不宜低于 42.5 级。

(5)混凝土墙体材料的入孔坍落度应为 18~22cm,扩散度应为 34~40cm,坍落度保持 15cm 以上的时间应不小于 1h。

(6)如墙体采用固化灰浆,泥浆的漏斗黏度宜为 25~45s,密度应根据固化灰浆的配合比控制。

(7)新拌固化灰浆混合浆液失去流动性的时间不宜小于 5h,固化时间不宜大于 24h。

3. 钻孔

(1)孔口应高出地下水位 2.0m,应能顺畅地排除废浆、废水和废渣。

(2)采用钻劈法造槽孔时,开孔钻头的直径必须大于终孔钻头直径;磨损后应及时补焊。

(3)造孔中,孔内泥浆面应保持在导墙顶面以下 30~50cm。

(4)槽孔壁应平整垂直,不得有梅花孔、小墙等。孔位允许偏差不得大于 3cm,孔斜率不得大于 0.4%。

(5)漏失地层应采取预防措施,如发现有泥浆漏失,应立即堵漏和补浆。

(6)造孔结束后,应对孔质量进行全面检查。经检查合格,方可进行清孔换浆。

(7)清孔后,孔底淤积厚度不得大于 10cm。清孔合格后,应在 4h 内开浇混凝土。

4. 混凝土浇筑

(1)泥浆下浇筑混凝土应采用直升导管法,导管内径以 200~250mm 为宜。

(2)混凝土的拌合、运输应保证浇筑能连续进行。运至孔口的混凝土应具有良好的和易性。

(3)导管的连接和密封必须可靠。导管底口距槽底应控制在 15~25cm 范围内。

(4)导管埋入混凝土的深度不得小于 1m,也不宜大于 6m。槽孔内使用两套以上导管时,间距不得大于 3.5m。

(5)开浇前,导管内应置入可浮起的隔离塞球。开浇时,应先注入水泥砂浆,随即浇入足够的混凝土,挤出塞球并埋住导管底端。

(6)混凝土面应均匀上升,其上升速度不应小于 2m/h;各处高差应控制在 0.5m 以内,在有钢筋笼和埋设件时尤应注意。

(7)槽孔口应设置盖板,避免混凝土散落槽孔内;不符合质量要求的混凝土严禁浇入槽孔内。

(8)混凝土终浇顶面宜高于设计高程 50cm。

5. 钢筋笼下设

(1)钢筋笼的外形尺寸应符合设计要求,其保护层的厚度应不小于 80mm。

(2)在钢筋笼中,加强筋与筋箍不得在同一水平面上,垂直钢筋净间距应不小于混凝土粗骨料直径的 4 倍。制作时,应尽量减少水平配置的钢筋,其中心距宜大于 150mm。

(3)混凝土导管接头外缘至最近处钢筋的间距应大于 100mm。

(4)钢筋笼下设起吊应选择合适起吊点。钢筋笼较长时,应采用两点法起吊。

(5)存放和吊运钢筋笼时,应在钢筋笼上安装定位垫块,以保证保护层的厚度。在吊运和存放过程中,还应采取措施保证钢筋笼不得扭曲变形。

(6)分节制作的钢筋笼应保证上、下节连接后的垂直度。

(7)下设钢筋笼时,应对准槽段中轴线,吊直扶稳,缓慢下沉;如遇阻碍,不可强行下沉。

(8)下设后,钢筋笼下端距槽底不应超过 20cm;同时,应防止混凝土浇筑时钢筋笼上浮。

(9)钢筋笼入槽后,应对其进行检查;定位标高允许偏差为 ±50mm;垂直墙轴线方向为 ±20mm;沿墙轴线方向为 ±75mm。

6. 预埋管或管模

(1)预埋管或预留孔孔位应布置在相邻混凝土导管间的中心位置或槽孔端头。

(2)预埋管或预留孔所使用的拔管管模应有足够的强度和刚度。

(3)管接头应牢固。下设前,应先在地面上试组装,其弯曲度应小于 1‰。

(4)预埋管底部和上端应予以固定。

(5)混凝土开浇后,应适时将管模插入混凝土内,固定下端。此外,须保护好预埋管和预留孔,防止异物坠入。

7. 泥浆固化

(1)固化材料加入槽内前,应将孔内泥浆搅拌均匀;水泥宜搅拌成水泥砂浆加入,水泥砂浆的密度不宜小于 1.8g/cm³。

(2)采用原位搅拌法时,空压机的额定压力不小于孔内最大浆柱压力的 1.5 倍;每根风管均应下到槽底,风管底部应安装水平出风花管。

(3)原位搅拌结束前,应从孔内 2~4 个不同部位取样装模,成型试件。

(4)槽孔内混合浆液固化后,应用湿土覆盖墙顶。

8. 墙段连接

(1)在条件许可时,应尽量减少墙段连接缝。

(2)采用接头管(板)法连接墙段时,接头管(板)应能承受最大的混凝土压力和起拔力。

(3)管(板)表面应平整光滑,其节间连接方式应简便、可靠、易操作。

(4)浇筑过程中应经常活动接头管(板);开始拔管的时间应通过试验确定。

(5)用于防渗墙槽段(或圆桩)连接的双反弧桩柱,其弧顶间距应为墙厚的1.1～1.5倍。

(6)钻完桩孔后应将一期槽(或圆桩)混凝土上所附泥皮及地层残留物全部清除。清除结束标准是作业后孔底淤积不再增加。

四、质量标准与评定

1. 质量检测数量

(1)造孔质量检查应逐孔进行,孔斜检查在垂直方向的测点间距不得大于 5m。

(2)清孔质量检查:孔底淤积厚度检查每个单孔位置;泥浆性能指标至少检查2个单孔位置。

(3)其他检查项目按有关标准逐项检查。对于重要工程或经资料分析认为有必要对混凝土墙体进行钻孔取芯及注(压)水试验检查时,其检测数量由设计、监理和施工单位商定。

2. 质量检验标准

混凝土防渗墙工程质量检查项目、质量标准及检测方法见表 4-29。

表 4-29　混凝土防渗墙工程质量检查项目、质量标准及检测方法

项类	检查项目		质量标准	检测方法
主控项目	造孔	槽孔孔深	不得小于设计孔深	钢尺或测绳量测
		孔斜率	符合设计要求	重锤法或测井仪法量测
	清孔	接头刷洗	刷子钻头上不带泥屑,孔底淤积不再增加	观察、钢尺或测绳量测
		孔底淤积	≤10cm	钢尺或测绳量测
	混凝土浇筑	导管埋深	≥1m	钢尺或测绳量测
		混凝土上升速度	≥2m/h,或符合设计要求	测绳量测、计算
	施工记录、图表		齐全、准确、清晰	查看资料

项类	检查项目			质量标准	检测方法
一般项目	造孔	孔位中心偏差		≤3cm	钢尺测量
		槽孔宽度		符合设计要求(包括接头搭接厚度)	钻具量测或测井仪量测,需要时可作图计算
	清孔	孔内泥浆密度	黏土泥浆	≤1.3g/cm³	比重秤量测
			膨润土泥浆	≤1.15g/cm³	
		孔内泥浆黏度	黏土泥浆	≤30s	500mL/700mL 漏斗计量
			膨润土泥浆	32~50s	马氏漏斗计量
		孔内泥浆含砂量	黏土泥浆	≤10%	含砂量测定仪量测
			膨润土泥浆	≤6%	
	钢筋笼下设	钢筋笼安放、预埋件安装、仪器埋设		符合设计要求	钢尺量测
	混凝土浇筑	导管布置		符合设计要求	钢尺或测绳量测
		槽内混凝土面高差		≤0.5m	测绳量测、计算
		浇筑最终高度		高于设计要求50cm	钢尺或测绳量测
	混凝土性能	混凝土配合比		符合设计要求	室内试验、计算
		混凝土坍落度		18~22cm	坍落度筒和钢尺量测
		混凝土扩散度		34~40cm	坍落度筒和钢尺量测
		混凝土抗压强度、抗渗等级、弹性模量等		符合设计要求	室内试验、计算

3. 质量评定标准

合格:主控项目符合质量标准;一般项目不少于70%的检查点符合质量标准。

优良:主控项目符合质量标准;一般项目不少于90%的检查点符合质量标准。

如果进行了墙体钻孔检查,则其检查结果应符合设计要求。

第四节　桩基础工程检验

一、基本要求

(1)施工前,应对砂、石子、钢材、水泥等原材料的质量进行检验,要求符合国家现行标准的规定。

(2)施工前,应对桩位进行放样,其允许偏差:群桩为 20mm;单排桩为 10mm。

(3)压桩过程中,应检查压力、桩垂直度、桩位偏差、接桩间歇时间、桩的连接质量及压入深度。重要工程应对电焊接桩的接头做 10% 的探伤检查。

(4)压桩时,压力不得超过桩身所能承受的强度,同一根桩的压桩过程应连续进行。

(5)打(压)入桩(预制混凝土方桩、先张法预应力管桩、钢桩)的桩位偏差,必须符合表 4-30 的规定。斜桩倾斜度的偏差不得大于倾斜角正切值的 15%。

表 4-30　　　　　　　　　　预制桩(钢桩)桩位的允许偏差　　　　　　　　　　(mm)

序号	项　目	允许偏差	序号	项　目	允许偏差
1	盖有基础梁的桩: (1)垂直基础梁的中心线 (2)沿基础梁的中心线	$100+0.01H$ $150+0.01H$	3	桩数为 4~16 根桩基中的桩	1/2 桩径或边长
2	桩数为 1~3 根桩基中的桩	100	4	桩数大于 16 根桩基中的桩: (1)最外边的桩 (2)中间桩	1/3 桩径或边长 1/2 桩径或边长

注:H 为施工现场地面标高与桩顶设计标高的距离。

(6)灌孔桩的桩位偏差应符合设计要求。桩顶标高至少应高出设计标高 0.5m。桩底清孔质量应满足成桩工艺要求。

(7)施工结束后,应做承载力检验及桩体质量检验。

二、静力压桩检验

静力压桩系用静力压桩机或锚杆将预制钢筋混凝土桩分节压入地基的一种沉桩施工工艺。适用于软土、填土及一般黏性土层,但不宜用于地下有较多孤石、障碍物或有厚度大于 2m 的中密以上夹砂层。

(一)检验要点

(1)桩机就位时,应对准桩位。静压桩机应调至水平、稳定,确保施工中不会发生倾斜和移动。

(2)起吊时,混凝土预制桩的混凝土强度应达到强度设计值的 70%;运输和压桩施工时,应达到强度设计值。

(3)起吊就位时,应将桩机吊至静压桩机夹具中夹紧,然后对准桩位,将桩尖放入土中,位置要准确。

(4)桩尖插入桩位后,移动静压桩机时桩的垂直度偏差不得超过 0.5%,静压桩机应处于稳定状态。

(5)压桩时,压力不得超过桩身强度,与设计要求压桩力相比其允许偏差应控制在±5%以内。

(6)压桩顺序应根据地质条件、基础设计标高等进行:一般采取先深后浅、先大后小、先长后短的顺序;密集群桩可自中间向两边或四周对称进行;毗邻建筑物时,应以毗邻建筑物处向另一方向进行施工。

(7)压桩施工时,静压桩机应根据设计和土质情况配足额定重量。桩帽、桩身和送桩的中心线应重合。

(8)为减小静压桩的挤土效应,预钻孔沉桩的孔径应比桩径小 50~100mm;深度应根据桩距和土的密实度、渗透性而定,一般为桩长的 1/3~1/2。

(9)接桩时,应避免桩尖接近硬持力层或桩尖处于硬持力层中接桩。

(10)采用焊接接桩时,应先将四周点焊固定,然后对称焊接,并确保焊缝质量和设计尺寸。焊接的材质(钢板、焊条)均应符合设计要求,焊接件应做好防腐处理。

(二)质量检验数量

(1)对压桩用压力表、锚杆规格和质量应进行检验。硫磺胶泥半成品应每 100kg 做一组试件(3 件)。

(2)对桩身质量应进行检验,其抽检数量不应少于总数的 20%,且不得少于 10 根。重要工程还应对电焊接桩的接头做 10%的探伤检查。

(三)质量检验标准

静力压桩质量检验标准应符合表 4-31 的规定。

表 4-31   静力压桩质量检验标准

项目	序号	检查项目	允许偏差或允许值		检查方法
			单位	数值	
主控项目	1	桩体质量检验	按基桩检测技术规范		按基桩检测技术规范
	2	桩位偏差	见表 4-30		用钢尺量
	3	承载力	按基桩检测技术规范		按基桩检测技术规范
一般项目	1	成品桩质量:外观	表面平整,颜色均匀,掉角深度小于 10mm,蜂窝面积小于总面积 0.5%		直观
		外形尺寸	见表 4-36		见表 4-36
		强度	满足设计要求		查产品合格证或钻芯试压
	2	硫磺泥质量(半成品)	设计要求		查产品合格证或抽样送检

续表

项目	序号	检查项目		允许偏差或允许值		检查方法
				单位	数值	
一般项目	3	接桩	电焊接桩:焊缝质量	见表 4-38		见表 4-38
			电焊结束后停歇时间	min	>1.0	秒表测定
			硫磺胶泥接桩:胶泥浇筑时间	min	<2	秒表测定
			浇筑后停歇时间	min	>7	秒表测定
	4	电焊条质量		设计要求		查产品合格证书
	5	压桩压力(设计有要求时)		%	±5	查压力表读数
	6	接桩时上下节平面偏差		mm	<10	用钢尺量
		接桩时节点弯曲矢高			<1/1000l	用钢尺量,l 为两节桩长
	7	桩顶标高		mm	±50	水准仪

三、先张法预应力管桩检验

预应力管桩适用于一般黏性土及填土、淤泥和淤泥质土、粉土、非自重湿陷性黄土等土层中使用。

(一)检验要点

1. 材料质量检验

(1)预应力管桩的外观质量应符合表 4-32 的规定。

(2)预应力管桩的尺寸允许偏差及检查方法应符合表 4-33 的规定。

2. 桩机就位

(1)为保证桩机行走和打桩的稳定性,应在桩机履带下铺设厚约 2~3cm 钢板。钢板应比桩机宽 2m 左右。

表 4-32　　　　　　　　预应力管桩的外观质量表

项 目	产品质量等级		
	优等品	一等品	合格品
粘皮和麻面	不允许	局部粘皮和麻面累计面积不大于桩身总计面积的 0.2%;每处粘皮和麻面的深度不得大于 5mm,且应修补	局部粘皮和麻面累计面积不大于桩身总外表面积的 0.5%;每处粘皮和麻面的深度不得大于 10mm,且应修补
桩身合缝漏浆	不允许	漏浆深度不大于 5mm,每处漏浆长度不大于 100mm,累计长度不大于管桩长度的 5%,且应修补	漏浆深度不大于 10mm,每处漏浆长度不大于 300mm,累计长度不大于管桩长度的 10%,或对漏浆的搭接长度不大于 100mm,且应修补
局部磕损	不允许	磕损深度不大于 5mm,每处面积不大于 20cm²,且应修补	磕损深度不大于 10mm,每处面积不大于 50cm²,且应修补
内外表面露筋	不允许		
表面裂缝	不得出现环向或纵向裂缝,但龟裂、水纹及浮浆层裂纹不在此限		

项　目	产品质量等级		
	优等品	一等品	合格品
端顶面平整度	管桩端面混凝土和预应力钢筋镦头不得高出端板平面		
断筋、脱头	不允许		
桩套箍凹陷	不允许	凹陷深度不大于 5mm	凹陷深度不大于 10mm
内表面混凝土坍落	不允许		
接头及桩套箍与桩身结合面　漏浆	不允许	漏浆深度不大于 5mm,漏浆长度不大于周长的 1/8,且应修补	漏浆深度不大于 5mm,漏浆长度不大于周长的 1/4,且应修补
接头及桩套箍与桩身结合面　空洞和蜂窝	不允许		

表 4-33　　　　　　　　预应力管桩的尺寸允许偏差及检查方法

项　目		允许偏差值			质检工具及量度方法
		优等品	一等品	合格品	
长度 L		$\pm 0.3\%L$	$+0.5\%L$ $-0.4\%L$	$+0.7\%L$ $-0.5\%L$	采用钢卷尺
端部倾斜		$\leqslant 0.3\%D$	$\leqslant 0.4\%D$	$\leqslant 0.5\%D$	用钢尺量
顶面平整度		10			将直角靠尺的一边紧靠桩身,另一边端板紧靠,测其最大间隙
外径 d	$\leqslant 600$	$+2,-2$	$+4,-2$	$+5,-4$	用卡尺或钢尺在同一断面测定相互垂直的两直径,取其平均值
外径 d	>600	$+3,-2$	$+3,-2$	$-7,-4$	用卡尺或钢尺在同一断面测定相互垂直的两直径,取其平均值
壁厚 t		$+10,0$	$+15,0$	正偏差不计 0	用钢直尺在同一断面相互垂直的两直径上测定四处壁厚,取其平均值
保护层厚度		$+5,0$	$+7,+3$	$+10,+5$	用钢尺在管桩断面处测量
桩身弯曲度		$\leqslant L/1500$	$\leqslant L/1200$	$\leqslant L/1000$	将拉线紧靠桩的两端部用钢直尺测其弯曲处最大距离
端头板	外侧平面度	0.2			用钢直尺一边紧靠端头板,测其间隙处距离
端头板	外径	$0\sim-1$			用钢卷尺或钢直尺
端头板	内径	-2			用钢卷尺或钢直尺
端头板	厚度	正偏差值不限 负偏差为 0			用钢卷尺或钢直尺

注:1. 表内尺寸以管桩设计图纸为准,允许偏差值单位为毫米。
　　2. 预应力筋和螺旋箍筋的混凝土保护层应分别不小于 25mm 和 20mm。

（2）桩机行走时，桩锤应放置于桩架中下部，桩锤导向脚不得伸出导杆末端。

（3）桩架的垂直度应根据打桩机桩架下端的角度计进行初调。对中时，应用线坠从桩帽中心点吊下，与地上桩位点对中。

（4）管桩应用吊车起吊，转运至打桩机导轨前。管桩单节长≤20m时，应采用专用吊钩钩住两端内壁直接水平起吊。

（5）管桩插入桩位中心后，先用桩锤自重将桩插入地下 30～50cm，待桩身稳定后，再调整桩身、桩帽及桩锤。

（6）用经纬仪（直桩）和角度计（斜桩）测定管桩垂直度和角度，经纬仪的设置不得影响打桩机作业和移动。

3. 打桩

（1）打第一节桩时，必须采用桩锤自重或冷锤（不挂挡位）将桩徐徐打入，直至管桩沉到某一深度，再转为正常施打。必要时，宜拔出重插，直至满足设计要求。

（2）正常打桩时，应重锤低击。根据管桩规格和入土深度，应先大后小，先长后短。

（3）正常打桩时，其打桩顺序应符合下列规定：

1）若桩较密集且距周围建（构）筑物较远，施工场地开阔时宜从中间向四周进行。

2）若桩较密集场地狭长，两端距建（构）筑物较远时，宜从中间向两端进行。

3）若桩较密集且一侧靠近建（构）筑物时，宜从毗邻建（构）筑物的一侧开始，由近及远地进行。

4. 接桩

（1）当管桩需接长时，接头个数不宜超过 3 个且尽量避免桩尖落在厚黏性土层中接桩。

（2）应采用焊接接桩，其入土部分桩段的桩头宜高出地面 0.5～1.0m。

（3）下节桩的桩头处应设置导向箍。接桩时，上下节桩应保持顺直，中心线偏差不宜大于 2mm，节点弯曲矢高不得大于 1‰桩长。

（4）管桩对接前，上下端板表面应用钢丝刷清理干净，坡口处露出金属光泽，对接后，若上下桩接触面不密实，存有缝隙，可用厚度不超过 5mm 的钢片嵌填。

（5）焊接层数不得少于三层。焊接时必须将内层焊渣清理干净后再焊外一层，坡口槽的电焊必须满焊，电焊厚度宜高出坡口 1mm，焊缝必须每层检查，焊缝应饱满连续，不宜有夹渣、气孔等缺陷。

5. 送桩

（1）送桩前应保证桩锤的导向脚不伸出导杆末端，管桩露出地面高度应控制在 0.3～0.5m。

（2）送桩前，在送桩器上应按从下至上的顺序以米为单位标明长度，并由打桩机主卷扬吊钩将送桩器喂入桩帽。

(3)在管桩顶部应放置桩垫,厚薄要均匀;送桩器下口应套在桩顶上。桩锤、送桩器和桩三者的轴线应在同一条直线上。

(4)送桩完成后,应及时将空孔回填密实。

（二）质量检验数量

(1)应进行承载力检验。对于地基基础设计等级为甲级或地质条件复杂的,应采用静载荷试验的方法进行检验。其检验桩数不应少于总数的1%,且不应少于3根。当总桩数少于50根时,不应少于2根。

(2)桩身质量应进行检验。预应力混凝土管桩检验数量不应少于总数的10%,且不应少于10根;每个柱子承台下不得少于1根。

（三）质量检验标准

先张法预应力管桩的质量检验应符合表4-34的规定。

表 4-34　　　　　　　　　先张法预应力管桩质量检验标准

项目	序号	检查项目	允许偏差或允许值		检查方法
			单位	数值	
主控项目	1	桩体质量检验	按基桩检测技术规范		按基桩检测技术规范
	2	桩位偏差	见表4-30		用钢尺量
	3	承载力	按基桩检测技术规范		按基桩检测技术规范
一般项目	1	成品桩质量 外观	无蜂窝、露筋、裂缝、色感均匀、桩顶处无孔隙		直观
		桩径	mm	±5	用钢尺量
		管壁厚度	mm	±5	用钢尺量
		桩尖中心线	mm	<2	用钢尺量
		顶面平整度	mm	10	用水平尺量
		桩体弯曲		<1/1000l	用钢尺量,l 为桩长
	2	接桩:焊缝质量	见表4-38		见表4-38
		电焊结束后停歇时间	min	>1.0	秒表测定
		上下节平面偏差	mm	<10	用钢尺量
		节点弯曲矢高		<1/1000l	用钢尺量,l 为两节桩长
	3	停锤标准	设计要求		现场实测或查沉桩记录
	4	桩顶标高	mm	±50	用水准仪测量

四、混凝土预制桩质量检验

混凝土预制桩系先在工厂或现场进行预制,然后用打(沉)桩机械,在现场就地打(沉)入到设计位置和深度。主要适用于一般黏性土、粉土、砂土、软土等地基。

（一）检验要点

1. 材料检查

(1)粗骨料:应采用质地坚硬的卵石、碎石,其粒径宜用 5～40mm 连续级配。含泥量不大于 2%,无垃圾及杂物。

(2)细骨料:应选用质地坚硬的中砂,含泥量不大于 3%,无有机物、垃圾、泥块等杂物。

(3)水泥:宜用强度等级为 42.5 的硅酸盐水泥或普通硅酸盐水泥。

(4)钢筋:应具有出厂质量证明书和钢筋现场取样复试试验报告,应符合施工设计要求。

(5)混凝土配合比:应符合设计要求强度。

2. 现场预制

(1)现场预制时,应采用间隔重叠法生产。重叠层数不得超过四层。

(2)模板应支在坚实平整的场地上。桩头部分应使用钢模堵头板,并与两侧模板相互垂直。

(3)桩与桩间用油毡、水泥袋纸或废机油、滑石粉隔离剂隔开。

(4)邻桩与上层桩的混凝土浇筑须待邻桩或下层桩的混凝土达到设计强度的 30% 以后进行。

(5)混凝土空心管桩应采用成套钢管模胎,加工时宜采用离心法制作:

1)桩钢筋的位置应正确,桩尖应对准纵轴线,纵向钢筋顶部保护层不应过厚,钢筋网格的距离应正确,桩顶平面与桩纵轴线倾斜不应大于 3mm;

2)桩混凝土强度等级不低于 C30;粗骨料用 5～40mm 碎石或细卵石;用机械拌制混凝土,坍落度不大于 6cm。

3)桩混凝土浇筑应由桩头向桩尖方向或由两头向中间连续灌筑,不得中断,并用振捣器捣实。

4)接桩的接头处要平整,使上下桩能互相贴合对准。

3. 桩的起吊运输和堆放

(1)当桩的混凝土达到设计强度的 70% 后方可起吊,吊点应系于设计规定之处;如无吊环,可按图 4-6 所示位置起吊。

(2)在吊索与桩间应加衬垫,起吊应平稳提升,避免撞击和振动。

(3)桩运输时,强度应达到 100%。装载时应将桩装载稳固,并支撑或绑牢固。长桩运输时,桩下宜设活动支座。

(4)桩堆放时,应按规格、桩号分层叠置在平整坚实的地面上。堆放层数不得超过 4 层。

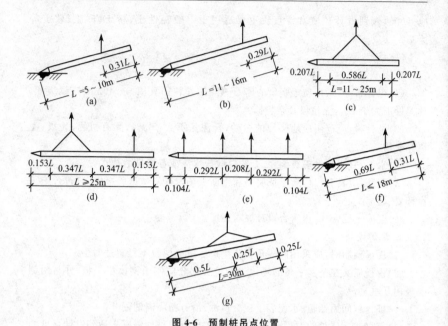

图 4-6　预制桩吊点位置

(a)、(b)一点吊法；(c)两点吊法；(d)三点吊法；

(e)四点吊法；(f)预应力管桩一点吊法；(g)预应力管桩两点吊法

4. 打桩

(1)打桩时,应用导板夹具或桩箍将桩嵌固在桩架两导柱上。

(2)沉桩前,应校正桩位置和垂直度。桩顶应平整,如不平,则应用厚纸板垫平或用环氧树脂砂浆补抹平整。

(3)开始沉桩应起锤轻压,并轻击数锤,观察桩身、桩架、桩锤等垂直状况。

(4)打桩应采用适合桩头尺寸之桩帽和弹性垫层。桩帽与桩接合表面须平整,与桩身应在同一直线上。

(5)打桩时,不得自外向内或从周边向中间进行：

1)当基坑不大时,打桩应从中间开始分头向两边或周边进行；

2)当基坑较大时,应将基坑分为数段,而后在各段范围内分别进行；

3)对基础标高不一的桩,宜先深后浅；对不同规格的桩,宜先大后小,先长后短,以使土层挤密均匀,以避免位移偏斜。

(6)在粉质黏土及黏土地区,应避免按照一个方向进行打桩,以免造成不均匀沉降。

(7)采用振动沉桩时,应用振动箱代替桩锤；桩头应套入振动箱连固桩帽或液压夹桩器夹紧。

（二）质量检验数量

（1）采用静荷载试验方法检验承载力时，检验桩数不应少于总数的1%，且不应少于3根。当总桩数少于50根时，不应少于2根。

（2）混凝土预制桩桩身检验时，检验数量不应少于总桩数的10%，且不得少于10根。每根柱子承台下不得少于1根。

（3）对长桩或总锤击数超过500击的锤击桩，当符合桩体强度及28d龄期时方可锤击。

（三）质量检验标准

（1）桩在现场预制时，应对原材料、钢筋骨架（表4-35）、混凝土强度进行检查；采用工厂生产的成品桩时，桩进场后应进行外观及尺寸检查

表 4-35　　　　　　预制桩钢筋骨架质量检验标准　　　　　　（mm）

项目	序号	检查项目	允许偏差或允许值	检查方法
主控项目	1	主筋距桩顶距离	±5	用钢尺量
	2	多节桩锚固钢筋位置	5	用钢尺量
	3	多节桩预埋铁件	±3	用钢尺量
	4	主筋保护层厚度	±5	用钢尺量
一般项目	1	主筋间距	±5	用钢尺量
	2	桩尖中心线	10	用钢尺量
	3	箍筋间距	±20	用钢尺量
	4	桩顶钢筋网片	±10	用钢尺量
	5	多节桩锚固钢筋长度	±10	用钢尺量

（2）钢筋混凝土预制桩的质量检验标准应符合表4-36的规定。

表 4-36　　　　　　钢筋混凝土预制桩的质量检验标准

项目	序号	检查项目	允许偏差或允许值		检查方法
			单位	数值	
主控项目	1	桩体质量检验	按基桩检测技术规范		按基桩检测技术规范
	2	桩位偏差	见表4-30		用钢尺量
	3	承载力	按基桩检测技术规范		按基桩检测技术规范

项目	序号	检查项目	允许偏差或允许值		检查方法
			单位	数值	
一般项目	1	砂、石、水泥、钢材等原材料(现场预制时)	符合设计要求		查出厂质保文件或抽样送检
	2	混凝土配合比及强度(现场预制时)	符合设计要求		检查称量及查试块记录
	3	成品桩外形	表面平整,颜色均匀,掉角深度<10mm,蜂窝面积小于总面积0.5%		直观
	4	成品桩裂缝(收缩裂缝或起吊、装运、堆放引起的裂缝)	深度<20mm,宽度<0.25mm,横向裂缝不超过边长的1/2		裂缝测定仪,该项在地下水有侵蚀地区及锤击数超过500击的长桩不适用
	5	成品桩尺寸:横截面边长	mm	±5	用钢尺量
		桩顶对角线差	mm	<10	用钢尺量
		桩尖中心线	mm	<10	用钢尺量
		桩身弯曲矢高		<1/1000l	用钢尺量,l为桩长
		桩顶平整度	mm	<2	用水平尺量
	6	电焊接桩:焊缝质量	见表4-38		见表4-38
		电焊结束后停歇时间	min	>1.0	秒表测定
		上下节平面偏差	mm	<10	用钢尺量
		节点弯曲矢高		<1/1000l	用钢尺量,l为两节桩长
	7	硫磺胶泥接桩:胶泥浇筑时间	min	<2	秒表测定
		浇筑后停歇时间	min	>7	秒表测定
	8	桩顶标高	mm	±50	用水准仪测量
	9	停锤标准	设计要求		现场实测或查沉桩记录

五、钢桩质量检验

(一)检验要点

1. 材料检查

(1)制作钢桩的材料应符合设计要求,并有出厂合格证和试验报告。

(2)常用的钢管有直缝钢管和螺旋缝钢管,每节钢管的长度一般为 13~15m。

(3)为了承受锤击应力,防止径向失稳,上端桩的壁厚选得大一些或在桩管外圈加焊一条宽 200~300mm、厚 6~12mm 的扁钢加强圈。

(4)用于地下水有侵蚀性的地区的钢管桩,应作防腐处理。

2. 钢桩制作、吊运与堆放

(1)钢桩制作场地应坚实平整,并有挡风、防雨措施。

(2)钢桩的分段长度应满足桩架的有效高度和钢桩的运输吊装能力。

(3)钢桩在吊运过程中应轻吊轻放,避免强烈碰撞。

(4)钢桩应按不同规格、长度及施工流水顺序分别堆放。如场地条件许可,应单层堆放。

1)堆放层数不应太高。钢管桩:$\phi 900$ 直径应放置三层;$\phi 600$ 直径应放置四层;$\phi 400$ 直径应放置五层。H 型钢桩最多六层。

2)支点设置应合理,钢管桩两侧应用木楔塞紧,以防止滚动。

(5)垫木应选用耐压的长方木或枕木,不得使用带有棱角的金属构件代替。

3. 钢桩打设

(1)第一节桩插入地面后,应用经纬仪或长条水平尺校正。第一节钢桩垂直度偏差不得大于 0.5%。

(2)钢桩施打过程中,桩锤、桩帽和桩身的中心线应重合。当桩身倾斜度超过 0.8% 时,应采取纠正措施。当桩端进入硬土层后,严禁用移动桩架的方法纠偏。

(3)打桩过程中遇下列情况之一时,应暂停打桩,及时处理:

1)贯入度突变;

2)桩身突然倾斜、移位;

3)地面明显隆起、邻桩上浮或位移过大;

4)桩身不下沉。

(4)如钢管桩锤击下沉有困难时,应从管内向外取土,以助下沉。

(5)当 H 型钢桩断面刚度较小时,锤重不宜大于 4.5t。持力层较硬时,H 型钢桩不宜送桩。

4. 钢桩焊接

(1)端部的浮锈、油污等脏物必须清除,保持干燥,下节桩顶经锤击后的变形部分应割除。

(2)焊接采用的焊丝(自动焊)或焊条应符合设计要求,使用前应烘干。

(3)当桩需要接长时,其入土桩段的桩头宜高出地面 0.5~1.0m。

(4)接桩时上下节桩段应校正垂直度使上下节保持顺直,错位偏差不宜大于2mm,对口的间隙为2~3mm。

(5)焊接层数不得少于两层。焊接时,应先将内层焊渣清理干净,然后再施焊外层。

(6)钢管桩各层焊缝的接头应错开,焊渣应清除,焊缝应连续饱满。

(7)焊好的桩接头应自然冷却后方可继续沉桩,自然冷却的时间不得小于2min。

5. 送桩

(1)当桩顶打至接近地面需要送桩时,应测出桩的垂直度并检查桩顶质量,合格后立即送桩。

(2)送桩时桩身与送桩器的中心线应重合。

(3)应严格控制送桩深度,以标高控制为主的桩,桩顶标高允许偏差为±50mm。以贯入度控制为主的桩,按设计确定的停锤标准停锤。

(二)质量检验数量

(1)承载力检验时,应采用静荷载试验法。检验桩数不应少于总数的1%,且不应少于3根。当总桩数少于50根时,不应少于2根。

(2)桩身质量检验时,抽验数量不应少于总数的20%,且不应少于10根。每个柱子承台下不得少于1根。

(三)质量检验标准

(1)成品钢桩的质量检验标准应符合表4-37的规定。

表 4-37　　　　　　　　　　　成品钢桩质量检验标准

项目	序号	检查项目	允许偏差或允许值		检查方法
			单位	数值	
主控项目	1	钢桩外径或断面尺寸:桩端 桩身		±0.5%D ±1D	用钢尺量,D 为外径或边长
	2	矢高		<1/1000l	用钢尺量,l 为桩长
一般项目	1	长度	mm	+10	用钢尺量
	2	端部平整度	mm	≤2	用水平尺量
	3	H 钢桩的方正度:h>300 h<300	mm mm	T+T′≤8 T+T′≤6	用钢尺量,h、T、T′ 见图示
	4	端部平面与桩中心线的倾斜值	mm	≤2	用水平尺量

(2)钢桩施工质量检验标准应符合表 4-38 的规定。

表 4-38　　　　　　　　　　钢桩施工质量检验标准

项目	序号	检查项目	允许偏差或允许值		检查方法
			单位	数值	
主控项目	1	桩位偏差	见表 4-30		用钢尺量
	2	承载力	按基桩检测技术规范		按基桩检测技术规范
一般项目	1	电焊接桩焊缝：			
		（1）上下节端部错口			
		（外径≥700mm）	mm	≤3	用钢尺量
		（外径＜700mm）	mm	≤2	用钢尺量
		（2）焊缝咬边深度	mm	≤0.5	焊缝检查仪
		（3）焊缝加强层高度	mm	2	焊缝检查仪
		（4）焊缝加强层宽度	mm	2	焊缝检查仪
		（5）焊缝电焊质量外观	无气孔，无焊瘤，无裂缝		直观
		（6）焊缝探伤检验	满足设计要求		按设计要求
一般项目	2	电焊结束后停歇时间	min	＞1.0	秒表测定
	3	节点弯曲矢高	＜$1/1000l$		用钢尺量，l 为两节桩长
	4	桩顶标高	mm	±50	水准仪
	5	停锤标准	设计要求		用钢尺量或沉桩记录

六、混凝土灌注桩质量检验

（一）人工挖孔灌注桩

1. 基本要求

(1)人工挖孔桩的孔径不得小于 0.8m。当桩净距小于 2 倍桩径且小于 2.5m 时，应间隔开挖。

(2)排桩挑挖的最小施工净距不得小于 4.5m，孔深不宜大于 40m。

(3)人工挖孔桩混凝土护壁的厚度不宜小于 100mm，混凝土强度等级不得低于桩身混凝土强度等级。采用多节护壁时，上下节护壁间宜用钢筋拉结。

2. 挖孔灌注

(1)挖孔应由人工从上到下逐层进行。遇到坚硬土层应用锤、钎破碎。

(2)挖土应先挖中间部分，后挖周边，允许尺寸误差为±3cm。扩底时，应先挖桩身圆柱体，再按扩底尺寸从上到下进行削修。

(3)为防止坍孔和保证操作安全，直径 1.2m 以上桩孔应多设混凝土支护，或加配足量直径6~9mm光圆钢筋。

(4)护壁应采用组合式钢模板,模板用U形卡连接,上下设两个半圆组成的钢圈顶紧,不另设支撑。

(5)混凝土应用吊桶运输,人工浇筑。上部应有100mm高的浇灌口,拆模后用砌砖或混凝土堵塞。

(6)为控制桩中线,应在第一节混凝土护壁上设十字控制点。每一节应吊大线锤作为中心线,并用尺杆找圆。

(7)混凝土下料时,应采用串桶;对于深桩孔,则应用混凝土导管。混凝土要垂直灌入桩孔内,并应连续分层灌筑,每层厚不超过1.5m。

(8)大直径桩应分层浇筑、分层捣实。6m以内的小直径桩孔也应分层捣实;6m以上的小直径桩孔,则应利用混凝土的大坍落度和下冲力使其密实。

3.钢筋笼制作

(1)对直径和长度大的钢筋笼,在主筋内侧每隔2.5m应加设一道直径25~30mm的加强箍。

(2)每隔一箍,应在箍内加设一井字加强支撑,与主筋焊接牢固。

(3)为便于吊运,钢筋笼一般应分两节制作,主筋与箍筋间隔应点焊牢固,平整度误差不得大于5cm。

(4)钢筋笼一侧主筋上每隔5m设置耳环,控制保护层为7cm,钢筋笼外形尺寸比孔小11~12cm。

(5)钢筋笼就位后,上下节主筋应采用帮条双面焊接,整个钢筋笼应用槽钢悬挂在井壁上。

(二)干作业钻孔灌注桩

(1)钻孔时,钻杆应保持垂直稳固、位置正确,防止因钻杆晃动引起扩大孔径。

(2)钻进速度应根据电流值变化,及时进行调整。

(3)钻进过程中,应随时清理孔口积土和地面散落土,遇到地下水、塌孔、缩孔等异常情况时,应及时处理。

(4)成孔达设计深度后,孔口应予以保护,并按规定进行验收,并做好记录。

(5)灌注混凝土前,应先放置孔口护筒漏斗,随后放置钢筋笼并再次测量孔内虚土厚度桩顶以下5m范围内混凝土应随浇随振动,并且每次浇筑高度均得大于1.5m。

(三)干作业钻孔扩底灌注桩

1.扩底端尺寸

扩底灌注桩扩底端尺寸宜按下列规定确定:

(1)当持力层承载力低于桩身混凝土受压承载力时,可采用扩底。扩底端直径与桩身直径比 D/d,应根据承载力要求及扩底端部侧面和桩端持力层土性确定,最大不超过3.0。

（2）扩底端侧面的斜率应根据实际成孔及护孔条件确定，一般取 1/3～1/2，砂土取约 1/3，粉土、黏性土取约 1/2。

（3）扩底端底面一般呈锅底形，矢高 h_b 取 $(0.10～0.15)D$。

2. 钻孔施工

（1）钻孔扩底桩的施工直孔部分应符合下列规定：

1）钻杆应保持垂直稳固，位置正确，防止因钻杆晃动引起扩大孔径。

2）钻进速度应根据电流值变化及时调整。

3）钻进过程中，应随时清理孔口积土，遇到地下水、塌孔、缩孔等异常情况时，应及时处理。

（2）钻孔扩底部位应符合下列规定：

1）根据电流值或油压值调节扩孔刀片切削土量，防止出现超负荷现象。

2）扩底直径应符合设计要求，经清底扫膛，孔底的虚土厚度应符合规定。

（3）成孔达到设计深度后，孔口应予保护，按规定验收，并做好记录。

3. 灌注混凝土

（1）灌注混凝土前，应先放置孔口护孔漏斗，随后放置钢筋笼并再次测量孔内虚土厚度。

（2）扩底桩灌注混凝土时，第一次应灌到扩底部位的顶面，随即振捣密实；浇筑桩顶以下 5m 范围内的混凝土时，应随浇随振动，每次浇筑高度不得大于 1.5m。

（四）泥浆护壁成孔灌注桩

1. 成孔

（1）机具就位应平整、垂直；护筒埋设应牢固且垂直。

（2）要控制孔内的水位。孔内水位应高于地下水位 1.0m，不得过高，以免引起坍孔现象。

（3）成孔的快慢与土质有关，应灵活掌握钻孔的速度。发现有轻微坍孔现象时，应及时调整泥浆的比重和孔内水头。泥浆的比重应控制在 1.1～1.5 的范围内。

（4）成孔时发现难以钻进或遇到硬土、石块等，应及时检查，以防桩孔出现严重的偏斜、位移等。

2. 护筒埋设

（1）护筒位置应埋设正确和稳定，护筒与坑壁之间应用黏土填实，护筒中心与桩位中心线偏差不得大于 20mm。

（2）护筒内径应大于钻头直径：用回转钻时宜大于 100mm；用冲击钻时宜大于 200mm。

（3）护筒埋设深度：在黏性土中不宜小于 1m，在砂土中不宜小于 1.5m。并应保持孔内泥浆面高出地下水位 1m 以上。

(4)护筒口应高出地面 30～40cm 或地下水位 1.5m 以上。

3. 护壁泥浆与清孔

(1)孔壁土质较好不易坍孔时,可用空气吸泥机清孔。

(2)用原土造浆的孔,清孔后泥浆的比重应控制在 1.1 左右。

(3)孔壁土质较差时,宜用泥浆循环清孔。清孔后的泥浆比重应控制在 1.15～1.25。泥浆取样应选在距孔 20～50cm 处。

(4)第一次清孔在提钻前,第二次清孔应在沉放钢筋笼、下导管以后。

(5)浇筑混凝土前,桩孔沉渣允许厚度:以摩擦力为主时,允许厚度不得大于 150mm;以端承力为主时,其允许厚度不得大于 50mm。以套管成孔的灌注桩不得有沉渣。

4. 钢筋骨架制作

(1)钢筋骨架的制作应符合设计与规范要求。

(2)长桩骨架宜分段制作,分段长度应根据吊装条件和总长度计算确定。相邻两段钢筋骨架的接头应错开。

(3)在钢筋骨架外侧应设置控制保护层厚度的垫块,其间距竖向为 2m,横向圆周不得少于 4 处,并均匀布置。骨架顶端应设置吊环。

(4)大直径钢筋骨架制作完成后,应在内部加强箍上设置十字撑或三角撑。

(5)钢筋笼除应符合设计要求外,尚应符合下列规定:

1)分段制作的钢筋笼,其接头宜采用焊接。

2)主筋净距必须大于混凝土粗骨料粒径 3 倍以上。

3)加劲箍宜设在主筋外侧,主筋一般不设弯钩,所设弯钩不得向内圆伸露,以免妨碍导管工作。

4)钢筋笼的内径比导管接头处外径大 100mm 以上。

(6)钢筋骨架的制作和吊放的允许偏差为:主筋间距±10mm;箍筋间距±20mm;骨架外径±10mm;骨架长度±50mm;骨架倾斜度±0.5%;骨架保护层厚度水下灌注±20mm,非水下灌注±10mm;骨架中心平面位置 20mm;骨架顶端高程±20mm,骨架底面高程±50mm。

5. 混凝土浇灌

(1)混凝土运至灌注地点时,应检查其均匀性和坍落度,如不符合要求应进行第二次拌合。二次拌合后仍不符合要求,则不得使用。

(2)第二次清孔完毕,检查合格后应立即进行水下混凝土灌注,其时间间隔不宜大于 30min。

(3)首批混凝土灌注后,混凝土应连续灌注,严禁中途停止。

(4)在灌注过程中,应经常测探井孔内混凝土面的位置,及时地调整导管埋深,导管埋深宜控制在 2～6m。严禁将导管提出混凝土面。

(5)在灌注过程中,应时刻注意观测孔内泥浆返出情况,倾听导管内混凝土下落声音,如有异常必须采取相应处理措施。

(6)在灌注过程中宜使导管在一定范围内上下窜动,防止混凝土凝固,增加灌注速度

(7)为防止钢筋骨架上浮,当灌注的混凝土顶面距钢筋骨架底部 1m 左右时,应降低混凝土的灌注速度。

(8)灌注桩的桩顶标高应比设计标高高 0.5～1.0m,以保证桩头混凝土强度。接桩前,应将多余部分凿除。桩头应无松散层。

(五)沉管灌注桩和内夯灌注桩

1. 锤击沉管灌注桩

(1)群桩基础和桩中心距小于 4 倍桩径的桩基,应能保证相邻桩桩身的质量。

(2)混凝土预制桩尖或钢桩尖的加工质量和埋设位置应与设计相符,桩管与桩尖的接触应有良好的密封性;

(3)沉管全过程必须有专职记录员做好施工记录;

(4)沉管至设计标高后,应立即灌注混凝土,尽量减少间隔时间;灌注混凝土之前,必须检查桩管内有无吞桩尖或进泥、进水。

(5)当桩身配钢筋笼时,第一次混凝土应先灌至笼底标高,然后放置钢筋笼,再灌混凝土至桩顶标高。第一次拔管高度不得过高,应以能容纳第二次所需灌入的混凝土量为限。

(6)拔管速度要均匀,对一般土层以 1m/min 为宜,在软弱土层和软硬土层交界处宜控制在 0.3～0.8m/min。

(7)采用倒打拔管时,在管底未拔至桩顶设计标高之前,倒打和轻击不得中断。

(8)当桩身配有钢筋时,混凝土的坍落度宜采用 80～100mm;素混凝土桩宜采用 60～80mm。

(9)混凝土的充盈系数不得小于 1.0;对于混凝土充盈系数小于 1.0 的桩,宜全长复打,对可能有断桩和缩颈桩,应采用局部复打。

(10)成桩后的桩身混凝土顶面标高应不低于设计标高 500mm。全长复打桩的入土深度宜接近原桩长,局部复打应超过断桩或缩颈区 1m 以上。

2. 振动、振动冲击沉管灌注桩

(1)在含水量较小的土层中,应采用单打法。其检验要求如下:

1)最后 30s 的电流、电压值应符合设计要求或试桩和当地经验值。

2)在桩管内灌满混凝土后,应先振动 5～10s,再开始拔管。每拔 0.5～1.0m 停拔振动 5～10s。

3)在一般土层中,拔管速度应为 1.2～1.5m/min;在软弱土层中,应控制在 0.6～0.8m/min,用活瓣桩尖时应慢些;用预制桩尖时可适当加快。

(2)在饱和土层中,宜采用反插法,其检验要求如下:

1)在桩尖处 1.5m 范围内,应多次反插以扩大桩的端部断面;

2)桩管灌满混凝土之后,应先振动再拔管,每次拔管高度为 0.5～1.0m,反插深度为0.3～0.5m;

3)在拔管过程中,应分段添加混凝土,管内混凝土面不得低于地表面或高于地下水位 1.0～1.5m 以上;

4)穿过淤泥夹层时,应当放慢拔管速度,并减少拔管高度和反插深度。在流动性淤泥中,不宜使用反插法。

3. 夯压成型灌注桩

(1)夯扩桩应采用静压或锤击沉管进行夯压、扩底、扩径。内夯管应比外管短 100mm。

(2)外管封底应采用干硬性混凝土、无水混凝土,经夯击形成阻水、阻泥管塞,其高度一般为 100mm。

(3)桩的长度较大或需配置钢筋笼时,桩身混凝土应分段灌注。拔管时,内夯管和桩锤应施压于外管中的混凝土顶面,边压边拔。

(六)质量检验评定

1. 质量检验数量

(1)对于地基基础设计等级为甲级或地质条件复杂,成桩质量可靠性低的灌注桩,应采用静荷载试验的方法进行检验,检验桩数不应少于总数的 1%,且不应少于 3 根,当总桩数少于 50 根时,不应少于 2 根。

(2)对设计等级为甲级或地质条件复杂,成检质量可靠性低的灌注桩,抽检数量不应少于总数的 30%,且不应少于 20 根;地下水位以上且终孔后经过核验的灌注桩,检验数量不应少于总桩数的 10%,且不得少于 10 根。每个柱子承台下不得少于 1 根。

(3)每根钻孔灌注桩逐项进行检查,其中孔径和孔斜率的测点间距宜为2～4m。

2. 质量检验标准

(1)灌注桩的桩位偏差必须符合表 4-39 的规定,桩顶标高至少要比设计标高高出 0.5m。

表 4-39　　　　　灌注桩的平面位置和垂直度的允许偏差

序号	成孔方法		桩径允许偏差(mm)	垂直度允许偏差(%)	桩位允许偏差(mm)	
					1～3 根、单排桩基垂直于中心线方向和群桩基础的边桩	条形桩基沿中心线方向和群桩基础的中间桩
1	泥浆护壁钻孔桩	D≤1000mm	±50	<1	D/6,且不大于 100	D/4,且不大于 150
		D>1000mm	±50		100+0.01H	150+0.01H

续表

序号	成孔方法		桩径允许偏差(mm)	垂直度允许偏差(%)	桩位允许偏差(mm)	
					1～3根、单排桩基垂直于中心线方向和群桩基础的边桩	条形桩基沿中心线方向和群桩基础的中间桩
2	套管成孔灌注桩	D≤500mm	−20	<1	70	150
		D>500mm			100	150
3	干成孔灌注桩		−20	<1	70	150
4	人工挖孔桩	混凝土护壁	+50	<0.5	50	150
		钢套管护壁	+50	<1	100	200

注:1. 桩径允许偏差的负值是指个别断面。

2. 采用复打、反插法施工的桩,其桩径允许偏差不受上表限制。

3. H 为施工现场地面标高与桩顶设计标高的距离,D 为设计桩径。

(2)混凝土灌注桩钢筋笼的质量检验标准应符合表4-40的规定。

表4-40　　　　　　混凝土灌注桩钢筋笼质量检验标准　　　　　　(mm)

项目	序号	检查项目	允许偏差或允许值	检查方法
主控项目	1	主筋间距	±10	用钢尺量
	2	长度	±100	用钢尺量
一般项目	1	钢筋材质检验	设计要求	抽样送检
	2	箍筋间距	±20	用钢尺量
	3	直径	±10	用钢尺量

(3)钻孔灌注桩的质量检验标准应符合表4-41的规定。

表4-41　　　　钻孔灌注桩工程质量检查项目、质量标准及检测方法

项类	检查项目		质量标准	检测方法
主控项目	1. 钻孔	孔位偏差	符合设计要求	经纬仪测定或钢尺测量
		孔深	符合设计要求	核定钻杆、钻具长度,或专用测绳测定
		孔底沉渣厚度	端承桩≤50mm	测锤或沉渣仪测定
			摩擦桩≤150mm	

项类	检查项目		质量标准	检测方法
主控项目	2. 钢筋笼制作	主筋间距偏差	±10mm	用钢尺量测
		长度偏差	±100mm	用钢尺量测
	3. 混凝土浇筑	导管埋深	≥2m	用测绳量测计算
		混凝土上升速度	≥2m/h	量测计算
	4. 混凝土性能	混凝土抗压强度等	符合设计要求	室内试验、计算
	5. 施工记录、图表		齐全、准确、清晰	查看资料
一般项目	1. 钻孔	孔斜率	<1%	同径测斜工具或钻杆内小口径测斜仪或测井仪测定
		孔径偏差	符合设计要求	测井仪测定或钻头量测
	2. 钢筋笼制作	箍筋间距	±20mm	用钢尺量测
		直径偏差	±10mm	用钢尺量测
		钢筋笼安放	符合设计要求	用钢尺量测
	3. 混凝土浇筑	浇筑最终高度	水下浇筑时应高于设计桩顶浇筑高程30cm以上,非水下浇筑时应符合设计桩顶浇筑高程	测锤和钢尺量测
		充盈系数	>1	检查实际灌注量
	4. 混凝土性能	混凝土配合比	符合设计要求	室内试验、计算
		混凝土坍落度	水下灌注16~22cm,干孔施工7~10cm,或符合设计要求	坍落度仪和钢尺量测

(4)混凝土灌注桩的质量检验标准应符合表4-42的规定。

表 4-42　　　　　　　　　　　混凝土灌注桩质量检验标准

项目	序号	检查项目	允许偏差或允许值		检查方法
			单位	数值	
主控项目	1	桩位	见表 4-30		基坑开挖前量护筒,开挖后量桩中心
	2	孔深	mm	+300	只深不浅,用重锤测,或测钻杆、套管长度,嵌岩桩应确保进入设计要求的嵌岩深度
	3	桩体质量检验	按基桩检测技术规范。如钻芯取样,大直径嵌岩桩应钻至桩尖下 50cm		按基桩检测技术规范
	4	混凝土强度	设计要求		试件报告或钻芯取样送检
	5	承载力	按基桩检测技术规范		按基桩检测技术规范
一般项目	1	垂直度	见表 4-30		测套管或钻杆,或用超声波探测,干施工时吊垂球
	2	桩径	见表 4-30		井径仪或超声波检测,干施工时用钢尺量,人工挖孔桩不包括内衬厚度
	3	泥浆比重(黏土或沙性土中)	1.15～1.20		用比重计测,清孔后在距孔底 50cm 处取样
	4	泥浆面标高(高于地下水位)	m	0.5～1.0	目测
	5	沉渣厚度:端承桩　　　　　　　摩擦桩	mm　　mm	≤50　　≤150	用沉渣仪或重锤测量
	6	混凝土坍落度:水下灌注　　　干施工	mm　　mm	160～220　　70～100	坍落度仪
	7	钢筋笼安装深度	mm	±100	用钢尺量
	8	混凝土充盈系数	>1		检查每根桩的实际灌注量
	9	桩顶标高	mm	+30　－50	水准仪,需扣除顶浮浆层及劣质桩体

3. 质量检验评定

(1)单根钻孔灌注桩质量评定

合格:主控项目符合质量标准;一般项目不少于70%的检查点符合质量标准。

优良:主控项目和一般项目全部符合质量标准。

(2)钻孔灌注桩单元工程质量等级评定

合格:本单元内的钻孔灌注桩全部合格,优良灌注桩数小于70%。

优良:本单元内的钻孔灌注桩全部合格,优良灌注桩数大于或等于70%。

第五节　基坑工程检验

一、基坑开挖质量检验

(1)基坑开挖应分层进行;施工现场不得放坡开挖。

(2)开挖过程中,当对邻近建(构)筑物产生危害时,应进行支护。

(3)土方开挖应遵循"开槽支撑,先撑后挖,分层开挖,严禁超挖"的原则。

(4)在基坑周边堆置土方时,不得超过设计荷载;开挖至设计标高后,应对坑底进行保护。

(5)对特大型基坑,宜分区分块挖至设计标高,分区分块及时浇筑垫层。必要时,应加强垫层。

(6)基坑边界周围地面应设置排水沟,以避免漏水、渗水进入坑内;同时还需设置排水措施。

二、排桩墙支护质量检验

排桩墙支护结构包括灌注桩、预制桩、板桩等类型桩构成的支护结构。

(一)基本要求

(1)排桩应采取隔桩施工。灌注混凝土24h后,方可进行邻桩成孔施工。

(2)基坑开挖后应及时支护,每一道支撑施工应确保基坑变形在设计要求的控制范围内。

(3)在含水地层范围内的排桩墙支护基坑,应有确实可靠的止水措施。

(4)排桩墙支护应能确保基坑施工及邻近构筑物的安全。

(二)检验要点

1. 钢板桩排桩墙

(1)钢板桩的位置应便于基础施工,在结构边缘处应留有一定的余地。

(2)钢板桩的平面布置应尽量平直整齐,避免不规则转角。

(3)钢板桩接长时,接头应尽量错开,错开长度应大于1m,接桩间隔设置。钢板桩的接头应牢固。

(4)大于10m深的槽钢钢板桩打入时,应选用屏风式打入法。

(5)重复使用的钢板桩使用前,应对其外观质量进行检验,要求无表面缺陷,长度、宽度、厚度及高度等均符合设计要求。

(6)钢板桩应分次打入,并随时注意检查校正。

2. 混凝土板桩排桩墙

(1)打桩前,应拉好轴线内外的控制线。控制线的间距等于桩宽度加 100mm。

(2)板桩位置偏差不得大于 100mm。打桩时,可用一台经纬仪在轴线顶端控制垂直度;桩垂直度应控制在 1‰之内。

(3)打桩顺序应依次逐块进行。桩尖斜面应指向打桩前进方向,板桩榫间缝不得大于 25mm。

(4)矩形截面两侧有阴、阳榫的钢筋混凝土桩,第一根桩打到一定深度,桩尖必须平直,垂直入土,接着打第二、第三根。

(5)在打入板桩时,要使楔口互相咬合,以便能更好地结合成一个整体,减少桩顶位移。

3. 钢筋混凝土灌注桩排桩墙

(1)用于排桩墙的灌注桩,成排施工顺序应根据土质情况制定排桩施工间隔距离。

(2)在成孔机械的选择上,尽量选用有导向装置的机具,减少钻头晃动造成的扩径,不影响相邻桩钻进施工。

(3)施工前做试成孔,决定不同土层孔径和转速的关系参数,按试成孔获得的参数钻进,防止扩孔。

(4)当用水泥土搅拌桩作隔水帷幕时,应先做水泥土搅拌桩。

(三)质量检验标准

(1)重复使用的钢板桩质量检验标准应符合表 4-43 的规定。

表 4-43　　　　　　　　　重复使用的钢板桩检验标准

序号	检查项目	允许偏差或允许值		检查方法
		单位	数值	
1	桩垂直度	‰	<1	用钢尺量
2	桩身弯曲率		<2‰l	用钢尺量,l 为桩长
3	齿槽平直度及光滑度	无电焊渣或毛刺		用1m长的桩段做通过试验
4	桩长度	不小于设计长度		用钢尺量

(2)混凝土板桩制作质量检验标准应符合表 4-44 的规定。

表 4-44　　　　　　　　　　　　　混凝土板桩制作质量检验标准

项目	序号	检查项目	允许偏差或允许值		检查方法
			单位	数值	
主控项目	1	桩长度	mm	+10 0	用钢尺量
	2	桩身弯曲度		<0.1%l	用钢尺量,l 为桩长
一般项目	1	保护层厚度	mm	±5	用钢尺量
	2	模截面相对两面之差	mm	5	用钢尺量
	3	桩尖对桩轴线的位移	mm	10	用钢尺量
	4	桩厚度	mm	+10 0	用钢尺量
	5	凹凸槽尺寸	mm	±3	用钢尺量

三、水泥土桩墙支护质量检验

（一）检验要点

1. 构造要求

(1)水泥土桩墙采用格栅布置时,水泥土的置换率对于淤泥不宜小于 0.8,淤泥质土不宜小于 0.7,一般黏性土及砂土不宜小于 0.6;格栅长宽比不宜大于 2。

(2)水泥土桩与桩之间的搭接宽度应根据挡土及截水要求确定,考虑截水作用时,桩的有效搭接宽度不宜小于 200mm。

(3)当变形不能满足要求时,宜采用基坑内侧土体加固或水泥土墙插筋加混凝土面板及加大嵌固深度等措施。

2. 桩墙施工

(1)水泥土桩墙应采取切割搭接法施工。应在前桩水泥土尚未固化时进行后序搭接桩施工。

(2)施工开始和结束的头尾搭接处,应采取加强措施,消除搭接沟缝。

(3)深层搅拌水泥土墙施工前,应进行成桩工艺及水泥掺入量或水泥浆的配合比试验,以确定相应的水泥掺入比或水泥浆水灰比,浆喷深层搅拌的水泥掺入量宜为被加固土质量的 15%～18%;粉喷深层搅拌的水泥掺入量宜为被加固土质量的 13%～16%。

(4)高压喷射注浆施工前,应通过试喷试验,确定不同土层施喷固结体的最小直径、高压喷射施工技术参数等。高压喷射水泥浆的水灰比宜为 1.0～1.5。

高压喷射注浆切割搭接宽度应符合下列规定:

1)旋喷固结体不宜小于 150mm;

2)摆喷固结体不宜小于 150mm；

3)定喷固结体不宜小于 200mm。

(5)当水泥土桩墙需设置插筋时，桩身插筋应在桩顶搅拌完成后及时进行。插筋材料、插入长度和露出长度等均应符合设计要求。

(二)检验标准

(1)水泥土墙应在设计开挖龄期采用钻芯法检测墙身的完整性，钻芯数量不宜少于总桩数的 2%，且不应少于 5 根。

(2)施喷注浆深度、直径、抗压强度和透水性必须符合设计要求。质量检验应在旋喷注浆 4 周后进行，检验点数量为注浆孔数的 2%～5%。

(3)加筋水泥土桩的质量检验标准应符合表 4-45 的规定。

表 4-45　　　　　　　　　加筋水泥土桩质量检验标准

序号	检查项目	允许偏差或允许值		检查方法
		单位	数值	
1	型钢长度	mm	±10	用钢尺量
2	型钢垂直度	%	<1	经纬仪
3	型钢插入标高	mm	±30	水准仪
4	型钢插入平面位置	mm	10	用钢尺量

四、锚杆及土钉墙支护质量检验

(一)检验要点

1. 锚杆长度

(1)锚杆自由段长度不宜小于 5m 并应超过潜在滑裂面 1.5m。

(2)土层锚杆锚固段长度不宜小于 4m。

(3)锚杆杆体下料长度应为锚杆自由段、锚固长度及外露长度之和。外露长度必须满足台座、腰梁尺寸及张拉作业要求。

2. 锚杆布置

(1)锚杆上下排垂直间距不宜小于 2.0m，水平间距不宜小于 1.5m；

(2)锚杆锚固体上覆土层厚度不宜小于 4.0m；

(3)锚杆倾角宜为 15°～25°，且不应大于 45°。

(4)沿锚杆轴线方向每隔 1.5～2.0m，宜设置一个定位支架。

3. 锚杆施工

(1)锚杆钻孔水平方向孔距在垂直方向误差不得大于 100mm，偏斜度不应大于 3%。

(2)注浆管应与锚杆杆体绑扎在一起，一次注浆管距孔底宜为 100～200mm，二次注浆管的出浆孔应进行可灌密封处理。

（3）浆体应按设计配制，一次灌浆宜选用灰砂比 1∶1～1∶2，水灰比 0.38～0.45 的水泥砂浆，或水灰比 0.45～0.5 的水泥浆，二次高压注浆宜使用水灰比 0.45～0.55 的水泥浆。

（4）二次高压注浆压力宜控制在 2.5～5.0MPa 之间，注浆时间可根据注浆工艺试验确定或一次注浆锚固体强度达到 5MPa 后进行；

（5）锚杆的张拉与施加预应力（锁定）应符合以下规定：

1）锚固段强度大于 15MPa 并达到设计强度等级的 75% 后方可进行张拉；

2）锚杆张拉顺序应考虑对邻近锚杆的影响；

3）锚杆宜张拉至设计荷载的 0.9～1.0 倍后，再按设计要求锁定；

4）锚杆张拉控制应力不应超过锚杆杆体强度标准值的 0.75 倍。

4. 土钉墙施工

（1）土钉墙墙面坡度不得大于 1∶0.1；坡面上下段钢筋网搭接长度应大于 300mm。

（2）土钉墙墙顶应采用砂浆或混凝土护面，坡面和坡脚应设置排水措施。

（3）土钉必须和面层有效连接。土钉长度应为开挖深度的 0.5～1.2 倍，间距为 1～2m，与水平面夹角为 5°～20°。

（4）土钉注浆材料应符合下列规定：

1）注浆材料宜选用水泥浆或水泥砂浆；水泥浆的水灰比宜为 0.5，水泥砂浆配合比宜为 1∶1～1∶2（重量比），水灰比宜为 0.38～0.45；

2）水泥浆、水泥砂浆应拌合均匀，随拌随用，一次拌合的水泥浆、水泥砂浆应在初凝前用完。

（5）在喷射混凝土面层中，钢筋网的铺设应满足以下要求：

1）钢筋网应在喷射一层混凝土后铺设，钢筋保护层厚度不宜小于 20mm；

2）采用双层钢筋网时，第二层钢筋网应在第一层钢筋网被混凝土覆盖后铺设；

3）钢筋网与土钉应连接牢固。

（6）注浆作业前，应将孔内残留或松动的杂土清除干净；注浆开始或中途停止超过 30min 时，应用水或稀水泥浆润滑注浆泵及其管路。

（7）注浆时，注浆管应插至距孔底 250～500mm 处，孔口部位宜设置止浆塞及排气管。

（二）检验标准

（1）土钉采用抗拉试验检测承载力，同一条件下，试验数量不宜少于土钉总数的 1%，且不应少于 3 根。

（2）墙面喷射混凝土厚度应采用钻孔检测，钻孔数宜每 100m² 墙面积一组，每组不应少于 3 点。

（3）锚杆及土钉墙支护工程质量检验应符合表 4-46 的规定。

表 4-46　　　　　　　　锚杆及土钉墙支护工程质量检验标准

项目	序号	检查项目	允许偏差或允许值		检查方法
			单位	数值	
主控项目	1	锚杆土钉长度	mm	±30	用钢尺量
	2	锚杆锁定力	设计要求		现场实测
一般项目	1	锚杆或土钉位置	mm	±100	用钢尺量
	2	钻孔倾斜度	(°)	±1	测钻机倾角
	3	浆体强度	设计要求		试样送检
	4	注浆量	大于理论计算浆量		检查计量数据
	5	土钉墙墙面厚度	mm	±10	用钢尺量
	6	墙体强度	设计要求		试样送检

五、地下连续墙质量检验

(一)检验要点

(1)地下连续墙应设置导墙。导墙的形式有预制及现浇两种,可根据不同土质进行选用。

(2)地下墙施工前宜先试成槽,以检验泥浆的配比和成槽机的选型。作为永久结构的地下连续墙,其抗渗质量标准应符合设计要求。

(3)地下墙槽段间的连接接头形式,应满足地下墙的使用要求。

(4)浇筑混凝土前,接头处必须刷洗干净,不留任何泥砂或污物。

(5)地下墙与地下室结构顶板、楼板、底板及梁之间应预埋钢筋或接驳器(锥螺纹或直螺纹)。

(6)永久性结构的地下墙,在钢筋笼沉放后,应做二次清孔,沉渣厚度应符合要求。

(7)施工前应检验进场的钢板、电焊条,检查浇筑泥浆用的仪器、泥浆循环系统应完好。地下连续墙应用商品混凝土。

(8)施工中应检查成槽的垂直度、槽底的淤积物厚度、泥浆比重、钢筋笼尺寸、浇筑导管位置、混凝土上升速度、浇筑面标高、地下墙连接面的清洗程度、商品混凝土的坍落度、锁口管或接头箱的拔出时间及速度等。

(9)对于已完工的导墙应检查其净空尺寸、墙面平整度及垂直度。

(二)检验标准

(1)成槽结束后应对成槽的宽度、深度及倾斜度进行检验,重要结构每段槽段都应检查,一般结构可抽查总槽段数的20%,每槽段应抽查1个段面。

(2)每50m³ 地下墙应做1组试件,每幅槽段不得少于1组,在强度满足设计要求后方可开挖土方。

(3)地下墙的质量检验标准应符合表 4-47 的规定。

表 4-47   地下墙质量检验标准

项目	序号	检查项目		允许偏差或允许值		检查方法
				单位	数值	
主控项目	1	墙体强度		设计要求		查试件记录或取芯试压
	2	垂直度:永久结构 临时结构			1/300 1/150	测声波、测槽仪或成槽机上的监测系统
一般项目	1	导墙尺寸	宽度	mm	$W+40$	用钢尺量,W 为地下墙设计厚度
			墙面平整度	mm	<5	用钢尺量
			导墙平面位置	mm	±10	用钢尺量
	2	沉渣厚度:永久结构 临时结构		mm mm	$\leqslant100$ $\leqslant200$	重锤测或沉积物测定仪测
	3	槽深		mm	$+100$	重锤测
	4	混凝土坍落度		mm	$180\sim220$	坍落度测定器
	5	钢筋笼尺寸		设计要求		
	6	地下墙表面平整度	永久结构	mm	<100	此为均匀黏土层,松散及易坍土层由设计决定
			临时结构	mm	<150	
			插入式结构	mm	20	
	7	永久结构时的预埋件位置	水平向	mm	$\leqslant10$	用钢尺量
			垂直向	mm	$\leqslant20$	水准仪

第六节 河道疏浚工程检验

疏浚主要是利用挖泥船等疏浚机械开挖水下土石方,以达到疏通河道、浚深港池和锚地水域等目的。

一、基本要求

(1)河道疏浚应根据设计规定的尺度进行施工,原则上不应有欠挖。

(2)开挖超深、超宽不得危及堤防、护岸及岸边建筑物的安全。

(3)疏浚弃土在输送到指定地点过程中不应造成环境污染。

(4)弃土区余水排放应符合设计和当地环保部门的要求。

(5)由于设备性能所限,边坡如按台阶形分层开挖时,可允许下超上欠,其断面超、欠面积比应控制在 $1\sim1.5$ 之间。

(6)对于回淤比较严重的河道或感潮河段应根据设计要求和机械作业性能制定专门的质量评定标准。

二、施工技术

(一)挖泥船施工

1. 施工标志的设立

(1)测量。施工前,应对勘测单位提供的测量控制点、水准点进行查对复核;对丢失的控制点、水准点应当补全,必要时应增设辅助导线。放样测站点的高程精度,不得低于五等水准测量精度的要求;疏浚放样点相对于测站点的点位误差不应超过表 4-48 规定。

表 4-48   疏浚放样点位误差要求

序号	项 目		平面位置误差(m)
1	疏浚开挖边线	岸边	±0.5
		水下	±1.0
2	各种管线安装		±0.5
3	挖槽中心线		±1.0
4	疏浚机械定位		±1.0

(2)标志。

1)挖槽设计位置应以明显标志显示,标志可采用标杆、浮标或灯标。纵向标志应设在挖槽中心线和设计上口边线上;横向标志应设在挖槽起讫点、施工分界线及弯道处。平直河段每隔 $50\sim100m$ 设立一组横向标志,弯道处应适当加密。

2)在沿海、湖泊以及开阔水域施工时,各组标志应以不同形状的标牌相间设置。为便于夜间区分标志,同组标志上应安装颜色相同的单面发光灯,相邻组标志的灯光,应以不同的颜色区别。

3)水下卸泥区应设置浮标、灯标或岸标等标志,指示卸泥范围和卸泥顺序。

4)在挖泥区通往卸泥区、避风锚地的航道上,应设置临时性航标,指示航行路线。在水道狭窄、航行条件差、船舶转向特别困难时,应在转向区增设转向标志。

在施工船舶避风水域内,应设置泊位标,并在岸上埋设带缆桩或在水上设置系缆浮筒,以利船舶紧急停泊。

(3)设置水尺。在施工作业区内必须设置水尺。水尺应设置在便于观测、水流平稳、波浪影响最小和不易被船艇碰撞的地方,必要时应加设保护桩和避浪设备。

水尺间距应视水面比降、地形条件、水位变化及开挖质量要求而定,当水面比降小于1/10000时,宜每公里设置一组;当水面比降不小于 1/10000 时,宜每

0.5km设置一组。水尺零点宜与挖槽设计底高程一致,施工水尺应满足五等水准精度要求。

2. 排泥管线的架设

排泥管线应平坦顺直,弯度力求平缓,避免死弯;出泥管口伸出围堰坡脚以外的度不宜小于5m,并应高出排泥面0.5m以上。排泥管支架必须牢固可靠,不得倾斜和摇动;水陆排泥管连接应采用柔性接头,以适应水位的变化。排泥管接头应紧固严密,整个管线和接头不得漏泥漏水。当排泥管线跨越通航河道或受气候、海况等条件限制不能使用水上浮筒管线进行疏浚或吹填作业时,可采用潜管。潜管宜在水流平稳、河槽稳定、河床横向变化平缓的水域内敷设。

3. 挖泥船定位施工

(1)挖泥船定位。

1)绞吸式挖泥船采用定位桩施工。在驶近挖槽起点20~30m时,航速应减至极慢,待船停稳后,应先测量水深,然后放下一个定位桩,并在船首抛设两个边锚,逐步将船位调整到挖槽中心线起点上,严禁在行进中落桩。绞吸式挖泥船的横移地锚必须牢固;逆流向施工时,横移地锚的超前角不宜大于30°,落后角不宜大于15°。

2)抓斗、链斗、铲扬式挖泥船分别由锚缆、斗桥和定位桩定位。当挖泥船驶进挖槽时,其航速应减至极慢,顺流开挖时先抛尾锚;逆流开挖时先抛首锚;无强风强流时,可将斗桥、铲斗或抓斗下放至泥面,辅助船舶定位。

挖泥船抛锚时,宜先抛上风锚,后抛下风锚;收锚时,应先收下风锚,后收上风锚。斗式挖泥船施工抛锚时,主锚应抛在挖槽中心线上,顺流施工时,尾锚必须抛设,边锚可抛在挖泥船侧后方;逆流施工时,尾锚可不抛设,边锚则应抛在挖泥船侧前方。

(2)挖泥船开挖。

1)工作条件。挖泥船的工作条件,应根据船舶使用说明书和设备状况确定,一般可参照表4-49规定执行。当实际工作条件指标大于表列数值之一时,应停止施工。

2)开挖方向。当流速小于0.5m/s时,绞吸式挖泥船宜采用顺流开挖;当流速不小于0.5m/s时,宜采用逆流开挖。链斗式挖泥船宜采用逆流开挖;而抓斗、铲扬式挖泥船宜采用顺流开挖。

3)分层或分条开挖。挖泥船遇到下列情况,应按下列规定分层或分条开挖:

①泥层厚度超过挖泥船一次最大挖泥厚度时,应分层开挖,上层宜厚,下层宜薄;

②水面以上的土体高度不宜大于4m,否则应采取措施降低其高度,以策安全;

③当挖槽断面方量较大,又确有需要提前发挥工程效益时,可分层或分条开挖,即先挖子槽使河道先通后畅;

表 4-49　　　　　　　　　　　　　挖泥船工作条件限制表

船舶类型		风（级）		浪高 （m）	流速 （m/s）	雾级 （级）
		内河	沿海			
绞吸式	500m³/h 以上	6	5	0.6	1.6	2
	200～500m³/h	5	4	0.6	1.5	2
	200m³/h 以下			0.6	1.2	2
链斗式	250m³/h 以上	6	6	1.0	2.5～3.0	2
	250m³/h 以下	5		0.8	1.8	2
铲扬式	斗容 4m³ 以上	6	6	0.6	3.0	2
	斗容 4m³ 及以下	6	5	0.6	2.0	2
抓斗式	斗容 4m³ 以上	6	5	0.8～1.0	3.0	2
	斗容 4m³ 及以下	5	5	0.6	1.5	2
自航耙吸式		7	6	1.0	2.0	2
拖轮拖带泥驳	294kW 以上	6	5～6	0.8	1.5	4
	294kW 及以下	6		0.8	1.3	4

注：大中型湖泊参照"沿海"一栏规定采用。

④当高潮位水深大于挖泥船最大挖深，而低潮位水深又小于挖泥船吃水时，可通过预测潮位具体安排施工时间和程序，即利用高潮位先挖上层，利用低潮位再挖下层，以保证设计挖深，减少停工时间和防止船舶搁浅；

⑤当设计挖槽宽度大于挖泥船的最大挖宽时，应分条开挖。绞吸式挖泥船分条开挖时，为保持有一个相对稳定的排泥距离，宜从距排泥区远的一侧开始，依次由远到近分条开挖，条与条之间应重叠一个宽度，以免形成欠挖土埂。

（二）索铲施工

对小型河道、渠道、建筑物基槽进行疏浚、开挖时，可用索铲施工。小型河渠开挖，可自一岸开挖或两岸对挖，一次成河。水上开挖弃土的土质和含水量适宜时，可直接用于筑堤。

1. 索铲行走线

施工前，必须修筑索铲行走线（工作路面）。索铲行走线应高出水面 1.5m 左右；行走线宽度，1.0m³ 索铲应不小于 7m，4m³ 索铲（步行式）应不小于 14m；索铲履带外缘（或支座底盘外缘）距开挖上口边线不小于 2m。行走线路面应力求平整，并具有足够的承载能力。行走线的承载力与土质和土的含水量密切相关，应通过试验确定。在雨季、汛期施工时，应经常检查行走线路面，当发现有塌陷迹象，应及时将索铲撤离工作面或采取防陷措施。

2. 索铲施工

索铲开挖前，必须修筑挡淤堤或预挖弃土坑。挡淤堤的高度应与弃土量相适应;中心线与索铲走行线间的距离,除满足弃土半径要求外,还应保证机身回转和卸泥时牵引绳不受影响。

施工时,索铲应采用顺水流方向开挖。扒杆轴线与索铲前进方向之夹角宜大于 90°,控制在 120°～150°之间;当走行线土质较差容易塌陷时,宜用大值控制。在开挖河道时,索铲宜布置在河滩地上,汛期施工时,必须注意防洪和索铲及时安全转移。索铲走行线在汛期有可能被洪水淹没的地段,可沿河堤每隔一段距离填筑防洪土台。

(三)吹填法施工

吹填法是将挖出的泥土利用泥泵输送到填土地点,以使泥土综合利用。吹填法处理疏浚泥土,不仅能使泥土综合利用,为国民经济多方面服务,而且避免了疏浚泥土回淤航道的可能性,特别是在某些河口地区,是一种较优的方案。

1. 排泥区

(1)排泥区容积。

排泥区容积按下式计算

$$V_p = K_s \cdot V_\omega + (h_1 + h_2)A_p \tag{4-4}$$

式中　　V_p——排泥区容积,m³;

K_s——土壤松散系数,由试验确定,无试验资料时,细粒土可取 1.10～1.25,粗粒土可取 1.05～1.20;

V_ω——挖方量,m³;

h_1——沉淀富裕水深,可取 0.5m;

h_2——风浪超高,风浪不大时可取 0.5m;

A_p——排泥区面积,m²。

(2)排泥区最小水深。

链斗、铲扬、抓斗及耙吸式挖泥船施工,如配备泥驳排泥,排泥区的最小水深可按下式确定

$$h \geqslant h_1 + h_2 + h_3 + \delta \tag{4-5}$$

式中　　h——排泥区最小水深,m;

h_1——拖轮或自航泥驳的最大吃水深度,m;

h_2——泥门最大开启时低于航底以下的深度,m;

h_3——航行富裕水深,m,视土质而定:淤泥 $h_3 \geqslant 0.2$m;中等密实的砂 $h_3 \geqslant$ 0.3m;坚硬或胶结土 $h_3 \geqslant 0.4$m;

δ——排泥区的堆泥厚度,m。

(3)排泥区布置。

1)陆上排泥区布置。陆上排泥区布置,应满足挖泥船输泥性能的要求,使设备处于最优效率工作状况,排泥区应充分利用坑洼、荒地,有利于造田,尽量少占耕地,并注意不打乱当地已有的排灌系统;其容积应与挖方量相适应。同时,排泥

区内的积水应易于排除,流回河槽。

疏浚与吹填工程的排泥区应按工程目的和要求设计。对疏浚土应作为一种资源加以利用,如造田、填筑建筑物地基、用作建筑材料、加固堤防等,同时注意表层土的覆盖,以保护环境,防止污染。

2)水下排泥区布置。水下排泥区布置,应选择在流速小、容积大及对挖槽、航道、码头、水工建筑物等不产生淤积水的水域。向内河、湖泊中排泥时,应利用非航道深潭及死河汊作为排泥区。排泥区的容积应与挖泥量相适应。此外,排泥区还要有足够的水深,满足拖轮最大吃水和泥驳在泥门开启时的水深要求。

2. 泄水口

吹填工程的泄水口不应少于两个,其位置应根据吹填区的几何形状、容量、排泥管布置以及对邻近建筑物和环境影响等具体情况选定,要避免泄水对施工区附近水域、桥涵、村镇等可能造成的淤积、冲刷和污染的影响。通常情况下,泄水口宜设在吹填区内泥浆不易流到的死角处,同时应远离排泥管出口和码头前沿。泄水口的结构应稳固、经济、易于维护,并能调节吹填区水位;小型吹填工程的泄水口还要易于拆迁,便于重复使用。

(1)泄水口数量。

泄水口的数量,主要取决于泄水总流量和每个泄水口的泄水能力,其计算公式为

$$n \geqslant \frac{K_2 Q_\text{泄}}{Q_1} \tag{4-6}$$

$$Q_\text{泄} = K_1 Q(1-P) \tag{4-7}$$

式中　n——泄水口的数量;

$Q_\text{泄}$——泄水总流量,m^3/s;

Q——挖泥船排泥管排出的总流量,m^3/s;

Q_1——每个泄水口的泄流量,m^3/s;

P——吹填时的泥浆浓度,体积比,%;

K_1——修正系数,可取 1.1～1.3;

K_2——流量修正系数(考虑渗透、蒸发等影响),可取 0.7～0.85。

(2)泄水口底部标高。

确定泄水口底部标高时,应考虑吹填区原地面标高、吹填厚度及江、河、湖、海、沟渠的各特征水位等因素。泄水入潮汐河港及感潮水域时,应保障在高潮延续时间内泄水通畅。无闸门控制的泄水口底部标高,应随吹填厚度的增加而抬高,每次向上抬高的高度应与吹填厚度相适应。

为减少吹填区的泥沙流失,排出水流的泥浆浓度应控制在挖泥船设计泥浆浓度的 10%以内。

3. 吹填施工

(1)吹填细粒土。

吹填细粒土时,应设置两个或两个以上排泥区,轮流交替吹填,必要时还应采取措施加速排水固结。

(2)吹填粗粒土。

吹填粗粒土时,应尽量从陆域向水域吹填,避免在吹填区内形成洼坑水塘,同时,还应防止少量细粒土在吹填区内聚积成淤泥裹。通常,吹填区的泥面宜高出水面2~3m,以利排水。对于吹填区平整度要求较高的工程,应不断变更排泥管出口的位置。排泥管出口之间的距离宜根据土料的粗细控制在20~80m,如仍不能满足平整度要求,可配备陆上土方机械加以平整。

在超软地基上分层吹填时,第一层吹填高度宜高出最高水位0.5~1.0m左右,其后逐层加高,每层厚度宜控制在1.0m左右。

三、质量检验与评定

(一)质量检测数量

(1)检测疏浚横断面时,横断面间距一般不得大于50m,弯道处应适当加密;边坡处检测点间距宜为2m,底平面宜为5m。

(2)以河道中心线所在断面为纵断面进行质量检查时,纵断面质量检测点应不大于100m。

(3)检测宽阔水域底高程时,纵、横检测点间距宜为5~7m。

(二)质量检查标准

1. 划分单元工程

(1)应按设计和施工要求进行划分;当设计无特殊要求时,河道(包括航道、湖泊和水库内的水道)疏浚工程宜以200~500m为一单元工程。

(2)当遇到下列情形时可按实际需要划分:

1)河道挖槽尺度、规格不一或工期要求不同;

2)设计河段各疏浚区相互独立;

3)疏浚区为一曲线段,施工时需分成若干直线段施工;

4)河道纵向土层厚薄悬殊或土质出现较大变化。

(3)港池、湖泊和水库宽阔水域疏浚工程(包括环保疏浚)宜按疏浚投影面积划分单元工程,划分方式见表4-50。

表4-50　　　　　港池、湖泊和水库宽阔水域疏浚单元工程划分

疏浚项目	划分方式	单元工程面积(m²)
港池	按相邻疏浚区域不同的开挖底高程	≤10000
湖泊、水库宽阔水域	按不同挖深或土层厚度	5000~20000

注:不同挖深或土层厚度的高差为1~2m,按单元内平均值计。

2. 质量检验标准

(1)疏浚工程质量检查项目、质量标准及检测方法见表4-51。

表 4-51 疏浚工程质量检查项目、质量标准及检测方法

项类	检查项目		质量标准	检测方法
主控项目	河道过水断面面积		不小于设计断面面积	方法一：采用常规测量仪器、测量工具检测水深；方法二：采用测量船检测底高程，常规测量仪器、测量工具检测边坡
	宽阔水域平均底高程		达到设计规定高程	
	局部欠挖	厚度	<0.3m	
		面积	<5.0m²	
一般项目	挖槽中心线偏移		±1.0m	
	开挖宽度		符合设计规定	
	开挖深度			
	开挖边坡		符合设计规定	

（2）河道疏浚施工最大允许超宽、超深应符合表 4-52 的规定。

表 4-52 河道疏浚施工最大允许超宽、超深值

机械类别		最大允许超宽（每边）(m)	最大允许超深(m)
绞吸式挖泥船	绞刀直径：1.5m 及以下	0.5	0.4
	绞刀直径：1.5～2.0m	1.0	0.5
	绞刀直径：2.0m 以上	1.5	0.5
斗轮式挖泥船	绞刀直径：1.5m 及以下	0.3	0.3
	绞刀直径：1.5～2.4m	0.5	0.3
	绞刀直径：2.4m 以上	1.0	0.4
链斗式挖泥船	斗容：0.5m³ 及以下	1.0	0.3
	斗容：0.5m³ 以上	1.5	0.4
抓斗式挖泥船	斗容：2.0m³ 及以下	0.5	0.4
	斗容：2.0～4.0m³	1.0	0.6
	斗容：4.0m³ 以上	1.5	0.8
铲扬式挖泥船	斗容：2.0m³ 及以下	1.0	0.4
	斗容：2.0m³ 以上	1.5	0.5
水力冲挖机组	功率：39～42kW	0.3	0.1

（3）对未达到设计深度的欠挖点，如不能满足下列各项规定，应予以返工：

1)欠挖值小于设计水深的 5％,不大于 30cm;

2)横向浅埂长度小于挖槽设计底宽的 5％,不大于 2m;

3)纵向浅埂长度小于 2.5m。

(4)吹填工程的平整度应满足下列要求:

1)细粒土的平整度应为 0.5～1.2m,粗粒土的平整度应为 0.8～1.6m;

2)吹填区的平均高度误差应控制在＋0.05～＋0.20m 之内。

(三)质量等级评定

河道疏浚工程质量等级分为"合格"和"优良"两种,具体标准如下:

(1)合格:主控项目符合质量标准;一般项目中不少于 90％的检查点符合质量标准。

(2)优良:主控项目符合质量标准;一般项目中不少于 95％的检查点符合质量标准。

第七节　　基础排水工程检验

一、基本要求

(1)排水孔的钻孔应符合设计要求,其孔位误差应不大于 10cm。

(2)各类排水孔的俯孔应采用回转式钻机及硬质合金钻头或金刚石钻孔;仰孔用其他各种合宜的钻机、钻头造孔。

(3)排水孔孔深误差不得大于孔深的 1％,不合格的排水孔应重新施工。

(4)在钻孔过程中,每 5～10m 应进行一次孔斜、孔向检测。偏差超过要求时,应及时纠偏或采取补救措施。

(5)俯孔钻至设计深度后,应立即用水将孔内岩粉等物冲出,直至回水澄清 10min。

(6)钻孔冲洗后孔底残留物厚度不得大于 20cm。

二、检验要点

1. 排水孔

(1)基础排水孔包括基础廊道内防渗帷幕下游的主排水孔、封闭帷幕内侧的封闭排水孔、辅助排水孔和基础排水洞内的排水孔。

(2)防渗帷幕下游主排水孔和封闭帷幕内侧的封闭排水孔多为斜孔,其斜角要适宜;辅助排水孔一般为直孔。排水孔孔径应符合设计要求。

(3)所有排水孔均应进行孔斜测量。对于垂直孔和顶角小于 5°的排水孔,其孔底偏差应不大于表 4-53 所列数值的规定。三峡工程要求偏斜率不大于 1％。

(4)对顶角大于 5°且有测斜要求的排水孔,其孔斜要求根据设计文件的规定执行。三峡工程要求偏斜率不大于 2％。

表 4-53　　　　　　　排水孔的孔斜允许偏差值统计表　　　　　　（m）

孔深	20	30	40	50	60	＞60
最大允许偏差值	0.25	0.50	0.80	1.15	1.50	＜2.0

2. 保护装置

（1）排水孔穿过全、强风化岩体或宽度较大、性状较差的断层、岩脉、结构面时，应按设计要求进行孔内保护。

（2）排水孔内的保护装置可采用硬质塑料花管外包工业过滤布。硬质塑料花管的型号、规格、尺寸及工业过滤布的规格应符合设计要求。

（3）排水孔孔口装置的材料、规格、尺寸应满足设计要求

（4）孔口装置应安装牢靠，接头不得有渗、漏水现象出现，安装完成后应进行充水试验。充水试验压力为 0.1～0.2MPa。

（5）使用的排水孔孔口装置的导水管应引向廊道（或排水洞）排水沟，并保证出水畅通。

（6）应做好排水孔孔口装置的保护，以免排水孔孔口装置损坏。

三、质量标准与评定

1. 质量检测数量

对于基础排水孔应逐孔（槽）进行检查，以确保施工质量。

2. 质量检验标准

基础排水工程的质量检查项目、质量标准及检测方法见表 4-54。

表 4-54　　　　　基础排水工程质量检查项目、质量标准及检测方法

项类	检查项目	质量标准	检测方法
主控项目	孔径	符合设计要求	钢尺测量
	终孔高程或孔深	符合设计要求	测绳测量，查看施工记录
	管（槽板）接头，管（槽板）与岩石接触	密合不漏水，管（槽）内干净	目测检查
一般项目	孔口平面位置偏差	≤20cm	钢尺测量
	偏斜率	符合设计要求	测斜仪测量、计算
	钻孔冲洗	孔壁清洁，孔底残留厚度不大于20cm	查看施工记录，测绳测量
	孔内保护装置（需设孔内保护时）	符合设计要求	目测，查看施工记录
	孔口装置	符合设计要求	目测，充水试验

3. 质量评定标准

(1)单个排水孔(槽)质量评定

合格:主控项目符合质量标准;一般项目中应有不少于 70％的检查点符合质量标准。

优良:主控项目和一般项目全部符合质量标准。

(2)排水孔(槽)单元工程质量等级评定

合格:单元工程内排水孔(槽)全部合格,优良排水孔(槽)数小于 70％。

优良:单元工程内排水孔(槽)全部合格,优良排水孔(槽)数大于或等于 70％。

第五章 灌 浆 工 程

第一节 灌浆材料检验

所谓灌浆就是利用灌浆机施加一定的压力,将配置的某种浆液通过预先设置的钻孔和灌浆管,灌入岩石地基、土或建筑物中,使其充填胶结成坚固、密实而不透水的整体。

近年来,灌浆技术在水利水电工程中应用愈来愈广泛,特别是国内外水工建筑物灌浆的技术和实践又有了新的进展。

一、材料基本要求

(1)灌浆材料应根据灌浆的目的和环境水的侵蚀作用来确定。

(2)灌浆材料应具有颗粒细、稳定性好、胶结性强、结石体的渗透性小、结石强度高和耐久性良好等特点。

(3)灌浆用水应符合拌制水工混凝土用水的要求。

(4)制浆材料应按设计规定的浆液配合比计量,计量误差应小于5%,水泥等固相材料应采用质量称量法计量。

(5)各类浆液中加入掺合料和外加剂的种类和数量,应通过室内浆材试验或现场灌浆试验确定。

二、灌浆方式

工程中常用浆液灌注方式,按浆液灌注的流动方式可以分为纯压式和循环式两种。

(一)纯压式灌浆

纯压式灌浆是指一次把浆液注入到孔段内和岩体裂隙中,不再返回的灌浆方式。灌注时浆液单向从灌浆机向钻孔方向流动,灌入孔段内的浆液扩散到岩层缝隙中。此法操作方便,设备简单,但因浆液流动速度较小,易沉淀和堵塞岩层缝隙和管路。一般用于有裂隙存在,吸浆量大和孔深不超过 $12\sim15$m 的情况,如图 5-1(a)所示。

(二)循环式灌浆

循环式灌浆是指灌浆时,灌入孔段内的浆液一部分被压入岩层缝隙中,另一部分通过回浆管路返回,保持孔段内的浆液呈循环流动状态。此法可减少水泥沉淀,有利于提高灌浆效果;同时可根据进浆、回浆浆液密度之差,判断岩层吸收水泥的情况,如图 5-1(b)所示。因其灌浆质量有保证,工程中多优先采用。

帷幕灌浆方式宜采用循环式灌浆,也可采用纯压式灌浆。当采用循环式灌浆时,射浆管距孔底不得大于 500mm。浅孔固结灌浆可采用纯压式灌浆。固结灌浆孔相互串浆时,可采用串孔并联灌注,但灌孔不宜多于 3 个,并应控制灌浆压力,防止上部混凝土或岩体抬动。

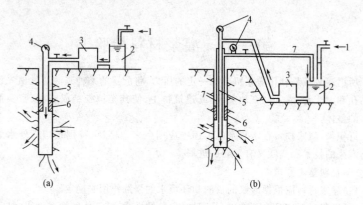

(a)　　　　　　　　　　　　　(b)

图 5-1　纯压式灌浆和循环式灌浆示意图

(a)纯压式灌浆;(b)循环式灌浆

1—水;2—拌浆筒;3—灌浆泵;4—压力表;

5—灌浆管;6—灌浆塞;7—回浆管

三、检验要点

1. 水泥灌浆

(1)采用水泥灌浆时,应采用纯水泥浆液,所用水泥应为硅酸盐水泥或普通硅酸盐水泥。当有抗侵蚀或其他要求时,应使用特种水泥。

(2)使用矿渣硅酸盐水泥或火山灰质硅酸盐水泥灌浆时,浆液水灰比不宜稀于 1。

(3)回填灌浆、固结灌浆和帷幕灌浆所用水泥的强度等级应在 42.5 级或以上;坝体接缝灌浆所用水泥的强度等级应在 52.5 级或以上。

(4)帷幕灌浆和坝体接缝灌浆所用水泥的细度宜为通过 80μm 方孔筛的筛余量不大于 5%。

(5)钢衬接触灌浆和岸坡接触灌浆所用水泥的强度等级和细度应符合坝体接缝灌浆的要求。

(6)在特殊地质条件下或有特殊要求时,水泥浆液应根据现场灌浆试验而定。

2. 黏土灌浆

(1)黏土灌浆的浆液是黏土和水拌制而成的泥浆。适用于土坝坝体裂缝处理及砂砾石地基防渗灌浆。

（2）灌浆用黏土应具有一定的稳定性、可塑性和黏结力：

1）在砂砾石地基中灌浆，一般多选用塑性指数为 10～20、黏粒（$d<$0.005mm）含量为 40%～50%、粉粒（$d=0.005～0.05$mm）含量为 45%～50%、砂粒（$d=0.05～2$mm）含量不超过 5% 的土料；

2）在土坝坝体灌浆中，一般采用与土坝相同的土料，或选取黏粒含量 20%～40%、粉粒含量 30%～70%、砂粒含量 5%～10%、塑性指数 10～20 的重壤土或粉质黏土。

（3）对于黏粒含量过大或过小的黏土都不宜做坝体灌浆材料。

3. 水泥黏土灌浆

（1）由于结石强度不高，水泥黏土浆仅用于对强度要求不高的岩基灌浆中。

（2）在水泥黏土浆中，水泥与土料的比例为 1∶1～1∶4，水和干料的比例一般在 1∶1～6∶1。

4. 化学灌浆

（1）化学灌浆抗渗性好，强度较高，多用于坝基处理及建筑物的防渗、堵漏、补强和加固。

（2）化学灌浆材料的品种很多，应根据工程处理要求进行选用：

1）丙烯酰胺类浆液的黏度很小，与水接近，可灌性好，适用于细微裂隙和孔隙的地层进行防渗堵漏处理。

2）水玻璃胶凝体的强度较低，在干燥环境下有干缩现象，只适用于岩基、砂层水下部位的防渗或堵漏。

3）木质素浆液胶凝体的抗渗性较强，但强度低，多用于砂基的防渗帷幕灌浆。

4）聚氨酯类的品种较多，能制出多种不同特性的聚氨酯浆材：

①油溶性聚氨酯灌浆材料主要用于岩基防渗帷幕和有特殊要求地段的固结灌浆；

②水溶性聚氨酯灌浆材料可用于地基帷幕防渗处理、变形缝的防渗堵漏、岩基的防渗堵漏等。

5）环氧树脂类灌浆材料常用于岩基固结灌浆、加固地基和处理混凝土裂缝等。

6）甲基丙烯酸酯类多用于地下水位以上的混凝土细缝补强。

（3）在灌浆区或岩石缝隙很小，颗粒材料难以灌入或防渗加固要求较高的地方，应采用化学灌浆。

第二节　回填灌浆检验

一、基本要求

（1）回填灌浆应在衬砌混凝土达 70% 设计强度后进行，其施工顺序应符合有关规定。

(2)回填灌浆的范围、孔距、排距、灌浆压力及浆液浓度等,应根据衬砌结构型式、工作条件及施工方法等综合分析确定。

(3)顶拱回填灌浆应分成区段进行,每区段长度不宜大于3个衬砌段。区段的端部应在混凝土施工时封堵严密。

(4)灌浆应分为两个次序进行,两序孔中都应包括顶孔。

(5)灌浆孔灌浆完毕后,应使用干硬性水泥砂浆将钻孔封填密实,孔口压抹齐平。

二、检验要点

(1)浆液的水灰比可为0.5或0.6。空隙大的部位宜灌注水泥砂浆或高流态混凝土,水泥砂浆的掺砂量不宜大于水泥重量的200%。

(2)灌浆前应对衬砌混凝土的施工缝和混凝土缺陷等进行全面检查,对可能漏浆的部位应先行处理。

(3)回填灌浆孔在素混凝土衬砌中应直接钻进;在钢筋混凝土衬砌中应从预埋管中钻进。钻孔孔径不宜小于38mm,孔深宜进入岩石10cm。

(4)在围岩塌陷、溶洞、超挖较大等部位,应预埋不少于2根的灌浆管(排气管)。

(5)灌浆压力应根据混凝土衬砌厚度和配筋情况等决定。在素混凝土衬砌中可采用0.2～0.3MPa;钢筋混凝土衬砌中可采用0.3～0.5MPa。

(6)灌浆施工应自较低的一端开始,向较高的一端推进。同一区段内,同一次序孔应在全部或部分钻出后,再进行灌浆。也可单孔分序钻进和灌浆。

(7)低处孔灌浆时,高处孔可用于排气、排水。当高处孔排出浓浆后,可将低处孔堵塞,改从高处孔灌浆,依此类推,直至结束。

(8)灌浆应连续进行,因故中止灌浆的灌浆孔,应按规定进行扫孔,扫孔完成后再复灌。

(9)灌浆结束时,应在规定压力下灌浆孔停止吸浆后,再延续灌浆10min。

三、质量标准与评定

1. 质量检测数量

水工隧洞顶拱及其他水工结构的空洞、缝隙的回填灌浆进行质量检验时,每个灌浆孔或每个灌浆区应逐项进行检查。

2. 质量检验标准

(1)通过钻孔进行回填灌浆的工程质量检查项目、质量标准及检测方法见表5-1。

(2)采用预埋管路系统进行回填灌浆的工程质量检查项目、质量标准及检测方法见表5-2。

表 5-1 通过钻孔进行回填灌浆工程质量检查项目、
质量标准及检测方法

项类	检查项目	质量标准	检测方法
主控项目	孔深	穿过脱空间隙进入岩石 10cm	用卡尺测量脱空间隙及位置
	灌浆次序	符合设计要求	现场查看
	灌浆压力	符合设计要求	自动记录仪、压力表检测
	浆液浓度	符合设计要求	比重秤
	结束标准	符合设计要求	压力表、量浆尺、自动记录仪
	施工记录	齐全、准确、清晰	查阅原始记录
一般项目	孔位偏差	符合设计要求	钢尺测量
	孔径	符合设计要求	卡尺量测钻头
	抬动变形	符合设计要求	千分表等量测
	中断处理	应无中断或虽有中断但处理及时,措施合理,经检查分析,尚不影响灌浆质量	根据记录和实际情况分析
	封孔	符合设计要求	目测或钻孔抽查

表 5-2 预埋管路系统回填灌浆工程质量
检查项目、质量标准及检测方法

项类	检查项目	质量标准	检测方法
主控项目	灌浆区段封闭、管路畅通情况	无外漏,管路畅通	通气检查、观测
	进浆管口压力	符合设计要求	压力表(计)
	排气管出浆	排气管出浆密度达 $1.70g/cm^3$ 以上	比重秤
	浆液浓度变化及结束标准	符合设计要求	查看记录及用比重秤、自动记录仪或量浆尺检测
	施工记录	齐全、准确、清晰	查阅原始记录
一般项目	灌浆中断处理	无中断或虽有中断但处理及时,措施合理,经检查分析尚不影响灌浆质量	根据记录和实际情况分析
	抬动变形	不超过设计规定值	千(百)分表观测
	封孔	符合设计要求	目测或钻孔抽查

3. 质量评定标准

(1)通过钻孔进行的回填灌浆工程。

1)单个回填灌浆孔质量评定。

合格:主控项目符合质量标准;一般项目不少于60%的检查点符合质量标准。

优良:灌浆孔的主控项目和一般项目全部符合质量标准。

2)单元工程质量等级评定。

合格:单元工程回填灌浆效果检查符合要求,回填灌浆孔全部合格,优良回填灌浆孔数小于70%。

优良:单元工程回填灌浆效果检查符合要求,回填灌浆孔全部合格,优良回填灌浆孔数大于或等于70%。

(2)预埋管路系统回填灌浆工程。

合格:单元工程回填灌浆效果检查符合要求,主控项目全部符合质量标准,一般项目中有两项符合质量标准。

优良:单元工程回填灌浆效果检查符合要求,主控项目和一般项目全部符合质量标准。

第三节　岩基灌浆检验

一、基本要求

(1)岩基灌浆后,基岩的强度和整体性、抗渗性能应符合设计要求。

(2)常用的处理方法有帷幕灌浆、固结灌浆和接触灌浆等,应根据不同的地质条件和施工工艺选用。

(3)帷幕灌浆应布置在靠近上游迎水面的坝基内,形成连续的防渗幕墙。帷幕灌浆一般应在水库蓄水前完成。

(4)同一地段的基岩灌浆必须按先固结灌浆、后帷幕灌浆的顺序进行。

(5)在有盖重混凝土的条件下进行灌浆时,盖重混凝土应达到50%设计强度。

(6)相应部位帷幕灌浆完成并检查合格后,方可进行帷幕后排水孔和扬压力观测孔的钻进。

(7)固结灌浆应按分序加密的原则进行,其施工技术要求可参照深孔固结灌浆。

(8)应安设抬动监测装置。在灌浆过程中应连续进行观测记录,严禁抬动值超过设计规定。

二、检验要点

(一)灌浆材料

1. 性能要求

(1)浆液应具有良好的可灌性,即在一定压力下,能灌入到裂隙、空隙或孔洞中,充填密实。

(2)浆液硬化成结石后,应具有良好的防渗性能、必要的强度和黏结力。

(3)为便于施工和增大浆液的扩散范围,浆液应具有良好的流动性。

(4)浆液应具有较好的稳定性,析水率低。

2. 材料选用

(1)灌入基岩的水泥浆液,应用水泥和水按一定配比制备而成。浆液配比应符合要求。

(2)所用水泥的品种,应根据灌浆目的和环境水的侵蚀作用等因素确定。一般采用强度等级不低于 42.5 级的普通硅酸盐水泥或硅酸盐大坝水泥,如有耐酸等要求时,选用抗硫酸盐水泥。

(3)水泥颗粒的细度应符合设计要求:

1)对于帷幕灌浆,对水泥细度的要求为通过 $80\mu m$ 方孔筛的筛余量不应大于 5%。

2)对于岩体裂隙宽度小于 $200\mu m$ 的地层,应采用超细水泥。超细水泥颗粒的平均粒径约 $4\mu m$,比表面积 $8000cm^2/g$,特别适于细微裂隙基岩的灌浆。

(4)灌浆用的水泥要符合质量标准,不得使用过期、结块或细度不合要求的水泥。

(5)为满足工程对浆液的特定要求,提高灌浆效果,在水泥浆液中应掺入一些外加剂。外加剂的种类及掺入量应通过试验确定。

(6)在一些特殊的地质条件中,如断层、破碎带、细微裂隙等,可采用化学灌浆。

(7)对注入量大、对结石强度要求不高的基岩灌浆,可采用水泥黏土浆、水泥砂浆、水泥粉煤灰浆等。

(二)钻孔

(1)钻孔的孔径应上下均一,孔壁应平顺;钻孔的孔深、孔向、孔位应符合设计要求。

(2)钻进过程中,不得产生过多的岩粉细屑,以免堵塞孔壁缝隙,影响灌浆质量。

(3)帷幕灌浆的钻孔宜采用回转式钻机和金刚石钻头或硬质合金钻头,钻孔的孔径一般应在 75～91mm。固结灌浆则可采用各式合适的钻机与钻头。

(4)帷幕灌浆孔位与设计孔位的偏差值不得大于 10cm,孔深应符合设计规定。

(5)帷幕灌浆孔径不得小于 46mm,固结灌浆孔孔径不宜小于 38mm。

(6)在工程实践中,按钻孔深度不同规定了钻孔偏斜的允许值,如表 5-3 所示,当深度大于 60m 时,则允许的偏差不应越过钻孔的间距。

(7)钻孔遇有洞穴、塌孔或掉块难以钻进时,可先进行灌浆处理,再行钻进。

如发现集中漏水或涌水,应查明情况、分析原因,经处理后再行钻进。

表 5-3 钻孔孔底最大允许偏差值

钻孔深度(m)	20	30	40	50	60
允许偏差(m)	0.25	0.50	0.80	1.15	1.50

(8)灌浆孔(段)在钻进结束后,应进行钻孔冲洗,孔底沉积厚度不得超过 20cm。

(9)各类钻孔当施工作业暂时中止时,孔口应妥善加以保护,防止流进污水和落入异物。

(三)钻孔(裂隙)冲洗

1. 一般规定

(1)钻孔冲洗时,应将残存在钻孔底和黏滞在孔壁的岩粉铁屑等冲洗出来。

(2)岩层裂隙冲洗时,应将岩层裂隙中的充填物冲洗出孔外,以便浆液结石能与基岩胶结成整体。

(3)钻孔冲洗时,应将钻杆下到孔底,从钻杆通入压力水进行冲洗。

(4)冲孔时流量要大,应使孔内回水的流速足以将残留在孔内的岩粉铁末冲出孔外。冲洗一直要进行到回水澄清 5～10min 才结束。

(5)岩层裂隙冲洗方法分单孔冲洗和群孔冲洗两种。在岩层比较完整,裂隙比较少的地方,可采用单孔冲洗。

(6)钻孔(裂隙)冲洗除了利用压力水冲洗外,还可采用压力水和压缩空气轮换冲洗或压力水和压缩空气混合冲洗的方法。

2. 高压水冲洗

(1)整个冲洗过程应在高压下进行,裂隙中的充填物应沿着加压的方向推移和压实。

(2)冲洗压力应采用同段灌浆压力的 70%～80%,但当大于 1MPa 时,采用 1MPa。

(3)当回水洁净,且流量稳定时,应再持续 20min 后,再停止冲洗。

3. 高压脉动冲洗

(1)高压脉动冲洗即利用高压、低压水反复变换冲洗。

(2)冲洗时,应先用高压水冲洗,冲洗压力为灌浆压力的 80%,经 5～10min 后将孔口压力突然降低到零,利用反向脉冲水流,将裂隙中的碎屑带出。

(3)不断的升压、降压循环,对裂隙进行反复冲洗,直到回水洁净,延续 10～20min 后结束冲洗。

4. 扬水冲洗

(1)如地下水位较高,地下水补给条件良好,应采用扬水冲洗。

(2)冲洗时,应先将管子下到钻孔底部,上端接风管,通入压缩空气。待孔中水气混合后,在地下水压力作用下,将孔内的碎屑杂物喷出孔外。

(3)如孔内水位恢复较慢,则可向孔内补水,间歇地扬水,直到将孔洗净为止。

5. 群孔冲洗

(1)群孔冲洗一般适用于岩层破碎,节理裂隙比较发育且在钻孔之间互相串通的地层中。

(2)冲洗时,应将两个或两个以上的钻孔组成一个孔组,轮换地向一个孔或几个孔压进压力水或压力水混合压缩空气,从另外的孔排出污水。这样反复交替冲洗,直到各个孔出水洁净为止。

(3)群孔冲洗时,沿孔深方向冲洗段的划分不宜过长。

(4)为提高冲洗效果,可在冲洗液中加入适量的化学剂。加入化学剂的品种和掺量,宜通过试验确定。

(5)采用高压水或高压水气冲洗时,要注意观测,防止冲洗范围内岩层的抬动和变形。

(四)压力试验

(1)在冲洗完成并开始灌浆前,应对灌浆地层进行压水试验。

(2)进行压水试验时,使用的压力为同段灌浆压力的80%,但一般不大于1MPa。

(3)试验时,可在预定压力之下,每隔5min记录一次流量读数,直到流量稳定30~60min,取最后的流量作为计算值。

(4)工程实践中,常用透水率 q 来表示岩层的渗透特性。其试验成果应按下式计算:

$$q = \frac{Q}{PL} \tag{5-1}$$

式中 q——地层的透水率,Lu(吕容);

Q——单位时间内试验段的注水总量,L/min;

P——作用于试验段内的全压力,MPa;

L——压水试验段的长度,m。

(5)采用自下而上分段灌浆法时,各灌浆孔灌浆前可在孔底段进行一次简易压水。

(6)固结灌浆孔各孔段灌浆前应采用压力水进行裂隙冲洗,冲洗时间可至回水清净时止或不大于20min,压力为灌浆压力的80%,并不大于1MPa。

(7)对于构造破碎带、裂隙密集带、岩层接触带以及岩溶洞穴等透水性较强的岩层,应根据具体情况确定试验的长度。

(8)同一试段不得跨越透水性相差悬殊的两种岩层。

(9)对于有岩溶泥质充填物和遇水性能易恶化的地层,在灌浆前可以不进行裂隙冲洗,也不宜做压水试验。

(五)灌浆施工

1. 钻灌次序

(1)基岩的钻孔与灌浆应遵循分序加密的原则进行。

(2)单排帷幕孔施工时,应先钻灌第Ⅰ序孔,然后依次钻灌第Ⅱ、第Ⅲ序孔,如有必要再钻灌第Ⅳ序孔。

(3)双排和多排帷幕孔,在同一排内或排与排之间均应按逐渐加密的次序进行钻灌作业。

1)双排孔帷幕应先灌下游排,后灌上游排;

2)多排孔帷幕应先灌下游排,再灌上游排,最后灌中间排。

(4)帷幕灌浆各个序孔的孔距视岩层完好程度而定,一般多采用第Ⅰ序孔孔距 8～12m,然后内插加密,第Ⅱ序孔孔距 4～6m,第Ⅲ序孔孔距 2～3m,第Ⅳ序孔孔距 1～1.5m。

(5)对于岩层比较完整、孔深 5m 左右的浅孔固结灌浆,可以采用两序孔进行钻灌作业;孔深 5m 以上的中深孔固结灌浆,则以采用三序孔施工为宜。

(6)固结灌浆最后一个序孔的孔距和排距,应与基岩地质情况及应力条件等有关,一般在 3～6m 之间。

2. 注浆施工

(1)基岩的灌浆方式有纯压式和循环式两种。对于帷幕灌浆,应优先采用循环式。

(2)纯压式灌浆多用于吸浆量大,有大裂隙存在,孔深不超过 12～15m 的基岩中。灌注作业时,一次将浆液压入钻孔,并扩散到岩层裂隙中,不再返回。由于浆液流速较慢,应保证管路与岩层缝隙的畅通。

(3)循环式灌浆就是在灌浆机把浆液压入钻孔后,浆液一部分被压入岩层缝隙中,另一部分由回浆管返回拌浆筒中。

3. 钻灌方法

按照同一钻孔内的钻灌顺序,有全孔一次钻灌和全孔分段钻灌两种方法:

(1)全孔一次钻灌系将灌浆孔一次钻到全深,并沿全孔进行灌浆,多用于孔深不超过 6m,地质条件良好的基岩。

(2)全孔分段钻灌可分为自上而下法、自下而上法、综合灌浆法及孔口封闭法等。

1)自上而下分段钻灌时,应钻一段灌一段,待凝一定时间以后,再钻灌下一段。钻孔和灌浆交替进行,直到设计深度。

2)自下而上分段钻灌时,应一次将孔钻到全深,然后自下而上逐段灌浆。

3)在进行深孔灌浆时,上部孔段采用自上而下法钻灌,下部孔段则用自下而上法钻灌。

4)采用孔口封闭灌浆时,应先在孔口镶铸不小于 2m 的孔口管,以便安设孔口封闭器。采用小孔径(直径 55～60mm)的钻孔,应自上而下逐段钻孔与灌浆;上段灌后不必待凝,进行下段的钻灌,如此循环,直至终孔。

(3)灌浆孔段的长度应根据岩层裂缝分布情况确定,每一孔段的裂隙分布应大体均匀。

1)灌浆孔段的长度应控制在5～6m。

2)如地质条件好,岩层比较完整,段长可适当放长,但也不宜超过 10m。

3)在岩层破碎,裂隙发育的部位,段长应适当缩短,可取 3～4m。

4)在破碎带、大裂隙等漏水严重的地段以及坝体与基岩的接触面,应单独分段进行处理。

(4)进行固结灌浆时,如钻孔中岩石灌浆段的长度不大于 6m,可一次灌浆;大于 6m 时,宜分段灌注。

(5)采用自上而下分段灌浆法时,灌浆塞应阻塞在该灌浆段段顶以上 0.5m 处,防止漏灌。

各灌浆段灌浆结束后一般可不待凝,但在灌前涌水、灌后返浆或遇其他地质条件复杂情况下,则宜待凝,待凝时间应根据设计要求和工程具体情况确定。

(6)采用自下而上分段灌浆法时,若灌浆段的长度因故超过 10m,应对该段宜采取补救措施。

(7)固结灌浆孔相互串浆时,可采用互串孔并联灌注,但并联灌孔不宜多于 3 个,并应注意控制灌浆压力,防止上部混凝土或岩体抬动。

4. 灌浆压力

(1)灌浆压力的大小,与孔深、岩层性质、有无压重以及灌浆质量要求等有关,可进行现场试验确定。

(2)在不致破坏基础和坝体的前提下,应尽可能采用比较高的压力。

(3)帷幕灌浆是在混凝土压重条件下进行的,其表层孔段的灌浆压力不宜小于 1～1.5 倍帷幕的工作水头,底部孔段不宜小于 2～3 倍工作水头。

(4)当固结灌浆为浅孔且无盖重时,其压力应采用 0.2～0.5MPa;有盖重时,采用 0.3～0.7MPa。

(5)在地质条件较差或软弱岩层中,应适当降低灌浆压力。

(六)施工控制

(1)为提高灌浆质量,应合理地控制灌浆压力和浆液稠度。

(2)在灌浆过程中,灌浆压力的控制有一次升压法和分级升压法两种:

1)采用一次升压时,灌浆开始后,一次将压力升高到预定的压力,并在这个压力作用下灌注浆液。

2)采用分级升压时,应将整个灌浆压力分为几个阶段,逐级升压,直到预定的压力。

(3)分级升压法的压力分级不宜过多,一般以三级为限。

(4)浆液灌注应由稀到浓。当每一级浓度的浆液注入量和灌注时间达到一定限度以后,就变换浆液配比,逐级加浓。

(5)分级升压时,灌浆应从最低一级压力起灌,当浆液注入率减少到规定的下限时,将压力升高一级,如此逐级升压,直到预定的灌浆压力。

(6)浆液注入率的上、下限,应视岩层的透水性和灌浆部位、灌浆次序而定,通常上限为 80～100L/min,下限为 30～40L/min。

(7)对于岩层破碎透水性很大或有渗透途径与外界连通的孔段,常采用分级升压法。遇到较大的孔洞或裂隙,应按特殊情况处理。

(8)灌浆过程中,必须根据灌浆压力或吸浆率的变化情况,适时调整浆液的稠度。

(9)灌浆浆液应由稀至浓逐级变换。帷幕灌浆浆液水灰比可采用 5、3、2、1、0.8、0.6(或 0.5)等六个比级。固结灌浆浆液水灰比可采用 3、2、1、0.6(或 0.5),也可采用 2、1、0.8、0.6(或 0.5)四个比级。

灌注细水泥浆液时,水灰比可采用 2、1、0.6 或 1、0.8、0.6 三个比级。

(10)灌浆过程中,灌浆压力或注入率突然改变较大时,应立即查明原因,采取相应措施。

(11)灌浆过程中应定时测记浆液密度,必要时应测记浆液温度。当发现浆液性能偏离规定指标较大时,应查明原因,及时处理。

(七)结束条件与封孔

1. 灌浆结束条件

(1)帷幕灌浆时,在设计规定的压力之下,灌浆孔段的浆液注入率小于 0.4L/min 时,再延续灌注 60min(自上而下法)或 30min(自下而上法);或浆液注入率不大于 1.0L/min 时,继续灌注 90min 或 60min。

(2)固结灌浆,当浆液注入率不大于 0.4L/min 时,应延续 30min。

2. 封孔

(1)灌浆结束以后,应随即将灌浆孔清理干净。

(2)孔口管埋入岩体的深度应根据最大灌浆压力和岩体特性来确定。

(3)孔口封闭器应具有良好的耐压和密封性能。在灌浆过程中,灌浆管应能灵活转动和升降。

(4)各段灌浆时灌浆管必须深入灌浆段底部,管口离孔底的距离不得大于 50cm。

(5)对于帷幕灌浆孔,宜采用浓浆灌浆法填实,再用水泥砂浆封孔。

(6)对于固结灌浆,孔深小于 10m 时,可采用机械压浆法进行回填封孔;当孔深大于 10m 时,其封孔与帷幕孔相同。

三、质量标准与评定

1. 质量检测数量

帷幕灌浆应逐孔逐段地进行检查;固结灌浆应逐孔进行检查。

2. 质量检验标准

岩石地基帷幕灌浆和固结灌浆工程各灌浆孔的质量检查项目、质量标准及检测方法见表 5-4。

表 5-4　　　　　帷幕灌浆和固结灌浆工程质量检查项目、
质量标准及检测方法

项类		检查项目	质量标准	检测方法
主控项目	钻孔	孔深	不得小于设计孔深	钢尺、测绳量测
	灌浆	灌浆压力	符合设计要求	自动记录仪、压力表等检测
		灌浆结束条件	符合设计要求	自动记录仪或压力表、量浆尺等检测
	施工记录、图表		齐全、准确、清晰	查看资料
一般项目	钻孔	孔序	按先后排序和孔序施工	现场查看
		孔位偏差	≤10cm	钢尺量测
		终孔孔径	帷幕孔不得小于46mm，固结孔不宜小于38mm	卡尺量测钻头
		孔底偏距	符合设计要求	测斜仪测取数据、进行计算
	灌浆	灌浆段位置及段长	符合设计要求	核定钻杆、钻具长度或用钢尺、测绳量测
		钻孔冲洗	回水清净、孔内沉淀小于20cm	观看回水，量测孔深
		裂隙冲洗与压水试验	符合设计要求	测量记录时间、压力和流量
		浆液及变换	符合设计要求	比重秤、量浆尺、自动记录仪等检测
		特殊情况处理	无特殊情况发生，或虽有特殊情况，但处理后不影响灌浆质量	根据施工记录和实际情况分析
		抬动观测	符合设计要求	千分表等量测
		封孔	符合设计要求	目测或钻孔抽查

3. 质量评定标准

(1)岩石地基灌浆单元工程质量等级评定表参见表5-5。

表 5-5　　　　　　　岩石地基灌浆单元工程质量等级评定表

(DL/T 5113.1—2005)

单位工程名称				单元工程量							
分部工程名称				施工单位							
单元工程名称				检验日期		年		月		日	
项类		检查项目	质量标准	各孔检测结果(孔号)							
主控项目	钻孔	孔深	不小于设计孔深								
	灌浆	灌浆压力	符合设计要求								
		灌浆结束条件	符合设计要求								
	施工记录、图表		齐全、准确、清晰								
一般项目	钻孔	孔序	按先后排序和孔序施工								
		孔位偏差	≤10cm								
		终孔孔径	帷幕孔不得小于46mm,固结孔不宜小于38mm								
		孔底偏距	符合设计要求								
	灌浆	灌浆段位置及段长	符合设计要求								
		钻孔冲洗	回水清净、孔底沉淀小于20cm								
		裂隙冲洗与压水试验	符合设计要求								
		浆液及变换	符合设计要求								
		特殊情况处理	无特殊情况发生,或虽有特殊情况,但处理后不影响灌浆质量								
		抬动观测	符合设计要求								
		封孔	符合设计要求								
各孔质量评定											
本单元工程共有灌浆孔　个,其中优良灌浆孔　个,优良率为　%											

续表

单元工程效果检查	检查孔压水试验透水率 q＝　　　　Lu(防渗标准为　　　Lu)		
	其他：		
评定意见			单元工程质量等级
施工单位	年　月　日		监理单位　年　月　日

注：1. 各孔检测结果凡可用数据表示的均应填写数据。当一个灌浆孔有多个灌浆段时,灌浆项类内各检查项目的检测结果可用分数表示,如:"8/11"表示该孔有 11 个灌浆段,其中 8 个段合格。不便用数据表示的可用符号表示,"√"表示"符合质量标准";"×"表示"不符合质量标准"。

2. 各孔质量评定用符号表示,"○"表示"优良";"√"表示"合格";"×"表示"不合格"。

3. 单元工程效果检查中的"其他"一栏中可以填写检查孔的岩芯情况,检查孔灌浆注入量情况,物探测试情况,坝(堰、堤)下游量水堰渗水量或坝(堰、堤)下游测压管内水位在施工前、后变化等检查结果。

(2)单个灌浆孔质量评定。

合格:灌浆孔钻孔及各段灌浆的主控项目全部符合标准,一般项目有 70％的检查点符合质量标准。

优良:灌浆孔的主控项目和一般项目全部符合标准。

(3)灌浆单元工程质量等级评定。

合格:单元工程灌浆效果检查符合要求,灌浆孔全部合格,优良灌浆孔数小于 70％。

优良:单元工程灌浆效果检查符合要求,灌浆孔全部合格,优良灌浆孔数大于或等于 70％。

第四节　接触灌浆检验

接触灌浆是指为密实混凝土与钢管或钢板结构物之间,以及混凝土与岩石之间的缝隙进行的灌浆。

一、钢衬接触灌浆检验

(1)接触灌浆的主要作用是填充缝隙,增加黏着力;加强接触面间的密实性,防止渗漏水。

(2)在钢管或钢板结构物四周浇筑混凝土后,易产生缝隙,应对此缝隙进行接触灌浆。

(3)接触灌浆施工时,首先应在钢板上锤击检查,画出脱空区,然后视脱空区面积大小确定孔数,布置孔位。

(4)每个脱空区至少布置两孔,其中一个为灌浆孔,靠近脱空区底部;另一个为排气孔,位于脱空区顶部。

(5)在钢衬上钻灌浆孔时,应采用磁座电钻,孔径不应小于 12mm。每孔应测记钢衬与混凝土之间的间隙尺寸。

(6)灌浆孔也可在钢板上预留,孔内应有丝扣,并在该孔处钢衬外侧衬焊加强钢板。

(7)在钢衬的加劲环上应设置连通孔,以便于浆液流通。孔径不宜小于 16mm。

(8)灌浆前应使用洁净的压缩空气检查缝隙串通情况,吹除空隙内的污物和积水。风压应当小于灌浆压力。

(9)灌浆压力必须以控制钢衬变形不超过设计规定值为准。可根据钢衬的壁厚、脱空面积的大小以及脱空的程度等实际情况确定,一般不宜大于 0.1MPa。

(10)浆液水灰比可采用 0.8、0.6(或 0.5)两个比级,必要时应加入减水剂。

(11)灌浆应自低处孔开始,并在灌浆过程中敲击震动钢衬,待各高处孔分别排出浓浆后,依次将其孔口阀门关闭,同时应记录各孔排出的浆量和浓度。

(12)灌浆结束条件:在规定压力下灌浆孔停止吸浆,延续灌注 5min,即可结束。

(13)灌浆短管与钢衬间可采用丝扣连接,也可焊接。灌浆结束后用丝堵加焊或焊补法封孔。焊后用砂轮磨平。

(14)钢衬回填灌浆也可采用预埋专用灌浆管的无钻孔方式进行,其技术和质量要求按设计规定执行。

二、岸坡接触灌浆检验

(1)岸坡接触灌浆必须等坝块混凝土的温度达到设计规定值后方可进行。

(2)采用钻孔埋管灌浆法时,应按 9～12m 高差形成封闭灌区,并按设计要求设置止浆片。

1)在灌区内,应按混凝土分层进行钻孔和埋管,孔位应上、下层错开,各孔斜向钻穿混凝土深入基岩 0.2～0.5m。

2)每孔以控制灌浆面积 5m² 左右为宜。

3)孔口应埋设灌浆支管,并用进浆、回浆主管连接引入廊道或坝外。

4)灌区顶部可设置一排钻孔埋管作为排气设施。

(3)采用预埋管灌浆方法时,应根据岸坡具体情况分成若干个封闭的灌区,灌区建基面应相对平整,面积以不大于 200m² 为宜。

各灌区的灌浆系统应有进浆管、回浆管、出浆和排气设施。

（4）采用直接钻孔灌浆法时，应在岸坡坝段适当部位分层设置适应钻孔灌浆施工的横向廊道或平台。

（5）当采用直接钻孔灌浆法时，应先从上、下游边缘开始施灌。

（6）当岸坡的固结灌浆孔兼作接触灌浆孔时，固结灌浆宜在接触灌浆之后进行。

（7）采用直接钻孔灌浆时，应采用双孔连通法进行试验。在设计压力下不串水，可认为合格。

三、混凝土与岩石之间的接触灌浆检验

在岩石地基上修建混凝土坝时，混凝土硬化干缩后产生的裂缝，应采用接触法灌浆。

（1）在岩面比较平缓的部位，接触灌浆常结合坝基帷幕和固结灌浆进行。

1）帷幕灌浆常将坝体混凝土与岩石之间的接触面作为一个灌浆段，基岩段长不超过 2m，单独进行灌浆。

2）固结灌浆当钻孔孔隙在基岩中不大于 6m 时，常全孔一次进行灌浆；大于 6m 时，常将接触面单独分为一段，进行分段灌浆。

（2）在坝肩岩石边坡陡于 45°的部位进行接触灌浆时，应采用分层浇筑混凝土后再钻孔的方法、预埋灌浆盒法或其他有效的方法。

施工时，应在接触面上形成出浆点或出浆线，并设置有类似进浆、回浆、出浆和排气的设施，各管路应引到就近廊道或其他合适的地点，待混凝土温度达到设计规定值后再进行接触灌浆。

第五节　固结灌浆检验

固结灌浆是在岩体中通过向钻孔中灌浆以改善岩体物理力学性能的一种工程技术处理措施。其主要作用是提高岩体的整体性、抗压强度与弹性模量，减小岩体变形与上部建筑物的不均匀沉降。

一、基本要求

（1）钻具性能应满足灌浆的要求。灌浆材料的质量及配合比应符合设计要求。

（2）灌浆压力、浆液比重、浆液变换以及灌浆结束时间等应符合设计要求。

（3）封孔工艺以封孔灌浆的压力、时间、水灰比应满足设计要求。

（4）灌浆必须连续进行。若因故中断，应尽快恢复灌浆；否则在复灌前应进行扫孔。

（5）在灌浆过程中，如遇涌水、外漏、串浆、冒浆等异常情况，应采取相应措施进行处理。

二、检验要点

1. 适用范围

(1)混凝土重力坝多在坝基全面进行固结灌浆。有时为增加坝基的抗滑稳定,还在坝基上、下游一定范围内进行固结灌浆。

(2)混凝土拱坝或重力拱坝,除坝基进行固结灌浆外,对受力较大的坝肩、拱座岩体也应进行固结灌浆。

(3)水工隧洞常在混凝土衬砌四周进行围岩固结灌浆。

(4)对位于地下水丰富区、岩体破碎地段,或地质条件非常复杂地段的水工隧洞,在开挖前,有时需先在大于洞径一定范围内进行超前固结灌浆,以有利于开挖。

(5)土石坝在斜墙或心墙底部设置混凝土盖板,对盖板下的基岩进行固结灌浆;混凝土面板堆石坝对趾板下的基岩进行固结灌浆等。

2. 钻孔布置

(1)灌浆孔的排距、孔距、孔深等,应根据地质条件、坝型、坝高及水工建筑物对基岩的要求而定。

1)孔距一般为 2.5~5m;

2)排距应略小于孔距,可布置为方格形、梅花形和六角形;

3)孔深一般应小于或等于 10m,有特殊要求时应进行深孔固结灌浆。

(2)固结灌浆孔可采用风钻或其他型式钻机钻孔,终孔直径不宜小于 38mm。

(3)当钻孔终孔端位于断层部位时,应加深至穿过该断层以下 0.5~1.0m。

3. 钻孔冲洗

(1)钻孔结束后,应立即用大流量水流将孔内岩粉等物冲出,直至回水澄清 10min 后结束。

(2)钻孔冲洗后孔底残留物厚度不得大于 20cm。

(3)灌浆孔在灌浆前,应用压力水进行裂缝冲洗,直至回水清净为止。冲洗压力为灌浆压力的 80%,但不应大于 1MPa。

(4)单孔裂隙冲洗采用压力水脉动方式进行;串通孔裂隙冲洗宜先采用单孔裂隙冲洗方法,如冲洗效果不佳,改用群孔风、水轮换方式冲洗。

(5)对断裂构造、岩脉、裂隙发育带等地质缺陷部位,裂隙冲洗回水难以澄清时,可在冲洗 2h 后结束。

4. 灌浆施工

(1)固结灌浆主要有混凝土盖重和封闭式无盖重两种方式,其具体使用部位应满足设计要求。

(2)灌浆分段长度应符合设计要求。段长小于 6m 时,可不分段;基岩段大于 6m 时,应自下而上分段灌浆,各段段长以 5m 为宜。

(3)固结兼辅助帷幕灌浆孔、位于陡直立坡上(坡度大于 1∶0.5)的固结灌浆孔,应分段钻灌,其接触段段长一般为 2m,以下各段以 5m 为宜。

(4)灌浆压力应尽快达到设计压力,注意控制灌浆压力与注入率相适应。当注入率较大时,应在钻孔冲洗或压水试验的基础上分级升压。

(5)浆液材料应符合设计要求。浆液温度应保持在 5～40℃ 之间,超过规定者应予以废弃。

(6)围岩高压固结灌浆应自上而下分段灌浆。地质缺陷等特殊部位,灌浆段可适当加长,但最长不得大于 8m。

(7)灌浆孔灌浆结束后,应排除钻孔内的积水和污物,并进行封孔。

三、质量标准与评定

1. 质量检验数量

检查孔数量为灌浆总孔数的 5%。检查孔施工在灌浆结束 7d 后进行。

2. 质量检验标准

基础固结灌浆质量检验标准可参照表 5-6 的规定执行(该表为三峡工程基础固结灌浆检查标准)。

表 5-6　　　　　　　　　　　基础固结灌浆检查标准表

序号	检查项目		质量标准
1	钻孔	孔位允许偏差	±10cm
2		△孔深偏差	不小于设计孔深
3		钻孔冲洗与压水试验	符合设计或规程规范要求,回水洁净和回水吕容值无显著异常
4		△使用压力	符合设计或规程规范要求($P_{实}$≤20% P_{max}),不允许超压
5	灌浆	灌浆段长	符合设计或规程规范要求
6		△射浆管距孔底距离	≤50cm
7		△浆液及浆液变换标准	符合设计或规程规范要求,吸浆率不因浆液变换而显著降低
8		△结束标准	符合设计或规程规范要求
9		封孔	密实不渗水
10		灌浆中断影响程度	经检查分析后符合质量要求
11		△灌浆记录	齐全、清晰、准确

注:△表示该项目为主要检测项目。

3. 质量评定标准

单元工程中所有的灌浆孔均需参加评定。不合格的灌浆段、孔、单元必须按要求处理合格后,方可参与单元质量等级评定。

(1)单个灌浆孔质量评定分优良和合格两级。凡主要检查、检测项目100%的灌段符合标准,其他检查项目70%以上的灌段符合标准的评为合格灌浆孔;单个灌浆孔凡100%的灌段主要检查项目符合标准,其他检查项目90%以上的灌段符合标准的可评为优良灌浆孔。

(2)固结灌浆质量检查孔检查标准分为"合格"和"处理后合格"两个等级。

合格:固结灌浆孔压水试验检查的合格标准为灌后基岩透水率小于设计要求值(三峡工程 $q \leqslant 3Lu$),单元灌区内压水检查合格率达80%以上,其余不合格孔段基岩透水率最大值不超过设计规定值,且不集中方可以认为合格。

处理后合格:不满足合格标准,按监理工程师指令处理后合格的单元。

(3)凡灌浆质量检查孔检查为合格,单元内灌浆孔全部合格,其中优良灌浆孔占70%及其以上的,评为优良,优良灌浆孔不足70%的,评为合格。凡灌浆质量检查孔压水试验检查为处理后合格,单元内灌浆孔全部合格的,评为合格。

第六节　帷幕灌浆检验

帷幕灌浆是指为建造水工建筑物地基防渗帷幕而进行的灌浆。帷幕灌浆是水工建筑物岩石地基防渗处理的主要手段。

一、基本要求

(1)灌浆孔的孔向、孔深应符合设计要求,孔位偏差不得大于10m,孔径不得小于46mm。

(2)帷幕灌浆的位置、孔的布置、浆液配置及灌浆程序等,均应符合有关规定。

(3)灌浆前,应用压力水进行裂隙冲洗。冲洗后,应在孔内进行压水试验,其试验方法和数量应符合有关规定。

(4)灌浆应连续进行,如因故中断,应尽快恢复灌浆;否则应冲洗钻孔,若冲洗无效,则应进行扫孔。扫孔合格后,再行灌浆。

(5)灌浆过程中,应注意串浆现象。发生串浆现象时,如串浆孔具备灌浆条件,应一泵一孔同时灌浆。

二、检验要点

1. 钻孔检查

(1)钻具的性能应满足灌浆要求。

(2)灌浆孔孔深应符合设计规定。深孔钻进时,应严格控制孔深20m以内的偏差。

(3)进行孔斜测量时,垂直的或顶角小于5°的帷幕灌浆孔,孔底的偏差不得大于表5-7的规定。

(4)对于顶角大于5°的斜孔,孔底最大允许偏差值可根据实际情况按表5-4

中的规定适当放宽,但方位角的偏差值不应大于5°。

表 5-7　　　　　　　　　　帷幕灌浆孔孔底允许偏差　　　　　　　　　（m）

孔 深		20	30	40	50	60
允许偏差	单排孔	0.25	0.45	0.70	1.00	1.30
	二或三排孔	0.25	0.50	0.80	1.15	1.50

(5)当孔深大于60m时,孔底最大允许偏差值应根据工程实际情况确定,但不得大于孔距。

(6)发现钻孔偏斜值超过设计规定时,应及时纠正或采取补救措施。

2. 灌浆施工

(1)帷幕灌浆材料主要有水泥浆、水泥黏土浆和化学浆液等,较常采用的是水泥浆。化学浆液一般只在特殊情况下使用。

(2)帷幕灌浆必须按分序加密的原则进行:

1)由三排孔组成的帷幕,应先灌注下游排孔再灌注上游排孔,然后进行中间排孔的灌浆,每排孔可分为二序。

2)由两排孔组成的帷幕应先灌注下游排,后灌注上游排,每排可分为二序或三序。

3)单排孔帷幕应分为三序灌浆。

(3)在先灌排或主帷幕孔中应布置先导孔。先导孔应在一序孔中选取,其间距不宜小于15m,或按该排孔数的10%布置。

(4)帷幕灌浆有自上而下分段灌浆法和自下而上分段灌浆法两种,有时也采用综合灌浆法及孔口封闭灌浆法。

(5)进行帷幕灌浆时,坝体混凝土和基岩的接触段应先进行单独灌浆,其在岩石中的长度不得大于2m。以下各灌浆段长度一般为5~6m,最大不超过10m。

(6)帷幕灌浆先导孔各孔段可与压水试验同步自上而下进行灌浆,也可在全孔压水试验完成之后自下而上进行灌浆。

(7)帷幕灌浆孔各灌浆段不论透水率大小均应按技术要求进行灌浆。

(8)灌浆过程中,如发生冒浆、漏浆时,应采取措施进行处理。

(9)灌浆过程中如回浆变浓,可换用相同水灰比的新浆灌注,若效果不明显,继续灌注30min,即结束灌注,可不再进行复灌。

(10)灌浆孔段遇特殊情况,无论采用何种措施处理,其复灌前应进行扫孔,复灌后应达到规范规定的结束条件。

3. 灌浆结束与封孔

(1)采用自上而下分段灌浆法时,灌浆段在最大设计压力下,注入率不大于1L/min后,继续灌注60min,可结束灌浆。

（2）采用自下而上分段灌浆法时，在该灌浆段的最大设计压力下，注入率不大于 1L/min 后，继续灌注 30min，可结束灌浆。

（3）帷幕灌浆采用自上而下分段灌浆法时，灌浆孔封孔应采用"分段灌浆封孔法"或"全孔灌浆封孔法"；采用自下而上分段灌浆时，应采用"全孔灌浆封孔法"。

三、质量标准与评定

1. 质量检查数量

（1）灌浆孔中各孔段的孔深测量、冲孔洗孔、孔斜测量、射浆管距孔底距离检查数量，原则上按总灌浆段数的 50% 控制；一个单元工程内每孔各段的灌浆、终孔孔深、孔斜以及封孔均要进行检查。

（2）帷幕灌浆质量检查孔孔数按灌浆总孔数的 10% 控制。

2. 质量检查标准

基础帷幕灌浆检查标准见表 5-8（本标准为三峡工程大坝基础帷幕灌浆质量检查标准，可予以参照）。

表 5-8　　　　　　　　　　　基础帷幕灌浆检查标准表

序号	检 查 项 目			质 量 标 准
1	钻孔	孔 序		不得越序施工
2		孔位允许偏差		±10cm
3		△孔深偏差		不小于设计孔深，允许偏差 20cm
4		偏斜率	直孔	<1%
			斜孔	<1.5%
5	冲洗	钻孔冲洗与压水试验		符合设计或规程规范要求，回水洁净和回水吕容值无显著异常
6	灌浆	△使用压力		符合设计或规程规范要求（$P_实 \leqslant 20\% P_{max}$），不允许超压
7		灌浆段长		符合设计或规程规范要求，第 1～3 段段长无显著异常
8		△射浆管距孔底距离		≤50cm
9		△浆液及浆液变换标准		符合设计或规程规范要求，吸浆率不因浆液变换显著降低
10		△结束标准		符合设计或规程规范要求
11		封 孔		密实不渗水
12		灌浆中断影响程度		经检查分析后符合质量要求
13		△灌浆记录		齐全、清晰、准确

注：△表示该项目为主要检测项目。

3. 质量评定标准

(1)单个灌浆段质量评定分优良和合格两级。凡主要检查项目 100％符合标准,其他检查项目 70％以上符合标准的评为合格;凡主要检查项目 100％符合标准,其他检查项目 90％以上符合标准的可评为优良。

(2)单个灌浆孔 100％的灌段主要检查项目符合标准,其他检查项目 70％的灌段符合标准,即评为合格灌浆孔;单个灌浆孔 100％的灌段主要检查项目符合标准,其他检查项目 90％的灌段符合标准,可评为优良灌浆孔。

(3)单元工程优良孔大于或等于 70％,钻孔压水试验检查无经过处理后合格的孔、段时评为优良,否则评为合格。

第七节　坝体接缝灌浆检验

一、基本要求

(1)灌浆材料应符合设计要求;灌区两侧及压重层混凝土温度应达到设计要求。

(2)灌区应密封良好;管路和缝面冲洗时间、压力和结束标准应满足设计要求。

(3)灌浆压力、浆液变换及灌浆结束标准应符合设计要求。

(4)灌浆过程中,应无中断、串浆、漏浆和管路堵塞情况,或经及时处理合格。

(5)灌浆过程中,接缝增开度不得大于 0.3mm;缝面单位面积耗灰量应符合设计要求。

(6)灌浆原始记录应真实、详细、齐全、清晰、准确。

二、检验要点

1. 灌浆系统加工

(1)灌浆管路和部件的加工应按设计图纸进行。加工完成后应逐件清点检查,检查合格方可使用。

(2)止浆片、出浆盒及其盖板、排气槽及其盖板的材质、规格、加工、安装均应符合设计要求。

(3)采用塑料拔管方式时,应使用软质塑料管。塑料管封头宜采用热压模具加工成圆锥形,充气接头应采用压紧连接方式。

(4)采用预埋塑料管方式时,应使用聚乙烯硬管,但外露管口段宜换用铁管。

(5)采用预埋铁管方式时,在管路转弯处应使用弯管机加工或用弯管接头连接,进浆管与升浆管或水平支管的连接均应使用三通,不得焊接。

(6)在管上开孔时,应使用电钻,钻后应将管内渣屑清除干净。

2. 灌浆系统布置

(1)接缝灌浆系统应分灌区进行布置。每个灌区的高度应以 9～12m 为宜,面积以 200～300m² 为宜。

(2)灌浆系统的布置应遵守以下原则：

1)浆液能自下而上均匀地灌注到整个灌区缝面；

2)灌浆管路和出浆设施与缝面连通顺畅；

3)灌浆管路顺直、弯头少；

4)同一灌区的进浆管、回浆管和排气管管口集中。

(3)采用塑料拔管方式时，升浆管的间距宜为 1.5m，升浆管顶部应终止在排气槽以下 0.5～1.0m 处。

(4)采用预埋管和出浆盒方式时，出浆盒应呈梅花形布置，每盒担负的灌浆面积不得超过 5m²。灌区顶部的一排出浆盒距排气槽宜为 0.5～1.0m。灌区底部一排出浆盒应适当加密。纵缝出浆盒应布置在先浇块键槽的倒坡面上。

(5)采用出浆槽方式时，进、回浆管应与灌区底部的出浆槽处连接。

3. 灌浆系统安装

(1)灌浆系统的管路应根据需要选择不同的管径。外露管口段的长度不得小于 15cm，离底板的高度应适当。

(2)各灌区止浆片，特别是基础灌区底层止浆片必须保证埋设质量，安装不得错位。

(3)分层安装的灌浆系统应逐层及时做好施工记录。

(4)灌浆管路不得穿过缝面，否则必须采取可靠的过缝措施。

(5)当升浆管路采用塑料拔管方式施工时，应符合下列规定：

1)灌浆管路应全部埋设在后浇块中。在同一个灌区内，浇筑块的先后次序不得改变；

2)先浇块缝面模板上应预设竖向半圆模具；在上下浇筑层间应保持连续，且在同一条直线上。

3)后浇块浇筑前安设的塑料软管应顺直地稳固在先浇块的半圆槽内。

(6)采用埋管和出浆盒方式时，应遵守下列规定：

1)灌浆管路、出浆盒、排气槽、止浆片等的安装，应在先浇块模板立好后进行。出浆盒和排气槽的周边应与模板紧贴，安装牢固。

2)出浆盒盖板、排气槽盖板应在后浇块浇筑前安设。盒盖与盒、槽盖与槽应完全吻合，四周应封闭严实。

(7)采用出浆槽方式时，应遵守下列规定：

1)先浇块浇筑前，应安装好进、回浆管，底部出浆槽、顶部排气槽，排气管以及四周止浆片。出浆槽和排气槽应与模板紧贴，安装牢固。

2)出浆槽和排气槽的盖板应在后浇块浇筑前安装。槽盖与槽应完全吻合，四周应封闭严实。

(8)灌浆管路连接完毕后应进行固定，防止在浇筑过程中管路移位、变形或损坏。

4. 灌浆施工

(1)混凝土坝接缝灌浆施工应按高程自下而上分层进行。

(2)在同一高程上,重力坝应先灌纵缝,再灌横缝;拱型坝应先灌横缝再灌纵缝。

1)横缝灌浆应从大坝中部向两岸推进;

2)纵缝灌浆应从下游向上游推进,或先灌上游第一道纵缝后,再从下游向上游推进。

(3)灌浆作业时,各灌区应符合以下条件:

1)灌区两侧坝块混凝土的温度应达到设计规定值;

2)灌区两侧坝块混凝土的龄期应大于 6 个月;在采取了有效冷却措施情况下,也不得少于 4 个月。

3)除顶层外,灌区上部混凝土厚度不得少于 6m,其温度应达到设计值。

4)接缝张开度不得小于 0.5mm。

5)灌区周边封闭良好,管路和缝面畅通。

(4)灌浆过程中,必须严格控制灌浆压力和缝面增开度,灌浆压力应达到设计要求。

(5)浆液水灰比应采用 2、1、0.6(或 0.5)三个比级:

1)开始灌注时,浆液水灰比为 2;待排气管出浆后,浆液水灰比可改用 1。

2)当排气管出浆水灰比接近 1,或水灰比为 1 的浆液灌入量约等于灌区容积时,应改用水灰比为 0.6(或 0.5)的浆液灌注。

(6)为尽快使浓浆充填缝面,开灌时排气管应全部打开放浆,其他管应间断打开放浆。

(7)在灌浆过程中,必须保持各灌区的灌浆压力基本一致,并应协调各灌区浆液的变换。

(8)当同一坝缝的上、下层灌区相互串通,采用同时灌浆时,应先灌下层灌区,待发现上层灌区有浆液串出,再用另一泵进行上层灌区的灌浆。

(9)当排气管排浆达到或接近最浓比级浆液,且管口压力或缝面增开度达到设计规定值,注入率不大于 0.4L/min 时,持续 20min,灌浆即可结束。

(10)灌浆结束时,应先关闭各管口阀门后再停机,闭浆时间不宜少于 8h。

5. 特殊情况处理

(1)灌浆过程中发现浆液外漏,应先从外部进行堵漏。若无效再采用灌浆措施,如采用加浓浆液、降低压力措施等进行处理,但不得采用间歇灌浆法。

(2)若灌浆因故中断,应立即用清水冲洗管路和灌区,保持灌浆系统通畅。

(3)当灌区的缝面张开度小于 0.5mm 时,可采取以下措施:

1)使用细度为通过 71μm 方孔筛筛余量小于 2% 的水泥浆液或细水泥浆液;

2)在水泥浆液中加入减水剂;

3)在缝面增开度限值内提高灌浆压力;

4)采用化学灌浆。

(4)灌浆过程中发现串浆,当串浆灌区已具备灌浆条件时,应同时灌浆。否则应采取以下措施:

1)若开灌时间不长,应使用清水冲洗灌区和串区,直至具备灌浆条件后再同时进行灌浆。

2)若灌浆时间已较长且串浆轻微,可在串区通低压水循环,直至灌区灌浆结束,串区循环回水洁净时止。

(5)灌浆过程中,当进浆管和备用进浆管均发生堵塞,应先打开所有管口放浆,然后在缝面增开度限值内尽量提高进浆压力,疏通进浆管路。

三、质量标准与评定

1. 质量检测数量

混凝土接缝灌浆单元工程以设计、施工确定的灌浆区、段划分,每一区、段为一个单元工程。质量检测时应逐项检查,总检测点数不少于 30 个。

2. 质量检查标准

坝体接缝灌浆作业质量检查标准可参见表 5-9(该标准为三峡工程坝体接缝作业质量检查标准)。

表 5-9   接缝灌区灌浆施工检测项目及标准表

项次	项　　目	质量标准
1	△灌缝两侧及压重混凝土温度	满足设计要求
2	灌浆材料	满足设计要求
3	灌缝张开度	宜大于 0.5mm
4	△灌区密封性,缝面管路畅通情况	封闭良好,管路和缝面畅通或满足设计要求
5	管路和缝面冲洗,冲洗时间和压力	满足设计要求
6	△灌浆压力	满足设计要求
7	△浆液变换及灌浆结束标准	满足设计要求
8	△原始记录	齐全、清晰、准确
9	灌浆过程中有无中断、串浆、漏浆和管路堵塞等情况	无或经及时处理满足设计要求
10	△灌浆过程中接缝增开度	<0.5mm 或符合设计要求
11	缝面注入水泥量	符合设计要求

注:△表示该项目为主要检测项目。

3. 质量评定标准

(1)接缝灌浆质量评定以分析灌浆资料为主,并结合钻孔取芯、槽检、压水试验及声波测试、孔内录像等成果综合评定。

(2)在各主要检查、检测项目全部符合标准的前提下,其他检查、检测项目基本符合上述标准,检测点总数中有90%及其以上符合上述标准的,单元工程即评为优良;检测点数中有70%及其以上符合上述标准的,单元工程评为合格;未达到合格标准的单元工程,评为不合格。

(3)根据灌浆施工记录和成果资料分析,如灌区两侧坝块混凝土的温度达到设计规定,两个排气管排浆密度均达到 $1.5g/cm^3$ 以上,且有压力,其中一个排气管管口压力已达到设计压力的50%以上,其他情况基本符合要求的,灌区灌浆质量可评为合格。

(4)钻孔取芯、压水试验和槽检工作,应选择有代表性的灌区进行。检查时间应在灌区灌浆结束28d以后。具体检查部位和合格标准,应由有关单位商定。检查重点宜放在根据灌浆资料分析被评为不合格的灌区,若该区检查结果较好,灌浆质量可重新评定。

(5)接缝灌浆灌区的合格率在80%以上,不合格灌区分布不集中,且每一坝段内纵缝灌浆灌区合格率不低于75%,每一条横缝内灌浆灌区的合格率不低于75%,接缝灌浆工程质量即可评为合格。

第八节 高压喷射灌浆检验

高压喷射灌浆法就是利用钻机造孔,然后将带有特制合金喷嘴的灌浆管下到地层预定位置,以高压把浆液或水、气高速喷射到周围地层,对地层介质产生冲切、搅拌和挤压等作用,同时被浆液置换、充填和混合,待浆液凝固后,就在地层中形成一定形状的凝结体。各个孔的凝结体连接起来,可以形成板式或墙式的结构,不仅可以提高基础的承载力,而且可成为一种有效的防渗体。

由于高压喷射灌浆具有对地层条件适用性广、浆液可控性好、施工简单等优点,近年来在国内外都得到了广泛应用。

一、基本要求

(1)高压喷射防渗板(墙)应连续与完整,其施工质量应符合设计要求。

(2)施工孔距应根据地层条件、防渗要求、施工方法与工艺、结构布置形式及孔深等因素综合考虑确定,也可通过现场试验确定。

(3)在高压喷射、挤压、余压渗透以及浆气升串的综合作用下,应形成连续和密实的凝结体。

(4)灌浆材料符合设计要求;灌浆原始记录要真实、详细、齐全、清晰、准确。

二、检验要点

1. 灌浆材料

(1)高压喷射灌浆材料应满足工程特点、高压喷射目的和要求。

(2)高压喷射多采用水泥浆。为增加浆液的稳定性,应在水泥浆液中加入少量膨润土。

(3)对凝结体性能有特殊要求时,在水泥浆液中应加入一定量的膨润土或其他掺合料。

(4)地基加固的高压喷射施工一般采用纯水泥浆,浆液水灰比应不大于 $1:1$ 的浓浆,一般为 $0.8:1\sim1:1$。

2. 凝结体的形式

凝结体的形式与高压喷射方式有关,常见的有以下三种:

(1)喷嘴喷射时,边旋转边垂直提升(即旋喷),形成圆柱形凝结体(图 5-2a);

(2)喷嘴喷射的方向固定,边喷射边提升(即定喷),形成板状凝结体(图 5-2b);

(3)喷嘴喷射时,边提升边摆动(即摆喷),形成哑铃状或扇形凝结体(图 5-2c)。

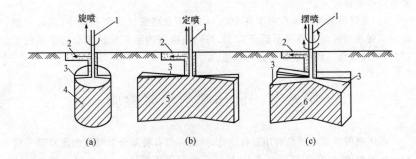

图 5-2 旋喷、定喷和摆喷示意图

(a)旋喷形成圆柱形固结物;(b)定喷形成片状固结物;(c)摆喷形成扇形固结物

1—喷射注浆管;2—冒浆;3—射流;4—旋转成桩;5—定喷成板;6—摆喷成墙

3. 高压喷射施工

(1)进行高压喷射灌浆的设备由造孔、供水、供气、供浆和喷灌等五大系统组成。常用的造孔机具有回转式钻机、冲击式钻机等,但目前用得较多的是立轴式液压回转钻机。

(2)在软弱透水的地层中进行造孔,应采用泥浆固壁或跟管(套管法)方法,确保成孔。

(3)为保证钻孔质量,孔位偏差应不大于 $10\sim20$mm,孔斜率小于 1%[图 5-3(a)]。

（4）用泥浆固壁钻孔时，应将喷射管直接下入孔内，直到孔底。

（5）用跟管钻孔时，在拔管前应向套管内注入密度大的塑性泥浆，边拔边注，并保持液面与孔口齐平，直至套管拔出，再将喷射管下到孔底[图 5-3(b)]。

（6）在下管的过程中，应将喷嘴对准设计的喷射方向，不偏斜，以确保喷射灌浆成墙。

（7）喷射作业时，应根据设计的喷射方法与技术要求，将水、气、浆送入喷射管，喷射 1～3min；待注入的浆液冒出后，按预定的速度边喷射边转动、摆动，逐渐提升到设计高度[图 5-3(c)]。如成桩或成墙，见图 5-3(d)。

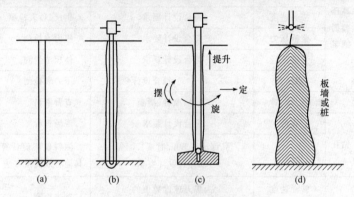

图 5-3　高压喷射灌浆施工程序

(a)造孔；(b)下喷射管；(c)喷射提升(旋转或摆动)；(d)成桩或成墙

（8）回填注浆时，随着高度的不断增加，应向喷射管内不断地加注浆液，直至达到预期目的。

三、质量标准与评定

1. 质量检测数量

根据工程重要性和规模，高压喷射灌浆工程应以相邻的 20～40 个高压喷射孔或连续 400～600m² 的防渗墙体为一个单元工程。检测时，应逐孔逐项进行检查。

2. 质量检验标准

高压喷射灌浆工程的质量检查项目、质量标准及检测方法见表 5-10。

3. 质量等级评定

(1)单个高压喷射灌浆孔的质量评定。

合格：主控项目符合质量标准；一般项目不少于 70％ 的检查点符合质量标准。

优良：主控项目和一般项目全部符合质量标准。

(2)高压喷射灌浆单元工程质量等级评定。

表 5-10   高压喷射灌浆工程质量检查项目、质量标准及检测方法

项类	检查项目		质量标准		检测方法
			两管法	三管法	
主控项目	钻孔	孔位偏差	不大于 5cm		用钢尺量测
		钻孔深度	符合设计要求		用钢尺、测绳量测
	高压喷射灌浆	喷射管下入深度	符合设计要求		用钢尺、测绳量测
		喷射方向	符合设计要求		罗盘检测
		提升速度	符合设计要求		钢尺、秒表检测
		浆液压力	符合设计要求		压力表检测
		浆液流量	符合设计要求		体积法量测
		水压力	—	符合设计要求	压力表检测
	施工记录		齐全、准确、清晰		查看资料
一般项目	钻孔	孔序	符合设计要求		现场查看
		孔斜率	孔深小于 30m 时≤1.0%，或符合设计要求		测斜仪测值计算或其他有效测量方法
	高压喷射灌浆	转动速度或摆动速度	为提升速度数值的 0.8～1.0 倍		秒表检测
		摆动角度	符合设计要求		角度尺量测
		气压力	符合设计要求		压力表检测
		气流量	符合设计要求		流量计检测
		水流量	—	符合设计要求	流量表检测
		进浆密度	1.4～1.7g/cm³，或符合设计要求		比重秤检测
		回浆密度	≥1.3g/cm³	≥1.2g/cm²	比重秤检测
		中断处理	不影响质量或影响轻微		根据施工记录或实际情况分析

注:使用低压浆液时"浆液压力"项为一般项目。

合格:在本单元工程高压喷射灌浆效果检查符合要求的前提下,高压喷射灌浆孔全部合格,优良高压喷射灌浆孔数小于 70%。

优良:高压喷射灌浆孔全部合格,优良高压喷射灌浆孔数大于或等于 70%。

第九节　灌浆工程压水试验

一、一般规定

(1)压水试验设备和仪表。在一般情况下可使用灌浆施工所用的设备和仪表,但应保持足够的精度和适宜的标值范围。

(2)压水试验的方法。灌浆工程一般使用一级压力的单点法,灌浆试验或先导孔可采用三级压力五个阶段的五点法。

(3)压水试验的压力。可根据工程具体情况和地质条件参照表 5-11 选用适当的压力值。检查孔各孔段压水试验的压力应不大于灌浆施工时该孔段所使用最大灌浆压力的 80%。

表 5-11　　压水试验压力值选用表

灌浆工程类别	钻孔类型	坝高(m)	灌浆压力(MPa)	压水试验压力 单点法	压水试验压力 五点法	备　注
帷幕灌浆	先导孔	—	≥1	1(MPa)	0.3,0.6,1.0,0.6,0.3(MPa)	H_0、H 为坝前水头,以正常蓄水位为准,分别从河床基岩面和帷幕所在部位基岩面高程算起;1.5H 大于 2MPa 时,采用 2MPa
		—	<1	0.3(MPa)	0.1,0.2,0.3,0.2,0.1(MPa)	
		—	<0.3	灌浆压力	—	
	检查孔	<70	—	H_0 或 1.5H_0(m)	单点法试验压力的 0.3,0.6,1.0,0.6,0.3 倍	
		70~100	—	1(MPa)		
		>100	—	1(MPa)或 1.5H(m)		
坝基及隧洞固结灌浆	灌浆孔和检查孔		1~3	1(MPa)	—	灌浆压力大于 3MPa 时,压水试验压力由设计按地质条件和工程需要确定
			≤1	灌浆压力的 80%		

(4)压入流量的稳定标准。在稳定的压力下每 3~5min 测读一次压入流量,连续四次读数中最大值与最小值之差小于最终值的 10%,或最大值与最小值之差小于 1L/min 时,本阶段试验即可结束,取最终值作为计算值。

二、压水试验成果

(1)压水试验成果的表示。压水试验的成果以透水率 q 表示,单位为吕荣(Lu)。在 1MPa 压力下,每米试段长度每分钟注入水量为 1L 时,$q=1$Lu。

(2)单点法压水试验成果计算时,应按式(5-2)计算:

$$q=\frac{Q}{PL} \tag{5-2}$$

式中　q——试段透水率,Lu;

Q——压入流量,L/min;

P——作用于试段内的全压力,MPa;

L——试段长度,m。

计算成果取两位有效数字。

(3)五点法压水试验的成果计算和表示方法。

1)以压水试验三级压力中的最大压力值(P)与相应的压入流量(Q)及式(5-2)求算透水率。

2)根据五个阶段的压水试验资料绘制 P-Q 曲线,并参照表 5-12 确定 P-Q 曲线类型。

表 5-12　　　　　　　　五点法压水试验的 P-Q 曲线类型及特点表

类型名称	A(层流)型	B(紊流)型	C(扩张)型
P-Q 曲线			
曲线特点	升压曲线为通过原点的直线,降压曲线与升压曲线基本重合	升压曲线凸向 Q 轴,降压曲线与升压曲线基本重合	升压曲线凸向 P 轴,降压曲线与升压曲线基本重合

类型名称	D(冲蚀)型	E(充填)型
P-Q 曲线		
曲线特点	升压曲线凸向 P 轴,降压曲线与升压曲线不重合,呈顺时针环状	升压曲线凸向 Q 轴,降压曲线与升压曲线不重合,呈逆时针环状

3)五点法压水试验的成果用透水率和 P-Q 曲线的类型表示。例如,2.3(A)、8.5(D)等,2.3 和 8.5 为试段的透水率(Lu);(A)和(D)表示该试段 P-Q 曲线为 A(层流)型和 D(冲蚀)型。

三、全压力组成和计算

(1)压力表安设在孔口处的进水管上(图 5-4),按式(5-3)计算压水试验压力。压力表安设在孔口处的回水管上(图 5-5),按式(5-4)计算压水试验压力。

$$S = S_1 + S_2 - S_f \tag{5-3}$$

$$S=S_1+S_2+S'_f \qquad\qquad (5\text{-}4)$$

式中　S——作用于试段内的全压力,MPa;

　　　S_1——压力表指示压力,MPa;

　　　S_2——压力表中心至压力起算零线的水柱压力,MPa;

　S_f、S'_f——压力损失,MPa,一般情况下忽略不计。

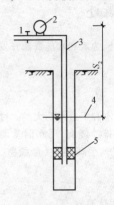　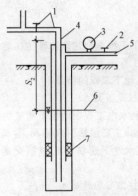

　图 5-4　进水管上安设压力表示意图　　　图 5-5　回水管上安设压力表示意图

　　1—进水阀门;2—压力表;　　　　　1—进水阀门;2—回水阀门;3—压力表;

　　　3—进水管;4—地下水位;　　　　　　4—进水管;5—回水管;

　　　　　5—橡胶塞　　　　　　　　　　6—地下水位;7—橡胶塞

　(2)压力起算零线的确定

　1)当地下水位在试段以上时,压力起算零线为地下水位线。

　2)当地下水位在试段以下时,压力起算零线为通过试段中点的水平线。

　3)当地下水位在试段以内时,压力起算零线为通过地下水位以上试段的中点水平线,见图 5-6。图中 $x=(L-l)/2$,$S=H+x$。

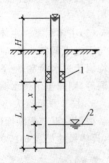

　四、地下水位的观测和确定

　　一个单位工程内的灌浆工程开始前,可利用先导孔测定地下水位。稳定标准为每 5min 则读一次孔内水位,当连续两次测得水位下降速度均小于 5cm/min 时,则以最后的观测值作为本单元工程的地下水位值。

　　孔口有涌水时应测定涌水压力。

　　图 5-6　地下水位在

　　试验段内示意图

　　　H—橡胶塞以

　　　上的水位高

　　　1—橡胶塞;

　　　2—地下水位

第六章　地下建筑工程

第一节　地下工程概述

地下工程是把建筑物修建在地表以下一定深度处,为水利水能资源开发利用服务的工程。

一、地下工程的类型

1. 按是否过水分类

水利水电工程中的地下建筑物,一般可以分为过水和不过水两大类。过水地下建筑物,主要包括引水隧洞、导流隧洞、泄洪隧洞、排沙隧洞、尾水洞及调压井等;不过水地下建筑物则包括交通运输洞、地下厂房、变压器室、母线室、地下洞库。

2. 按工程用途分类

按地下工程的用途可分为勘探井洞、施工支洞、主体洞室。

(1)勘探井洞。勘探井洞这类地下工程用于地质勘探,从体型上看有平洞、斜井和竖井,一般断面尺寸较小,工程量不大,是不过水的地下工程。

(2)施工支洞。施工支洞是为进入主体工程工作面而设置的临时通道,施工完毕即被堵塞。从体型上有平洞、斜井及竖井之分。这些通道有时还兼作通风道之用。

(3)主体洞室。主体洞室这类工程是地下工程的主体部分,又可分为过水洞室与不过水洞室两类。引水隧洞、导流隧洞、泄洪隧洞、调压井、压力斜井和竖井等均属于过水洞室;地下厂房、主变压器室、交通运输洞或井、出线洞或井、通风井或洞等,则属于不过水洞室。

3. 按工程断面大小分类

根据地下工程断面的大小,可将其分为小断面、中断面、大断面和特大断面四类,具体尺寸见表 6-1。

表 6-1　　　　　　　　　　按断面尺寸的洞室分类

地面分类	断面积(m^2)	等效直径(m)	地面分类	断面积(m^2)	等效直径(m)
小断面	<20	<4.5	大断面	35~120	6.5~12
中断面	20~35	4.5~6.5	特大断面	>120	>12

二、围岩地质特征

水工建筑物地下开挖工程,根据围岩地质特征,常将围岩分为五类,见表 6-2。

表 6-2　　　　　　　　　　洞室开挖围岩分类表

级别	围岩名称	外表特征	结构特征	地下水活动状况
Ⅰ类	稳定围岩	岩石新鲜完整,受地质构造影响轻微、节理裂隙不发育或稍发育,多系闭合且延伸不长,没有或仅有宽度一般小于 0.1m 的软弱结构面	结构面无不稳定组合,断层走向与洞线正交,岩体呈块状整体结构或块状砌体结构	地下水活动轻微
Ⅱ类	基本稳定围岩	岩石新鲜或微风化,受地质构造影响一般,节理裂隙稍发育或发育,有少数宽度不大于 0.5~0.6m 的软弱结构面,层间结合差,岩体呈块状砌体或层状砌体结构	结构面组合基本稳定,仅局部有不稳定组合,断层等软弱结构面走向与洞线斜交或正交	洞壁潮湿有渗水或滴水
Ⅲ类	稳定性较差的围岩	岩石微风化或弱风化,受地质构造影响严重,节理裂隙发育,部分张开且充泥,软弱结构面分布较多,宽度小于 1.0m,岩体呈碎石状镶嵌结构	结构面组合不利于围岩稳定的较多,断层等主要软弱结构面走向与洞线斜交或近平行	地下水活动显著,沿结构面有渗水、滴水或线状涌水
Ⅳ类	稳定性差的围岩	围岩岩体状态同第Ⅲ类,但软弱结构面分布较多,宽度小于 2.0m,节理裂隙局部极发育,岩体呈碎石状镶嵌结构,局部呈碎石状压碎结构	结构面组合不利于围岩稳定,断层等软弱结构面走向与洞线近平行	地下水活动显著,沿结构面有渗水、滴水或线状涌水
Ⅴ类	极不稳定围岩	强风化或全风化岩体,受地质构造影响严重,节理裂隙极发育,断层破碎带宽度大于 2m,裂隙中多充泥。岩体呈角砾、泥沙、岩屑状散体结构	结构面呈零乱状不稳定组合,断层等主要软弱结构面走向与洞线近平行;或松散土层、砂层、滑坡堆积层及一些碎、卵石土等;挤压强烈的大断层带,裂隙杂乱,呈土夹石或石夹土状	地下水活动强烈,有较大涌水量,常引起不断塌方

第二节　地下开挖工程检验

一、基本要求

(1)施工前,应根据地质条件和设计要求制定开挖和支护方案。

(2)地下开挖工程一般不得欠挖,同时尽量减少超挖。平均径向超挖值:平洞不大于 20cm;斜井、竖井不大于 25cm。

(3)为保证开挖质量,永久性地下工程的开挖应采用光面或预裂爆破法施工。

(4)进洞前应对洞脸岩体进行检查,并根据设计要求进行处理。确认稳定后,方可开挖洞口。

(5)洞室爆破后,应及时撬除危石,以确保施工安全。

(6)在开挖过程中,应根据开挖的实际地质情况及时调整开挖和支护方案。

(7)在寒冷及高寒缺氧地区洞室开挖应做好防冻设施,注意加强通风,必要时应有补氧措施。

二、施工技术

(一)平洞开挖

平洞一般指坡度平缓的高低压引水隧洞、导流洞、尾水洞等,其开挖方法的选定,应根据工程地质条件、断面大小、施工机械作业高度和范围、平洞长度及施工期限等因素综合考虑。主要开挖方法有如下几种:

1. 全断面开挖法

全断面开挖法是指采用机械化或半机械化进行全断面一次开挖成型的施工方法。一般适用于围岩自稳能力好、断层裂隙少的地层中修建地下洞室。

全断面开挖法的特点是施工净空大,可布置大型高效施工机械,便于机械化施工,施工组织比较简单。平洞的衬砌或支护,可在全洞贯通后进行,也可在掘进相当距离后进行。

当地质条件较好,围岩坚固稳定,不需要临时支护或仅需局部支护的大小断面平洞中,又有完善的机械设备时,均可采用全断面开挖法,如图 6-1 所示。全断面开挖对洞轴线方向岩体性状的预见性较差,须事先做好地质勘测工作。目前,全断面开挖可控制高度一般为 8～10m,这是由于国内外多采用多钻臂液压凿岩机和全断面隧道掘进机的工作高度决定的。

对于一个进尺深度的岩体爆破而言,炸药用量多于分部开挖的用量,因此爆破震动相对也较大,但完成一个进尺只扰动围岩一次,而分部开挖每次用药量虽较少,但完成一个进尺深度的开挖需要多次钻爆,对围岩的扰动次数增多。全断面开挖之后,如支护不及时,则围岩变位往往较大,因此对中软质且裂隙发育的岩体的围岩稳定不利;若能采取科学合理的技术措施,严格遵循开挖与支护协调进行,在中软质岩体中进行较大断面的全断面开挖,也是可行的。

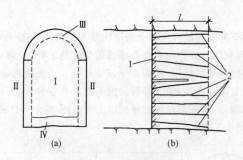

图 6-1　全断面钻爆开挖法

(a)开挖方法

Ⅰ—开挖；Ⅱ、Ⅲ、Ⅳ—衬砌顺序；

(b)隧洞纵轴向进尺

1—掌子面；2—钻孔；L—进尺深度

在岩石比较完整的条件下，对断面小于 $90m^2$ 的洞室，可使用多臂钻车钻孔、无轨运输方式出渣；当洞室断面小于 $20m^2$，跨度及高度小于 5m 以下时，大多使用气腿式手风钻钻孔，配以有轨运输方式出渣。

2. 台阶开挖法

当缺乏大型施工机械设备而无法进行全断面开挖时，可采用台阶开挖法。根据工作面施工状况的不同，可分为正台阶法和反台阶法。

(1)正台阶法。正台阶施工法即将工作面分为上下两层，上层超前 2~4m，上下层同时掘进，如图 6-2 所示。具体施工顺序是爆破散烟及安全检查后，清理上层台阶的石渣，进行上层工作面的钻孔，同时下台阶出渣，清渣后下层工作面钻孔；钻孔完成后，上下层炮孔同时装药，一起爆破，保持上下工作面掘进深度一致。

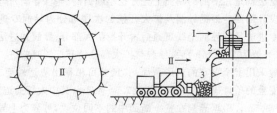

图 6-2　正台阶法掘进示意图

Ⅰ—上台阶；Ⅱ—下台阶

1—上台阶钻孔；2—扒落石渣；3—出渣后再钻孔

(2)反台阶法。反台阶法是一种自下而上的分部开挖方法，在形态上与正台阶法相反，适用于岩质较坚硬，完整的地层中开挖隧洞，松软破碎的岩层中不用或慎用。

　　反台阶法的下部断面的开挖与全断面法基本相同,上部反台阶因有多个倒悬临空面,钻爆时可利用自重作用来提高爆破效果。施工时,要防止上部台阶崩落的石渣堵塞下部已掘进的坑道,从而影响其他作业。主要处理措施有:在上部台阶开挖段下沿设置漏斗棚架,使上部台阶的石渣堆集在棚架上,通过漏斗溜入底层运输工具运出洞外;将下部断面延伸到施工支洞处,或全部打通下部断面,从另一洞口出渣,如图 6-3 所示。

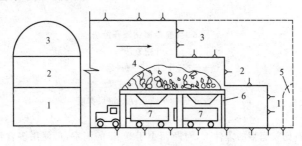

图 6-3　反台阶法施工示意

1、2、3—台阶序号;4—上台阶堆渣;
5—施工支洞;6—漏渣棚架;7—运渣工具

　　反台阶法的特点是工作面较宽敞,排水条件好,施工布置较方便,可利用爆破料堆钻上部台阶钻孔,无需搭设或少搭设作业平台,临空面多,爆破效率较高,施工速度快。

　　3. 导洞开挖法

　　导洞开挖法就是在平洞的断面上先开挖小断面的洞室(导洞)作为先导,然后扩大至整个设计断面。根据导洞及扩大开挖的次序可分为导洞专进法和导洞并进法。导洞专进法是待导洞全线贯通后再开挖扩大部分;导洞并进法是待导洞开挖一定距离(一般为 10～15m)后,导洞与扩大部分的开挖同时前进。

　　导洞一般采用上窄下宽的梯形断面;其尺寸可根据出渣运输要求、临时支护形式和人行安全的条件确定,一般底宽为 2.5～4.5m(其中人行通道宽取 0.7m),高度为 2.2～3.5m。根据导洞在整个断面中的不同位置,可分为上导洞、下导洞、中导洞、双导洞等开挖方法。

　　(1)下导洞开挖法。适用于围岩基本稳定的大断面隧洞或机械化程度较低的中小断面平洞。其施工顺序是,先开挖下导洞,并架设漏斗棚架,然后向上拉槽到拱顶,再由拱部两侧向下开挖。上部岩渣可经漏斗棚架装车出渣,所以又称为漏斗棚架法。其优点是出渣线路不必转移,工序之间施工干扰小;但遇地质条件较差时,施工不够安全。

（2）上导洞开挖法。适用于稳定性差的围岩。导洞布置在断面顶拱中央,其施工顺序是先开挖顶拱中部,再向两侧扩拱,及时衬砌拱顶,然后再转向下部开挖衬砌。缺点是需重复铺设风、水管道及出渣线路,排水困难,施工干扰大,衬砌整体性差,尤其是下部开挖时影响拱圈稳定,所以下部岩体开挖时常采用马口开挖法。

（3）中心导洞法。导洞布置在断面中央,导洞全线贯通后向四周辐射钻孔开挖。此法适用于围岩基本稳定,不需临时支护,且具有柱架式钻机的大中断面的平洞。只是在导洞和扩大并进时,导洞部分出渣很不方便,所以一般待导洞贯通后再扩大并挖,见图 6-4 所示。

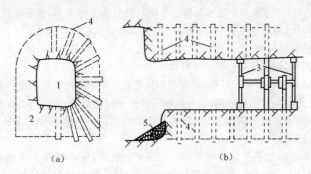

（a）　　　　　　　　　　　　　　　（b）

图 6-4　中心导洞开挖

（a）横断面;（b）纵断面

1—导洞;2—四周扩大部分;3—柱架;4—钻孔;5—石渣

（4）双导洞开挖法。双导洞开挖有上、下导洞和双侧导洞两种开挖法。

上、下导洞法适用于围岩稳定性好,但缺少大型开挖设备的较大断面平洞。下导洞出渣排水,上导洞扩大并对顶拱衬砌。为了便于施工,上、下导洞用斜洞或竖井连通。

双侧导洞法适用于围岩稳定性差、地下水较严重、断面较大需要边开挖边支护的平洞,其施工顺序如图 6-5 所示。

（二）地下厂房开挖

水利水电工程地下厂房开挖实质是大断面洞室开挖。由于其规模一般较大,结

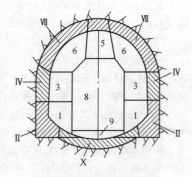

图 6-5　双侧导洞施工顺序

1、3、5、6、8、9—开挖顺序;

Ⅱ、Ⅳ、Ⅵ、Ⅹ—衬砌顺序

构也较复杂,因而施工难度也较大,一般采取分部开挖的方法。

地下厂房这类大断面洞室施工时,一般都应考虑变高洞为低洞,变大跨度为小跨度的原则,采取先拱部后底部,先外缘后核心,自上而下分部开挖与衬砌支护的施工方法,以保证施工过程中围岩的稳定。

地下厂房分部开挖时,常将厂房总体分为三部分,即拱顶部分,基本部分,蜗壳、尾水洞及交叉洞室部分。

顶拱的开挖应根据围岩条件和断面大小,可采用全断面法开挖或先开挖中导洞两侧跟进的分部开挖。在Ⅰ~Ⅱ类围岩中,可先以全断面进行顶拱部位开挖,然后对顶拱进行喷锚支护。在进行顶拱支护的同时,可进行下部开挖(若跨度大于1m以上时,可视地质裂隙情况再行分块),最后再开挖中部,使断面成型;或先开挖洞室顶拱,当顶拱支护后,再逐层开挖下部。当洞室围岩为Ⅲ~Ⅳ类岩石时,先在顶拱处开挖导洞,然后进行顶拱扩大开挖,并及时进行支护。在此同时,可进行下导洞开挖,最后进行中部扩大开挖。

若围岩稳定性很差(即当洞室围岩为Ⅳ类或Ⅴ类岩石时),可采用肋墙肋拱法施工,即先开挖上下侧壁导洞,沿导洞跳格开挖并衬砌边墙(肋墙);然后利用上部侧壁导洞,跳格开挖并衬砌顶拱(肋拱);最后再挖除拱肋墙之间的岩体,完成肋拱、肋墙之间的衬砌。

在松散破碎的不良地层中施工时,宜采用插钎、插板、喷锚支护或预灌浆等方法,先加固以后,再分部开挖,分部衬砌,并注意尽量减少对岩体的扰动。用小型机械开挖中导洞,在导洞中用潜孔钻或钻车钻辐射孔并用简易台车钻周边预裂孔,这种方法适用于Ⅰ、Ⅱ类围岩。

(三)竖井和斜井开挖

斜井和竖井是地下工程中常见的结构形式,包括施工期间的工作通道,永久建筑物的调压井、闸门井、压力管道斜井和竖井等。

1. 竖井开挖

竖井是指井线与水平夹角大于75°的井洞,其主要特点是竖向作业,进行竖向开挖、出渣和衬砌。竖井往往与水平隧洞相通,因此,可先挖通与竖井相通的水平通道,为竖井施工创造条件。一般竖井开挖有全断面法和导井法两种。

(1)全断面法。竖井的全断面施工方法一般是按照自上而下的程序进行的。由于是竖向作业,施工困难,进度缓慢,适用于采用普通钻爆法开挖的小断面竖井。采用全断面竖井开挖,应注意做好竖井锁口(井口加固措施),确保提升安全,并做好井内外排水、防水设施。要注意观测围岩情况,采取相应措施确保安全施工。

全断面竖井开挖也可采用深孔爆破法,即按设计要求,断面炮孔一次钻孔,再自下而上分层爆破(或一次爆破),由下部平洞出渣。此法适用于深度不大、围岩稳定的竖井。

（2）导井法。导井法即在竖井中部先开挖导井（断面面积 4~5m²），然后扩大的施工方法。导井有自上而下和自下而上两种开挖方法，前者可用普通钻爆法，也可用大钻机施工；后者常用吊罐法（也称吊篮法）或爬罐法施工。扩大开挖时，既可自上而下逐层下挖，也可自下而上倒井上挖，扩挖的石渣可由井底的水平通道运至洞外。

目前，多采用爬罐来开挖导井。爬罐是一个带有驱动机构沿特制轨道上下爬升的吊笼。

吊笼上有作业平台，可进行放线、钻孔、装药、安全处理等作业。此外，反井钻机导井施工也是一种常见的方法。

2. 斜井开挖

斜井是指井线与水平夹角为 6°~75° 的斜洞，当倾角大于 45° 时，其施工条件与竖井相近，可按竖井开挖方法施工；倾角小于 30° 的斜井，一般采用自下而上的全断面开挖法，用卷扬机提升出渣，开挖完成后衬砌。倾角为 30°~45° 的斜井，可采用自下而上挖导井，自上而下扩大开挖，利用重力溜渣，由下部通道出渣。

斜井开挖方法与竖井类似，可以自上而下，也可以自下而上，或上下结合，施工具体情况可参见表 6-3 所列。

表 6-3　　　　　　　　　　　　斜井开挖方法

	方　法	适 用 范 围	施 工 特 点	施 工 程 序
小断面斜井	自上而下全断面开挖	施工斜支洞	用机械运输人员和工具坡度小于 25° 用斗车出渣；大于 25° 用笼斗出渣	先做好洞口支护、安装提升设施及外部出渣道，然后自上向下开挖
	自下而上全断面爬罐法开挖	倾角大于 42°，没有通道的斜井	利用爬罐作提升工具和操纵平台，自下向上钻孔爆破	先挖下部通道，安装爬罐及钢轨，随开挖上延，逐段向上开挖
斜井扩大	正向扩挖，自上而下	倾角大于 45°，可以自行溜渣的斜井	由上到下分层钻孔爆破导井溜渣，临时支护与开挖平行进行，以保证施工安全，短洞设人行道，长洞机械运输	先挖导井，然后由上向下扩大，边开挖边铺设钢板，以满足溜槽的要求
	自下而上反向扩挖	倾角 35° 左右，不能自行溜渣的斜井或倾角虽大但长度较短的斜井	采用专门措施，设法增大溜渣能力，减少摩擦系数，如底部铺设密排钢轨	先开挖导井，然后自下而上扩大，边开挖边铺设钢板，以满足溜槽的要求

三、检验要点

1. 洞口开挖

(1)洞口削坡应自上而下分层进行。开挖前,应做好洞口危石清理和坡顶排水工作。

(2)随着坡面开挖,应按设计要求做好坡面加固工作。

(3)洞口周围岩体应尽量少扰动,可采用喷锚进行支护,并设置防护棚。必要时,应在洞脸上部加设挡石栏栅。

(4)当开挖接近洞口和建筑基面时,应按有关规定执行。

(5)洞口段岩体应采用先导洞后扩挖的方法;中小断面应采取浅孔爆破、全断面开挖及时支护的方法。

(6)在Ⅳ、Ⅴ类围岩中,开挖前可先将附近一定范围的山体加固或浇筑成拱,然后开挖洞口。洞口宜在雨季前完成。

(7)当洞口明挖量大或岩体稳定性差时,可利用施工支洞或导洞自内向外开挖,并及时做好支护。

(8)隧洞进出口位于河水位以下时,应按相应防洪标准设置挡水建筑物。

2. 平洞开挖

(1)平洞洞径在 10m 以下时,应采用全断面开挖法;洞径或洞高在 10m 以上时,应采用台阶法开挖。

(2)开挖时,应根据围岩情况、断面大小和钻孔机械等条件,选择最优循环进尺。

(3)开挖隧洞时,如遇到下列情况,应采用预先贯通导洞法施工:

1)地质条件复杂,需要进一步查清时;

2)为解决通风、排水和运输时;

3)断面大、长度短、机械化程度较低时。

(4)在Ⅳ类围岩中开挖大断面平洞时,应采用分部开挖方法,及时做好支护工作。

(5)在Ⅴ类围岩中开挖平洞时,应按照不良工程地质地段施工的有关规定执行。

3. 竖井与斜井开挖

(1)竖井、斜井采用自上而下全断面开挖方法时,必需锁好井口,并采取措施,防止井台上杂物坠入井内。

(2)露天竖井、斜井应预留 3～5m 宽的井台,边坡与井台交接处挖排水沟;对于埋藏式竖井、斜井应根据围岩条件做好支护,必要时,应先衬好顶拱。

(3)涌水和淋水地段,应有防水、排水措施。

(4)井壁有不利的节理裂隙组合时,应加强支护。

(5)在Ⅳ、Ⅴ类围岩地段,应制定专项施工措施,一般开挖一段支护或衬砌一段,或采用预灌浆的方法加固围岩后再开挖。

(6)在钻孔精度能满足要求的情况下,可采用一次钻孔、分段爆破成井。

(7)在Ⅰ、Ⅱ类围岩中开挖断面积小于 18m² 的竖井时,宜采用爬罐法自下而上全断面开挖。

(8)在Ⅰ、Ⅱ类围岩中开挖断面大于18m² 的竖井时,应先挖导井再从上到下进行扩大开挖。导井断面一般为 4~5m²。

(9)对于倾角小于6°的斜井,应按平洞开挖;倾角大于75°的斜井,可按竖井开挖。当倾角为 6°~75°时,其开挖方法如下:

1)倾角小于30°时,应自上而下全断面开挖;

2)倾角为30°~45°时,宜采用自上而下全断面开挖,若采用自下而上开挖,须有扒渣和溜渣措施。

3)倾角大于45°可采用自下而上先挖导井、再自上而下扩挖或自下而上全断面开挖。

4. 特大断面洞室开挖

(1)特大断面洞室开挖应采用自上而下的方法分层开挖。高应力区应适当减少台阶开挖高度。

(2)顶部开挖宜采用先导洞后扩挖的方法,导洞的位置及尺寸应根据地质条件和施工方法确定。若围岩稳定性较差,导洞开挖后,应边扩挖边支护边衬砌。

(3)地下厂房岩壁吊车梁、岩台吊车梁、岔管等特殊工程部位开挖,应制订专项开挖措施。

(4)在Ⅲ、Ⅳ类围岩中开挖特大断面洞室,宜采用先墙后拱法开挖和衬砌。

(5)隧洞断面设有拱座,采用先拱后墙法开挖时,应注意保护和加固拱座岩体。

拱脚下部岩体开挖时,顶拱混凝土强度应达设计强度的 75%。拱脚下部开挖面至拱脚线的最低点的距离不得小于 1.5m。

(6)与特大断面交叉的洞口,宜在特大洞室开挖前挖完并做好支护。如必需在开挖后的高墙上开挖洞口,应采取专门措施。

(7)相邻两洞室之间的岩墙或岩柱,应根据地质情况确定支护措施,确保岩体稳定。相邻两洞室的开挖程序,宜采取间隔开挖,及时支护并加强监测。

5. 施工支洞开挖

(1)需自内向外开挖或衬砌洞口时,应在洞口附近设置施工支洞。

(2)施工支洞的间距应在 3km 以内。竖井与斜井施工支洞的高差应不大于 200m。

(3)支洞断面尺寸应满足运输、支护、各种管线布置及人行安全的要求。

(4)支洞洞线一般应与主洞正交,交叉口应满足运输线路最小转弯半径的要求。

(5)分层开挖地下厂房时,应利用永久隧洞作施工交通通道,或从隧洞内分岔设置施工支洞。必要时,应另外增设施工支洞。

(6)利用斜井做施工支洞,在斜井一侧应设置宽度不小于 0.7m 的人行道。竖井内应设牢固、安全的爬梯。

(7)与主洞平行的支洞应设在地下水流向主洞的一侧,与主洞中心距不应小于 3 倍主洞洞径,洞底应低于主洞底 0.2～0.6m。

(8)当隧洞经过不良地质地段或因处理塌方时,应设置与主洞平行的支洞。

四、质量标准与评定

1. 质量检测数量

按横断面或纵断面进行检查,检测间距不大于 5m;每个单元不少于 2 个检查断面,总检测点数不少于 20 个,局部突出或凹陷部位(面积在 0.5m² 以上)应增设检测点。

2. 质量检验标准

岩石地下开挖工程质量检查项目、质量标准及检测方法见表 6-4。

表 6-4　　　　岩石地下开挖工程质量检查项目、质量标准及检测方法

项　类		检查项目	质量标准	检测方法
主控项目		开挖岩面或壁面	无松动岩块、陡坎、尖角	测量仪器、查看施工记录
		不良地质处理	符合设计要求	
		洞、井轴线	符合设计要求	
一般项目	无 结 构要求或无配筋预埋件等	平洞(径向、侧墙)	−10cm,+20cm	测量仪器、查看施工记录
		竖井(径向、侧墙)	−10cm,+25cm	
		底部标高	−10cm,+20cm	
		开挖面不平整度	15cm	用 2m 直尺检查
	有 结 构要求或有配筋预埋件等	平洞(径向、侧墙)	0,+20cm	测量仪器、查看施工记录
		竖井(径向、侧墙)	0,+25cm	
		底部标高	0,+20cm	
		开挖面不平整度	15cm	用 2m 直尺检查
	半孔率	节理裂隙不发育的岩体	＞80%	观察检查
		节理裂隙发育的岩体	＞50%	
		节理裂隙极发育的岩体	＞20%	
	声波检测(需要时采用)		声波降低率小于10%,或达到设计要求声波值以上	仪器检测

注:1. "—"为欠挖,"+"为超挖。本表所列的超欠挖的质量标准是指不良地质原因以外的部位。

　　2. 表中所列允许偏差值系指局部欠挖的突出部位(面积不大于 0.5m²)的平均值和局部超挖的凹陷部位(面积不大于 0.5m²)的平均值(地质原因除外)。

　　3. 斜井、洞室超欠挖质量标准参照竖井允许偏差执行。

3. 质量评定标准

(1)岩石地下开挖工程质量等级评定标准如下:

合格:主控项目符合质量标准;一般项目不少于70%的检查点符合质量标准。

优良:主控项目符合质量标准;一般项目不少于90%的检查点符合质量标准。

(2)岩石地下平洞开挖单元工程质量等级评定表参见表6-5。

表6-5 岩石地下平洞开挖单元工程质量等级评定表

单位工程名称			单元工程量			
分部工程名称			起止桩号(高程)			
单元工程名称、部位			检验日期		年 月 日	
项类	检查项目		质量标准		检验记录	
主控项目	开挖岩面或壁面		无松动岩块、陡坎尖角,周边无不稳定块体			
	不良地质处理		符合设计要求			
	洞轴线		符合规范要求			
一般项目	检测项目		设计值	允许偏差(cm)	实测值	合格数点	合格率%
	无结构要求或无配筋预埋件等	底部标高		$-10,+20$			
		径向		$-10,+20$			
		侧墙		$-10,+20$			
		开挖面不平整度		15			
	有结构要求或有配筋预埋件等	底部标高		$0,+20$			
		径向		$0,+20$			
		侧墙		$0,+20$			
		开挖面不平整度		15			
	半孔率%	岩性特征			实测值		
	声波检测(需要时采用)	声波降低率小于10%,或达到设计要求声波值以上					
检测结果	主控项目					
	一般项目	共检测 点,其中合格 点,合格率 %					
单元工程等级评定	施工单位			年 月 日		单元工程质量等级	
	监理单位			年 月 日		单元工程质量等级	

注:"+"为超挖,"-"为欠挖。

（3）岩石竖井（斜井）开挖单元工程质量等级评定表参见表6-6。

表 6-6　　　　岩石竖井（斜井）开挖单元工程质量等级评定表

单位工程名称				单元工程量			
分部工程名称				起止桩号（高程）			
单元工程名称、部位				检验日期		年　月　日	
项类	检查项目		质量标准			检验记录	
主控项目	开挖岩面或壁面		无松动岩块、陡坎尖角，周边无不稳定块体				
	不良地质处理		符合设计要求				
	竖井轴线		符合规范要求				

	检测项目		设计值	允许偏差（cm）	实测值	合格数点	合格率%
一般项目	无结构要求或无配筋预埋件等	底部标高		−10，+20			
		径向		−10，+25			
		侧墙		−10，+25			
		开挖面不平整度		15			
	有结构要求或有配筋预埋件等	底部标高		0，+20			
		径向		0，+25			
		侧墙		0，+25			
		开挖面不平整度		15			
	半孔率%	岩性特征			实测值		
	声波检测（需要时采用）	声波降低率小于10%，或达到设计要求声波值以上					

检测结果	主控项目						
	一般项目	共检测　　　点，其中合格　　　点，合格率　　　%					

单元工程等级评定	施工单位				单元工程质量等级	
			年　月　日			
	监理单位				单元工程质量等级	
			年　月　日			

注："+"为超挖，"−"为欠挖。

第三节　钻孔爆破开挖检验

地下工程开挖最常用的方法是钻孔爆破法。所谓钻孔爆破就是利用钻孔机具开凿炮孔，然后装药引爆破碎岩石的开挖方法。其主要工序有钻孔、装药、堵塞、起爆、通风散烟、安全检查、支护、出渣等。

施工前，应根据设计图纸、地质条件、爆破器材性能及凿岩机械设备性能等条件进行钻爆设计。设计内容包括：钻孔作业布置及设备；炮孔种类及布置；单位耗药量及装药量；炮孔数目及钻孔深度的确定；有关钻爆参数的选择；起爆方式及网络设计等。其中钻孔作业是钻爆设计、施工中的关键工作。

一、基本要求

(1)炮眼的布置应均匀；钻孔的角度应一致，且保持平行。

(2)炮眼的深度应与断面的大小、钻孔机具的性能和循环进尺要求相适应。

(3)应选择合适的炸药。周边孔应选用低爆速炸药或采用间隔装药、专用小直径药卷连续装药。

(4)炮眼装药量应合适，任一炮眼装药量所引起的爆破裂隙伸入到岩体的破坏带不得超过周边孔爆破产生的破坏带。

(5)炮孔堵塞应密实。分段爆破时，其分段爆破时差应能使每段爆破独立作用。

(6)炮孔爆破应能保证地下相邻建筑物、浅埋隧洞或隧洞附近重点保护文物的安全。

二、施工技术

1. 炮孔类型

开挖工作面上的炮孔，按其作用性质和位置可分为掏槽孔、崩落孔和周边孔三类。

(1)掏槽。掏槽孔的主要作用是把工作面上某部分岩石先破碎并抛出，使工作面上形成第二个自由面，从而为其余炮孔爆破创造有利条件。一般布置在开挖断面中部，常见的形式有楔形、锥形和平行掏槽等形式，如图 6-6 所示。

1)楔形掏槽是以互成一定角度的对称炮孔为基础的掏槽，适用于中等硬度的岩层，当有水平层理时，采用水平楔形掏槽；有垂直层理时采用垂直掏槽，楔形掏槽孔底夹角一般 60°左右，在窄隧洞中受一定限制，其钻进长度一般小于锥形掏槽和平行掏槽；

2)锥形掏槽孔适用较紧密的均质岩体，洞室高宽相差不大，钻斜孔精度有保证的情况。锥形掏槽一般靠多装药来掏槽，锥形中央没有聚能空孔，实用效果不如平行掏槽；

3)平行掏槽是打若干个相互靠近又平行的钻孔，一般在群孔中央钻设直径较大的孔,这种孔内不装炸药,称为聚能孔,直径通常为76～127mm,数目1～3个。已成为现在最常用的方法,适用于各种断面尺寸的致密岩体。

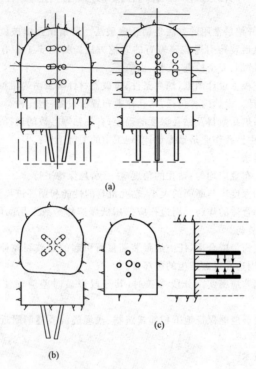

图 6-6　各种掏槽孔示意
(a)楔形掏槽孔;(b)锥形掏槽孔;(c)平行掏槽孔

(2)崩落孔。崩落孔是洞室断面开挖的主要炮眼,其作用是崩落岩石,可均匀地分布在掏槽孔外围。崩落孔通常与开挖断面垂直,为保证一次钻爆掘进的深度和掘进后工作面比较平整,崩落孔深度应当相同。

(3)周边孔。周边孔则是用来爆落靠近断面周边的岩石并形成设计要求的断面轮廓。为保证开挖断面的规格尺寸,减少爆破对围岩的破坏作用及减少衬砌工作量,应按光面爆破和预裂爆破的原理及技术要求来确定周边孔的布置及有关爆破参数。

2. 炮孔数量

地下洞室工作面炮孔数量,与岩石强度、断面形状和大小等因素有关,直接影响爆破的质量与效果。实际工程中,往往是根据公式先计算出一个指标,然后结合具体工程进行现场试验来确定炮孔数目,要求一个开挖循环中,洞室的炮孔数

目正好能容纳爆破一定体积岩石时所必须的炸药量,即

$$N=\frac{Q}{L\gamma\beta}=\frac{qSW}{\gamma\beta W}=\frac{qS}{\gamma\beta} \qquad (6-1)$$

$$\gamma=\frac{\alpha}{h}\times G \qquad (6-2)$$

式中 N——一个掘进循环开挖面炮孔数目;

Q——每一个循环的全部装药量,kg;

L——每循环进尺炮孔深度,m;

γ——单个炮孔每米装药量,kg/m;

S——开挖断面面积,m^2;

q——单位耗药量,kg/m^3;

h——药卷长度,m;

α——炮孔填充系数,即装药长度与钻孔长度之比,详见表6-7;

G——每个药卷重量,kg;

β——炸药威力不同的炮孔装药影响系数,其值可参考表6-8。

表 6-7   炮孔填充系数 α 值

岩石坚硬系数 f	3～6	8～10	12～15	15～20
α	0.2～0.25	0.25～0.33	0.33～0.5	0.5～0.66

表 6-8   炮孔装药影响系数 β 值

炸药威力 岩石坚固系数 f	炸 药 威 力 （猛度）		
	低级 猛度 10～12mm	中级 猛度 13～15mm	高级 猛度 16～17mm
掏 槽 孔			
12～15	0.72～0.75	0.70～0.72	0.68～0.70
8～11	0.70～0.72	0.68～0.70	0.66～0.68
5～7	0.68～0.70	0.65～0.68	0.62～0.66
3～4	0.65～0.68	0.63～0.65	0.60～0.62
1.5～2.0	0.63～0.65	0.60～0.63	0.58～0.60
崩 落 孔 与 周 边 孔			
12～15	0.64～0.65	0.62～0.64	0.60～0.62
8～10	0.62～0.64	0.60～0.62	0.58～0.60
5～7	0.60～0.62	0.58～0.60	0.56～0.58
3～4	0.54～0.56	0.52～0.54	0.50～0.52
1.5～2.0	0.52～0.54	0.50～0.52	0.48～0.50

3. 炮孔装药量

爆破开挖的单位耗药量与岩体坚固程度、裂隙发育程度、岩体风化程度、钻孔形式及分布、炸药性能及起爆方法等因素有关。合理确定单位耗药量,是核算整个工作面进尺装药量的基础。

(1)总装药量。每排炮进尺总装药量可由下式计算:

$$Q = qV = qLS\mu \tag{6-3}$$

式中　　Q——每排炮进尺总装药量,kg;

　　　　q——单位耗药量,kg/m³;

　　　　V——每进尺爆破下岩石的体积(实方),m³;

　　　　L——实际钻孔深度,m;

　　　　S——开挖断面面积,m²;

　　　　μ——炮孔利用率,$\mu = l'/L$;

　　　　l'——爆破后的实际深度,m。

(2)掏槽孔炸药用量。

$$q_{cut} = (1.15 \sim 1.25)\frac{Q}{N} \tag{6-4}$$

式中　　q_{cut}——掏槽孔平均每孔装药量,kg/孔;

　　　　Q——每排炮进尺的炸药用量,kg;

　　　　N——开挖断面上的总钻孔数。

(3)周边孔炸药用量。

$$q_p = (0.5 \sim 0.9)aWL_p q \tag{6-5}$$

式中　　q_p——周边孔炸药用量,kg/孔;

　　　　a——周边孔的孔距,m;

　　　　W——周边孔的最小抵抗线,m;

　　　　L_p——周边孔的孔深,m;

　　　　q——单位耗药量,kg/m³。

(4)崩落孔炸药用量。

$$q_n = \frac{Q - (q_{cut}N_{cut} + q_p N_p + q_f N_f)}{N - (N_{cut} + N_p + N_f)} \tag{6-6}$$

式中　　q_n——崩落孔炸药用量,kg/孔;

　　　　N_{cut}——掏槽孔数;

　　　　N_p——周边孔数;

　　　　N_f——底板孔数;

　　　　q_f——底板孔装药量,kg/孔。

$$q_f = (1.1 \sim 1.2)\frac{Q}{N} \tag{6-7}$$

4. 炮孔深度

炮孔深度是掘进循环中最重要的技术参数之一,与开挖面尺寸、岩层性质、掏槽孔型式、钻机性能、岩层性质、自由面数目、排炮循环中各工序的时间分配等因素有关。

实际生产中,大多数炮孔深度为 2.5～4m 左右,少数多臂钻机可钻深 5m 以上。实践表明,适当加大炮孔深度,能加快掘进速度,提高钻爆效率,降低开挖费用。

5. 炮孔布置

炮孔布置包括分区和布孔。首先要作好钻爆开挖炮孔分区布置,即周边孔、崩落孔、掏槽孔的各自范围,然后再具体确定各类炮孔的位置,同时确定有关钻爆开挖参数。

在炮孔布置前,周边孔应尽量靠近设计轮廓线,一般距轮廓线 100～200mm,并向周边略有倾斜。孔底位置对于软岩则落在设计边线上,对于硬岩孔底应落在边线外 100～150mm 处。进尺深度与掌子面崩落孔同深,孔底在同一垂直于洞纵轴线的平面上。

掏槽孔比崩落孔深 10%～15%,可以提高爆破效率。在断面的拐角处,都应布置炮孔,以便控制开挖轮廓线。

三、检验要点

1. 爆破材料

(1)爆破材料应符合施工使用条件和国家规定的技术标准。

(2)爆破材料使用前,必须进行相关性能检验。

(3)爆破材料的运输、储存、加工、现场装药、起爆及瞎炮处理,均应符合相关规定。

2. 爆破作业

(1)地下建筑物开挖,宜采用直径小于 100mm 的钻头造孔。

(2)设计轮廓面的开挖,应采用光面爆破或预裂爆破技术。

(3)在断面轮廓线上开周边孔时,沿轮廓线调整的范围和掏槽孔的孔位偏差不宜大于 5cm,其他炮孔的炮位偏差不得大于 10cm。

(4)炮孔的装药、堵塞和引爆线路的连接,应由取得"爆破员"作业证的炮工按相关规定执行。

(5)炮孔方向应一致。钻孔过程中,应经常进行检查,对周边孔和预裂爆破孔应控制好钻孔角度。炮孔检查合格后,方可装药爆破。

(6)洞室群几个工作面同时放炮时,应有专人统一指挥,确保起爆人员的安全和相邻炮区的安全准爆。

3. 特大断面开挖

(1)特大断面中下部开挖应采用深孔台阶爆破法。

(2)特大断面中下部应采用非电毫秒雷管分段起爆。周边轮廓先行预裂或预留保护层。

(3)施工时,应根据按围岩和建筑物的抗震要求,控制最大一段的起爆药量。

(4)台阶高度由围岩稳定性情况而定,一般取 6～8m 为宜,最大不宜超过10m,其单孔装药不超过允许值,应采用孔间微差顺序起爆新技术。

(5)爆破石碴的块度和爆堆,要适合装渣机械作业。

4. 爆破安全

(1)爆破前,应将施工机具撤离至距爆破工作面不少于 100m 的安全地点。

(2)钻爆作业对难以撤离的施工机具、设备,应加以妥善防护。

(3)单向开挖隧洞,安全地点至爆破工作面的距离,应不少于 200m。

(4)爆破作业时,相关人员应撤至飞石、有害气体和冲击波的影响范围之外。

(5)相向开挖的两个工作面相距 30m 或 5 倍洞径距离放炮时,双方人员均需撤离工作面;相距 15m 时,应停止一方工作,单向开挖贯通。

(6)竖井或斜井单向自下而上开挖,距贯通面 5m 时,应自上而下贯通。

(7)采用电力引爆,在距工作面 30m 以内装药时应断开电流;在 30m 以外装药可采用投光灯照明。

(8)对于大型地下厂房及洞群或地质条件比较复杂的地下工程,应进行爆破试验和爆破监测。

四、质量检验标准

光面爆破和预裂爆破的效果,用下列标准检验:

(1)残留炮孔痕迹应在开挖轮廓面上均匀分布,炮孔痕迹保存率*:完整岩石在 80％以上;较完整和完整性差的岩石不小于 50％;较破碎和破碎岩石不小于 20％。

(2)相邻两孔间的岩面平整,孔壁不应有明显的爆震裂隙。

(3)相邻两茬炮之间的台阶或预裂爆破的最大外斜值,应小于 20cm。

(4)预裂爆破后必须形成贯穿连续性的裂缝。

第四节　喷锚支护技术检验

喷锚支护是喷混凝土支护、锚杆支护及喷混凝土与锚杆、钢筋网联合支护的统称,它是地下工程支护的一种新型式,也是新奥地利隧洞工程法(简称新奥法)的主要支护措施。

喷锚支护的施工特点是,在洞室开挖后,将围岩冲洗干净,适时喷上一层厚30～80mm 的混凝土,防止围岩松动;如发现围岩变形过大,可视需要及时加设锚杆或加厚混凝土,使围岩稳定。所以喷锚支护既可以作临时支护,也可以作永久支护。它适用于各种地质条件、不同断面大小的地下洞室,但不适用于地下水丰富的地区。

采用喷锚支护,可以减少衬砌工程量 50％以上,节约水泥 1/2～1/3,减少劳动力和工程投资 50％左右,缩短工期 50％以上。喷锚支护不需要安装模板,也不需要进行回填灌浆,操作方便,施工安全。

一、基本要求

(1)在需要支护的地段,应根据地质条、洞室结构、断面尺寸等因素,做出支护设计。

(2)支护的型式要适应围岩的变形要求,除特殊地段外应优先采用锚喷支护。

(3)支护结构应根据确定的荷载、开挖方法进行设计。

(4)在围岩出现有害松弛变形之前,应支护完毕。

(5)对于稳定性差的围岩,应先支护后开挖或支护紧跟工作面。

(6)临时支护应尽可能与永久支护相结合,成为永久支护的一部分。

二、施工技术

锚杆施工时,应按施工工艺严格控制各工序的施工质量,以水泥砂浆锚杆和预应力锚杆的施工为例。

1. 水泥砂浆锚杆施工

水泥砂浆锚杆施工可分为先注砂浆后插锚杆和先插锚杆后注入砂浆两种。先注砂浆后插锚杆的施工程序一般为钻孔、清洗钻孔、压注砂浆和安插锚杆。

(1)钻孔与洗孔。钻孔时,孔位、孔径、孔向、孔深均应符合设计要求,一般要求孔位误差不大于 200mm,孔径比锚杆直径大 10mm 左右,孔深误差不大于50mm。钻孔清洗要彻底,可用压气将孔内岩粉、积水冲洗干净,以保证砂浆与孔壁的黏结强度。

(2)压注砂浆。由于向钻孔内压注砂浆比较困难,所以钢筋砂浆锚杆的砂浆常采用风动压浆罐灌注。灌浆时,为了保证压注质量,注浆管必须插至孔底,确保孔内注浆饱满密实。注满砂浆的钻孔,应采取措施将孔口封堵,以免在插入锚杆前砂浆流失。

(3)安插锚杆。安插锚杆时,应将锚杆徐徐插入,以免砂浆被过量挤出,造成孔内砂浆不密实而影响锚固力。锚杆插到孔底后,应立即楔紧孔口,24h 后才能拆除楔块。

先设锚杆后注砂浆的施工工艺与之基本相同,只是注浆时多采用真空压力法。

2. 预应力锚杆施工

预应力锚杆是利用高强钢丝束或钢绞线穿过滑动面或不稳定区深入岩体深层,利用锚索体的高抗拉强度增大正向拉力,改善岩体的力学性质,增加岩体的抗剪强度,并对岩体起加固作用,增大岩层间的挤压力。其基本施工工序为造孔、编束、穿束、内锚段灌浆、垫座混凝土浇筑、张拉、封孔灌浆、外锚头保护。在破碎地层造孔时,可增加压水试验和固结灌浆两道工序。

(1)编索。编索时,应根据锚具、垫座混凝土和钻孔长度进行锚索下料,用机械切割机精确切割;根据锚索级别和设计要求,确定每束锚索所需钢绞线根数。

对穿锚索时,可将钢绞线对号穿过架线环,并用无锌铅丝绑扎架线环。对穿锚索上设有止浆环、充气管及进、出浆管。止浆环内用环氧树脂与丙酮封填密实。对穿锚锚索结构见图 6-7。无粘结端头锚固段钢绞线应先去皮清洗,再将钢绞线、止浆环与进、出浆管和架线环一一对号。

钢绞线　　　　　　　　　　　　　　架线环

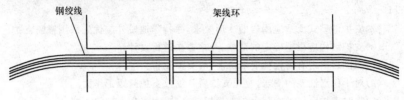

图 6-7　对穿锚锚索结构图

(2)张拉。张拉一般采用适当的超张拉。反复超张拉能调整应力趋于均匀,减少松弛损失;但对机械式锚根不得进行反复超张拉,以免外夹片齿槽被岩粉填平后失效,反而增大预应力损失。最后一次超张拉后,控制卸荷到安装吨位;待早期预应力损失基本完成后再进行补偿张拉。

三、检验要点

(一)锚喷支护要点

1. 材料检验

(1)材料检查

1)锚喷支护用的锚杆材质和砂浆强度等级必须符合设计要求。

①使用的钢筋应调直、除锈、去污。

②水泥应优先选用新鲜的水泥,其强度等级不低于 42.5 级的普通硅酸盐水泥。

③采用的速凝、早强、减水等外加剂中,严禁含有对锚杆有腐蚀作用的化学成分。

2)喷混凝土用的混合材料的拌制和使用,必须符合规范规定,严格按照试验配比单配料。

(2)支护施工

1)采用锚喷支护应按有关规定进行施工,搞好光面爆破。

2)支护的类型及参数应根据围岩特性、断面尺寸、施工方法等通过试验或工程类比确定。

3)隧洞开挖后,应根据围岩类别,适时给予锚喷支护;对于 V 类围岩或有水的破碎岩体,必要时进行二次支护。

4)要保证围岩、喷层和锚杆之间有良好的黏结和锚固。

5)锚孔内岩粉和积水必须清除干净;锚孔内注浆必须饱满。

①砂浆锚杆应先注浆后插杆;

②预应力锚杆应先安锚杆后注浆。

6)喷注混凝土应分层进行,两层间隔不得超过 1h。喷层表面的乳膜、浮尘等杂物应冲洗干净。

7)对易风化、易崩解和具膨胀性等岩体,开挖后要及时封闭岩体,并采取防水、排水措施。

2. 质量标准

(1)质量检查数量

1)锚喷支护工程采用抽样的方法进行检查。

2)锚杆检查:每一个单元工程内锚杆的检测数量为该单元工程内锚杆总数的 10%～15%,并不少于 20 根;锚杆总量少于 20 根时,应进行全数检查。注浆锚杆抗拔力(或无损检测)检测数量为每 300～400 根(或按设计要求)抽样不少于 1 组(每组 3 根)。

3)喷混凝土检查:每 200m² (隧洞一般为 20m 洞长)设置一个检查断面,检测点数不少于 5 个。对喷混凝土性能的检查,每 100m³ 喷混凝土混合料或混合料小于 100m³ 的独立工程,试件数不少于 1 组(每组 3 块),材料或配合比变更时,应另做一组。

(2)质量检验标准

1)锚杆的质量检查项目、质量标准及检测方法见表 6-9。

表 6-9　　　　　　锚杆质量检查项目、质量标准及检测方法

项类	检查项目	质量标准	检测方法
主控项目	锚杆及胶结材料性能	符合设计要求	取样试验、查看资料
	锚孔清理	无岩粉、积水	查看施工记录,测杆测量
	锚孔孔深	符合设计要求	钢尺、测杆测量
	注浆锚杆抗拔力(或无损检测)	符合设计要求	现场抽查试验,查看资料
一般项目	孔位偏差	≤10cm	钢尺、测杆测量
	钻孔方向	垂直锚固面或符合设计要求	钢尺、经纬仪测量
	孔径	符合设计要求	钢尺测量
	锚杆长度	符合设计要求	钢尺测量
	注浆	符合设计要求	现场检查

2)喷射混凝土的质量检查项目、质量标准及检测方法见表 6-10。

表 6-10   喷射混凝土质量检查项目、质量标准及检测方法

项类	检查项目		质量标准	检测方法
主控项目	喷混凝土性能		符合设计要求	取样试验,查看资料
	喷层均匀性		无夹层、包砂或个别处有夹层、包砂	目测检查
	喷层密实性		符合设计要求	目测检查
	挂网直径与网格尺寸		符合设计要求	钢尺测量
一般项目	喷射厚度	过水隧洞	不得小于设计厚度的 70%	钎探,钻孔,查看标记和施工记录
		非过水隧洞	不得小于设计厚度的 60%	
	岩面清理		符合设计要求	目测检查
	喷层表面整体性		无裂缝或个别处有裂缝	目测检查
	喷层养护		符合设计要求	目测检查,查看施工记录
	挂网与坡面距离		符合设计要求	钢尺测量

3. 质量等级评定

合格:主控项目符合质量标准;一般项目不少于 70% 的检查点符合质量标准。

优良:主控项目符合质量标准;一般项目不少于 90% 的检查点符合质量标准。

(二)预应力锚固检验

1. 质量标准

(1)质量检测数量

每根锚索(锚杆)逐项检查。其中钻孔、编索、内锚段注浆、封孔注浆、张拉、锚墩施工等应当进行专项检查和质量评定。

(2)质量检验标准

预应力锚固工程的质量检查项目、质量标准及检测方法见表 6-11。

表 6-11   预应力锚固工程质量检查项目、质量标准及检测方法

项类	检查项目		质量标准	检测方法
主控项目	钻孔	孔深	不小于设计孔深且不大于设计孔深 40cm	钢尺、测杆测量
		孔向	符合设计要求	测斜仪等

续表

项类	检查项目		质量标准	检测方法
主控项目	锚索制作安装	材质检验	符合设计要求	抽样试验
		编索	符合设计要求	现场检查
	注浆	浆液性能	符合设计要求	现场检查,室内试验
		内锚段注浆	符合设计要求	现场检查,查看资料
	张拉	张拉及锁定荷载	符合设计要求	现场检查,查看资料
		钢绞线或索体伸长值	符合设计要求	现场检查,查看资料
	各项施工记录		齐全、准确、清晰	查看资料
一般项目	钻孔	锚孔孔位偏差	≤10cm	钢尺、经纬仪测量
		锚孔孔径	终孔孔径不小于设计孔径10mm	钢尺测量
		锚孔清理	符合设计要求	查看施工记录,测杆测量
	锚索制作安装	存放与运输	符合设计要求	现场检查
		索体安装	符合设计要求	现场检查,查看资料
	注浆	封孔注浆	符合设计要求	现场检查,查看资料
	锚墩及封锚	混凝土性能	符合设计要求	现场取样试验
		基面清理	符合设计要求	现场检查
		结构与体形	符合设计要求	现场检查,查看资料
		防护措施	符合设计要求	现场检查

2. 检验要点

(1)锚杆体制作

1)预应力筋表面不应有污物、铁锈或其他有害物质,并严格按设计尺寸下料。

2)锚杆体在安装前应妥善保护,以免腐蚀和机械损伤。

3)杆体制作时,应按设计规定安放套管隔离架、波形管、承载体、注浆管和排气管。杆体内的绑扎材料不宜采用镀锌材料。

(2)锚固施工

1)钻孔的孔深、孔径均应符合设计要求。钻孔与锚杆预定方位的允许角偏差为 1°~3°。

2)锚杆体放入锚孔前应清除钻孔内的石屑与岩粉;检查注浆管、排气管是否畅通,止浆器是否完好。

3)灌浆料应采用水灰比为 0.45~0.50 的纯水泥浆,也可采用灰砂比为1:1、水灰比为 0.45~0.50 的水泥砂浆。

4)永久性预应力锚杆应采用封孔灌浆,应用浆体灌满自由段长度顶部的孔隙。

5)灌浆后,浆体强度未达到设计要求前,预应力筋不得受扰。

6)预应力筋正式张拉前,应取 20% 的设计张拉荷载,对其预张拉 1~2 次,使其各部位接触紧密,钢丝或钢绞线完全平直。

7)预应力筋锁定后 48h 内,若发现预应力损失大于锚杆拉力设计值的 10% 时,应进行补偿张拉。

8)灌浆材料达到设计强度时,方可切除外露的预应力筋,切口位置至外锚具的距离不应小于 100mm。

9)在软弱破碎和渗水量大的围岩中施作永久性预应力锚杆,施工前应根据需要对围岩进行固结灌浆处理。

3. 质量评定标准

预应力锚固工程的质量等级评定适用于岩土边坡预应力锚固、混凝土结构物与岩体预应力锚固工程。

合格:主控项目符合质量标准;一般项目不少于 70% 的检查点符合质量标准。

优良:主控项目和一般项目全部符合质量标准。

(三)构架支撑

1. 检验要点

(1)支撑的接头应牢固可靠,各排之间应用剪力撑、水平撑和拉条连接。

(2)每排支撑应保持在同一平面上,在平洞中该平面应与洞轴线相垂直。

(3)支撑柱基应放在平整的岩面上。柱基较软时,应设垫梁或封闭底梁。

(4)支撑柱腿应与基岩结合牢固;支撑和围岩之间应用板、楔块等背材塞紧。

(5)斜井支撑除应具有足够的整体性外,还应满足以下规定:

1)在斜井中架设支撑时,应挖出柱脚平台或加设垫梁。

2)当斜井倾角大于底板岩层的稳定坡角时,底板应加设底梁。

3)在倾角大于 30° 的斜井中,支撑杆件连接用夹板;倾角大于 45° 时,支撑应采用框架结构。

(6)支撑应定期检查,发现杆件破裂、倾斜、扭曲、变形等情况应立即加固。

(7)支撑拆除时,应采取可靠的安全措施。

2. 质量检验标准

钢或混凝土支撑系统工程质量检验标准应符合表 6-12 的规定。

表 6-12 钢及混凝土支撑系统工程质量检验标准

项目	序号	检查项目	允许偏差或允许值		检查方法
			单位	数值	
主控项目	1	支撑位置:标高	mm	30	水准仪
		平面	mm	100	用钢尺量
	2	预加顶力	kN	±50	油泵读数或传感器
一般项目	1	围图标高	mm	30	水准仪
	2	立柱桩	设计要求		
	3	立柱位置:标高	mm	30	水准仪
		平面	mm	50	用钢尺量
	4	开挖超深(开槽放支撑不在此范围)	mm	<200	水准仪
	5	支撑安装时间	设计要求		用钟表估测

第七章 混凝土坝工程

第一节 原材料检验

混凝土工程施工,在水利水电建设中占有重要的地位,特别是以混凝土坝为主体的枢纽工程,其施工速度直接影响整个工程的建设工期,施工质量直接关系到工程的安危,关系到国家和人民生命财产的安全。

一、水泥质量检验

1. 一般规定

(1)水工混凝土使用的水泥必须符合现行国家标准的规定。并可根据工程的特殊需要对水泥的化学成分、矿物组成和细度等提出专门要求。

(2)每一个工程所用水泥品种以1~2种为宜,并应固定供应厂家。

(3)选用的水泥强度等级应与混凝土设计强度等级相适应。在水位变化区、溢流面及经常受水流冲刷部位、抗冻要求较高的部位,宜使用较高强度等级的水泥。

(4)运至工地的每一批水泥,应有生产厂的出厂合格证和品质试验报告,使用单位应进行验收检验(按每200~400t同厂家、同品种、同强度等级的水泥为一取样单位,如不足200t也作为一取样单位),必要时应进行复验。

(5)水泥品质的检验,应按现行的国家标准进行。

2. 水泥品种的选择

(1)水位变化区外部混凝土、溢流面和经常受水流冲刷部位的混凝土及有抗冻要求的混凝土,宜选用中热硅酸盐水泥或硅酸盐水泥,也可选用普通硅酸盐水泥。

(2)内部混凝土、水下混凝土和基础混凝土,宜选用中热硅酸盐水泥,也可选用低热矿渣硅酸盐水泥、矿渣硅酸盐水泥、火山灰质硅酸盐水泥、粉煤灰硅酸盐水泥、普通硅酸盐水泥和低热微膨胀水泥。

(3)环境水对混凝土有硫酸盐侵蚀性时,应选择抗硫酸盐硅酸盐水泥。

3. 水泥的运输、保管及使用

在水利水电工程施工中,水泥的运输、保管及使用,应遵守下列规定:

(1)优先使用散装水泥。

(2)运到工地的水泥,应按标明的品种、强度等级、生产厂家和出厂批号,分别储存到有明显标志的储罐或仓库中,不得混装。

（3）水泥在运输和储存过程中应防水防潮，已受潮结块的水泥应经处理并检验合格后方可使用。罐储水泥宜一个月倒罐一次。

（4）水泥仓库应有排水、通风措施，保持干燥。堆放袋装水泥时，应设防潮层，距地面、边墙至少 30cm，堆放高度不得超过 15 袋，并留出运输通道。

（5）散装水泥运至工地的入罐温度不宜高于 65℃。

（6）先出厂的水泥应先用。袋装水泥储运时间超过 3 个月，散装水泥超过 6 个月，使用前应重新检验。

（7）应避免水泥的散失浪费，做好环境保护。

二、骨料质量检验

砂石骨料是混凝土最基本的组成成分，通常 1m³ 混凝土需要 1.3～1.5m³ 松散砂石骨料。对于混凝土用量很大的混凝土坝工程，砂石骨料的需求量也相当大，其质量的好坏直接影响到混凝土强度、水泥用量和温度控制的要求，从而影响大坝的质量和造价。

1. 一般规定

（1）使用的骨料应根据优质、经济、就地取材的原则进行选择。可选用天然骨料、人工骨料，或两者互相补充。选用人工骨料时，有条件的地方宜选用石灰岩质的料源。

（2）应根据粗细骨料需要总量、分期需要量进行技术经济比较，制定合理的开采规划和使用平衡计划，尽量减少弃料。覆盖层剥离应有专门弃渣场地并采取必要的防护和恢复环境措施，避免水土流失现象产生。

（3）骨料料源在品质、数量发生变化时，应按现行建筑材料勘察规程进行详细的补充勘察和碱活性成分含量试验。未经专门论证，不得使用碱活性骨料。

（4）骨料加工的工艺流程、设备选型应合理可靠，生产能力和料仓储量应保证混凝土施工需要。

（5）根据实际需要和条件，可将细骨料分成粗细两级，分别堆存，在混凝土拌合时按一定比例掺用使用。

2. 细骨料质量检查

（1）细骨料应质地坚硬、清洁、级配良好；人工砂的细度模数宜在 2.4～2.8 范围内，天然砂的细度模数宜在 2.2～3.0 范围内。使用山砂、粗砂、特细砂应经过试验论证。

（2）细骨料在开采过程中应定期或按一定开采数量进行碱活性检验，有潜在危害时，应采取相应措施，并经专门试验论证。

（3）细骨料的含水率应保持稳定，人工砂饱和面干的含水率不宜超过 6％，必要时应采取加速脱水措施。

（4）细骨料的其他品质要求应符合表 7-1 的规定。

表 7-1   细骨料的品质要求

项　目		指　标		备　注
		天然砂	人工砂	
石粉含量 （％）		—	6～18	
含泥量 （％）	≥C_{90}30 和有抗冻要求的	≤3	—	
	<C_{90}30	≤5		
泥块含量		不允许	不允许	
坚固性 （％）	有抗冻要求的混凝土	≤8	≤8	
	无抗冻要求的混凝土	≤10	≤10	
表观密度（kg/m³）		≥2500	≥2500	
硫化物及硫酸盐含量 （％）		≤1	≤1	折算成 SO_3， 按质量计
有机质含量		浅于标准色	不允许	
云母含量 （％）		≤2	≤2	
轻物质含量 （％）		≤1	—	

3. 粗骨料质量检查

(1)粗骨料的最大粒径：不应超过钢筋净间距的 2/3、构件断面最小边长的 1/4、素混凝土板厚的 1/2。对少筋或无筋混凝土结构，应选用较大的粗骨料粒径。

(2)施工中，宜将粗骨料按粒径分成下列几种粒径组合：

1)当最大粒径为 40mm 时，分成 D_{20}、D_{40} 两级；

2)当最大粒径为 80mm 时，分成 D_{20}、D_{40}、D_{80} 三级；

3)当最大粒径为 150(120)mm 时，分成 D_{20}、D_{40}、D_{80}、D_{150}(D_{120})四级。

(3)应控制各级骨料的超径、逊径含量。以原孔筛检验，其控制标准：超径小于 5％，逊径小于 10％。当以超径、逊径筛检验时，其控制标准为：超径为零，逊径小于 2％。

(4)采用连续级配或间断级配，应由试验确定。

(5)各级骨料应避免分离。D_{150}、D_{80}、D_{40} 和 D_{20} 分别用中径（115mm、60mm、30mm 和 10mm）方孔筛检测的筛余量应在 40％～70％ 范围内。

(6)如使用含有活性骨料、黄锈和钙质结核等粗骨料，必须进行专门试验论证。

(7)粗骨料表面应洁净,如有裹粉、裹泥或被污染等应清除。

(8)碎石和卵石的压碎指标值宜采用表7-2的规定。

表7-2　　　　　　　　　　粗骨料的压碎指标值

骨　料　类　别		不同混凝土强度等级的压碎指标值（%）	
		$C_{90}55\sim C_{90}40$	$\leqslant D_{90}35$
碎石	水成岩	$\leqslant10$	$\leqslant16$
	变质岩或深成的火成岩	$\leqslant12$	$\leqslant20$
	火成岩	$\leqslant13$	$\leqslant30$
卵　石		$\leqslant12$	$\leqslant16$

(9)粗骨料的其他品质要求应符合表7-3的规定。

表7-3　　　　　　　　　　粗骨料的品质要求

项　　　目		指　　标	备　　注
含泥量（%）	D_{20}、D_{40}粒径级	$\leqslant1$	
	D_{80}、D_{150}（D_{120}）粒径级	$\leqslant0.5$	
泥块含量		不允许	
坚固性（%）	有抗冻要求的混凝土	$\leqslant5$	
	无抗冻要求的混凝土	$\leqslant12$	
硫化物及硫酸盐含量（%）		$\leqslant0.5$	折算成SO_3,按质量计
有机质含量		浅于标准色	如深于标准色,应进行混凝土强度对比试验,抗压强度比不应低于0.95
表观密度（kg/m^3）		$\geqslant2550$	
吸水率（%）		$\leqslant2.5$	
针片状颗粒含量（%）		$\leqslant15$	经试验论证,可以放宽至25%

4. 成品骨料的堆存

(1)堆存场地应有良好的排水设施,必要时应设遮阳防雨棚。

(2)各级骨料仓之间应设置隔墙等有效措施,严禁混料,并应避免泥土和其他杂物混入骨料中。

(3)应尽量减少转运次数。卸料时,粒径大于 40mm 骨料的自由落差大于 3m 时,应设置缓降设施。

(4)除储料仓除有足够的容积外,还应维持不小于 6m 的堆料厚度。细骨料仓的数量和容积应满足细骨料脱水的要求。

(5)在粗骨料成品堆场取料时,同一级料应注意在料堆不同部位同时取料。

三、掺合料质量检验

(1)水工混凝土中应掺入适量的掺合料,其品种有粉煤灰、凝灰岩粉、矿渣微粉、硅粉、粒化电炉磷渣、氧化镁等。掺用的品种和掺量应根据工程的技术要求、掺合料品质和资源条件,通过试验论证确定。

(2)掺合料每批产品出厂时应有产品合格证,主要内容包括:厂名、等级、出厂日期、批号、数量及品质检验结果等。

(3)使用单位对进场使用的掺合料应进行验收检验。粉煤灰等掺合料以连续供应 200t 为一批(不足 200t 按一批计),硅粉以连续供应 20t 为一批(不足 20t 按一批计),氧化镁以 60t 为一批(不足 60t 按一批计)。掺合料的品质检验按现行国家和有关行业标准进行。

(4)掺合料应储存在专用仓库或储罐内,在运输和储存过程中应注意防潮,不得混入杂物,并应有防尘措施。

(5)水工混凝土中掺用的粉煤灰掺合料宜选用Ⅰ级或Ⅱ级粉煤灰,其品质指标和等级应符合表 7-4 中的规定。

表 7-4   粉煤灰的品质指标和等级

指标		等　级		
		Ⅰ级	Ⅱ级	Ⅲ级
细度($45\mu m$ 方孔筛筛余)(%)		≤12	≤20	≤45
烧失量(%)		≤5	≤8	≤15
需水量比(%)		≤95	≤105	≤115
SO_3(%)		≤3	≤3	≤3
碱含量(以 Na_2O 当量计)[①](%)		≤1.5	≤1.5	≤1.5
含水量(%)	干排法	≤1	≤1	≤1
	湿排法	≤15	≤15	≤15

注:①只有在使用碱活性骨料时,采用"碱含量"限制指标。

四、外加剂质量检验

(1)水工混凝土中必须掺加适量的外加剂。外加剂品质必须符合现行的国家标准和有关行业标准。

(2)外加剂选择应根据混凝土性能要求、施工需要、并结合工程选定的混凝土原材料进行适应性试验,经可靠性论证和技术经济比较后,选择合适的外加剂种类和掺量。一个工程掺用同种类外加剂的品种宜选用1～2种,并由专门生产厂家供应。

(3)有抗冻性要求的混凝土应掺用引气剂。混凝土的含气量应根据混凝土的抗冻等级和骨料最大粒径等,通过试验确定。表7-5的规定仅供参考。

表7-5　　　　　　　　掺引气剂型外加剂混凝土的含气量

骨料最大粒径(mm)		20	40	80	150(120)
含气量 (%)	≥F200 混凝土	5.5	5.0	4.5	4.0
	≤F150 混凝土	4.5	4.0	3.5	3.0

注:F150混凝土掺用与否,根据试验确定。

(4)外加剂应配成水溶液使用。配制溶液时应称量准确,并搅拌均匀。根据工程需要,外加剂可复合使用,但必须通过试验论证。有要求时,应分别配制使用。

(5)外加剂每批产品应有出厂检验报告和合格证。使用单位应进行验收检验。

(6)外加剂的分批以掺量划分。掺量大于或等于1%的外加剂以100t为一批,掺量小于1%的外加剂以50t为一批,掺量小于0.01%的外加剂以1～2t为一批,一批进场的外加剂不足一个批号数量的,应视为一批进行检验。

(7)外加剂的检验按现行的国家和行业标准进行。

(8)外加剂应存放在专用仓库或固定的场所妥善保管,不同品种外加剂应有标记,分别储存。粉状外加剂在运输和储存过程中应注意防水防潮。当外加剂储存时间过长,对其品质有怀疑时,必须进行试验认定。

(9)常用掺外加剂混凝土性能指标应符合表7-6中的规定。

表7-6　　　　　　　　常用掺外加剂混凝土性能指标

外加剂种类 试验项目	引气剂	普通减水剂	早强减水剂	缓凝减水剂	引气减水剂	高效减水剂	缓凝剂	缓凝高效减水剂	高温缓凝剂
减水率(%)	≥6	≥8	≥8	≥8	≥12	≥15	—	≥15	≥6
含气量(%)	4.5～5.5	≤2.5	≤2.5	≤3.0	4.5～5.5	<3.0	<2.5	<3.0	<2.5
泌水率比(%)	≤70	≤95	≤95	≤100	≤70	≤95	≤100	≤100	≤100

续表

外加剂种类 试验项目		引气剂	普通减水剂	早强减水剂	缓凝减水剂	引气减水剂	高效减水剂	缓凝剂	缓凝高效减水剂	高温缓凝剂
凝结时间差（min）	初凝	−90~+120	0~+90	≤+30	+90~+120	−60~+90	−60~+90	+210~+480	+120~+240	+300~+480
	终凝	−90~+120	0~+90	≤0	+90~+120	−60~+90	−60~+90	+210~+720	+120~+240	≤+720
抗压强度比（%）	3d	≥90	≥115	≥130	≥90	≥115	≥130	≥90	≥125	—
	7d	≥90	≥115	≥115	≥90	≥110	≥125	≥95	≥125	≥90
	28d	≥85	≥110	≥105	≥85	≥105	≥120	≥105	≥120	≥100
28d 收缩率比（%）		<125	<125	<125	<125	<125	<125	<125	<125	<125
抗冻等级		≥F200	≥F50	≥F50	≥F50	≥F200	≥F50	—	≥F50	
对钢筋锈蚀作用		应说明对钢筋有无锈蚀危害								
对热学性能的影响		用于大体积混凝土时，应说明 7d 水化热或 7d 混凝土的绝热温升的影响								

注：1. 凝结时间差"−"号表示凝结时间提前，"+"号表示凝结时间延缓。

　　2. 除含气量和抗冻等级两项试验项目外，表中所列数据为受检验混凝土与基准混凝土的差值或比值。

五、水质量检验

(1)凡符合国家标准的饮用水，均可用于拌合与养护混凝土。未经处理的工业污水和生活污水不得用于拌合与养护混凝土。

(2)地表水、地下水和其他类型水在首次用于拌合与养护混凝土时，须按现行的有关标准，经检验合格后方可使用。检验项目和标准应符合以下要求：

1)混凝土拌合养护用水与标准饮用水试验所得的水泥初凝时间差及终凝时间差均不得大于 30min。

2)混凝土拌合养护用水配制水泥砂浆 28d 抗压强度不得低于用标准饮用水拌合的砂浆抗压强度的 90%。

3)拌合与养护混凝土用水的 pH 值和水中的不溶物、可溶物、氯化物、硫酸盐的含量应符合表 7-7 的规定。

表 7-7　　　　　　　　拌合与养护混凝土用水的指标要求

项　目	钢筋混凝土	素混凝土
pH 值	＞4	＞4
不溶物 （mg/L）	＜2000	＜5000
可溶物 （mg/L）	＜5000	＜10000
氯化物（以 Cl⁻ 计） （mg/L）	＜1200	＜3500
硫酸盐（以 SO₄²⁻ 计） （mg/L）	＜2700	＜2700

第二节　混凝土模板工程检验

一、基本要求

（1）所用模板应能保证混凝土结构和构件各部分设计形状、尺寸和相互位置正确。

（2）模板应具有足够的强度、刚度和稳定性，能承受各项施工荷载，并保证变形在允许范围内。

（3）面板板面应平整、光洁，拼缝密合、不漏浆。

（4）安装和拆卸方便、安全，一般能够多次使用。尽量做到标准化、系列化。

（5）模板选用应与混凝土结构和构件的特征、施工条件和浇筑方法相适应。

（6）组合钢模板、大模板、滑动模板等模板的设计、制作和施工应符合国家现行标准。

二、检验要点

1. 材料

（1）模板的材料宜选用钢材、胶合材、塑料等，模板支架的材料宜选用钢材等，尽量少用木材。

（2）模板材料的质量应符合现行的国家标准和行业标准的规定：

1）当采用钢材时，宜采用 Q235 钢材，其质量应符合《碳素结构钢》（GB/T 700—2006）的有关规定；

2）当采用木材时，应符合《木结构设计规范（2005 版）》（GB 50005—2003）中的承重结构选 材标准；

3)当采用胶合板时,其质量应符合现行有效标准的有关规定;

4)当采用竹编胶合板时,其质量应符合《竹编胶合板》(GB/T 13123—2003)的有关规定。

(3)木材种类可根据各地区实际情况选用,材质不宜低于三等材。腐朽、严重扭曲、有蛀孔等缺陷的木材,脆性木材和容易变形的木材,均不得使用。

2. 模板制作与安装

(1)模板制作规格和尺寸应符合设计规定,其允许偏差不得超过设计规定。

(2)钢模板面板及活动部分应涂防锈油脂,但面板所涂防锈油脂不得影响混凝土表面颜色。其他部分应涂防锈漆。木面板宜贴镀锌铁皮或其他隔层。

(3)模板安装前,必须按设计图纸测量放样;安装过程中,必须经常保持足够的临时固定设施,以防倾覆。

(4)支架必须支承在坚实的地基或老混凝土上,并应有足够的支承面积。斜撑应防止滑动。竖向模板和支架和的支承部分,当安装在基土上时应加设垫板,且基土必须坚实并有排水措施。

(5)现浇钢筋混凝土梁、板,当跨度等于或大于 4m 时,模板应起拱。

(6)模板的钢拉杆不应弯曲,伸出混凝土外露面的拉杆宜采用端部可拆卸的结构型式。拉杆与锚环的连接必须牢固。预埋在下层混凝土中的锚定件(螺栓、钢筋环等),在承受荷载时,必须有足够的锚固强度。

(7)模板与混凝土的接触面,以及各块模板接缝处,必须平整、密合,以保证混凝土表面的平整度和混凝土的密实性。

(8)建筑物分层施工时,应逐层校正下层偏差,模板下端不应有错台。

(9)模板的面板应涂脱模剂,但应避免脱模剂污染或侵蚀钢筋和混凝土。

(10)钢承重骨架的模板,必须固定在承重骨架上,以防止在运输及浇筑时错位。承重骨架安装前,宜先作试吊及承载试验。

(11)模板上严禁堆放超过设计荷载的材料及设备。混凝土浇筑时,必须按模板设计荷载控制浇筑顺序、浇筑速度及施工荷载。应及时清除模板上的杂物。

(12)混凝土浇筑过程中,必须安排专人负责经常检查、调整模板的形状及位置,使其与设计线的偏差不超过设计规定。

3. 模板拆除

(1)现浇结构的模板拆除时的混凝土强度,应符合设计要求。

(2)拆模时,混凝土强度能保证其表面和棱角不因拆除模板而受损坏。混凝土强度应符合表 7-8 的规定。

(3)拆模时,应根据锚固情况,分批拆除锚固连接件,防止大片模板坠落。拆模应使用专门工具,以减少混凝土及模板的损坏。

(4)预制构件模板拆除时的混凝土强度,应符合设计要求;当设计无具体要求时,应符合下列规定:

表 7-8　　　　　　　　　现浇结构拆模时所需混凝土强度

结　构　类　型	结构跨度(m)	按设计的混凝土强度标准值的百分率计(%)
板	≤2	50
	>2,≤8	75
	>8	100
梁、拱、壳	≤8	75
	>8	100
悬臂构件	≤2	75
	>2	100

注:按《水工混凝土施工规范》(DL/T 5144—2001)规范中"设计的混凝土强度标准值"
　系指与设计混凝土强度等级相应的混凝土立方体抗压强度标准值。

1)侧模,在混凝土强度能保证构件不变形,棱角完整时,方可拆除;

2)芯模或预留孔洞的内模,在混凝土强度能保证构件和孔洞表面不发生坍陷和裂缝后,方可拆除;

3)底模,当构件跨度不大于 4m 时,在混凝土强度符合设计的混凝土强度标准值的 50% 的要求后,方可拆除;当构件跨度大于 4m 时,在混凝土强度符合设计的混凝土强度标准值的 75% 的要求后,方可拆除。

(5)拆下的模板、支架及配件应及时清理、维修。暂时不用的模板应分类堆存。

三、检验标准

(1)模板制作允许偏差应符合表 7-9 的规定。

表 7-9　　　　　　　　　模板制作的允许偏差　　　　　　　　(mm)

偏　差　项　目		允许偏差
木　模	小型模板:长和宽	±2
	大型模板(长、宽大于 3m):长和宽	±3
	大型模板对角线	±3
	模板面平整度:　相邻两板面高差　局部不平(用 2m 直尺检查)	0.5　3
	面板缝隙	1
钢模、复合模板及胶木(竹)模板	小型模板:长和宽	±2
	大型模板(长、宽大于 2m):长和宽	±3
	大型模板对角线	±3

偏 差 项 目		允许偏差
钢模、复合模板及 胶木(竹)模板	模板面局部不平(用 2m 直尺检查)	2
	连接配件的孔眼位置	±1

注:1. 异型模板(蜗壳、尾水管等)、永久性模板、滑动模板、移置模板、装饰混凝土模板 等特种模板,其制作的允许偏差,按有关规定和要求执行。

2. 定型组合钢模板制作的允许偏差,按有关标准执行。

3. 表中木模是指在面板上不敷盖隔层的木模板。用于混凝土非外露面的木模和被 用来制作复合模板的木模的制作偏差可比表中的允许偏差适当放宽。

4. 复合模板是指在木模面板上敷盖隔层的模板。

(2)一般大体积混凝土模板安装的允许偏差应符合表 7-10 的规定。

表 7-10　　　　　一般大体积混凝土模板安装的允许偏差　　　　(mm)

偏 差 项 目		混凝土结构的部位	
		外露表面	隐蔽内面
模 板 平整度	相邻两面板错台	2	5
	局部不平(用 2m 直尺检查)	5	10
板 面 缝 隙		2	2
结构物边线与 设计边线	外模板	0 −10	15
	内模板	+10 0	
结构物水平截面内部尺寸		±20	
承重模板标高		+5 0	
预留孔洞	中心线位置	5	
	截面内部尺寸	+10 0	

注:1. 外露表面、隐蔽内面系指相应模板的混凝土结构表面最终所处的位置。

2. 高速水流区、流态复杂部位、机电设备安装部位的模板,除参照上表要求外,还必 须符合有关专项设计的要求。

(3)大体积混凝土以外的一般现浇结构模板安装的允许偏差应符合表 7-11 的规定。

表 7-11　　　　　一般现浇结构模板安装的允许偏差　　　　　（mm）

偏　差　项　目		允许偏差	偏　差　项　目		允许偏差
轴线位置		5	层高垂直	全高≤5m	6
底模上表面标高		+5,0		全高>5m	8
截面内部尺寸	基　础	±10	相邻两面板高差		2
	柱、梁、墙	+4,−5	表面局部不平（用2m直尺检查）		5

（4）预制构件模板安装的允许偏差应符合表 7-12 的规定。

（5）永久性模板、滑动模板、移置模板、装饰混凝土模板等特种模板，其模板安装的允许偏差，按结构设计要求和模板设计要求执行。

表 7-12　　　　　预制构件模板安装的允许偏差　　　　　（mm）

偏　差　项　目		允许偏差	偏　差　项　目		允许偏差
长度	板、梁	±5	高度	板	+2 −3
	薄腹梁、桁架	±10		墙板	0 −5
	柱	0 −10		梁、薄腹梁、桁架、柱	+2 −5
	墙板	0 −5	板的对角线差		7
宽度	板、墙板	0 −5	拼板表面高低差		1
			板的表面平整（2m长度上）		3
			墙板的对角线差		5
	梁、薄腹梁、桁架、柱	+2 −5	侧向弯曲	梁、柱、板	L/1000且≤15
				墙板、薄腹梁、桁架	L/1500且≤15

注：L 为构件长度（mm）。

第三节　水工混凝土施工检验

一、混凝土制备检验

1. 检验要点

（1）搅和设备投入混凝土生产前，应按批准的混凝土施工配合比进行最佳投料顺序和搅和时间试验。

（2）混凝土拌合必须按照试验部门签发的混凝土配合料单进行配料，严禁擅自更改。

（3）混凝土拌合时间应通过试验确定，其最少拌合时间应符合表 7-13 的规定。

表 7-13　　　　　　　　　　混凝土最少拌合时间

拌合机容量 $Q(m^3)$	最大骨料粒径 (mm)	最少拌合时间(s)	
		自落式拌合机	强制式拌合机
$0.8 \leqslant Q \leqslant 1$	80	90	60
$1 < Q \leqslant 3$	150	120	75
$Q > 3$	150	150	90

注:1. 入机拌合量应在拌合机额定容量的 110% 以内。

　　2. 加冰混凝土的拌合时间应延长 30s(强制式 15s),出机的混凝土拌合物中不应有冰块。

(4)每台班开始拌合前,应检查拌合机及叶片的磨损情况,如发现问题应及时进行处理。每班开始拌合混凝土前应进行衡器零点校核和配料量的检查。

(5)在混凝土拌合过程中,应定时检测骨料含水量,必要时应加密检测。

(6)混凝土掺合料在现场宜用干掺法,且必须拌合均匀。

(7)外加剂溶液中的水量,应在拌合用水量中扣除。

(8)拌合楼进行二次筛分后的粗骨料,其超、逊径应控制在要求范围内。

2. 质量检验

(1)混凝土原材料、配合比及制作各环节均符合相关标准或设计规定。

(2)混凝土组成材料的配料量的允许偏差应符合表 7-14 的规定。

表 7-14　　　　　　　　混凝土材料称量的允许偏差

材 料 名 称	称量允许偏差 (%)
水泥、掺合料、水、冰、外加剂溶液	±1
骨 料	±2

(3)混凝土搅和物应搅拌均匀,坍落度允许偏差应符合表 7-15 的规定。

表 7-15　　　　　　　　　　坍落度允许偏差

坍落度(cm)	允许偏差(cm)
≤4	±1
4~10	±2
>10	±3

(4)混凝土拌合物出现下列情况之一时,按不合格料处理:

1)错用配料单已无法补救,不能满足质量要求;

2)混凝土配料时,任意一种材料计量失控或漏配,不符合质量要求;

3)拌合不均匀或夹带生料；

4)出机口混凝土坍落度超过最大允许值。

二、混凝土运输检验

(1)混凝土运输设备及运输能力,应与拌合、浇筑能力、仓面具体情况及钢筋、模板吊运的需要相适应。

(2)所用的运输设备,应使混凝土在运输过程中不致发生分离、漏浆、严重泌水、过多温度回升和坍落度损失。

(3)同时运输两种以上强度等级、级配或其他特性不同的混凝土时,应设置明显的区分标志;有条件时,应采用计算机条码识别系统。

(4)混凝土在运输过程中,应尽量缩短运输时间及减少转运次数。掺普通减水剂的混凝土运输时间不宜超过表7-16的规定。

(5)在高温或低温条件下,混凝土运输工具应设置遮盖或保温措施。

(6)运输过程中,应保证混凝土的自由下落高度不超过1.5m。超过时,应采取缓降或其他措施,以防止骨料分离。

表 7-16　　　　　　　　　　　混凝土运输时间

运输时段的平均气温(℃)	混凝土运输时间(min)
20~30	45
10~20	60
5~10	90

三、混凝土浇筑质量检验

1. 浇筑前检查

(1)混凝土浇筑前,应详细检查各项准备工作,并做好记录。

(2)地基处理及模板、钢筋、预埋件等均应符合设计要求。

(3)岩基上的松动岩块及杂物、泥土均应清除。岩基面应冲洗干净并排净积水;如有承压水,必须采取可靠的处理措施。

(4)在软基上准备仓面时,应避免破坏或扰动原状土壤。如有扰动,必须处理。

(5)非黏性土壤地基,如湿度不够,应至少浸湿15cm深,使其湿度与最优强度时的湿度相符。

(6)清洗后的岩基在浇筑混凝土前应保持洁净和湿润。

(7)基岩面和新老混凝土施工缝面在浇筑第一层混凝土前,可铺水泥砂浆、小级配混凝土或同强度等级的富砂浆混凝土,以保证新混凝土与基岩或新老混凝土施工缝面结合良好。

2. 混凝土浇筑检查

(1)混凝土的浇筑,可采用平铺法或台阶法施工。采用台阶法施工时,台阶宽度不应小于 2m。

(2)混凝土浇筑应按一定厚度、次序、方向,分层进行,且浇筑层面平整。在压力钢管、竖井、孔道、廊道等周边及顶板浇筑混凝土时,混凝土应对称均匀上升。

(3)混凝土浇筑过程中,严禁在仓内加水。混凝土和易性较差时,必须采取加强振捣等措施。

(4)仓内的泌水必须及时排除,严禁在模板上开孔赶水,带走灰浆;应随时清除黏附在模板、钢筋和预埋件表面的砂浆。

(5)混凝土浇筑应保持连续性,其允许间歇时间应通过试验确定。掺普通减水剂混凝土的允许间歇时间应符合表 7-17 的规定。如因故超过允许间歇时间,但混凝土能重塑者,可继续浇筑。

表 7-17　　　　　　　　　　　　混凝土的允许间歇时间

混凝土浇筑时的气温(℃)	允许间歇时间(min)	
	中热硅酸盐水泥、硅酸盐水泥、普通硅酸盐水泥	低热矿渣硅酸盐水泥、矿渣硅酸盐水泥、火山灰质硅酸盐水泥
20～30	90	120
10～20	135	180
5～10	195	—

(6)混凝土收仓面应浇筑平整,其施工缝面应无乳皮,微露粗砂。

施工缝毛面处理宜采用 25～50MPa 高压水冲毛机,也可采用低压水、风砂枪、刷毛机及人工凿毛等方法。毛面处理的开始时间由试验确定。采取喷洒专用处理剂时,应通过试验后实施。

(7)浇筑仓面出现下列情况之一时,应停止浇筑:

1)混凝土初凝并超过允许面积;

2)混凝土平均浇筑温度超过允许偏差值,并在 1 小时内无法调整至允许温度范围内。

(8)混凝土浇筑坯层厚度应符合设计要求,一般为 30～50cm。如采用低塑性混凝土及大型强力振捣设备时,其浇筑坯层厚度应根据试验确定。

(9)在倾斜面上浇筑混凝土时,应从低处开始,浇筑面应水平,在倾斜面处收仓面应与倾斜面垂直。

3. 混凝土振捣

(1)入仓的混凝土应及时平仓振捣,不得堆积。仓内若有粗骨料堆叠时,应均匀地分布至砂浆较多处,但不得用水泥砂浆覆盖,以免造成蜂窝。

（2）混凝土浇筑应先平仓后振捣，严禁以振捣代替平仓。振捣时间以混凝土粗骨料不再显著下沉，并开始泛浆为准，应避免欠振或过振。

（3）振捣设备的振捣能力应与浇筑机械和仓位客观条件相适应；使用塔带机浇筑的大仓位，宜配置振捣机振捣。

（4）使用振捣机振捣时，振捣棒组应垂直插入混凝土中，振捣完应慢慢拔出。振捣第一层混凝土时，振捣棒组应距硬化混凝土面5cm。振捣上层混凝土时，振捣棒头应插入下层混凝土5～10cm。

（5）采用手持式振捣器时，振捣器插入混凝土的间距，应根据试验确定，但不超过振捣器有效半径的1.5倍。

（6）振捣时，应将振捣器插入下层混凝土5cm左右。严禁振捣器直接碰撞模板、钢筋及预埋件。

（7）在预埋件特别是止水片、止浆片周围，应细心振捣，必要时辅以人工捣固密实。

四、混凝土施工温度控制检验

1. 降低浇筑温度

（1）采取下列措施降低仓骨料温度：

1）成品料仓骨料的堆高不宜低于6m，并应有足够的储备；

2）通过地垅取料；

3）搭盖凉棚、喷洒水雾降温（砂子除外）等。

（2）粗骨料预冷可采用风冷、浸水、喷洒冷水等措施。采用水冷法时，应有脱水措施，使骨料含水量保持稳定。采用风冷法时，应采取措施防止骨料（尤其是小石）冻仓。

（3）为防止温度回升，骨料从预冷仓到拌合楼，应采取隔热、保温措施。

（4）混凝土拌合时，可采用冷水、加冰等降温措施。加冰时，宜用片冰或冰屑，并适当延长拌合时间。

（5）在高温季节施工时，应根据具体情况，采取相应措施，以减少混凝土温度的回升。

（6）基础部位混凝土，应在有利季节进行浇筑。如需在高温季节浇筑，必须经过论证，并采取有效的温度控制措施，经批准后进行。

2. 降低水化热温升

（1）在满足混凝土各项设计指标的前提下，应采用水化热低的水泥，优化配合比设计。

（2）基础混凝土和老混凝土约束部位浇筑层厚以1～2m为宜，上下层浇筑间歇时间宜为5～10d。若在浇筑层中埋设冷却水管，分层厚度可采用3m，层间间歇时间可适当延长。

（3）采用冷却水管进行初期冷却时，通水时间由计算确定，一般为15～20d。

混凝土温度与水温之差不宜超过 25℃。水流方向应 24h 调换一次,每天降温不宜超过 1℃。

3. 降低坝体内外温差

(1)为降低坝体内外温差,防止或减少表面裂缝,应在低温季节前,将坝体温度降至设计要求的温度。

(2)如采用坝体中期通水冷却,通水冷却时间由计算确定,一般为 2 个月左右。通过水温与混凝土内部温度之差,不应超过 20℃,日降温不超过 1℃。

4. 坝体表面保护

(1)在低温季节和气温骤降季节,混凝土应进行早期表面保护。

(2)在气温变幅较大的季节,长期暴露的基础混凝土及其他重要部位混凝土,必须加以保护。寒冷地区的老混凝土,其表面保护措施和时间应根据具体情况确定。

(3)模板拆除时间应根据混凝土强度及混凝土的内外温差确定,并应避免在夜间或气温骤降时拆模。

(4)混凝土表面保护层材料及其厚度,应根据不同部位、结构的混凝土内外温度和气候条件,经计算、试验选择确定。

(5)28d 龄期内的混凝土,应在气温骤降前进行表面保护。浇筑面顶面保护至气温骤降结束或上层混凝土开始浇筑前。

5. 特殊部位温度控制

(1)对岩基深度超过 3m 的塘、槽回填混凝土,应采用分层浇筑或通水冷却等温控措施。

(2)预留槽必须在两侧老混凝土温度达到设计规定后,才能回填混凝土。回填混凝土应在有利季节进行或采用低温混凝土施工。

(3)并缝块浇筑前,下部混凝土温度应达到设计要求。并缝块混凝土浇筑,除应必须控制浇筑温度外,可采用薄层、短间歇均匀上升的施工方法,并应安排在有利季节进行。

(4)自然冷却不能达到坝体的接缝灌浆温度要求时,应在混凝土浇筑时埋设冷却水管进行后期冷却。

(5)孔洞封堵的混凝土宜采用综合温控措施,以满足设计要求。

五、混凝土养护质量检验

(1)混凝土浇筑完毕后,应及时洒水养护,保持混凝土表面湿润。

(2)混凝土浇筑完毕后,养护前宜避免太阳光曝晒。

(3)塑性混凝土应在浇筑完毕后 6～18h 内开始洒水养护;低塑性混凝土宜在浇筑完毕后立即喷雾养护,并及早开始洒水养护。

(4)混凝土养护时间不宜少于 28d,有特殊要求的部位宜适当延长养护时间。

(5)混凝土养护应有专人负责,并应作好养护记录。

第四节　混凝土预埋件检验

一、基本要求

(1)预埋件的结构型式、位置、尺寸以及所用材料的品种、规格性能指标等都必须符合设计要求和有关标准。

(2)预埋件所用材料应有生产厂家的性能检测报告和出厂合格证。在使用前，应对其进行抽样(或全部)检测。不合格者严禁使用。代用材料，须经严格试验。

(3)预埋件材料及构件均不宜露天存放，要防晒防潮。各种设备和内部观测仪器应有库房存放和专人管理。

(4)对已安装的埋件设施，在施工中应做好保护，保证不受损、不变形、不移位。

二、检验要点

1. 止水片(带)连接与安装

(1)铜止水片应平整，表面的浮皮、锈污、油渍均应清除干净，如有砂眼、钉孔、裂纹应予补焊。

(2)铜止水片的现场接长宜用搭接焊接。搭接长度应不小于 2cm，且应双面焊接但不得采用手工电弧焊。

(3)焊接接头表面应光滑、无砂眼或裂纹，不渗水。在工厂加工的接头应抽查，抽查数量不少于接头总数的 20%。在现场焊接的接头，应逐个进行外观和渗透检查合格。

(4)铜止水片安装应准确、牢固，其鼻子中心线与接缝中心线偏差为±5mm。定位后应在鼻子空腔内填满塑性材料。

(5)不得使用变形、裂纹和撕裂的聚氯乙烯(PVC)或橡胶止水带。

(6)橡胶止水带连接宜采用硫化热粘接；PVC 止水带的连接，按厂家要求进行，可采用热粘接(搭接长度不小于 10cm)，接头应逐个进行检查，不得有气泡、夹渣或假焊。

(7)对止水片(带)接头必要时进行强度检查，抗拉强度不应低于母材强度的 75%。

(8)铜止水片与 PVC 止水带接头，宜采用螺栓栓接法，栓接长度不宜小于 35cm。

(9)止水带安装应由模板夹紧定位，支撑牢固。

(10)水平止水片(带)上或下 50cm 范围内不宜设置水平施工缝。如无法避免，应采取措施把止水片(带)埋入或留出。

2. 止水基座施工

(1)接缝止水基座,应按设计要求的尺寸挖槽,并按建基面要求清除松动岩块和浮渣,冲洗干净。基座混凝土必须振捣密实,混凝土抗压强度达 10MPa 后,方可浇筑上部混凝土。

(2)坝基止水槽、止水堤(埂)基础,应按建基面要求验收合格。在混凝土面上应刷隔离剂,但不得污染其他部位。

3. 沥青止水井制作和安装

(1)沥青止水井内所用沥青和沥青混合物(简称填料)的配合比应按设计要求通过试验确定。同一口沥青井内填料的材料和配合比应一致。

(2)宜采用预制的止水沥青(填料)柱。

(3)采用预留沥青井时,混凝土预制井壁内、外面应是粗糙面,并保持干燥清洁,各接头处应坐浆严密;

(4)电热元件(或蒸汽管道)的位置应埋设准确,固定牢靠,逐段灌注填料。

4. 伸缩缝缝面填料施工

(1)伸缩缝缝面应平整、洁净,如有蜂窝麻面,应填平,外露铁件应割除。

(2)缝面填料的材料、厚度应符合设计要求。

(3)缝面应干燥,先刷冷底子油,再按序粘贴。其高度不得低于混凝土收仓高度。

(4)贴面材料要粘贴牢靠,破损的应随时修补。

5. 排水设施施工

(1)坝基排水孔的施工应在相邻 30m 范围内的帷幕灌浆施工完毕后进行。

(2)岩基排水孔的允许偏差,按设计要求控制,当设计未作规定时,应按表 7-18 的规定控制。

表 7-18　　　　　　　　　　基岩排水孔的允许偏差

分　　项	孔口位置	孔的倾斜度		孔的深度
		孔深＞8m	孔深＜8m	
允许偏差	10cm	1％	2％	±0.5％

(3)坝基排水孔钻好后,应进行冲洗,直至回水澄清并持续 10min 方可结束。应做好孔口保护,防止污水、污物等流进孔内。

(4)排水孔的孔口装置应按设计要求加工、安装,并进行防锈处理。孔口装置连接件应安装牢固,不得有渗水、漏水现象。

(5)岩基水平排水管(道)和岩基排水廊道的接头及与基岩面的接触处必须密合。接头密合连接前应将管(道)内清除干净,保证畅通。

(6)坝体排水孔宜采用拔管法造孔。拔管时间由试验确定。平面位置应符合设计规定。

（7）当坝体排水孔采用预制无砂混凝土管时，应达到设计强度后才能安装。应做好管段接头的密封，施工中应有专人维护，管身不得淤堵、碰撞。

三、冷却、接缝灌浆管路检验

（1）埋设的管子应无堵塞现象。管子表面的锈皮、油渍等应清除干净。

（2）管子的接头必须牢固，不得漏水、漏气，宜选用丝扣连接。不同形状的管、盒的连接可用包扎的方法，不得漏入水泥浆。

（3）管路安装应牢固、可靠。经过伸缩缝的管道，应设置伸缩节或过缝处理。

（4）所有埋管出口应妥善保护，埋管出口集中处，应作好识别标志。出口段宜露出模板外面 30～50cm。

（5）管路安装完毕，应以压力水或通气的方法检查是否通畅。如发现有堵塞或漏水（气）现象，应进行处理，直至合格。

（6）管路在混凝土浇筑过程中，应有专人维护，以免管路变形或发生堵塞。在埋入混凝土30～50cm 后，应通水（气）检查，发现问题，应及时处理。

四、预埋铁件检验

（1）各类预埋铁件，在埋设前，应将表面的锈皮、油污等清除干净。

（2）各种预埋铁件的规格、数量、高程、方位、埋入深度及外露长度等均应符合设计要求，安装必须牢固可靠，精度应符合有关规程、标准的要求。

（3）在混凝土浇筑过程中，各类埋设的铁件不得移位或松动。周围混凝土应振捣密实。

（4）安装螺栓或精度要求高的铁件，可采用样板固定，或采用二期混凝土施工方法。

（5）锚固在岩基或混凝土上的锚筋，应遵守下列规定：

1）钻孔位置允许偏差：柱子的锚筋不大于 2cm；钢筋网的锚筋不大于 5cm。

2）钻孔底部的孔径以 $d_0+20\text{mm}$ 为宜（d_0 为锚筋直径）。

3）在岩石部分的钻孔深度，不得浅于设计孔深。

4）钻孔的倾斜度对设计轴线的偏差在全孔深度范围内不得超过 5%。

5）锚筋埋设后不得晃动，应在孔内砂浆强度达到 2.5MPa 时，方可进行下道工序。

（6）用于起重运输的吊钩或铁环，应经计算确定，必要时应做荷载试验。其材质应满足设计要求或采用未经冷处理的 HPB235 级钢筋加工。

（7）埋入的吊钩、铁环，在混凝土浇筑过程中，应有专人维护，防止移动或变形。待混凝土达到设计强度后，方可使用。

（8）各种爬梯、扶手及栏杆预埋铁件，埋入深度应符合设计要求。未经安全检查，不得启用。

第五节　水工碾压混凝土坝施工检验

一、材料检验

（一）细骨料

1. 检验标准

（1）细度模数根据《水工碾压混凝土施工规范》（SL 53—1994）要求选用，当砂料细度模数为 1.5～0.7 的特细砂时，其含泥量应小于 5%。砂子的技术标准应符合表 7-19。

表 7-19　　　　　　　　　细骨料的质量技术标准（保证项目）

项次	项　　目	混凝土等级	质量标准
1	含泥量限值（按重量）	$\geqslant R_t 30$	$< 3\%$
		$< R_t 30$	$< 5\%$
2	泥块含量（按重量）	$\geqslant R_t 30$	$\leqslant 1\%$
		$< R_t 30$	$\leqslant 2\%$
3	云母含量（按重量）		$< 2\%$
4	有机质含量（比色法）		浅于标准色，如色深于标准色，则应进行水泥胶砂比试验，抗压强度比应不低于 0.95

注：$t = 90 \sim 180d$

（2）对有抗冻、抗渗或其他特殊要求的混凝土，其砂的含泥量应不大于 3%，泥块含量应不大于 1%。

（3）对 $R_t 10$ 和 $R_t 10$ 以下的混凝土用砂，可根据水泥强度等级，其含泥量或泥块含量可以放宽，但必须进行试验论证。

（4）砂子的技术标准应符合表 7-20。

表 7-20　　　　　　　　　细骨料的质量技术标准（基本项目）

项次	项　　目	质　量　标　准
1	表观密度（kg/m³）	$\geqslant 2500$
2	坚固性 经 5 次硫酸钠溶液于湿循环，其重量损失	严寒及寒冷并处于潮湿交替应小于等于 8%，其他条件使用的混凝土应小于 10%
3	轻物质含量（重量）	$< 1\%$
4	硫化物含量（按 SO_3 重量）	$< 1\%$

2. 检验方法

(1)应在成品仓取样,按《水工碾压混凝土施工规范》(SL 53—1994)的要求检验含水率,检查料堆中是否有离析及混入杂质,是否有足够的储存脱水料。

(2)以 400t 或 600t 为一验收批,不足者为一批。每一验收批至少应进行颗粒级配、含泥量和含泥块等检验,对重要工程或特殊工程应根据工程要求增加检验项目。按季进行统计分析时,其检验组数应大于 20 组。

3. 质量评定

合格:保证项目符合质量标准,基本项目中每项应有 70% 的测次达到质量标准。

优良:保证项目应符合质量标准,基本项目中每项应有 90% 的测次达到质量标准。

(二)粗骨料

1. 检验标准

(1)粗骨料的质量标准应符合表 7-21 的规定。

表 7-21　　　　　　　　　粗骨料的质量标准(保证项目)

项次	项　　目	混凝土强度等级	质量标准
1	针、片状颗粒含量 (按重量计)	$\geqslant R_t 30$	$\leqslant 25\%$
		$< R_t 30$	$\leqslant 25\%$
2	含泥量限值(按重量)	$\geqslant R_t 30$	$< 0.5\%$
		$< R_t 30$	$< 1.0\%$
3	泥块含量(按重量)	$\geqslant R_t 30$	$\leqslant 0.5\%$
		$< R_t 30$	$\leqslant 0.7\%$
4	软弱颗粒含量		$\leqslant 5\%$

(2)凡有抗冻、抗渗或其他特殊要求的混凝土,含泥量不大于 1%。

(3)对于 $R_t 10$ 级或低于 $R_t 10$ 级的混凝土含泥量可酌情放宽;针片状颗粒含量可放宽到 30%。

(4)粗骨料的质量标准应符合表 7-22 的规定。

表 7-22　　　　　　　　　粗骨料的质量标准(基本项目)

项次	项　　目	混凝土强度等级	质量标准
1	非黏土质石粉(0.8mm) 总含量(按重量计)	$\geqslant R_t 30$	$\leqslant 1.5\%$
		$< R_t 30$	$\leqslant 3.0\%$
2	压碎指标值	$\geqslant R_t 30$	$\leqslant 12\%$
		$< R_t 30$	$\leqslant 16\%$

项次	项　　目	混凝土强度等级	质量标准
3	有机质含量（比色法）		浅于标准色
4	面干表观密度/（kg/m³）		≥2550
5	吸水率		D_{20} D_{60}≤2.5％ D_{80} D_{120}≤1.5％
6	硫酸盐及硫化物含量按重量折算成 SO_3		≤0.5％

注：1. t＝90～180d；

　　2. 使用砂岩粗骨料时，吸水率质量标准不大于3.5％。

2. 检验方法

所有检验项目均应从筛分厂的净料储存仓取样，按粒径分级抽样，按《水工混凝土试验规程》（SL 352—2006）、《水工碾压混凝土施工规范》（SL 53—1994）、《水工混凝土施工规范》（SDJ 207—1982）进行检验。每500m³ 为一验收批，按批检验其颗粒级配、含泥量和针片状颗料含量。需要时还应检验其他项目，骨料应分品种规格分别存放脱水。

3. 质量评定标准

合格：凡抽样检查中的保证项目符合质量标准，基本项目每项有70％测次符合标准的。

优良：凡抽样检查中的保证项目符合质量标准，基本项目每项有90％测次符合标准的。

（三）混凝土

1. 检验标准

水工碾压混凝土搅和质量检验标准见表7-23的规定。

表7-23　　　　　　　　　　混凝土拌合质量标准

项类	项次	项　　目	质量标准	检测（查）频数
保证项目	1	拌合时间	拌合时间符合规定时间	1次/工作班
	2	出机口拌合物 VC 值	配合比设计基准值±3s	1次/2h
	3	拌合物均匀性	采用洗分析法测定骨料含量时，两个样品差值小于10％；采用砂浆密度分析法测定砂浆密度时，两个样品值不大于30kg/m³	在配合比或拌合工艺改变、机具投产或检修后等情况分别检测1次

续表

项类	项次	项　目	质量标准	检测(查)频数
基本项目	1	出机口混凝土温度	不大于设计要求的入仓温度	1次/2h
	2	拌合物含气量	配合比设计值±1%	1次/工作班
	3	水胶比	配合比设计值±0.3	1次/工作班
	4	拌合物外观评价	(1)拌合物颜色均匀,砂石表面附浆均匀,无水泥粉煤灰团块(50%); (2)刚出机的拌合物用手轻握时能成团,松开后手心无过多灰浆粘附,石子表面有灰浆光亮感(50%)	1次/2h

2. 质量评定标准

合格:在保证项目符合标准前提下,基本项目每项应有大于等于70%测数符合标准。

优良:在保证项目符合标准前提下,基本项目有大于等于90%测数符合标准。

二、混凝土坝体碾压检验

(一)检验要点

1. 混凝土运输

(1)利用自卸汽车运输碾压混凝土时,可直接卸料入仓。但应注意碾压混凝土的卸料方式,防止骨料分离。

(2)为防止仓面污染,应经常冲洗自卸汽车轮胎。仓面进口处应有排水设施。

(3)利用胶带机输送碾压混凝土时,必须有足够的塔架,必须与拌合机配套使用。施工时应防止料斗出口被堵塞。

(4)当拌合楼位置较高,并有道路通过坝肩时,碾压混凝土垂直运输可采用负压溜管转料。

(5)采用负压溜管转料作业时,应先用自卸汽车将碾压混凝土运到坝肩处,倒入开放性料箱,下连溜管至仓面,自卸汽车在仓面上接料,再运往坝面摊铺。

2. 垫层施工

(1)在摊铺碾压混凝土前,应先在建基面上铺一层常态垫层混凝土找平。

(2)垫层的厚度应根据坝高、坝址地质及建基面起伏状态而定,一般厚1.0~2.0m。

(3)由于垫层混凝土受岩基约束过大,极易开裂,宜尽可能减薄。

3. 混凝土铺摊

(1)碾压混凝土运到仓内后,应在仓面内用薄层连续铺筑或间歇铺筑。

(2)铺筑方法宜采用平层通仓法。采用吊罐入仓时,卸料高度不宜大于 1.5m。

(3)卸料时,如发现大骨料滚落集中,需用人工及时将其铲开,铺在砂浆较多处,以免碾压后大骨料集中于层面,形成漏水通道。摊料时应注意防止骨料分离。

(4)仓面常用推土机摊铺找平,宜平行坝轴线方向摊铺,其宽度与自卸汽车相近。

(5)为了保证推平后没有凹凸不平现象,应对推土机履带板进行削齿处理。

(6)平仓时,应平行坝轴线进行,平仓的厚度应控制在 170~340mm。

4. 混凝土碾压

(1)混凝土碾压设备应根据碾压层厚度、仓面尺寸、碾压混凝土和易性、骨料最大粒径和性质等因素进行选择。

(2)对于人工骨料,由于骨料间阻力较大,应选择较重的振动碾。

(3)重型碾应用于坝体内部,在靠近模板特别是上游面二级配碾压混凝土防渗区,常用轻型或其他手扶小型振动碾。

(4)碾压方式应采用"无振—有振—无振"的方法,振动碾的行进速度控制在 1.0~1.5km/h。

(5)在推土机平仓后,先无振碾压 2 遍,然后再有振碾压 6~8 遍,达到设计密度后,再无振碾压 2 遍。靠近模板处用轻碾(重 1.5t)有振碾压 10~20 遍。

(6)碾压时应顺坝轴线方向纵向碾压,每次压边 150mm,以防漏压,保证碾压后碾压混凝土的密度都能达到标准。

(二)检验标准

(1)水工碾压混凝土运输、铺筑质量检验标准及检测频数见表 7-24。

表 7-24   混凝土运输铺筑质量标准

项类	项次	项　目	质量标准	检查(测)频数
保证项目	1	碾压遍数	碾压遍数通过试验决定,有振无振的顺序及遍数也是通过试验选定,但在检测密实度时达不到要求的应加碾压至达到要求	1 次/碾压层或每作业仓面
	2	仓面实测 VC 值及外观评判	仓面在压实前测试 VC 值,控制在 ±5s 波动范围,碾压 4~6 遍后,碾轮过后混凝土有弹性(塑性回弹),80% 以上表面有明显灰浆泛出,混凝土表面湿润,有亮感	1 次/(100~200m² 碾压层)

续表

项类	项次	项　目	质量标准	检查(测)频数
保证项目	3	压实湿密实度的评判	满足外部碾压混凝土相对密实度不小于98%,内部碾压混凝土相对密实度不小于97%要求	1 点/(100 ～ 200m² 碾压层)
	4	混凝土养生	(1)铺筑仓面保持湿润; (2)永久暴露面养生时间符合要求; (3)水平面养护到上层碾压混凝土铺筑为止	1次/工作班
基本项目	1	运输与卸料工艺	运输方式与运输机具有避免产生骨料分离的措施,车辆入仓前应冲洗干净,在仓面行驶无急刹车急转弯,任一环节的接料、卸料的跌落高度和料堆高度不宜超过1.0～1.5m,并设有缓冲设施,仓内卸料采用梅花形重叠方式,卸料堆旁的分离骨料应用人工分散	1次/工作班
	2	平仓工艺	薄层平仓:①每层推铺厚度在17～34cm或符合设计规定要求值;②边缘死角部位辅以人工摊铺;③平仓后仓面平整,无坑洼,厚度均匀	1次/工作班
	3	碾压工艺	(1)在坝体迎水面3～4m范围硬压方向与水流方向垂直,其他范围也宜垂直水流方向; (2)碾压条带重叠20cm,端头部位搭接宽度为100cm左右; (3)靠近模板周边采用小振动碾碾压防止冲击模板	1次/工作班

(2)水工碾压混凝土施工质量评定标准如下:

合格:保证项目符合质量标准;基本项目应有大于等于70%的测点符合质量标准。

优良:保证项目符合质量标准;基本项目中应有大于等于90%测点符合质量

标准。

三、碾压混凝土施工质量控制检验

碾压混凝土施工时,主要有原材料、新拌碾压混凝土、现场质量检测与控制等。

铺筑时,振动压实指标是碾压混凝土的一个重要指标。碾压时拌合物合适的 VC 值是碾压密实的先决条件。为了掌握仓内拌合物的 VC 值,可以在仓面设置 VC 值测试仪,也可采用核子水分密度仪测定拌合物的含水率。碾压混凝土 VC 值波动范围,以控制在 ±5s 为宜,当超出控制界限时,应调整碾压混凝土的用水量,并保持水胶比不变。

碾压混凝土现场压实质量的检测采用表面核子水分密度仪或压实密度计。每铺筑 100～200m² 碾压混凝土至少应有一个检测点,每层应有 3 个以上检测点。测试在压实后 1h 内进行。

四、碾压混凝土层间处理检验

1. 检验要点

(1)碾压混凝土坝一般有两种层面,其处理要点如下:

1)正常的间歇面。层面处理采用刷毛或冲毛清除乳皮,露出无浆膜的骨料,再铺厚 10～15mm 砂浆或灰浆,可继续铺料碾压;

2)连续碾压的临时施工层面,一般不进行处理;但在全断面碾压混凝土坝上游面防渗区,必须铺砂浆或水泥浆,防止层面漏水。

(2)为了保证层面胶结处于最佳状态,务必在下层碾压混凝土初凝前完成上层铺料碾压。

(3)在高温季节,碾压混凝土初凝时间缩短,可在碾压混凝土中掺缓凝外加剂,以延长初凝时间。

(4)如仓面面积较大,上层碾压混凝土拌合物铺满一层需时较长,且气温较高,应采用特殊的高温缓凝外加剂。

2. 检验标准

(1)水工碾压混凝土坝层间结合处理的质量检验标准见表 7-25。

表 7-25   **层间结合质量标准**

项类	项次	项　　目	质量标准	检测(查)频数
保证项目	1	混凝土出机到碾压完毕时间	小于设计规定时间	1 次/碾压层或每作业仓面
	2	铺筑层间隔时间	规范规定标准	1 次/铺筑层或每作业仓面
基本项目	1	碾压层面状态与处理工艺	符合规范要求	1 次/碾压层或每作业仓面

(2)水工碾压混凝土与岸坡结合质量检验标准见表 7-26。

表 7-26　　　　　　　碾压混凝土与岸坡结合质量标准

项类	项次	质　量　标　准
保证项目	1	岸坡岩面的处理与基础面相同,要清洗洁净,不能有松动岩石或夹泥
	2	净浆的配合比必须符合设计要求
	3	加浆数量为碾压混凝土体积的 4%～6%
基本项目	1	施工工艺按 SL 53 的要求,先在岸坡岩面上喷洒 5mm 的净浆,然后铺筑碾压混凝土,再在混凝土中喷洒 4%～6% 的净浆
	2	净浆宜采用制浆设备拌制,严禁在混凝土拌合物中加水

(3)水工碾压混凝土缝面处理质量标准见表 7-27。

表 7-27　　　　　　　缝面处理质量标准

项类	项次	项　　目	质量标准	检测(查)频数
保证项目	1	施工缝面刷毛冲毛	刷冲毛后缝面无乳皮或松动骨料;露出石子	1 次/缝面或每作业面
保证项目	2	铺浆	砂浆:① 厚度 1.0～1.5cm,摊铺均匀;② 砂浆的水胶比由试验确定,不得在仓面加水;③ 边铺边覆盖上层混凝土 净浆:①水胶比由试验确定宜采用拌浆机拌制;②喷洒均匀,边喷洒边覆盖上层混凝土	1 次/缝面或每作业面
基本项目	1	缝面清洗	处理好的缝面保持湿润状态	1 次/缝面或每作业面

五、防渗体工程质量检验

1. 检验要点

(1)常态混凝土防渗体质量标准应符合设计要求。

(2)采用高分子涂料防渗层喷涂施工,应先搞好坝体上游表面清理(包括清除混凝土毛刺、棱角、锚拉筋头等),并冲洗洁净。

(3)喷涂用的高分子喷涂材料必须符合设计要求。

(4)喷涂高分子喷涂材料的拌制和使用,必须符合规定工艺要求,严格按照试验配比单配料。

2. 检验标准

(1)水工碾压混凝土坝高分子喷涂防渗层施工质量检验标准见表 7-28。

表 7-28　　　　　　　　　　　　　高分子涂料质量标准

项类	项次	项　目	质　量　标　准	
			优　良	合　格
保证项目	1	喷涂的高分子涂料性能	符合设计要求,无夹砂、包砂	基本符合设计要求
	2	喷涂均匀性	无夹砂、包砂	个别测点有夹砂
	3	喷涂密实性	符合设计要求	基本符合设计要求
	4	喷涂整体性	涂料搭接处无裂开,喷涂表面无裂缝	喷涂搭接处无开裂,表面个别点有裂纹
基本项目	1	喷涂厚度	不小于设计厚度	个别点不小于设计厚度
	2	喷涂层养护	养护好(不间断保湿)	养护一般

(2)检查数量。每 100m² 随机取 1 个测点,有怀疑部位加倍测点。

(3)质量评定标准。高分子喷涂防渗层施工质量评定标准如下:

合格:保证项目符合上述合格或优良标准,其他检查项目检测总数中有大于等于 70% 符合上述合格标准。

优良:保证项目符合上述优良标准,其他检查项目检测点总数中有大于等于 90% 符合标准。

第八章　土石坝工程

第一节　筑坝材料检验

一、材料分类

土石坝筑坝材料按其作用和填筑部位的不同,可分为如下四类:

(1)黏性土:主要作为坝体防渗材料,亦可用作均质坝的坝体材料。

(2)非黏性土:主要是指砂、砂砾料,这种材料主要用作填筑坝体的坝壳和排水、反滤料(或过渡层)等。

(3)砾质土(包括碎石土):当黏性土或砂土中含有砾石或碎石,称为砾质土或碎石土,根据其砾石含量的多寡,可选用作防渗材料或填筑坝壳材料。

(4)堆石:主要用作填筑坝壳和护坡等。

二、土料的划分标准

1. 土料粒组的划分

根据国家标准《土的工程分类标准》(GB/T 50145—2007)的规定,土的粒组应根据表 8-1 规定的土颗粒粒径范围来划分。

表 8-1　　　　　　　　　　粒　组　划　分

粒组	粒组名称		粒组粒径 d 的范围(mm)
巨粒	漂石(块石)		$d>200$
	卵石(碎石)		$60<d\leqslant200$
粗粒	砾粒	粗砾	$20<d\leqslant60$
		中砾	$5<d\leqslant20$
		细砾	$2<d\leqslant5$
	砂粒	粗砂	$0.5<d\leqslant2$
		中砂	$0.25<d\leqslant0.5$
		细砂	$0.075<d\leqslant0.25$
细粒	粉粒		$0.005<d\leqslant0.075$
	黏粒		$d\leqslant0.005$

2. 粗粒土的划分

(1)巨粒土的土分类定名见表 8-2 的规定。

表 8-2   巨粒土和含巨粒的土的分类

土　类	粒组含量		土代号	土名称
巨粒土	巨粒含量 100%～75%	漂石＞卵石	B	漂石(块石)
		漂石≤卵石	Cb	卵石(碎石)
混合巨粒土	巨粒含量 75%～50%	漂石＞卵石	BSl	混合土漂石(块石)
		漂石≤卵石	CbSl	混合土卵石(块石)
巨粒混合土	巨粒含量 50%～15%	漂石＞卵石	SlB	漂石(块石)混合土
		漂石≤卵石	SlCb	卵石(碎石)混合土

(2)试样中,粗粒组质量多于总质量 50%的土称粗粒土,粗粒土应按下列规定划分:

1)试样中,砾粒组质量多于总质量 50%的土称砾类土;根据其中的细粒含量及类别、粗粒组的级配,按表 8-3 分类。

表 8-3   砾类土的分类

土　类	粒组含量		土代号	土名称
砾	细粒含量＜5%	级配 $C_u \geqslant 5$　$C_c = 1\sim3$	GW	级配良好砾
		级配:不同时满足上述要求	GP	级配不良砾
含细粒土砾	细粒含量 5%～15%		GF	含细粒土砾
细粒土质砾	细粒含量 ＞15%,≤50%	细粒组中粉粒含量≤50%	GC	黏土质砾
		细粒组中粉粒含量＞50%	GM	粉土质砾

2)试样中砾粒组质量不多于总质量 50%的土称砂类土。根据其中的细粒含量及类别,粗粒组的级配,按表 8-4 分类。

表 8-4   砂类土的分类

土　类	粒组含量		土代号	土名称
砂	细粒含量＜5%	级配 $C_u \geqslant 5$　$C_c = 1\sim3$	SW	级配良好砂
		级配:不同时满足上述要求	SP	级配不良砂
含细粒土砂	细粒含量 5%～15%		SF	含细粒土砂
细粒土质砂	细粒含量 ＞15%,≤50%	细粒组中粉粒含量≤50%	SC	黏土质砂
		细粒组中粉粒含量＞50%	SM	粉土质砂

3. 细粒土的划分

细粒土应根据塑性图分类。塑性图的横坐标为土的液限(w_L),纵坐标为塑性指数(I_p)。

(1)在试样中,细粒组质量多于或等于总质量 50%的土,称细粒类土。可按下列规定划分:

1)试样中,粗粒组质量少于总质量 25%的土称细粒土。

2)试样中,粗粒组质量为总质量 25%～50%的土称含粗粒的细粒土。

3)试样中,有机质质量为总质量的 5%～10%的土称有机质土。

(2)当采用液限 17mm 标准确定细粒土的类别时,按表 8-5 分类。

表 8-5　　　　　　　　　　　　　　细粒土的分类

土的塑性指标在塑性图中的位置		土代号	土名称	土的塑性指标在塑性图中的位置		土代号	土名称
塑性指数 I_p	液限 w_L			塑性指数 I_p	液限 w_L		
$I_p \geqslant 0.73$	$w_L \geqslant 50\%$	CH	高液限黏土	$I_p < 0.73$	$w_L \geqslant 50\%$	MH	高液限粉土
$(w_L - 20)$ 和 $I_p \geqslant 7$	$w_L < 50\%$	CL	低液限黏土	$(w_L - 20)$ 或 $I_p < 4$	$w_L < 50\%$	ML	低液限粉土

三、土料的鉴别

(1)对土料进行观察鉴别时,应首先区别土质,是有机土还是无机土。如是无机土,则应区分是细粒土还是粗粒土,然后再进一步细分。

(2)对于无机土,应先筛除大于 60mm 的卵石、碎石等,并记录其含量百分数;对于小于 60mm 的土样,则应按颗粒大小进行颗粒分析。最细筛号为 0.075mm。

根据筛分析结果确定土类。如土样中大于 0.075mm 的土粒质量超过土样总质量的 50%,该土属于粗粒土;反之,则为细粒土。

(3)对于粗粒土,如其中细粒组含量少于 5%,以大于 0.075mm 的部分作为整体,绘制颗粒大小分配曲线。如粗粒组中的砾组(2～60mm)超过 50%,则该土样属于砾类;反之,则属砂类。

(4)对于细粒土,则应根据塑性图来进行分类。塑性图可在有关规程中查得。如对应于试样的塑性指数 I_p 和液限 w_L 的点位在 A 线上,且 $I_p > 4$,该土样属于黏质土类;如点位于 A 线以下,则属于粉质土类或有机质土类。

细粒土中如夹有砾(砂),当含量为 30%～50%时,则称含砾(砂)细粒土。

(5)在分类中如遇到搭界情况,可按下述原则划分土类:

1)粗细粒组含量百分数处于粗细粒土界线上时,划为细粒土。

2)在粗粒土中,粗粒含量处于砾类与砂类界线上时,划为砂类;在良好级配与不良级配界线上时,按良好级配考虑。

3)在细粒土中,如处于黏质土与粉质土界线上时,划为黏质土;液限高与液限低则按液限高的考虑。

4)在粗粒土中的细粒土,如处于黏质土与粉质土界线上时,划为粉质土,液限高与液限低则按液限低的考虑。

四、材料压实控制标准

1. 材料质量指标

(1)土料质量应符合表 8-6 的规定。

表 8-6   土料质量指标

序号	项 目	均质坝土料	防渗体土料	序号	项 目	均质坝土料	防渗体土料
1	黏粒含量	10%~30%为宜	15%~40%为宜	5	水溶盐含量	<3%	
2	塑性指数	7~17	10~20	6	天然含水率	与最优含水率或塑限接近者为优	
3	渗透系数	碾压后<1×10⁻⁴ cm/s	碾压后<1×10⁻⁵ cm/s,并应小于坝壳透水料的50倍	7	pH 值	>7	
				8	紧密密度	宜大于天然密度	
4	有机质含量(按质量计)	<5%	<2%	9	SiO_2/R_2O_3	>2	

(2)碎(砾)石类土料质量应符合表 8-7 的规定。

表 8-7   碎(砾)石类土料质量指标

序号	项 目	指 标		序号	项 目	指 标	
		防渗体土料	均质坝土料			防渗体土料	均质坝土料
1	P_5 含量(>5mm)	宜<60%		5	渗透系数	碾压后<1×10⁻⁵ cm/s,并应小于坝壳透水料的50倍	碾压后<1×10⁻⁴ cm/s
2	黏粒含量	占小于5mm的15%~40%		6	有机质含量(以重量计)	<2%	<5%
3	最大颗粒粒径	<150mm 或不超过碾压铺垫层厚 2/3		7	水溶盐含量	<3%	
4	塑性指数	10~20		8	天然含水率	与最优含水率或塑限接近者为优	

（3）土石坝坝壳填筑砂砾料质量应符合表 8-8 的规定。

表 8-8　　　　　　　　土石坝坝壳填筑砂砾料质量指标

序号	项　目	指　　　标	备　　注
1	砾石含量	5mm 至相当 3/4 填筑层厚度的颗粒在 20%～80%范围内	干燥区的渗透系数可小些,含泥量可适当增加;强震区砾石含量下限应予提高,砂砾料中的砂料应尽可能采用粗砂
2	紧密密度	>2g/cm³	
3	含泥量(黏、粉粒)	≤8%	
4	内摩擦角	>30°	
5	渗透系数	碾压后>1×10⁻³cm/s	应大于防渗体的 50 倍

（4）反滤层料质量应符合表 8-9 的规定。

表 8-9　　　　　　　　反滤层料质量指标

序号	项　目	指　　　标
1	级配	应尽量均匀,并要求这一粒组的颗粒,不会钻入另一粒组的孔中去。为避免堵塞,所用材料中小于 0.075mm 的颗粒的质量不应超过 5%
2	不均匀系数	≤8
3	颗粒形状	应无片状、针状颗粒,坚固抗冻
4	含泥量(黏、粉粒)	<3%
5	渗透系数	>5.8×10⁻³cm/s
6	对于塑性指数大于 20 的黏土地基第一层粒度 D_{50} 的要求: 当不均匀系数 C_u≤2 时,D_{50}≤5mm; 当不均匀系数 2≤C_u≤5 时,D_{50}≤5～8mm	

2. 黏性土料压实控制标准

（1）对不含砾或少量砾的黏性土料,以干密度为设计指标,按击实试验最大干密度乘以压实度确定。

1）对 1、2 级坝和高坝压实度应不低于 97%～99%;

2）对 3 级及其以下的坝(高坝除外)压实度应不低于 95%～97%。

（2）对含砾黏性土料,如果料场细料部分压实质性差别较大,难以确定不同含砾量的干密度指标时,可用细粒的压实度作为控制指标。

1）对 1、2 级坝及高坝应不低于 97%～99%;

2）对 3 级及其以下的坝(高坝除外)应不低于 96%。

3)含砾量大于 30％时,压实度下限值可适当降低。

(3)堆石的压实功能和设计孔隙率可按已有工程经验拟定,一般为 20％～28％,并由碾压试验确定。施工时,以施工参数(包括碾压设备的型号、振动频率及重量、铺土厚度、加水量、碾压遍数等项)及干密度同时控制。

3. 黏性细粒土压实控制标准

黏性土的压实标准用压实度和含水率控制。

(1)用设计要求的压实度确定填筑干密度。

(2)确定施工控制含水率范围。由于土料的实际天然含水率总是在某一范围内变动。为适应施工要求,必须围绕最优含水率规定一个范围,即含水率的上、下限。一般上限不宜超过最优含水率(或塑限)2％～3％,下限一般不低于 2％,最好接近天然含水率。

第二节　碾压式土石坝工程检验

一、土石坝施工作业

对于碾压式土石坝,由于坝顶一般不允许过水,必须在一个枯水期内填筑到拦洪高程,施工强度较高,故而必须制定相应的施工技术措施,研究料场的合理规划和土石料的挖运组织方案,以保证抢修拦洪高程时的施工强度。通常,土石坝的施工作业主要包括准备作业、基本作业、辅助作业和附加作业等内容。

(1)准备作业。准备作业主要包括"一平三通",即场地平整、通电、通水、通车;同时,还需修建施工临时设施,施工生活福利设施及施工排水与清基等准备工作。

(2)基本作业。基本作业包括料场土石料开采,挖装运输、坝面铺平、碾压、质检等项作业。

(3)辅助作业。辅助作业是指保证准备及基本作业顺利进行,创造良好工作条件的作业,包括清除施工场地及料场的覆盖,从上坝土料中剔除超径石块,杂物,坝面排水、层间刨毛和加水等。

(4)附加作业。附加作业包括坝坡修整,护坡砌石和铺植草皮等为保证坝体长期安全运行的防护和修整工作。

二、坝体施工

当基础开挖和基础处理基本完成后,就可进行坝体的铺筑、压实施工。

1. 施工组织规划

根据施工方法、施工条件及土石料性质的不同,土石坝坝面作业施工工序主要包括卸料、铺料、整平、压实和质量检查等。坝面作业时,由于工作面狭窄,工种多,工序多,机械设备多,故而,施工时需有妥善的施工组织规划。为避免坝面施工中的干扰,延误施工进度,土石坝坝面作业宜采用分段流水作业施工。

流水作业施工组织应先按施工工序数目对坝面分段,然后组织相应专业施工队依次进入各工段施工。一般可将填筑坝面划分为若干工作段或工作面。工作面的划分,应尽可能平行坝轴线方向,以减少垂直坝轴线方向的交接。同时还应考虑平面尺寸适应于压实机械工作条件的需要。

对同一工段而言,各专业队应按工序依次连续施工;对各专业施工队而言,应依次连续在各工段完成固定的专业作业。同时,各工段都应有专业队固定的施工机具,从而保证施工过程中人、机、地三不闲,避免施工干扰,有利于坝面作业多、快、好、省、安全地进行。其结果是实现了施工专业化,提高了工人劳动熟练程度,有利于提高劳动效率和工程施工质量。

2. 卸料与铺料

卸料和铺料有三种方法,即进占法、后退法和综合法。一般采用进占法,厚层填筑也可采用混合法铺料,以减小铺料工作量。进占法铺料层厚易控制,表面容易平整,压实设备工作条件较好。一般采用推土机进行铺料作业,铺料应保证随卸随铺,确保设计的铺料厚度铺料宜沿平行坝轴线的方向进行,铺土厚度要匀,超径不合格的料块应打碎,杂物应剔除。进入防渗体内铺料,自卸汽车卸料宜用进占法倒退卸土,使汽车始终在松土上行驶,避免在压实土层上开行,造成超压,引起剪力破坏。

汽车穿越反滤层进入防渗体,容易将反滤料带入防渗体内,造成防渗土料与反滤料混杂,影响坝体质量。因此,应在坝面设专用"路口",既可防止不同土料混杂,又能防止超压产生剪切破坏,倘万一在"路口"出现质量事故,也便于集中处理,不影响整个坝面作业。

按设计厚度铺料平料是保证压实质量的关键,常采用带式运输机或自卸汽车上坝集中卸料。为保证铺料均匀,需用推土机或平土机散料平料。国内不少工地采用"算方上料、定点卸料、随卸随平、定机定人、铺平把关,插杆检查"的措施,使平料工作取得良好的效果。铺填中不应使坝面起伏不平,避免降雨积水。

3. 洒水

当黏性土料含水量偏低,主要应在料场加水,若需在坝面加水,应力求"少、勤、匀",以保证压实效果。对非黏性土料,为防止运输过程脱水过量,加水工作主要在坝面进行。石碴料和砂砾料压实前应充分加水,确保压实质量。

4. 压实

坝面压实作业时,应按一定次序进行,以免发生漏压或过分重压。只有在压实合格后,才能铺填新料。

(1)压实机械。坝体压实是填筑的最关键工序,压实设备应根据砂石土料性质选择。不同的压实机械设备产生的压实作用外力不同,因此,对压实机械进行选择时,应遵循如下原则:

1)可能取得的设备类型;

2)能够满足设计压实标准；

3)与压实土料的物理力学性质相适应；

4)满足施工强度要求；

5)设备类型、规格与工作面的大小、压实部位相适应；

6)施工队伍现有装备和施工经验等。

(2)压实方法。碾压方法应便于施工，便于质量控制，避免或减少欠碾和超碾，一般采用进退错距法和圈转套压法。碾压遍数和碾压速度应根据碾压试验确定。

目前，国内外多采用进退错距法。采用这种开行方式，为避免漏压，可在碾压带的两侧先往复压够遍数后，再进行错距碾压。错距宽度 $b(m)$ 按下式计算：

$$b = \frac{B}{n} \tag{8-1}$$

式中　　B——碾滚净宽，m；

　　　　n——为设计碾压遍数。

在错距时，为便于施工人员控制，也可前进后退仅错距一次，则错距宽度可增加一倍。对于碾压起始和结束的部位，按正常错距法无法压到要求的遍数，可采用前进后退不错距的方法，压到要求的碾压遍数，或铺以其他方法达到设计密度的要求。

5. 特殊部位处理

(1)接缝处理。坝体分期分块填筑时，会形成横向或纵向接缝。由于接缝处坡面临空，压实机械有一定安全距离，坡面上有一定厚度不密实层，另外铺料不可避免的溜滑，也增加了不密实层厚度，这部分在相邻块段填筑时必须处理，一般采用留台法或削坡法。

(2)岸坡部位处理。坝壳靠近岸坡部位施工，用汽车卸料及推土机平料时，大粒径料容易集中，碾压机械压实时，碾滚不能靠近岸坡，因此，需采取一定措施保证施工质量。坝壳与岸坡接合填筑带的质量保证措施一般有限制铺料层厚、限制粒径、充填细料、采用夯击式机械夯实。

(3)压实土层处理。对于汽车上坝或光面压实机具压实的土层，应刨毛处理，以利层间结合。通常刨毛深度 30～50mm，可用推土机改装的刨毛机刨毛，工效高、质量好。

三、坝基及岸坡清理检验

(一)坝基及岸坡清理

1. 保证项目

(1)坝基及岸坡清理时，应将树木、草皮、树根、乱石、坟墓以及各种建筑物等全部清除，并认真做好水井、泉眼、地道、洞穴等处理。

(2)坝基和岸坡表层的粉土、细砂、淤泥、腐殖土、泥炭等均应按设计要求和有关规定清除。

（3）对于风化岩石、坡积物、残积物、滑坡体等应按设计要求和有关规定处理。

（4）坝区范围内的地质勘测孔、竖井、平洞、试坑等均应按设计要求进行处理。

（5）天然黏性土作为坝基和岸坡时，应根据设计要求进行清理和处理。

2. 允许偏差项目

碾压式土石坝坝基及岸坡清理范围，应符合设计要求，其允许偏差应符合表8-10的质量要求。

表8-10　　　　　碾压式土石坝坝基及岸坡清理允许偏差

项次	项　目	允许偏差（cm）		检验方法及检测数量
		人工施工	机械施工	
1	长、宽边线清理范围	0～50	0～100	经纬仪与拉尺检查，所有边线均需量测。每边线测点不少于5点
2	清理边坡	不陡于设计边坡		每10延米用坡度尺量测一个点；高边坡需测定断面，每20延米测一个断面

3. 质量评定标准

碾压式土石坝坝基及岸坡清理质量评定标准如下：

合格：保证项目符合相应的质量检验评定标准；允许偏差项目每项应有大于等于70％的测点在允许偏差质量标准的范围内。

优良：保证项目符合相应的质量评定标准；允许偏差项目每项必须有大于等于90％的测点在允许偏差质量标准的范围。

（二）岩基及岸坡开挖

1. 保证项目

（1）防渗体岩基及岸坡开挖应按设计要求进行。

（2）坝肩岸坡的开挖清理工作，宜自上而下一次完成。对于高坝可分阶段进行。清除出的废料，应全部运到坝外指定场地。

（3）凡坝基和岸坡易风化、易崩解的岩石和土层，开挖后不能及时回填者，应留保护层，或喷水泥砂浆或喷混凝土保护。

（4）防渗体部位的坝基、岸坡岩面开挖，应采用预裂、光面等控制爆破法，严禁采用洞室、药壶爆破法施工。

（5）爆破开挖应按相关规定及设计要求进行。爆破后，基础面必须无松动岩块、悬挂体、坎块、尖角等，且无爆破影响裂缝。

（6）开挖底部保护层的厚度宜不小于1.5m。开挖保护层时必须严格按设计或规范要求控制炮孔深度和装药量；在接近设计岩面线时，应尽量避免爆破，宜使用机具或人工挖除。如减小或取消保护层,须有专门论证。

(7)天然黏性土岸坡的开挖坡度,应符合设计规定;必要时可预留保护层。

2. 基本项目

(1)基坑开挖边坡应符合下列质量要求。

合格:开挖边坡稳定、无反坡、无松动岩石。

优良:开挖边坡稳定、无反坡、无松动岩石,且坡面平整。

(2)防渗部位的坝基,开挖后岩面应平顺,不应向下游方向倾斜过陡;防渗体与岩石岸坡接合,必须采用斜面连接,不得有台阶、急剧变坡及反坡。

3. 允许偏差项目

合格:开挖面平顺,无反坡,开挖面如出现反坡及不平顺岩面,须用混凝土填平补齐,使其达到设计要求。

优良:开挖面平整,无反坡及陡于设计要求的坡度。

检验方法:观察检查,仪器测量及查看施工记录。

防渗体岩基与岸坡开挖实际轮廓应符合设计要求,其允许偏差应符合表 8-11 的质量要求。

表 8-11   防渗体岩基与岸坡开挖轮廓允许偏差

项次	项 目	允许偏差(cm)	检验方法
1	标高	−10～+30	水准仪检查
2	坡面局部超、欠挖,坡面斜长 15m 以内	−20～+30	拉线与水准仪检查
	坡面斜长 15m 以上	−30～+50	
3	长、宽边线范围	0～+50	用经纬仪与拉线检查

注:负为欠挖,正为超挖。

4. 检验数量

防渗体岩基及岸坡开挖检测数量;总检测点数量,采用横断面控制;防渗体坝基部位间距不大于 20m,岸坡部位间距不大于 10m,各横断面点数不小于 6 点,局部突出或凹陷部位(面积在 0.5m² 以上者)应增设检测点。

5. 质量评定标准

防渗体岩基及岸坡开挖质量评定标准如下:

合格:保证项目符合相应的质量评定标准;基本项目符合相应的合格质量标准;允许偏差项目每项应有大于等于 70% 的测点在相应的允许偏差质量标准范围内。

优良:保证项目符合相应的质量评定标准;基本项目除符合相应的合格质量标准,其中必须有大于等于 50% 项目符合优良质量标准;允许偏差项目每项须有大于等于 90% 的测点在相应的允许偏差质量标准范围内。

（三）坝基及岸坡地质构造处理

1. 保证项目

(1)在坝基和岸坡处理过程中,如发现新的地质问题或检验结果与勘探有较大出入时,应立即上报,不得隐瞒。

(2)防渗体坝基及岸坡的岩石节理、裂隙、断层或构造破碎带应按设计要求处理,不留后患。

(3)对高坝防渗体与坝基及岩坡结合面,设置有混凝土盖板时,宜在填土前自下而上一次浇筑完成。如与防渗体平行施工时,不得影响基础灌浆和防渗体的施工工期。

(4)灌浆法处理地基时,水泥灌浆应按照《水工建筑物水泥灌浆施工技术规范》(DL/T 5148—2001)进行。灌浆工作除进行室内必要的灌浆材料性能试验外,还必须在施工现场进行灌浆试验。

(5)砂砾石层灌浆处理后,应清除表层至灌浆合格处,方可与防渗体或截水墙相连接。

(6)坝基中软黏土、湿陷性黄土、软弱夹层、中细砂层、膨胀土、岩溶构造等,应按设计要求进行处理。

(7)对于大型工程和特殊地层构造的工程,应进行施工试验,以确定施工工艺、技术参数和施工设备。

(8)有关岩石锚固、地基振冲、强夯加固、高压喷射灌浆等施工,均应进行必要的现场试验。

2. 基本项目

(1)坝基及岸坡岩石裂隙与节理处理应符合下列质量要求。

合格:处理方法符合设计要求,岩体中节理、裂隙内的充填物冲洗干净,回填水泥浆、水泥砂浆、混凝土应饱满密实。

优良:处理方法符合设计要求,岩体中节理、裂隙内的充填物冲洗干净,回填水泥浆、水泥砂浆、混凝土应饱满密实,无干缩裂缝,裂隙周边无松动岩片,外观平整、周边整洁。

(2)坝基及岸坡断层或破碎带处理,应符合下列质量要求。

合格:断层或破碎带开挖深度与宽度均应符合设计要求,且边坡稳定,回填混凝土密实,无深层裂缝,蜂窝麻面面积不大于5‰,蜂窝进行了处理。

优良:断层或破碎带开挖深度与宽度均须符合设计要求,且边坡稳定,回填混凝土饱满密实,无裂缝,无蜂窝麻面,无反坡,无浮石,基面清理干净,表面平整。

3. 质量评定标准

碾压式土石坝坝基及岸坡地质构造处理质量评定标准如下:

合格:保证项目符合相应的质量评定标准;基本项目符合相应的合格质量标准。

优良:保证项目符合相应的质量评定标准;基本项目符合相应的合格质量标准,其中必须有一项目符合优良质量标准。

(四)坝基及岸坡渗水处理

1. 保证项目

(1)坝基及岸坡渗水处理,无论排导、还是堵截,包括泉眼处理均须保证坝基回填土和基础混凝土不在水中施工。

(2)防渗体如与基岩直接结合时,岩石上的裂隙水、泉眼渗水均应处理。填土必须在无水岩面进行,严禁水下填土。

(3)插入防渗体内的现浇混凝土防渗墙与水下浇筑的墙体,必须结合良好,混凝土墙体的缺陷必须处理。

(4)人工铺盖的地基按设计要求清理,表面应平整压实。砂砾石地基上,必须按设计要求做好反滤过渡层。

(5)利用天然土层作铺盖时,应按设计要求进行复查。不能满足设计要求的地段,应采取补强措施或做人工铺盖。

已确定为天然铺盖的区域,严禁取土,施工期间应予保护,不得破坏。

(6)人工或天然铺盖的表面均应根据设计要求设置保护层,以防干裂、冻裂及冲刷。

2. 基本项目

经过处理的坝基与岸坡渗水,应达到下列质量要求。

合格:在回填土或浇筑混凝土范围内水源基本切断,无积水,无明流。

优良:在回填土或浇筑混凝土范围内水源切断,无积水,无明流,岩石整洁。

检验方法:观察检查与查看施工记录。

3. 评定标准

碾压式土石坝坝基及岸坡渗水处理质量评定标准如下:

合格:保证项目符合相应的质量评定标准;基本项目须符合相应的合格质量标准。

优良:保证项目符合相应的质量评定标准;基本项目须符合相应的优良质量标准。

四、结合面处理检验

1. 保证项目

(1)土石坝填筑前,必须对基础进行处理。经验收合格后,方可进行。

(2)土石坝防渗铺盖和均质坝地基应按规定和设计要求认真处理。

1)对于黏性土、砾质土地基,在干燥地区可将其表层含水量调节至施工含水量上限范围,先用与防渗体碾压相同的机械、压实参数进行压实,然后刨毛 1～2cm 深,再铺土压实。

2)对于无黏性土地基也应先行压实,然后再上第一层土;必要时应做好反滤过渡层。

（3）上下层铺土之间的结合层应加强保护，防止撒入砂砾、杂物，以影响施工质量。

（4）施工中，严禁车辆在层面上重复碾压。

2. 基本项目

（1）与土质防渗体接合的岩面和混凝土面的处理应符合下列质量要求。

合格：岩石表面的浮渣、污物、泥土等和混凝土表面的乳皮、粉尘、油毡等清除干净，渗水排干；并在与黏性土接触的岩面或混凝土面上保持湿润，涂刷浓泥浆或黏土水泥砂浆，回填及时，无风干现象。

优良：岩石和混凝土表面清理干净，回填面湿润均匀，无局部积水；浆液稠度一致，涂刷均匀，无空白；回填及时，无风干现象。

检验方法：观察检查。

（2）上下层铺土之间的结合层面处理应符合下列质量要求。

合格：表面松土，砂砾及其他杂物已清除干净；并保持湿润，根据需要刨毛，且深度、密度符合要求。

优良：表面松土，砂砾及其他杂物清除彻底，保证湿润均匀，无积水、无空白；刨毛深度、密度满足要求，并且均匀细致，无团块、无空白。

检验方法：观察检查。

3. 评定标准

碾压式土石坝结合面处理质量评定标准如下：

合格：保证项目符合相应的质量评定标准；基本项目符合相应的合格质量标准。

优良：保证项目符合相应的质量评定标准；基本项目符合相应的质量评定合格标准，其中必须有一项符合优良质量标准。

五、填筑质量检验

（一）保证项目

1. 基本要求

（1）坝体填筑应在坝基、岸坡及隐蔽工程验收合格后进行。

（2）筑坝材料的种类、石料品质、级配、含水率、含泥量、超径与软弱颗粒及其相应填筑部位、压实标准、质检取样结果均应符合设计要求。

（3）坝体各部位的填筑必须按设计断面进行，应保证防渗体和反滤层的有效设计厚度；建基面凹凸不平时，防渗体应从低处开始填筑。

（4）不影响行洪的坝体部位可先行填筑，横向接坡坡度应符合设计要求。

（5）防渗体填筑时，应在逐层取样检查合格后，方可继续铺填。

（6）反滤料、坝壳砂砾料和堆石料填筑时，应逐层检查，严格控制碾压参数。经检查合格后，方可继续填筑。

(7)填筑过程中,应保证观测仪器埋设与监测工作的正常进行,采取有效措施。

(8)软黏土地基上的土石坝和高含水率的宽防渗体及均质土坝的填筑,必须按设计要求控制填土速度。

2. 土质材料填筑

(1)防渗土料的铺筑应沿坝轴线方向进行,并用平地机进行平整。

(2)上坝土料的粘粒含量、含水量、土块直径、砾质黏土的粗粒含量、粗粒最大粒径,均须符合设计和施工规范规定;严禁冻土上坝。

(3)土石坝铺料应及时,宜采用定点测量方式,严格控制铺土厚度,不得超厚。

(4)土石坝铺填时,必须按设计和规范要求卸料,并及时平整,力求均衡上升,保持施工面平整、层次清楚,以减少接缝;上下层分段位置应错开,当气候干燥蒸发较快时,铺料表面应保持湿润,符合施工含水量。如遇雨天应停止卸铺,表面压实平整。

(5)对于中高坝防渗体或窄心墙,凡已压实表面形成光面时,铺土前应洒水湿润并将光面刨毛;对低坝应洒水湿润。

(6)防渗体土料应用进占法卸料,汽车不应在已压实土料面上行驶。砾质土、风化料、掺合土应视具体情况选择铺料方式。

(7)汽车穿越防渗体路口段,应经常更换位置,不同填筑层路口段应交错布置;对路口段超压土体应予处理。

(8)防渗体的铺筑应连续作业,如因故需短时间停工,其表面土层应洒水湿润,保持含水率在控制范围之内;如需长时间停工,则应铺设保护层;复工时予以清除。

(9)防渗体及反滤层填筑面上散落的松土、杂物应于铺料前清除。

(10)防渗体雨季填筑,应适当缩短流水作业段长度,土料应及时平整、及时压实。

(11)均质坝铺土时,上下游坝坡应留有余量,以保证压实边坡的质量。防渗铺盖在坝体以内部分(与心墙或斜墙连结)应与心墙或斜墙同时铺筑,以防止防渗体在坝内出现纵缝。

(12)在负温下填筑时,应做好压实土层的防冻保温工作,避免土层冻结。均质坝体及心墙、斜墙等防渗体不得冻结,否则必须将冻结部分挖除。砂、砂砾料及堆石的压实层,如冻结后其干密度仍达到设计要求的,可继续填筑。

(13)填土中严禁夹有冰雪,不得含有冻块。土、砂、砂砾料与堆石,不得加水。必要时采用减薄层厚、加大压实功能等措施,保证达到设计要求。如因下雪停工,复工前应清理坝面积雪,检查合格后方可复工。

(14)负温下停止填筑时,防渗料表面应加以保护,防止冻结,并在恢复填筑时予以清除。

3. 非土质材料填筑

土工膜防渗体施工时,除应按照《土工合成材料应用技术规范》(GB 50290—1998)的有关规定执行外,还应符合下列要求:

(1)所选用土工膜物理、力学特性、变形性能及渗透系数,均应符合设计要求。

(2)黏结剂的选择及与土工膜的黏结强度,必须符合设计要求,黏结强度应由试验测定,黏结缝的宽度不应小于 10cm,已黏结好土工膜应予保护,防止受损。黏结质量应进行检查。

(3)土工膜防渗斜墙铺设前,基础垫层必须用斜坡振动碾将坡面碾压密实、平整,不得有突出尖角块石。

(4)土工膜防渗斜墙的现场铺设应从坝面自上而下翻滚,人工拖拉平顺,松紧适度。

(5)土工膜防渗斜墙铺设后应及时喷射水泥砂浆或回填防护层,避免土工膜受损。

(6)土工膜防渗心墙宜采用“之”字形布置,折皱高度应与两侧垫层料填筑厚度相同。土工膜施工速度应与坝体填筑进度相适应。

(7)土工膜防渗心墙两侧回填材料的粒径、级配、密实度及与土工膜接触面上孔隙尺寸应符合设计要求。

(8)土工膜防渗心墙与两侧垫层料接触,在土工膜铺设前,垫层料边坡应人工配合机械修正,并用平板振动器振平,不得有尖角块石与其接触。

(9)土工膜与地基、岸坡的连接及伸缩节的结构型式,必须符合设计要求。

(10)土工膜与地基的连接应将土工膜分别埋入混凝土底座、防渗墙顶部或锚固槽内,两岸岩坡连接宜采用将土工膜埋入混凝土齿墙内的连接形式。

(二)基本项目及允许偏差项目

(1)基本项目。土料铺填应符合下列质量要求。

合格:经摊铺后的土料,厚度均匀,表面基本平整,无土块(或粗粒)集中。

优良:经摊铺后的土料,厚度均匀,表面平整,土块均打碎,无粗粒集中,边线整齐。

检验方法:观察检查及测量铺土厚度。

(2)允许偏差项目。碾压式土石坝防渗体铺填质量允许偏差应符合表 8-12 的规定。

表 8-12　　　　　　　碾压式土石坝防渗体铺填质量允许偏差

项次	项　目	允许偏差(cm)	检验方法及检测数量
1	铺土厚度(平整后,压实前)	0～-5	尺量或水准测量或激光测量;采用网格控制;每 $100m^2$ 一个测点

项次	项　目	允许偏差(cm)	检验方法及检测数量
2	铺填边线	人工施工：-5～ +10,机械施工：-5 ～+30	仪器测量及拉线；每 10 延长米一个测点

（三）评定标准

碾压式土石坝铺填质量评定标准如下：

合格：保证项目符合相应的质量评定标准；基本项目符合相应的合格质量标准；允许偏差项目每项应有大于等于 70% 的测点在允许偏差质量标准范围内。

优良：保证项目符合相应的质量评定标准；基本项目必须符合优良质量标准；允许偏差项目每项须有大于等于 90% 的测点在允许偏差质量标准的范围内。

六、防渗体压实检验

（一）保证项目

1. 基本要求

（1）土质防渗体，必须在开工前进行碾压试验。如土料含水量高于或低于施工含水量的上、下限值时，还应进行含水量调整的工艺试验。

（2）施工碾压时，必须严格控制压实参数和操作规程。

（3）基槽填土应从低洼处开始，并应保持填土面始终高出地下水水面；靠近岸坡、结构物边角处的填土应以小型或轻型机具压实，当填土具有足够的长度、宽度和厚度时，方可使用大型压实机具。

2. 碾压施工

（1）防渗体土料宜采用振动凸块碾压实。碾压应沿坝轴线方向进行。

（2）在铺料和碾压过程中，应加强现场监视，严禁铺料超厚、漏压或欠压。

（3）防渗体分段碾压时，相邻两段交接带碾迹应彼此搭接，垂直碾压方向搭接带宽度应不小于 0.3～0.5m；顺碾压方向搭接带宽度应为 1～1.5m。

（4）心墙应同上下游反滤料及部分坝壳料平起填筑，跨缝碾压。宜采用先填反滤料后填土料的平起填筑法施工。

（5）防渗料、砂砾料、堆石料的碾压施工参数应通过碾压试验确定。

（6）坝壳料应用振动平碾压实，与岸坡结合处 2m 宽范围内平行岸坡方向碾压，不易压实的边角部位应减薄铺料厚度，用轻型振动碾压实或用平板振动器及其他压实机械压实。

（二）基本项目

（1）土料碾压应符合下列质量要求。

合格：无漏压，表面平整，个别弹簧、起皮、脱空和剪力破坏部位均得到妥善处理。

优良:无漏压,表面平整,无弹簧、起皮、脱空和剪力破坏现象。

检验方法:现场观察及查阅施工记录。

(2)防渗体碾压后的干密度(干容重),应符合下列质量要求。

合格:达到设计干密度试样合格率为总试样数的大于等于90%。不合格样不得集中,且不低于设计干密度的0.98。

优良:达到设计干密度试样合格率为总试样数的大于等于95%。不合格样不得集中,且不低于设计干密度的0.98。

检测数量:黏性土1次/(100~200m³);

砾质土1次/(200~400m³)。

注:如单元工程量较少,每单元(层)取样不到20次时,可多层累积统计,但每层不得少于5次。

(三)评定标准

碾压式土石坝压实工程质量评定标准如下:

合格:保证项目符合相应的质量评定标准;基本项目符合相应的合格质量标准。

优良:保证项目符合相应的质量评定标准;基本项目中的检验项目必须优良,另一项为合格(或优良)。

七、结合部位处理检验

(一)施工技术要点

1. 坝基结合部位施工

对于基础部位的填土,一般用薄层、轻碾的方法,不允许用重型碾或重型夯,以免破坏基础,造成渗漏。当填筑厚度达到2m以后,才可使用重型压实机械。施工时,对黏性土、砾质土坝基,应将其表层含水量调节至施工含水量上限范围,用与防渗体土料相同的碾压参数压实,然后刨毛深30~50mm,再铺土压实。非黏性土地基应先压实,再铺第一层土料,含水量为施工含水量的上限,采用轻型机械压实,压实干表观密度可略低于设计要求。

与岩基接触面,应首先把局部凹凸不平的岩石修理平整,封闭岩基表面节理、裂隙,防止渗水冲蚀防渗体。若岩基干燥可适当洒水,并使用含水量略高的土料,以便容易与岩基或混凝土紧密结合,碾压前,对岩基凹陷处,应用人工填土夯实。

2. 接坡及接缝施工

在土石坝施工中,几乎在任何部位都可以适当设置纵横向接坡。由于坝体接坡具有高差较大,停歇时间长,要求坡身稳定等特点,故而对于接合坡度的大小和高差多有争论。一般情况下,填筑面应力争平起,斜墙及窄心墙不应留有纵向接缝,如临时度汛需要设置时,应进行技术证论。

在坝体填筑中,层与层之间分段接头应错开一定距离,同时分段条带应与坝轴线平行布置,各分段之间不应形成过大的高差。接坡坡比一般缓于1:3。均质坝的纵向接缝,宜采用不同高度的斜坡和平台相间形式,坡度及平台宽度根据施工要求确定,并满足稳定要求,平台高差不大于 15m。

坝体施工临时设置的接缝相对接坡来讲,其高差较小,通常以不超过铺土厚度的 1～2 倍为宜,分缝在高程上应适当错开。坝体接坡面可用推土机自上而下削坡,并适当留有保护层,配合填筑上升,逐层清至合格层。接合面削坡合格后,要控制其含水量为施工含水量范围的上限。

3. 与岸坡或混凝土建筑物结合部位施工

施工时,在岸坡、混凝土建筑物与砾质土、掺和土结合处,应填筑 1～2m 宽塑性较高而透水性低的土料,以避免直接与粗料接触。在混凝土齿墙或坝下埋管两侧及顶部 0.5m 范围内填土时,其两侧填土应保持均衡上升,并且必须用小型机具压实。

填土前,先将结合面的污物冲洗干净,清除松动岩石,在结合面上洒水湿润,涂刷一层厚约 5mm 左右的浓黏土浆或浓水泥黏土浆或水泥砂浆。为了提高浆体凝固后的强度,防止产生危险的接触冲刷和渗透,涂刷浆体时,应边涂刷、边铺土、边碾压,涂刷高度与铺土厚度一致,注意涂刷层之间的搭接,避免漏涂。要严格防止泥浆干固(或凝固)后再铺土。

防渗体与岸坡结合处,宽度 1.5～2.0m 范围内或边角处,不得使用羊脚碾、夯板等重型机具,应以轻型机具压实,并保证与坝体碾压搭接宽度 1m 以上。

(二)保证项目

1. 基本要求

(1)与坝基(包括齿槽)、两岸岸坡、溢洪道边墙、坝下埋管及混凝土齿墙等结合部位的填筑,应符合设计要求。

(2)斜墙和窄心墙内不得留有纵向接缝,所有接缝接合坡面不应陡于 1∶3,其高差不超过 15m,与岸坡接合坡度应符合设计要求。

(3)均质土坝纵向接缝应采用不同高度的斜坡和平台相间形式,坡度与平台宽度应满足稳定要求,平台间高差不大于 15m。

(4)防渗体内纵横接缝的坡面,必须严格进行削坡、润湿、刨毛等处理,以保证接合质量。

2. 防渗体与坝基结合部位

(1)对于黏性土、砾质土坝基,应将表面含水率调整至施工含水率上限,用凸块振动碾压实,验收合格后才能填筑。

(2)对于无黏性土坝基,铺土前坝基应洒水压实,验收合格后方可根据设计要求回填反滤料和第一层土料。

(3)第一层料的铺土厚度应适当减薄;含水率应调整至施工含水率上限;应采用轻型压实机具压实。

3. 防渗体与岸坡结合部位

(1)防渗体与岸坡结合带的填土宜选用黏性土,其含水率应调整至施工含水率上限。

(2)防渗体结合带填筑施工参数应由碾压试验确定。

(3)防渗体与其岸坡结合带碾压塔接宽度不应小于1.0m。

(4)如岸坡过缓,接合处碾压后土料因侧向位移。若出现"爬坡、脱空"现象,应将其挖除。

(5)结合带碾压取样合格后方可继续铺填土料。铺料前压实合格面应洒水或刨毛。

(6)结合带碾压时,应采用轻型碾压机具薄层压实,局部碾压不到的边角部位可使用小型机具压实,严禁漏压或欠压。

4. 防渗体与混凝土面或岩石面结合部位

(1)填土前,混凝土表面乳皮、粉尘及其上附着的杂物必须清除干净。

(2)在混凝土或岩石面上填土时,应洒水湿润,并边涂刷浓泥浆、边铺土、边夯实,泥浆涂刷高度必须与铺土厚度一致,并应与下部涂层衔接,严禁泥浆干涸后铺土和压实。泥浆土与水质量比宜为1:2.5～1:3.0,宜通过试验确定。

填土含水率控制在大于最优含水率1%～3%之间,并用轻型碾压机械碾压,适当降低干密度,待厚度在0.5～1.0m以上时方可用选定的压实机具和碾压参数正常压实。

(3)压实机具可采用振动夯、蛙夯及小型振动碾等。

(4)填土与混凝土表面、岸坡岩面脱开时必须予以清除。

(5)防渗体与混凝土齿墙、坝下埋管、混凝土防渗墙两侧及顶部一定宽度和高度内土料回填宜选用黏性土,且含水率应调整至施工含水率上限,采用轻型碾压机械压实,两侧填土应保持均衡上升。

(6)混凝土的防渗墙顶部局部范围用高塑性土回填,其回填范围、回填土料的物理力学性质、含水率、压实标准应满足设计要求。

(三)基本项目

坡面接合应符合下列质量要求。

合格:填土含水量在允许范围内,铺土均匀,表面平整,无团块集中,无风干,碾压层平整密实,无明显拉裂和起皮现象,压实合格率应大于等于90%。

优良:填土含水量控制在允许范围内的上限,铺土均匀、表面平整,无团块、无风干,碾压层平整密实、无拉裂和起皮现象,压实合格率应大于等于95%。

检验方法与检测数量:观察及取样检验,取样每10延米取试样一个;如一层达不到20个试样,可多层累积统计合格率;但每层不得少于3个试样。

(四)评定标准

碾压式土石坝坝体接缝处质量评定标准如下:

合格:保证项目符合相应的质量评定标准;基本项目符合相应的合格质量标准。

优良:保证项目符合相应的质量评定标准;基本项目符合优良的质量标准。

八、坝体填筑工程检验

(一)砂砾坝体填筑

1. 保证项目

(1)填坝砂砾料的颗粒级配、砾石含量、含泥量等必须符合施工规范和设计要求。

(2)坝体每层填筑必须在前一填筑层(含坝基、岸坡处理)验收合格后进行。

(3)坝体填筑必须严格按选定的压实参数进行施工。铺料均匀不得超厚,碾压时不得漏压、欠压和出现弹簧土。

(4)砂砾料填筑的纵横向接合部位必须符合规范和设计要求,与岸坡接合处的填料不得分离、架空,并对边角加强压实。

(5)砂砾料在雨天也可继续施工,但须防止料物被泥沙污染。

(6)为保证设计断面边缘的压实质量,坝体填筑时每层上下游边线必须按规定留足余量。

2. 基本项目

砂砾坝体压实质量应符合设计要求。其主要压实控制指标干密度(干容量)按《水电水利工程试验规程》(DL/T 5355—2006)进行干密度测试,必要时应进行相对密度校核。

合格:干密度合格率应大于等于 90%。不合格干密度不得低于设计值的0.98,且不合格试样不得集中。

优良:干密度合格率须大于等于 95%,不合格干密度不得低于设计值的0.98,且不合格试样不得集中。

检测数量:按填筑 $400\sim2000m^3$ 取一个试样,但每层测点不少于 10 个,渐至坝顶处每层(单元)不宜少于 5 个;测点中应至少有 1~2 个点分布在设计边坡线以内 30cm,或与岸坡接合处附近。

3. 允许偏差项目

砂砾坝体填筑质量允许偏差项目应符合表 8-13 的质量要求。

表 8-13   砂砾坝体填筑质量允许偏差

项次	项　目	允许偏差	检验方法	检测数量
1	铺料厚度	0~−10cm	水准仪或拉线尺量	按 20m×20m 布置测点,每单元不少于 10 点

项次	项目		允许偏差	检验方法	检测数量
2	断面尺寸	上、下游设计边坡超填值	±20cm	尺量检查	每层不少于10点
		坝轴线与相邻坝料接合面尺寸	±30cm	尺量检查	每层不少于10点

4. 评定标准

砂砾料坝体填筑质量评定标准如下：

合格：保证项目符合相应质量评定标准；基本项目符合相应合格质量标准；允许偏差项目每项应有大于等于70%的测点在相应的允许偏差质量标准范围内。

优良：保证项目符合相应的质量评定标准；基本项目必须达到优良质量标准；允许偏差项目每项须有大于等于90%的测点在相应的允许偏差质量标准范围内。

（二）堆石坝体填筑

1. 保证项目

(1)堆石坝体填坝材料的质量必须符合施工规范和设计要求。

(2)坝体每层填筑必须在前一填筑层(含坝基岸坡处理)验收合格后进行。

(3)坝体堆石填筑应严格按选定的碾压参数进行施工。过渡层、主堆石区的铺筑厚度不得超厚、超径，含泥量、洒水量等均应符合有关规范和设计要求。

(4)填坝材料的纵横向接合部位必须符合施工规范和设计要求。与岸坡接合处的料物不得分离、架空，并对边角加强压实。

2. 基本项目

(1)堆石坝体填筑层铺料厚度不得超厚，亦不应小于规定厚度的10%。检测下列质量要求。

合格：每一层应有大于等于90%测点达到规定的铺料厚度要求。

优良：每一层须有大于等于95%测点达到规定的铺料厚度要求。

检验方法和检测数量：用仪器定点测量；按20m×20m方格网的角点为测点，每一填筑层的有效检测总点数不少于20点。

(2)堆石坝体按碾压参数进行碾压，其压实后的厚度[或压实率＝(压实后厚度×100/铺料厚度)%]检测质量要求如下。

合格：每一填筑层应有大于等于90%的测点达到规定的压实厚度。

优良：每一填筑层须有大于等于95%的测点达到规定的压实厚度。

(3)坝体堆石填筑层面的外观质量应符合下列质量要求。

合格:层面基本平整,分区能基本均衡上升,大粒径料无较大面积集中现象。

优良:层面平整,分区能均衡上升,大粒径料无集中现象。

(4)坝体堆石分层压实的干密度合格率应符合下列质量要求。

合格:检测点的合格率大于等于 90%,不合格值不得小于设计干密度的 0.98。

优良:检测点的合格率大于等于 95%,不合格值不得小于设计干密度的 0.98。

检验方法与检测数量:用试坑法测定,主堆石区每 5000~50000m³ 取样一次,过渡层区每 1000~5000m³ 取样一次。

注:主堆石区,过渡区的干密度合格率对坝体堆石填筑最终的质量等级具有决定性的作用。由于测试成果所需的时间较长,只能参与单位工程终质量评定。只有当干密度合格率分别相应达到 90%或大于等于 95%时,坝体堆石填筑质量方能评为合格或优良。

3. 允许偏差项目

坝体断面填筑尺寸允许偏差项目应符合表 8-14 的质量要求。

表 8-14   坝体断面填筑尺寸允许偏差

项　　目		允许偏差(cm)	检查方法和检测数量
断面尺寸	下游坡填筑边线距坝轴线距离　有护坡要求	±20	尺量,不少于 10 点
	下游坡填筑边线距坝轴线距离　无护坡要求	±30	尺量,不少于 10 点
	过渡层与主堆石区分界线距坝轴线距离	±30	尺量,不少于 10 点
	垫层与过渡层分界线距坝轴线距离	-10~0	尺量,不少于 10 点

4. 评定标准

堆石坝体填筑质量评定标准如下:

合格:保证项目符合相应质量评定标准;基本项目符合相应合格质量标准;允许偏差项目每项应有大于等于 70%的测点在相应的允许偏差质量范围内。

优良:保证项目符合相应质量评定标准;基本项目中的各项必须符合相应合格质量标准,且其中必须有大于等于 50%的项目符合优良质量标准,同时分层压实的干密度合格率必须优良;允许偏差项目每项有大于等于 90%的测点在相应的允许偏差标准范围内。

九、细部工程检验

(一)反滤工程

1. 保证项目

(1)反滤料的粒径、级配、坚硬度、抗冻性和渗透系数必须符合设计要求。

(2)反滤工程的基面(含前一填筑层)处理必须符合设计要求和施工规范的规定,经验收合格后方可填筑。

（3）在挖装和铺筑过程中，应防止反滤料颗粒分离，防止杂物与其他料物混入，反滤料宜在挖装前洒水，保持其湿润状态，以免颗粒分离。

（4）反滤料铺筑必须严格控制铺料厚度，其铺筑位置和有效宽度均应符合设计要求。

（5）对已碾压合格的反滤层应做好防护，一旦发生土料混杂，则必须即时清除。

（6）反滤料压实过程中，应与其相邻的防渗土料、过渡料一起压实。反滤料宜采用自行式振动碾压实。

（7）严禁在反滤层内设置纵缝。反滤层横向接坡必须清至合格面，使接坡反滤料层次清楚，不得发生层间错位、中断和混杂。

（8）施工中，必须严格控制反滤层的压实参数，严禁漏压或欠压。

（9）反滤层的施工顺序和含水量必须符合施工规范规定；坝体上、下游反滤层应与心墙、斜墙和部分坝壳平起填筑，防止分离；分段施工时，接缝处的各层连接必须符合施工规范做成阶梯状，不得混杂和错断。

2. 土工织物反滤层施工

（1）土工织物的拼接宜采用搭接方法，搭接宽度可为 30cm。

（2）土工织物铺设前必须妥善保护，防止曝晒、冷冻、损坏、穿孔、撕裂。

（3）土工织物铺设应平顺、松紧适度、避免织物张拉受力及不规则折皱，并采取措施防止损伤和污染。

（4）土工织物两侧回填坝料级配应符合设计要求，坝料回填过程中不得损伤织物。如有损伤必须修补。

（5）土工织物的铺设与防渗体的填筑应平起施工；织物两侧防渗体和过渡料的填筑应人工配合小型机械施工。

3. 基本项目及允许偏差项目

（1）反滤料的粒径检验标准、检验方法和检验数量如下：

1）反滤料粒径的检验方法：检查反滤料试验和验收报告。

2）反滤料粒径的检测数量：每 200～400m³ 取样一组。

3）反滤料质量检验标准如下：

合格：含泥量不大于 5%。

优良：含泥量不大于 3%。

（2）反滤工程干密度（干容重）应符合下列质量要求：

合格：干密度合格率大于等于 90%，且不合格样不得集中，不合格干密度不得低于设计值的 0.98。

优良：干密度合格率必须大于等于 95%，且不合格样不得集中，不合格干密度不得低于设计值的 0.98。

检验方法：检查试验报告。

检测数量:按每 500～1000m³ 检测 1 次,每个取样断面每层所取的样品不得少于 4 次(应均匀分布于断面不同部位)。各层间的取样位置应彼此相对应。单元工程取样次数少于 20 次时,应以数个单元累计评定。

(3)反滤工程的每层厚度偏小值不大于设计厚度的 15%。

检验方法:检查施工试验记录。

检测数量:每 100～200m² 检测一组或每 10 延米取一组试样。

4. 评定标准

碾压式土石坝反滤工程质量评定标准如下:

合格:保证项目符合相应质量评定标准;基本项目符合相应的合格质量标准;允许偏差项目应有大于等于 70% 的测组在允许偏差质量范围内。

优良:保证项目符合相应质量评定标准;基本项目中的干密度必须符合优良质量标准,含泥量合格(或优良);允许偏差项目须有大于等于 90% 的测组在允许偏差质量范围内。

(二)排水工程

1. 保证项目

(1)排水设施的渗透系数(或排水能力)必须符合设计要求。

(2)排水设施的布置位置、断面尺寸以及排水设施所用的石料的软化系数、抗冻性、抗压强度和几何尺寸必须满足设计要求。

(3)施工中排水堆石体内可设置纵缝和横缝,宜采用预留平台方式逐层收坡。

(4)坝内排水带和排水褥垫的地基,必须按设计要求进行处理。

(5)坝内排水设施的基底,必须按设计要求进行夯实或处理,验收合格后方可铺设。滤孔和接头部位的反滤层、减压井的回填、垂直度、水平排水带等均须按反滤工程的规定铺筑;排水管和排水带的纵坡应严格按设计施工,坝外排水管的接头处应保证不漏水,并须采取防冻措施。

(6)坝内竖式排水体应与两侧防渗体平起施工;也可先回填防渗体,然后将防渗体挖槽再回填排水体,但每层排水体回填厚度应不超过 60cm。

(7)水平排水带铺筑的纵坡及铺筑厚度、透水性应符合设计要求。

2. 减压井施工

(1)减压井的位置、井深、井距、井径结构尺寸及所用滤料级配及其他材料均应符合设计要求。

(2)减压井和深式排水沟的施工应在库水位较低时期内进行。钻孔宜用清水固壁。

(3)减压井的钻孔必须符合施工规范规定,并必须等钻孔检验合格后方可安装井管;安装井管时,井管连接应顺直牢固,并封好管底。

(4)反滤料应采用导管法施工,以免分离。

(5)装好井管后,应做好洗井工作。洗井宜采用鼓水和抽水法,水变清后,再连续抽水半小时,如清水保持不变,即可结束洗井作业。

(6)洗井后尚应进行抽水试验,测量并记录其抽降、出水量、水的含砂量以及井底淤积。

(7)施工过程中和抽水结束后,必须及时做好井口保护设施。

3.基本项目及允许偏差项目

(1)排水设施的堆石或砌石体应符合下列质量要求:

合格:上下层面基本无水平通缝,靠近反滤层的石料宜内小外大,相邻两段堆石接缝为逐层错缝,露于表面的砌石为平砌,较平整。

优良:上下层面碾压接合良好,无水平通缝,靠近反滤层的石料为内小外大,相邻两段堆石接缝为逐层错缝,没有垂直通缝,露于表面的砌石为平砌,平整美观。

检验方法:现场观察和查阅施工记录。

检验数量:贴坡排水、棱体排水和褥垫排水等按 100m² 检查 1 处,每处检查面积不大于 10m²;排水管路按每 50 延米检查 1 处,每处检查长度不小于 10m,减压井应逐个检查。

(2)表面排水棱体的允许偏差应符合表 8-15 的质量要求:

表 8-15　　　　　　　　碾压式土石坝排水工程质量允许偏差

项次	项 目	允许偏差(cm)		检验方法	检测数量
		干砌	浆砌		
1	表面平整度	±5	±3	用 2m 靠尺量	每单元工程不少于 10 点
2	顶标高	±3	±2	水准仪测	每 50 延米测 3 点

4.评定标准

碾压式土石坝排水工程质量评定标准如下:

合格:保证项目符合质量评定标准;基本项目符合相应合格质量标准;允许偏差项目每项应有大于等于 70%的测点在相应允许偏差质量标准范围内。

优良:保证项目符合质量标准;基本项目除干密度必须符合优良标准外其余两项中任一项须符合优良标准,另一项亦须合格(或优良);允许偏差项目每项须有大于等于 90%的测点在相应允许偏差质量标准范围内。

(三)护坡工程

1.保证项目

(1)护坡工程必须在前一填筑层(含垫层或岸坡)验收合格现场清理后进行填筑。

(2)护坡石料应选用质地坚硬、不易风化的石料,其抗水性、抗冻性、几何尺寸均应满足设计要求。护坡下垫层料级配与铺筑厚度应满足设计要求。

(3)铺筑块石或其他面层时,不得损坏垫层。护坡工程的断面尺寸,基础埋置深度,及护坡石料的料质、强度、几何尺寸等均须符合设计要求。

(4)现浇混凝土护面宜采用无轨滑模浇筑,其厚度应符合设计要求,并须按设计要求分缝并做好排水孔。

(5)当采用抛石、混凝土预制块、水泥土等护坡型式及采用土工织物垫层时,均按照设计要求执行。

(6)抛石护坡、摆石护坡应与坝体填筑配合,随抛(摆)随整坡,上游面护坡必须认真挂线,自下而上错缝竖砌,紧靠密实,垫塞稳固,大块封边;当采用水泥砂浆勾缝时,应预留排水孔。

(7)干砌石(包括混凝土预制块)护坡的砌体必须咬扣紧密、错缝,严禁出现通缝、叠砌和浮塞。

(8)当采用块石护坡时,可采用机械或人工选石、堆码、整坡,宜与坝体填筑同步进行。

(9)草皮护坡应选用易生根、能蔓延、耐旱草类,无黏性土坡面上应先铺一层种植土,然后再种植草皮。草皮铺植后应洒水护理。

2. 基本项目及允许偏差项目

(1)砌筑好的护坡符合下列质量要求。

合格:砌体咬扣紧密,错缝竖砌,基本无通缝、叠砌;砂浆勾缝基本密实,坡面基本平整。

优良:砌体咬扣紧密,错缝竖砌,无通缝、叠砌;砂浆勾缝密实、坡面平整美观。

检验方法:现场观察,翻撬或铁钎插检。

检验数量:以 25m×25m 网格布置测点。

(2)护坡工程的坡度应符合下列质量要求。

合格:基本符合设计坡度。

优良:符合设计坡度。

检验方法:用坡尺及垂线测量。

(3)护坡的允许偏差项目应符合表 8-16 的质量要求:

表 8-16 护坡工程质量允许偏差

项次	项目	允许偏差(cm)		检验方法	检测数量
		干砌	浆砌		
1	表面平整度	不大于 5	不大于 3	用 2m 靠尺量	总检测点数不少于 25～30 点
2	厚度	±5	±3	尺量	每 100m² 测 3 点

3. 评定标准

碾压式土石坝护坡工程质量评定标准如下:

合格:保证项目符合相应质量标准;基本项目符合相应的合格质量标准;允许偏差项目每项应有大于等于70%的测点在相应允许偏差质量标准范围内。

优良:保证项目符合相应质量标准;基本项目两项中必须有一项符合优良标准,另一项须合格;允许偏差项目每项须大于等于90%的测点在相应的允许偏差质量标准范围内。

第三节　心(斜)墙坝工程检验

一、坝体材料检验

(1)堆石、砂砾石及风化料等均可作为坝壳料。砂砾料中的砂料尽可能采用粗砂。

(2)防渗材料最好选用最大粒径不超过5mm的细粒土,也可采用黏土与砂砾石掺合料作防渗材料。

(3)防渗材料不仅应具有很好的防渗性,还要具有一定的抗剪强度,有较好的渗透稳定性。其防渗体土料的质量技术要求,应符合表8-17的规定。

表8-17　　　　　　　心(斜)墙坝防渗体土料质量技术要求

序　号	项　目	指　标	备　注
1	黏粒含量	15%～40%为宜	齿槽部分黏粒含量应大些
2	塑性指数	10～20	
3	渗透系数	碾压后,小于1×10^{-4}cm/s	应小于坝壳透水料的50倍
4	有机质含量	$<1\%$	
5	水溶盐含量	$<3\%$	
6	天然含水量	最好与最优含水量或塑限近似	
7	pH值	>7	
8	紧密密度	一般大于天然密度	
9	SO_2/R_2O_3	>2	

(4)当土料的渗透系数不大于1×10^{-5}cm/s时,即可满足坝体的抗渗要求。只要渗透系数满足要求,再做好坝体反滤保护,无塑性的粉质砂土也可以作为高坝的防渗材料。

(5)砂质土有很高的承载力,在良好的级配情况下,亦可作为防渗材料。

(6)风化料属于抗压强度小于30MPa的软岩类,用作坝壳料时,其填筑含水量必须大于湿陷含水量,压实到最大密度,以改善其工程性质。

(7)反滤料除应满足坚固度要求外,对材料级配要求较严格,一般采用混凝土砂石料生产系统生产,但不要求冲洗。也可采用天然冲积层砂砾石经筛分生产。

二、坝基与岸坡处理检验

(1)作业时,应把坝基范围内的草皮、树根、坟墓、乱石以及各种建筑物等全部清除,并做好对水井、泉眼地道、洞穴等的处理。

(2)对地表和岸坡的粉土、细砂、淤泥、腐殖土、泥炭等按设计要求清除。

(3)对于风化岩石、坡积物、残积物、滑坡体等按设计要求和有关规定处理;对勘察用的试坑,应把坑内积水与杂物全部清除,并用筑坝土料回填夯实。

(4)岸坡应削成斜坡,不得有台阶、急剧变坡和反坡,岩石开挖清理坡度不陡于 1:0.75,土坡不陡于 1:1.15。

(5)凡坝基和岸坡易风化、易崩解的岩石和土层,开挖后不能及时回填者,应留保护层,或喷水泥砂浆或喷混凝土保护。

(6)对于局部凹坑、反坡以及不平顺岩面,可用混凝土填平补成正坡。

(7)防渗体和反滤过渡区部位的坝基和岸坡岩面的处理,应符合设计要求。

(8)对于高坝的防渗体与坝基及岸坡结合面,应设置混凝土盖板,并在填土前自下而上一次性浇筑完成。

(9)坝基范围内的软黏土、湿陷性黄土、软弱夹层、中细砂层、膨胀土、岩溶构造等,应按设计要求处理。

三、坝体施工检验

1. 作业内容

土石坝的施工作业主要包括准备作业、基本作业、辅助作业和附加作业等内容。

(1)准备作业。准备作业主要包括"一平三通",即场地平整、通电、通水、通车;同时,还需修建施工临时设施,施工生活福利设施及施工排水与清基等准备工作。

(2)基本作业。基本作业包括料场土石料开采,挖装运输,坝面铺平、碾压、质检等项作业。

(3)辅助作业。辅助作业是指保证准备及基本作业顺利进行,创造良好工作条件的作业,包括清除施工场地及料场的覆盖,从上坝土料中剔除超径石块,杂物,坝面排水、层间刨毛和加水等。

(4)附加作业。附加作业包括坝坡修整,护坡砌石和铺植草皮等为保证坝体长期安全运行的防护和修整工作。

2. 坝体铺筑

(1)当基础开挖和基础处理基本完成后,即可进行坝体的铺筑、压实工作。

(2)坝体卸料和铺料有三种方法,即进占法、后退法和综合法,一般采用进占法。

(3)采用进占法铺筑时,一般采用推土机进行铺料作业,铺料应保证随卸随铺。

　　(4)铺筑作业时,铺土厚度要匀,超径不合格的料块应打碎,杂物应剔除。厚层填筑时,应采用混合法铺料,以减少铺料作业的工作量。

　　(5)铺料作业应沿平行坝体轴线的方向进行;铺料的厚度应符合设计要求。

　　(6)进入防渗体内铺料,自卸汽车卸料宜用进占法倒退铺土,使汽车始终在松土上行驶,避免在压实土层上开行,造成超压,引起剪力破坏。

　　(7)自卸汽车穿越反滤层进入防渗体,应在坝面设专用"路口",防止将反滤料带入防渗体内,造成防渗土料与反滤料混杂,影响坝体质量。

　　(8)为保证铺料均匀,需用推土机或平土机散料平料。国内不少工地采用"算方上料、定点卸料、随卸随平、定机定人、铺平把关,插杆检查"的措施,使平料工作取得良好的效果。

　　(9)铺填中不应使坝面起伏不平,避免降雨积水。

　　3. 土料含水率调整

　　(1)在施工过程中,要经常检查所取土料的土质情况、土块大小、杂质含量和含水率。当土料含水率不符合设计要求时,应进行调整。

　　(2)当土料的自然含水率相对击实试验结果的最优含水率或塑限含水率偏低时,应在土料中加水,增加其含水率。其加水方法一般有料场加水及施工填筑面加水两种。

　　(3)当土料渗透系数较小,而要求加水量较大时,应采用料场加水。

　　(4)采用料场加水时,加水的方法有在工作面上围堤灌水、开注水沟灌水,或者用一个压力喷洒系统灌水,还可采用钻孔灌水。

　　1)灌水方法、灌水时间及灌水的停歇时间应通过现场试验来确定。

　　2)灌水后,应有一个合适的间歇时间,以便使所灌水分能均被地为土料吸收。

　　3)当料场呈坡地或料场有大面积浅层土需要灌水时,可采用喷洒法。

　　4)由于土料自料场运至填筑面铺土时有水分蒸发,故应比压实时的最优含水率高 2%～3% 左右。

　　(5)若土料平均含水率比合适的压实含水率低得不多,可在碾压工作尚未开始前在土料填筑面上用喷头洒水湿润,并用犁耙搅拌。

　　(6)如需降低湿土的含水率,一般采取翻洒土料的自然蒸发方法。

　　(7)如土料含水率偏高不多,而土区料场面积又大,可分层取土,就地翻晒,轮换使用料区供料;也可以将土料运到填筑面,铺平以后,用犁耙翻晒。

　　(8)如土料含水率过大,且施工期避不开雨季,则应提前在非降雨季取土翻晒,以降低土料的含水率。

　　4. 压实施工

　　(1)坝面压实作业时,应按一定的次序进行,以免发生漏压或过分重压。

　　(2)坝体压实设备应根据砂石土料性质选择,同时还应遵循如下原则:

　　1)能够满足设计压实标准;

2)与压实土料的物理力学性质相适应;

3)满足施工强度要求;

4)设备类型、规格与工作面的大小、压实部位相适应。

(3)为避免或减少欠碾和超碾,一般采用进退错距法和圈转套压法。碾压遍数和碾压速度应根据碾压试验确定。

(4)采用进退错距法时,为避免漏压,应在碾压带的两侧先往复压够遍数后,再进行错距碾压。

(5)对于碾压起始和结束的部位,如按正常错距法无法压到要求的遍数,可采用前进后退不错距的方法。

4. 特殊部位处理

(1)坝体分期分块填筑时,会形成横向或纵向接缝,在相邻段填筑时,应采用留台法或削坡法。

(2)坝壳靠近岸坡部位施工,用汽车卸料及推土机平料时,大粒径料容易集中,碾压机械压实时,碾滚不能靠近岸坡,因此,需采取一定措施保证施工质量。

(3)对于汽车上坝或光面压实机具压实的土层,应刨毛处理,以利层间结合,刨毛深度为30~50mm。

四、坝体结合部位施工检验

1. 坝基结合部位施工

(1)对于基础部位的填土,一般用薄层、轻碾的方法,不允许用重型碾或重型夯,以免破坏基础,造成渗漏。当填筑厚度达到 2m 以后,才可使用重型压实机械。

(2)对黏性土、砾质土坝基,应将其表层含水量调节至施工含水量上限范围,用与防渗体土料相同的碾压参数压实,然后刨毛深 30~50mm,再铺土压实。

(3)非黏性土地基应先压实,再铺第一层土料,含水量为施工含水量的上限,采用轻型机械压实,压实干表观密度可略低于设计要求。

(4)与岩基接触面,应先把局部凹凸不平的岩石修理平整,封闭岩基表面节理、裂隙,防止渗水冲蚀防渗体。

若岩基干燥可适当洒水,并使用含水量略高的土料,以便容易与岩基或混凝土紧密结合;碾压前,对岩基凹陷处,应用人工填土夯实。

2. 接坡及接缝施工

(1)对于坝体接坡,施工时填筑面应力争平起,斜墙及窄心墙不应留有纵向接缝;如临时渡汛需要设置时,应进行技术证论。

(2)在坝体填筑中,层与层之间分段接头应错开一定距离,同时分段条带应与坝轴线平行布置,各分段之间不应形成过大的高差。接坡坡比一般缓于1:3。

(3)均质坝的纵向接缝,宜采用不同高度的斜坡和平台相间的形式。坡度及平台宽度根据施工要求确定,并满足稳定要求,平台高差不大于 15m。

(4)坝体施工临时设置的接缝以不超过铺土厚度的 1～2 倍为宜,分缝在高程上应适当错开。

(5)坝体接缝面应用推土机自上而下削坡,并适当留有保护层,配合填筑上升,逐层清至合格层。接合面削坡合格后,要控制其含水量为施工含水量范围的上限。

3. 与岸坡或混凝土建筑物结合部位施工

(1)在岸坡、混凝土建筑物与砾质土、掺合土结合处,应填筑 1～2m 宽塑性较高而透水性低的土料,以避免直接与粗料接触。

(2)在混凝土齿墙或坝下埋管两侧及顶部 0.5m 范围内填土时,其两侧填土应保持均衡上升,并且必须用小型机具压实。

(3)填土前,先将结合面的污物冲洗干净,清除松动岩石,在结合面上洒水湿润,涂刷一层厚约 5mm 左右的浓黏土浆或浓水泥黏土浆或水泥砂浆。

(4)涂刷浆体时,应边涂刷、边铺土、边碾压,涂刷高度与铺土厚度一致,注意涂刷层之间的搭接,避免漏涂。要严格防止泥浆干固(或凝固)后再铺土。

(5)防渗体与岸坡结合处,宽度 1.5～2.0m 范围内或边角处,不得使用羊脚碾、夯板等重型机具,应以轻型机具压实,并保证与坝体碾压搭接宽度 1m 以上。

五、防渗体施工检验

1. 材料检查

(1)心(斜)墙坝坝壳砂砾料(或坝壳砾质土)及反滤料的制备,必须满足坝壳砂质料和反滤料的质量技术要求。

(2)对各个时期制备的加工料,应经常对其进行性能检验,合格后方可上坝填筑。

(3)坝壳材料填筑前,应做现场碾压试验,并根据现场碾压试验确定的施工参数对坝壳料进行压实。

2. 防渗体填筑

(1)防渗体常用的填筑方法有削坡法、挡板法及土、砂松坡接触平起法三种。

(2)土、砂松坡接触平起法能适应机械化施工,填筑强度高,可以做到防渗体、反滤层与坝壳料平起填筑,均衡施工。

(3)采用先土后砂法施工时,应先填压三层土料再铺一层反滤料,并将反滤料与土料整平,然后对土砂边沿部分进行压实。如采用羊角碾进行压实,则应预留300～500mm 的松土边,以免土料伸入反滤层。

(4)采用先砂后土法施工时,应先在反滤料的控制边线内用反滤料堆筑一小堤。

为了便于土料收坡,保证反滤料的宽度,每填一层土料,随即用反滤料补齐土料收坡留下的三角体,并进行人工捣实,以利于土砂边线的控制。

(5)对于土料边沿,每填筑三层土料后,应用夯实机具夯实一次土砂的结合部位,夯实时宜先夯土边一侧,合格后再夯反滤料一侧,切忌交替夯实,以免影响质量。

3. 反滤料压实

(1)反滤料的压实,应包括接触带土料与反滤料的压实。

(2)当防渗体土料用气胎碾碾压时,反滤料铺土厚度可与黏土铺土厚度相同,并同时用气胎碾碾压。

(3)若防渗体土料采用羊脚碾碾压时。

1)对于土压砂的情况,两者应同时平起,羊脚碾压到距土砂结合边 0.3～0.5m 为止,以免羊脚碾将土下之砂翻出来。然后用气胎碾碾压反滤层,其碾迹与羊脚碾碾迹至少应重叠 0.5m 以上。

2)砂压土时,土、砂应同时平起,先用羊脚碾压土料,在羊脚碾压到反滤料上至少 0.5m 宽,然后用气胎碾碾压反滤料。压实到土料上的宽度至少为 0.5m。

(4)反滤料厚度应符合设计要求;计算反滤料厚度时,不应将犬牙厚度计算在内。

犬牙大小由各种材料的休止角所决定,且犬牙交错带不得大于其每层铺土厚度的 1.5～2.0 倍。

六、质量检验

1. 土料检控

(1)在坝面作业中,应对铺土厚度、填土块度、含水量大小、压实后的干表观密度等进行检查。

(2)黏性土含水量的检测。对于Ⅰ、Ⅱ级坝的心、斜墙,测定土料干表观密度的合格率应不小于 90%;Ⅲ、Ⅳ级坝的心、斜墙或Ⅰ、Ⅱ级均质坝应达到 80%～90%。不合格干表观密度不得低于设计干表观密度的 98%,且不合格样不得集中。

(3)压实表观密度的测定。黏性土一般可用体积为 200～500cm³ 的环刀测定;砂可用体积为 500cm³ 的环刀测定;砾质土、砂砾料、反滤料用灌水法或灌砂法测定。堆石因其空隙大,一般用灌水法测定。当砂砾料因缺乏细料而架空时,也用灌水法测定。

2. 坝体压实检查取样

坝体施工过程中,应对坝基、料场、坝体填筑、护坡和排水反滤等质量进行检查和控制。

对不同的坝料和部位取样试验的项目和次数见表 8-18。为便于现场质量控制,及时掌握填土压实情况,可以采取绘制干密度、含水率质量管理图的办法进行管理。

表 8-18   坝体取样要求

坝料类别部位		试验项目	取样试验次数
防渗体	黏性土 边角夯实部位	干密度、含水率	2～3 次/层
	黏性土 碾压部位	干密度、含水率、结合层描述	1 次/(100～200)m³
	砾质土 均质坝	干密度、含水率	1 次/(200～400)m³
	砾质土 边角夯实部位	干密度、含水率、砾石含率	2～3 次/层
	砾质土 碾压部位	干密度、含水率、砾石含率	1 次/(200～400)m³
反滤料、边滤料		干密度、砾石含率	1 次/1000m³
		颗粒分析、含泥率	1 次/(1～2)m 厚
坝壳砂砾料		干密度、砾石含率	1 次/(400～2000)m³
		颗粒分析、含泥率	1 次/5m 厚
坝壳砾质土		干密度、含水率、小于 5mm 含率上、下限值	1 次/(400～2000)m³
碾压堆石		干密度、小于 5mm 含率	1 次/(1000～5000)m³
		颗粒分析	1 次/(5～10)m 厚

第四节 混凝土面板堆石坝工程检验

现代混凝土堆石坝的建设始于 1985 年,抛填式的贵州白花水电站大坝是我国第一座混凝土面板堆石坝。堆石坝体能直接挡水或过水,简化了施工导流与度汛,枢纽布置紧凑,可充分利用当地材料。面板坝便于机械化施工,可以分期施工,所受气候条件影响较小。

一、混凝土面板坝坝体

面板堆石坝上游面有薄层面板,可以是刚性钢筋混凝土的,也可以是柔性沥青混凝土的,坝身主要是堆石结构图。良好的堆石材料,为面板正常工作创造条件,也是坝体安全运行的基础。

坝体部位不同,受力状况不同,对填筑材料的要求也不同,根据面板堆石坝不同部位的受力情况,可将坝体分为如下几部分,如图 8-1 所示。

(1)垫层区。其垫层料主要作用是为面板提供平整、密实的基础,将面板承受的水压力均匀传递给主堆石体。要求用石质新鲜、级配良好的碎石料填筑。

(2)过渡区。其过渡区主要作用是保护垫层区在高水头作用下不产生破坏。其粒径、级配要求符合垫层料与主堆石料间的反滤要求。一般最大粒径不超过350～400mm。

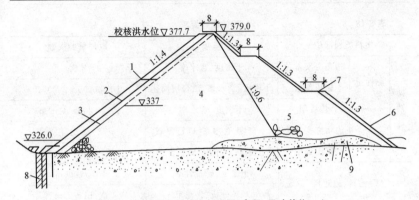

图 8-1 面板堆石坝标准剖面图(高程、尺寸单位:m)
1—混凝土面板;2—垫层区;3—过渡区;4—主堆石区;5—下游堆石区;
6—干砌石护坡;7—上坝公路;8—灌浆帷幕;9—砂砾石

(3)主堆石区。主堆石区主要作用是维持坝体稳定。要求石质坚硬,级配良好,允许存在少量分散的风化料,该区粒径一般为 $600\sim800mm$ 。

(4)次堆石区。次堆石区主要作用是保护主堆石体和下游边坡的稳定。要求采用较大石料填筑,允许有少量分散的风化石料,粒径一般为 $1000\sim1200mm$ 。由于该区的沉陷对面板的影响很小,故对填筑石料的要求可放宽一些。

二、堆石坝施工质量检验

堆石体的压实效果可根据其压实后的干密度的大小在现场进行控制。堆石体干密度的检测一般采用挖坑注水试验法,垫层料干密度检测采用挖坑灌砂试验法。

(一)石料质量要求

石料应具有抗风化能力,其软化系数水上不低于 0.8,水下不低于 0.85。石料的天然密度不应低于 $2.2g/cm^3$,硬度不应低于莫氏硬度表中的第三级,其韧性不应低于 $2kgm/cm^2$ 。对于石料的抗压强度,主要部位的石料抗压强度不应低于78MPa,次要部位石料抗压强度应在 $50\sim60MPa$ 之间。下游堆石的情况与主堆石相似,但对密度的要求相对较低。

(二)检查数量要求

(1)趾板浇筑。每浇一块或每 $50\sim100m^3$ 至少有一组抗压强度试件;每 $200m^3$ 成型一组抗冻、抗渗检验试件。

(2)面板浇筑。每班取一组抗压强度试件;抗渗检验试件每 $500\sim1000m^3$ 成型一组;抗冻检验试件每 $1000\sim3000m^3$ 成型一组。不足以上数量者,也应取一组试件。

（三）堆石体施工质量控制

1. 坝料开采

（1）堆石料宜采用深孔梯段微差爆破法和（或）挤压爆破方法开采。在地形、地质及施工安全条件情况下，也可采用洞室爆破法，但应分层台阶开采。

（2）开采前宜根据设计的级配要求和爆破设计进行相应规模的爆破试验，确定爆破参数。

（3）过渡料宜从石料场用钻孔爆破法直接生产，也可从枢纽地下洞室等工程的开挖渣料中选用，但应严格控制级配。

（4）垫层料及特殊垫层料可以用料场爆破块石料进行破碎、筛分、掺配，也可从新鲜或中等强度开挖料和砂砾石料加工筛选后掺配。

（5）砂砾料可水上、水下分别开采，或混合开采。在河道开采砂砾料时，应确保泄洪顺畅及堤防安全。

（6）各种坝料均应有足够的储备，其数量应满足调节开采和上坝强度的需要。

（7）开采结束后，应作好危岩处理、边坡稳定、场地平整、还田造林、防止水土流失等工作。

2. 垫层料与过渡料

（1）垫层料可采用人工砂石料、砂砾石料，或两者的掺合料；人工砂石料应采用坚硬和抗风化能力强的母岩进行加工。

（2）过渡料可采用专门开采的细堆石料、经筛分加工的天然砂砾石料或洞室开挖料，应满足级配连续、最大粒径不超过 300mm、压实后具有低压缩性和高抗剪强度、可自由排水。

（3）高坝垫层料应具有良好的级配，最大粒径为 80～100mm；小于 5mm 的颗粒含量宜为 30%～50%；小于 0.075mm 的颗粒含量不宜超过 8%。

（4）高坝垫层料压实后应具有低压缩性和高抗剪强度，并具有良好的施工特性。

（5）用天然砂砾石料筑坝时，垫层料应是级配连续、内部结构稳定，压实后渗透系数宜为 $1×10^{-3}～1×10^{-4}$ cm/s。

（6）寒冷地区及抽水蓄能电站的混凝土面板堆石坝，垫层料的颗粒级配应满足排水性要求。

3. 堆石料

（1）采用砂砾石料筑坝时，应注意满足坝区排水设计要求。当砂砾石料中小于 0.075mm 颗粒含量超过 8% 时，宜用在坝内干燥区。

（2）硬岩主堆石料的开采应进行专门的爆破设计与爆破试验，应满足压实后具有良好的颗粒级配，最大粒径不超过压实层厚度，小于 5mm 的颗粒含量不大于 20%，小于 0.075mm 的颗粒含量不大于 5%，具低压缩性和高抗剪强度。

可用于高坝坝轴线下游干燥部位，也可用于中低坝主堆石区的软岩堆石料，压实后应具有较低的压缩性和一定的抗剪强度。

（四）面板混凝土浇筑质量

面板混凝土浇筑质量检测项目和技术要求见表 8-19。

表 8-19   面板混凝土浇筑质量检测项目和技术要求

项　　　目	质　量　要　求	检　测　方　法
混凝土表面	表面基本平整，局部不超过设计线 30mm，无麻面、蜂窝孔洞、露筋	观察测量
表面裂缝	无，或有小裂缝已处理	观察测量
深层及贯穿裂缝	无，或有但已按要求处理	观察检查
抗压强度	保证率不小于 80%	试验
均匀性	离差系数 C_v 小于 0.18	统计分析
抗冻性	符合设计要求	试验
抗渗性	符合设计要求	试验

三、坝基与岸坡处理检验

1. 检验要点

（1）坝基与岸坡处理过程中，必须设置排水系统。应能有效地拦截各种地表水流，防止冲刷垫层，保证开挖边坡的稳定。

（2）岩石岸坡开挖清理后的坡度，应符合设计规定。

（3）当趾板部位岩石边坡存在局部反坡或凹坑时，应进行削坡、填补混凝土或砌石处理。

（4）趾板以上岸坡应开挖成稳定边坡；岩面如裂隙发育，风化速度较快，必须及时采取喷水泥砂浆或混凝土等保护措施。

（5）趾板地基开挖应采取控制爆破，必要时可预留保护层或对特殊岩基面及时保护等措施，避免地基情况的恶化。

（6）趾板部位岩石节理和裂隙的处理，宜采用下列措施：

1）当岩石较完整且裂隙细小时，清除节理和裂隙中的充填物后，冲洗干净，依缝的宽度，灌入水泥浆或水泥砂浆封堵。

2）当岩石节理和裂隙比较发育且渗水严重时，除采取上述措施外，还应采取导渗措施，保持趾板浇筑时岩面干燥。

3）当基岩有集中涌水的情况时，可用堵排相结合的办法处理。

（7）贯穿趾板上下游的断层、破碎带等，必须按设计要求逐条进行处理。

（8）应按设计要求做好防渗墙与趾板或连接板连接部位的止水设施。

（9）堆石坝体地基应按设计要求分区域处理。坝基覆盖层拟保留的部分，应在开挖至设计面后,对局部软弱夹层或透镜体进行置换处理,并用振动碾将建基面碾压密实,然后填筑坝料。严寒地区冬季施工时,应避免建基面冻结,并加强碾压。

2. 质量检验数量

(1)坝区地质钻孔、探坑、竖井、平洞应逐个进行检查。

(2)岸坡开挖清理按 50～100m 方格网进行检查,必要时可局部加密。

(3)坝基砂砾石层开挖清理按 50～100m 方格网进行检查,在每个角点取样测干密度和颗粒级配。地质情况复杂的坝基,应加密布点。

(4)岩石开挖的检测点数,200m² 以内不少于 10 个,200m² 以上每增加 20m² 增加一点,局部凹凸部位面积在 0.5m² 以上者应增加检测点。

(5)趾板基础处理的检查数量,按长度不少于每米 1 个,并做好地质编录。

3. 质量检验标准

混凝土面板堆石坝坝基与岸坡处理质量检验标准应符合表 8-20 的规定。

表 8-20　　　　　　　　坝基与岸坡处理质量检查项目和技术要求

项　　目	质量要求
地质钻孔、探坑、竖井、平洞	无遗漏、处理符合要求
坝基部位	(1)草皮、树根、乱石、坟墓及各种建筑物等全部开挖清除,符合设计要求; (2)按设计要求清除砂砾石覆盖层,或完成砂砾石表层处理; (3)岩基处理符合设计要求
岩坡部位	(1)开挖坡度和表面清理符合设计要求; (2)开挖坡面稳定,无松动岩块、危石及孤石; (3)凹坑,反坡已按设计要求处理
趾板基础	(1)开挖断面尺寸、深度及底部标高符合设计要求,无欠挖; (2)断层、裂隙、破碎带及软弱夹层已按设计要求处理; (3)在浇筑混凝土范围内,渗水水源切断,无积水、明流,岩面清洁; (4)灌浆质量符合设计要求及有关规定

四、坝体填筑质量检验

(一)基本要求

(1)堆石填筑前,应进行坝料碾压试验,确定堆石填筑施工参数,并对设计指标进行复核。

(2)坝体填筑一般应在坝基、两岸岸坡处理验收以及相应部位的趾板混凝土浇筑完成后进行。

基坑开挖后,也可在河床趾板开挖、混凝土浇筑同时先进行部分坝体填筑。

(3)垫层料、过渡料和一定宽度的主堆石的堆筑应平起施工,均衡上升。主次堆石可分区、分期填筑,其纵、横坡面上均可布置临时施工道路。

(4)必须严格控制筑坝材料的质量,其岩性、级配和含泥量应符合要求,不合格坝料严禁上坝。已上坝的不合格材料必须清除出坝外。

(5)坝体原型观测仪器、设施,必须按设计要求埋设和安装,并采取有效保护措施。

(二)坝体填筑

1. 检验要点

(1)主堆石区与岸坡、混凝土建筑物接触带,应回填 1.0～2.0m 宽的过渡料。

(2)周边缝下特殊垫层区应人工配合机械薄层摊铺,每层厚度不超过 20cm,采用振动平板、小型振动碾、振动冲击夯等机械压实。

(3)垫层料、过渡料、排水料的级配、细粒含量、含泥量等应符合设计要求。垫层料和过渡料卸料、铺料时应避免分离,两者交界处应避免大石集中,超径石应予以剔除。对严重分离的垫层料、过渡料应予以挖除。

(4)垫层料铺筑上游边线水平超宽一般为 20～30cm,如用振动平板压实时,垫层料水平超宽可适当减少;如采用自行式振动碾压实时,振动碾与上游边缘的距离不宜大于 40cm。

(5)坝料铺筑应采用进占法卸料,并及时平料,以保持填筑面平整;每层铺料后宜用测量方法检查铺料厚度,超厚时应及时处理。

(6)坝料填筑宜加水碾压。含泥量大于 5%的堆石料和软岩堆石料的加水量宜通过碾压试验确定。软化系数大的新鲜坚硬石料,经对比试验。

需要加水碾压的填筑料,应有适当的技术措施保证均匀加水和加水量。

(7)在负温下施工时,各种坝料内不应有冻块存在。对于需加水压实的坝料,在负温下填筑不能加水时,应减薄铺料厚度,增加碾压遍数,达到设计要求的压实标准。

(8)坝料碾压过程中,应经常检测振动碾的工作参数,保持其正常的工作状态。碾压应按坝料分区、分段进行,各碾压段之间的搭接不应小于 1.0m。

(9)坝体堆石区纵、横向接坡宜采用台阶收坡法施工,台阶宽度不宜小于1.0m。若受场地空间限制也可按稳定边坡收坡,但回填接坡时,必须削坡至合格面后方可铺料,并使振动碾紧贴接坡面碾压。接坡处,填筑高差不宜过大。

(10)下游护坡应与坝体填筑平起施工。护坡块石应选取大块石,采用机械整坡、堆码,或人工干砌;块石间应嵌合牢固。

2. 质量检验数量

(1)坝料压实质量检验,应以控制碾压等施工参数为主,试坑取样为辅。

(2)坝料试坑取样质量检验项目和技术指标应符合表 8-21 的规定。

表 8-21　　　　　　　　试坑取样检验项目和技术指标要求

项　目		指标要求	项　目		指标要求
细颗粒含量 ($d<0.075$mm)	垫层区、爆破料/砂砾	$<8\%$	超径	垫层区	$<3\%$
	过渡区、爆破料/砂砾	$<2\%$		过渡区、主堆石区	$<1\%$
	主堆石区、爆破料/砂砾料	$<5\%$		颗粒级配	符合设计要求
	泥团、冻土块	无	相对密度(或孔隙率)		符合设计要求

(3)坝料压实检查项目及取样次数应符合表 8-22 的规定。

表 8-22　　　　　　　　坝料压实检测项目和取样次数

项　目		检 查 项 目	检 查 次 数
垫层料	坝面	干密度、颗粒级配	1 次/($500\sim1000$m³),每层至少一次
		渗透系数	次数不定
	上游坡面	干密度、颗粒级配	1 次/($1500\sim3000$m²)
	小区	干密度、颗粒级配	每 $1\sim3$ 层一次
过渡料		干密度、颗粒级配	1 次/($3000\sim6000$m³)
砂砾料		干密度、颗粒级配	1 次/($5000\sim10000$m³)
堆石料*		干密度、颗粒级配	1 次/($10000\sim100000$m³)

注:*代表堆石料颗粒级配可比干密度试验次数适当减少。

(4)垫层料、过渡料和堆石料压实干密度检测方法,宜采用挖坑灌水法,或辅以表面波压实密度仪法。施工过程中可用压实计实施控制。

1)垫层料试坑直径应不小于最大粒径的 4 倍,试坑深度为碾压层厚。

2)过渡料试坑直径应不小于最大粒径的 $3\sim4$ 倍,试坑深为碾压层厚。

3)堆石料试坑直径为坝料最大粒径的 $2\sim3$ 倍,试坑直径最大不超过 2m。试坑深度为碾压层厚。

(5)试坑取样质量检查项目成果应符合设计要求。

3. 质量检验标准

(1)坝体铺料厚度、碾压遍数、加水量等碾压参数应符合设计要求。铺料厚度应每层测量,其误差不宜超过层厚的10%。

(2)坝料填筑质量检验项目和技术要求应符合表8-23的规定。

表 8-23   坝料填筑质量检验项目和技术要求

项　　目	质　量　要　求
坝料铺填	厚度符合要求,无超厚;垫层区及过渡区无颗粒分离现象
加　　水	按要求进行
坝料碾压	碾压机械工况、碾压遍数、行车速度应符合碾压试验所提出的要求
斜坡碾压	碾压机械工况、碾压遍数、行车速度应符合碾压试验所提出的要求
上游坡面处理	碾压砂浆护面的平整度与设计线偏差为+5cm、-8cm;喷射混凝土护面平整度与设计线偏差为±5cm

(3)按表8-22规定取样所测定的干密度,其平均值不小于设计值,标准差不大于0.1g/cm³。当样本数小于20组时,应按合格率不小于90%,不合格点的干密度不低于设计干密度的95%控制。

(三)垫层施工

1. 检验要点

(1)混凝土面板堆石坝的垫层工程必须在前一填筑层验收合格后进行填筑。

(2)垫层工程的石料级配、粒径、垫层的铺设厚度及铺筑方法必须符合设计要求和施工规范规定,严禁采用风化石料。

(3)垫层必须按施工规范进行,严格控制垫层的碾压参数,严禁漏压和欠压。进行坡面碾压时,上下一次为碾压一遍,上坡时振动,下坡时不振动。

(4)面板堆石坝必须和主堆石区或防渗面板平起填筑;护坡的垫层工程必须在坡面整修后按反滤层铺筑规定施工。垫层的每一施工区、段的接缝重叠宽度必须符合施工规范质量要求。

(5)垫层工程必须按设计进行防护处理,其原材料、配合比和施工方法必须符合设计要求和施工规范的质量要求。

2. 垫层块面碾压

(1)垫层料宜每填筑升高10～15m,进行垫层坡面削坡修整和碾压。如采用反铲削坡时应每填高3.0～4.5m进行一次。

(2)削坡修整后,坡面在法线方向宜高于设计线5～8cm。有条件时宜用激光控制削坡坡度。

(3)斜坡碾压应用振动碾或振动平板。碾压方式和碾压参数应经试验确定。

(4)雨期施工应缩短上游坡面的整坡、防护周期,并做好岸坡排水,确保垫层料免遭径流冲刷。如被水流冲刷,应采用垫层料进行薄层回填压实,达到设计要求。

3. 垫层坡面保护

垫层坡面压实合格后,应尽快进行坡面保护,常用的保护形式为碾压水泥砂浆,也可采用喷乳化沥青、喷混凝土等。

(1)碾压水泥砂浆护面质量检验要求如下:

1)水泥砂浆配合比、铺料厚度应符合设计要求。

2)水泥砂浆由人工或机械摊铺,每条幅宽度不宜小于 4m,砂浆初凝前应碾压完毕,终凝后洒水养护,碾压方法及遍数由试验确定。

3)碾压后的砂浆表面不应高于设计线 5cm,或低于设计线 8cm。

(2)阳离子乳化沥青护面质量检验要求如下:

1)乳化沥青的品种、喷涂层数等应符合设计要求。

2)喷涂前应清除坡面浮尘。

3)阴雨、浓雾天气不应喷涂,喷涂间隔时间不小于 24h。

4)沥青乳剂喷涂后随即均匀撒砂。

(3)喷混凝土护面质量检验要求如下:

1)混凝土配合比和喷层厚度应符合设计要求。

2)喷混凝土施工,宜采用半湿喷法。

3)喷护混凝土表面应平整、厚度均匀、密实,与设计线的允许偏差为±5cm。喷护混凝土应在终凝后洒水养护。

4. 质量检验标准

(1)碾压后的垫层应符合下列质量要求。

合格:表面平整,基本无颗粒分离。

优良:表面平整,无颗粒分离。

(2)碾压后的垫层干密度应符合下列质量要求。

合格:相应于设计标准的合格率大于等于 80%。

优良:相应于设计标准的合格率大于等于 90%。

检测数量:水平　 1 次/(500～1500)m³;

　　　　　斜坡　 1 次/(1500～3000)m³。

(3)垫层层面的防护层处理应做到喷摊均匀密实,无空白、鼓包,表面平整、洁净。对于碾压后砂浆和喷射混凝土防护层,其不平整度还应符合表 8-24 的质量要求。

(4)垫层工程的铺筑厚度以及与相邻层面分界线距离坝轴线的允许偏差应符合表 8-25 的质量要求。

表 8-24   垫层工程铺筑质量允许偏差

项次	项 目	允许偏差（cm）	检验方法	检测数量
1	碾压砂浆层面偏离设计线	−8～+5	拉线测量	沿坡面按 20m×20m 网格布置测点
2	喷射混凝土面偏离设计线	±5	拉线测量	

表 8-25   垫层工程相邻层面分界线距坝轴线允许偏差

项次	项 目	允许偏差（cm）	检验方法	检测数量
1	铺筑厚度	±3	尺 量	每 10m×10m 不少于 4 点
2	垫层与过渡分界线距坝轴线	−10～0	尺 量	不少于 10 点
3	垫层外坡线距坝轴线（碾压层）	±5	尺 量	不少于 10 点

五、面板、趾板及接缝止水施工检验

（一）混凝土制备

（1）面板与趾板混凝土的原材料品种和质量必须符合设计要求。

（2）运至工地的水泥、外加剂、掺合料、钢筋等材料，应有生产厂家的品质检验报告。

（3）砂石骨料应严格控制含泥量：石料中含泥量不应高于 1%，砂料中含泥量不应高于 3%，骨料中不得含有黏土团块。

（4）混凝土的配合比应根据设计要求和施工工艺要求，通过配合比设计和试验确定。

1）应掺用适量的引气剂和减水剂，视需要也可掺用调凝剂等外加剂。外加剂的品种和掺量必须通过试验确定。

2）宜掺用适量粉煤灰或其他掺合料，其掺量应通过试验确定。

3）水灰比应不超过 0.5，可根据施工条件、当地气候特点选用，宜尽量取小值。

4）坍落度应根据混凝土的运输、浇筑方法和气候条件决定。当用溜槽输送入仓时，溜槽入口处坍落度宜控制在 3～7cm。

（5）面板混凝土生产和运输宜用集中生产的拌合楼，并用混凝土搅拌车运到工作面卸至入仓料斗。也可用设在工作面附近的临时拌合站生产，用轻型运输车作短距离运输。

（6）运输混凝土时，应避免发生分离、漏浆、泌水或过多损失坍落度等现象。

(二)模板工程

1. 检验要点

(1)面板侧模、趾板模板与普通混凝模板相同,可按相关规定执行。

(2)采用滑摸时,滑模结构及其牵引系统,必须牢固可靠,便于施工,并应设有安全装置;模板及其支架具有足够的稳定性、刚度和强度。

(3)采用滑动模板时,应根据以下原则进行选用:

1)适应面板条块宽度和滑模平整度要求;

2)有足够的自重和配重;

3)有足够的强度和刚度;

4)满足施工振捣和压面的需要;

5)安装、运行、拆卸方便灵活;

6)具有安全保险措施,滑模上应设有挂在钢筋网上的制动装置,牵引机具为卷扬机时,地锚应安全可靠。

(4)滑模施工时,坝面作业平台宽度应满足布置卷扬机及其平台装置、运输混凝土道路等施工需要,其宽度不宜小于 9m。

2. 检验标准

(1)滑模制作及安装的允许偏差应符合表 8-26 质量要求。

表 8-26　　　　　　　　　滑模制作及安装允许偏差

项次	项　　目	允许偏差	检验方法	检测数量(点/100m²)
1	外形尺寸	±10mm	尺　量	8
2	对角线长度	±6mm	尺　量	4
3	扭　曲	4mm	挂线检查	16
4	表面局部不平度	3mm	1m靠尺量测	20
5	滚轮及滑道间距	±10mm	尺　量	4

(2)滑模轨道安装允许偏差应符合表 8-27 的质量要求。

表 8-27　　　　　　　　　滑模轨道安装允许偏差

项次	项　目	允许偏差	检验方法	检测数量
1	高　程	±5mm	仪器测量	每10延米各测一点,总检测各不少于20点
2	中心线	±2mm	仪器测量	

(三)趾板施工

(1)趾板混凝土施工应在基础面开挖、处理完毕,并按隐蔽工程质量要求验收合格后进行。趾板混凝土施工,应在相邻区的垫层、过渡层和主堆石区填筑前完成。

(2)趾板绑扎钢筋前应按设计要求设置锚筋。绑扎钢筋时,应同时按设计要求预埋灌浆导管,并将止水片固定在正确位置。

(3)河床部分趾板可埋设必要数量的排水管,必须在上游铺盖施工时将其用水泥砂浆封堵。

(4)趾板混凝土浇后 28d 内,20m 范围内不得进行爆破;20m 以外进行爆破时,最大一段起爆药量必须严格控制。

(5)趾板基础处理超挖过大时,宜将超挖部分先用混凝土回填至设计高程,再浇筑趾板混凝土。

(6)趾板分缝按设计要求进行。浇筑时可按施工条件设置施工缝。

(7)趾板混凝土在周边缝一侧的表面应仔细整平,用 2m 直尺检查,不平整度不超过 5mm。

(8)混凝土浇筑时,应及时振捣密实,并注意止水片(带)附近混凝土的密实,避免止水片(带)的变形和变位。

(四)止水及伸缩缝

1. 止水材料

(1)止水材料的性能应符合国家标准或行业标准;若无标准,则应满足设计要求。

(2)止水片(带)材料应具有足够的强度和耐久性,能与混凝土良好地结合,便于加工和安装。

(3)铜止水片应选用延伸率较大的铜卷材,延伸率不宜小于 20%,厚度宜为 0.8～1.0mm;力学性能不应符合相关规定。

(4)PVC 止水带的拉伸强度应大于 14MPa,断裂伸长率不得大于 300%。但不得用于严寒地区。

(5)柔性填料应具有便于施工,易与混凝土黏结和耐化学侵蚀性能。在水压力作用下易压入缝内,无毒,不污染环境。

(6)无黏性填料宜采用粉煤灰、粉细砂,其最大粒径不得大于 1mm,渗透系数至少应比周边缝底部反滤料的渗透系数小一个数量级。

(7)止水带的厚度和宽度应随坝高和接缝张开值而定。高坝及预计接缝张开值大时,宜选用厚度和宽度较大的止水带。止水带厚度一般为 6～8mm,宽度为 250～370mm。

2. 铜止水片安装

(1)铜止水片下的砂浆垫应平整,其平整度用 2m 长的直尺检查,偏差不应大于 5mm 砂浆垫宽度应符合设计要求。

（2）垫片应平铺或粘贴在砂浆垫（或沥青垫）上，不得有褶曲和脱空，其中线应与缝中线重合，其偏差不大于±10mm。

（3）搬运和安装铜止水片时，应避免扭曲变形或其他损坏。安装前应对其表面浮皮、锈污、油漆、油渍等清除干净，检查和校正加工的缺陷。

（4）铜止水片连接宜采用对缝焊接或搭接焊接。采用对缝焊接时，应采用单面双层焊道焊缝；搭接焊接宜双面焊接，搭接长度应大于20mm。

焊接完成后，应抽样检查；焊接接头应表面光滑、无孔洞和缝隙、不渗水。

（5）铜止水片安装后，应用模板夹紧等措施固定牢靠，使鼻子的位置符合设计要求。

（6）安装就位后，周边缝铜止水片鼻子外缘应涂刷一薄层沥青漆。

3. PVC 或橡胶止水带安装

（1）在使用前应清除 PVC（或橡胶）止水带表面的油渍、污染物，修复被破损的部分。

（2）PVC 止水带接头应按其生产厂家要求采用热黏结或热焊，搭接长度应大于150mm。橡胶止水带接头应采用硫化连接。

（3）接头内不得有气泡、夹渣或渗水，中心部分应黏结紧密、连续，拼接处的抗拉强度应不小于母材抗拉强度的60%。

（4）PVC（或橡胶）止水带应采用模板夹紧，并用专门的措施保证止水带的位置。

（5）安装止水带时，不应在止水带鼻子附近穿孔，如用铅丝固定止水带，只允许在平段边缘附近穿孔固定。

（6）PVC（或橡胶）止水带与铜止水片连接时，应将 PVC（或橡胶）止水带平段的一面削平，热压在铜止水片上，趁热铆接；也可在两止水片间利用柔性密封材料或优质底胶黏结后，再实施铆接或螺栓连接。

（7）铜止水片或 PVC（或橡胶）止水带与柔性填料止水的连接必须按设计要求进行。

4. 柔性填料施工

（1）在面板接缝顶部应预留填塞柔性填料的 V 型槽，其形状和尺寸应满足设计要求。

（2）柔性填料施工宜在混凝土浇筑28d后，从下而上分段进行施工，并应在面板挡水前完成。

（3）柔性填料填塞前，与填料接触的混凝土表面应洁净、无松动混凝土块。接触面进行干燥处理后涂刷黏结剂，否则应采用潮湿面黏结剂。

（4）周边缝缝口设置 PVC 或橡胶棒（管）时，应在柔性填料填塞前将 PVC 或橡胶棒（管）嵌入接缝"V"型槽下口，棒壁与接缝壁应嵌紧。PVC 或橡胶棒接头应予固定,防止错位。

(5)柔性填料填塞时,应按其生产厂家的工艺要求施工。柔性填料采用冷法施工,在接触面上涂刷黏结剂后分层填塞,捶击密实。

(6)柔性填料填塞后的外形应符合设计要求,外表面没有裂缝和高低起伏;检查合格后,再分段安装面膜。

(7)与面膜接触的混凝土表面应平整,宜用柔性填料找平。铺好面膜后,用经防锈处理的角钢或扁钢、膨胀螺栓将面膜固定紧密。

固定面膜用的角钢或扁钢和膨胀螺栓的规格、螺栓间距均应符合设计要求。

5. 无黏性填料施工

(1)无黏性填料保护罩的材质及其尺寸、固定保护罩的角钢、膨胀螺栓的规格和间距均应符合设计要求。角钢及膨胀螺栓应经防腐处理。

(2)无黏性填料施工应从下向上进行。河床段应分层填筑,适当压实,其外部可直接用面膜或土石等材料保护。两岸斜坡段,应先安装保护罩,然后填入无黏性填料。

(3)周边缝顶部同时有柔性和无黏性填料时,应先分段完成柔性填料施后,然后完成外包无黏性填料施工。

6. 施工缝处理

(1)施工缝处理应在混凝土强度达到 2.5MPa 后进行。

(2)施工缝面上不应有浮浆、松动料物,宜用冲毛或刷毛处理成毛面,以露出砂粒为准。施工缝面上的钢筋,在浇筑前应进行清理、整形。

(3)施工缝面应冲洗十净、湿润、无积水,并铺一层水泥砂浆,其厚度宜为15～20mm,水泥砂浆强度等级应与混凝土相同。应在水泥砂浆初凝前浇筑新混凝土。

7. 质量检验标准

(1)止水片(带)制作、安装及连接的质量应符合表 8-28 和表 8-29 的规定。

表 8-28　　　　　　　　　　止水片(带)制作及安装允许偏差

项　　　目		允许偏差(mm)	
		铜止水片	PVC、橡胶止水带
制作(成型)偏差	宽度	±5	±5
	鼻子或立腿高度	±3	
	中心部分直径		±2
安装偏差	中心线与设计线偏差	±5	±5
	两侧平段倾斜偏差	±5	±10

表 8-29 止水片(带)连接质量检查项目和技术要求

项　目	质　量　要　求
铜止水片连接	焊缝表面光滑、无孔洞、无裂缝、不渗水 对缝焊接为双层焊道焊接 搭接焊接,搭接长度不小于20mm
PVC(或橡胶)止水带连接	PVC止水带连接焊缝内不得有气泡,黏结牢固、连接橡胶止水带硫化连接牢固

　　(2)柔性填料填塞完成后,应以50～100m为一段,用模具检查其几何尺寸是否符合设计要求。并抽样切开检查柔性填料与V型槽表面是否黏结牢固、填料是否密实,如黏结质量差,应返工处理。对填料的密封面膜及膨胀螺栓的紧固性应抽样检查。质量检查项目和要求见表8-30。

表 8-30 柔性填料的施工质量检查项目和技术要求

项　目	质　量　要　求
接缝的混凝土表面	表面必须平整、密实,不得有露筋、蜂窝、麻面、起皮、起砂和松动等缺陷
预留槽涂刷黏结剂	混凝土表面必须清洁、干燥,黏结剂涂刷均匀、平整,不得漏除,涂料必须与混凝土面黏结紧密
柔性填料施工	填料应允满预留槽并满足设计要求断面尺寸,边缘允许偏差±10mm,填料施工应按规定工艺进行。面膜按设计要求设置,与混凝土面应黏结紧密,锚压牢固,必须形成密封腔,不得漏水

　　(3)无黏性填料施工完成后,应检查保护罩规格尺寸及其安装的牢固程度等内容。质量检查项目和要求见表8-31。

表 8-31 无黏性填料的质量检查项目和技术要求

项　目	质　量　要　求	允　许　偏　差
保护罩规格	材质、材料规格、外形尺寸符合设计要求	位置误差小于等于30mm;螺栓孔距误差小于等于50mm;螺栓孔深误差小于等于5mm
保护罩安装	膨胀螺栓的规格、间距符合设计要求,安装牢固	
无黏性填料填筑	填料品种、粒径符合设计要求,填筑密实	

(五)面板混凝土浇筑

1. 施工前检查

(1)面板施工前,应对垫层坡面布置方格网进行测量与放样。外边线与设计边线偏差应符合设计要求。

(2)浇筑面板的侧模,可为木模板或组合钢模板。侧模的高度应适应面板厚度需要。其分块长度、锚固方式应便于在斜坡面上安装和拆卸。

(3)侧模的安装应坚固牢靠,并将止水设施固定就位。其容许安装偏差如下:

1)偏离分缝设计线为±3mm;

2)不垂直度为±3mm;

3)侧模顶面偏离设计线±5mm。

(4)面板钢筋应采用现场绑扎或焊接,也可采用预制钢筋网片、现场整体拼装的方法。打设在垫层上的架立筋应按设计要求设置。

2. 混凝土浇筑

(1)面板混凝土浇筑宜使用无轨滑模,起始三角块宜与主面板一起浇筑。面板混凝土宜跳仓浇筑。

(2)坝高不大于70m时,面板混凝土宜一次浇筑完成;坝高大于70m时,根据施工安排或提前蓄水需要,面板宜分二期或三期浇筑。分期浇筑接缝应按施工缝处理。

(3)混凝土入仓必须均匀布料,每层布料厚度应为250～300mm。止水片周围混凝土应辅以人工布料,严禁分离。

(4)布料后应及时振捣密实。振捣时,振捣器不得触及滑动模板、钢筋、止水片。振捣器应在滑模前沿振捣,不得插入模板底下。振捣器垂直插入下层混凝土深度宜为50mm。止水片附近应采用直径30mm的振捣器仔细振捣。必须保证止水片周围混凝土振捣密实。

(5)浇筑过程中应及时清除粘在模板、钢筋上的混凝土。每次滑升前必须清除前沿超填混凝土。

(6)对脱模后的混凝土表面,必须及时修整和压面。对接缝两侧各50cm内的混凝土表面应及时整平,用2m长直尺检查,不平整度不超过5mm。

(7)每次滑升距离应不大于300mm,每次滑升间隔时间不应超过30min。面板浇筑滑升平均速度宜为1.5～2.5m/h。

(8)面板混凝土入仓宜选用溜槽输送,应根据面板宽度选择溜槽数量。溜槽出口距仓面距离不应大于2m。

(9)面板与趾板混凝土浇筑必须保持连续性;如因特殊原因必须中止浇筑,且间歇时间超过允许间歇时间,应留设施工缝。

1)浇筑混凝土允许间歇时间(自出料时算起到覆盖上层混凝土时为止)应通过试验确定。

2)超过允许间歇时间的混凝土拌合物应按废料处理,严禁加水强行入仓。

(10)分期施工面板在续浇混凝土时,或坝顶防浪墙底座浇筑前,应对已浇面板顶部与垫层间脱开情况进行详细检查和处理。

(11)面板水平施工缝在钢筋下部应按水平方向,在钢筋上部应按面板法线方向留设。钢筋必须穿过施工缝,露出施工缝的钢筋长度应不小于其锚固长度。施工缝处理应符合有关规定。

(12)脱模后的混凝土宜及时用塑料薄膜遮盖。混凝土初凝后,应及时铺盖草袋等隔热保温材料,并及时洒水养护。

3. 浇筑质量检验标准

(1)入仓混凝土坍落度的检验标准如下:

合格:混凝土稠度基本均匀,坍落度偏离设计中值不大于2cm。

优良:混凝土稠度均匀,坍落度偏离设计中值不大于1cm。

(2)入仓混凝土要做到随卸料随平仓,每层铺厚一般不大于30cm。对其质量要求如下。

合格:铺料及时、均匀,层厚符合规定,仓面平整,无明显骨料集中现象。

优良:铺料及时、均匀,层厚符合规定,仓面平整,钢筋上无凝固水泥浆等附着物,无骨料集中现象。

(3)混凝土必须振捣密实,不使用大于5cm的振捣器,更不允许将振捣棒平行插入模板下面。对其质量要求如下:

合格:振捣基本均匀、密实。

优良:振捣均匀、密实,对侧模、止水附近的混凝土进行了仔细的捣实。

(4)要严格控制滑模提升速度,滑模滑升速度视作业面气温及混凝土特性而定,要保持连续施工;脱模后的混凝土不允许出现鼓胀及表面拉裂现象。对其质量要求如下:

合格:脱模混凝土基本不出鼓胀或拉裂现象,局部不平整应及时抹平。

优良:表面无鼓胀、拉裂现象,表面抹面及时、均匀,外观光滑平整。

(5)面板为薄板结构,必须做到及时养护,无深层及贯穿裂缝、无露筋。对新脱模的混凝土应进行覆盖保护,以保持面板表面湿润。对其质量要求如下。

合格:养护及时,在规定的28d内保持面板表面湿润。

优良:对新脱模的混凝土进行有效的保护,养护及时,在规定的28d内面板表面保持湿润,无时干时湿现象,且无裂缝出现。

4. 混凝土浇筑质量检验

(1)面板混凝土除了按常规的混凝土进行施工质量检验外,还需着重检验:面板混凝土配合比设计应有坍落度、工作度、均匀系数、密实因素、和易性等指标检验,并采取妥善技术措施使之达到预定目标;面板滑模施工时,应按试验数据控制脱模时间;面板混凝土终凝后即开始喷水养护,不得少于28d,在干燥、炎热气候条件下,应延长养护时间。

(2)混凝土施工取样数量除按《水工混凝土施工规范》(DL/T 5144—2001)规定外,还应考虑:趾板混凝土每一浇筑块应取一组强度试件;面板混凝土为滑模连续施工,每日 2 次,间隔时间大于 10h,各取一组强度试件;趾板混凝土抗渗、抗冻试件每 500m³ 取一组;面板混凝土的抗渗,抗冻试件每 3000m³ 取一组;不足以上数量者,也应取样一组。

(3)面板混凝土浇筑质量检查、检测项目和要求,见表 8-32 和表 8-33。

表 8-32   面板混凝土浇筑质量检查项目和要求

项 目	质 量 要 求	检 查 方 法
入仓混凝土料	不合格料不入仓	试验与观察检查
平 仓	厚度不大于 30cm,铺设均匀,分层清楚,无骨料集中现象	量测与观测检查
混凝土振捣	振捣器应垂直下插至下层 5cm,有次序,无漏振	观察检查
浇筑间歇时间	符合要求,无初凝现象	观察检查
积水和泌水	无外部水流入,仓内不允许有泌水现象	观察检查
混凝土养护	在规定的时间内,混凝土表面保持湿润,无时干时湿现象	观察检查

表 8-33   面板混凝土浇筑质量检测项目和技术要求

项 目	质量要求	检测方法	项 目	质量要求	检测方法
混凝土表面	表面基本平整,局部凹凸不超过设计线±3cm	测量检查	深层及贯穿裂缝	无或已按要求处理	观察检查
麻 面	无	观察检查	抗压强度	保证率不小于 80%	试 验
蜂窝狗洞	无	观察检查			
露 筋	无	观察检查	均匀性	离差系数 C_V 值不大于 0.18	统计分析
表面裂缝	无或有短小的表面裂缝,已按要求处理	观察和测量检查	抗冻性	符合设计要求	试 验
			抗渗性	符合设计要求	试 验

(4)混凝土面板浇筑质量允许偏差应符合表 8-34 的规定。

表 8-34		混凝土面板允许偏差		
项　次	项　目	允许偏差（mm）	检验方法	检测数量
1	面板厚度	−50～100	测　量	每 10 延米测 1 点
2	表面平整度	30	5m 靠尺量	每 10 延米测 1 点

第五节　碾压式沥青混凝土防渗墙施工检验

一、沥青混凝土的制备质量检验

（一）检验要点

（1）沥青的熔化、脱水和加热保温场所均必须有防雨、防火设施。

（2）罐装沥青应存入储油池或储油罐内。储油池或储油罐内设加热排管熔化沥青。

（3）沥青用脱水锅熔化时，其加入量应控制在锅容积的 60％～70％ 以内，锅边可设一溢流口，以防漫溢。沥青脱水温度应控制在（120±10）℃。

（4）沥青脱水后的加热温度应根据沥青混合料出机温度的要求确定。加热过程沥青针入度的降低以不超过 10％ 为宜。

对于 60 号、100 号道路石油沥青，加热温度不超过 170℃，保温时间（在锅内停留时间）不超过 6h。

（5）骨料的烘干、加热宜用内热式加热滚筒进行。滚筒倾角一般为 3°～6°，可通过试验确定。

骨料的加热温度应根据沥青混合料要求的出机温度确定。在拌合时，骨料的最高温度应不超过沥青温度 20℃。

（6）填料如需加热时，可用红外线加热器进行。加热温度和时间，应保证填料干燥，并使沥青混合料的出机温度符合要求，一般为 60～100℃。

（7）工地试验室应根据设计的配合比，结合现场各种矿料的级配和含水量，确定拌合一盘沥青混合料的各种材料用量。

1）矿料应按重量配料；沥青可按重量或体积配料。

2）各种原材料均以干燥状态为标准，当采用含水骨料配料时，必须予以校正。

（二）检验标准

1. 保证项目

（1）沥青混凝土所用的沥青、骨料、填料、掺料等，必须符合规范、设计要求和有关规定。

检验方法：检查出厂合格证和原材料试验报告。

（2）沥青混凝土的生产能力、施工配合比、投料顺序、拌合时间等必须符合规范要求。

检验方法:观察检查,查看施工记录等。

(3)沥青混凝土机口出料时,要逐罐进行检查;出料必须色泽均匀,稀稠一致,无花白料、黄烟及其他异常现象,否则按废料处理。

检验方法:随时进行观察和查看施工记录。

2. 允许偏差项目

(1)原材料加热应按规范规定。沥青加热允许偏差±10℃;矿料加热允许偏差±10℃(但最高温度不得高于190℃);填料、掺料加热允许温差为±20℃。

检验方法与检测数量:温度测量与查看施工记录。施工中应随时监测各种原材料的加热温度以利调整,每班测试各种材料温度不少于5次。

(2)配料允许偏差,应符合规范规定,粗骨料允许偏差±2.0%;细骨料±2.0%;填料(掺料)±1%;沥青±0.5%。以上允许偏差百分数均为矿料总量的百分数。

检验方法与检测数量:间断性配料设备,每班各种料抽测不少于3次;连续性配料设备随时监测自动秤称量误差。另外,每班不少于一次机口取样,做抽提试验,测定配料偏差,作为评定配料质量的主要依据。

(3)出机温度,沥青混合料拌合后的出机温度应符合设计要求,上限不得大于185℃,下限应满足现场碾压的要求。

检验方法:逐罐进行温度检查。

(三)质量评定标准

合格:基本要求符合相应的质量评定标准;允许偏差项目每项应有大于等于70%的测次在相应的允许偏差质量标准范围内。

优良:基本要求符合相应的质量评定标准;允许偏差项目每项必须有大于等于90%的测次在相应的允许偏差质量标准的范围内。

二、基础面处理与沥青混凝土接合面处理检验

(一)检验标准

1. 保证项目

(1)沥青混凝土心墙与基础接合面应清扫干净,然后均匀喷涂一层稀释沥青,或乳化沥青,潮湿部位的混凝土在喷涂前应将表面烘干。

(2)混凝土结构表面如敷设沥青胶或橡胶沥青,应在稀释沥青或乳化沥青完全干燥后进行;沥青胶涂层要均匀平整,不流淌。

(3)沥青混凝土层面处理,应按相关规定执行,并符合施工设计要求。

2. 基本项目

(1)稀释沥青、乳化沥青、沥青胶或橡胶沥青的配料、涂抹厚度、贴服牢靠程度应符合下列质量要求。

合格:配料比例正确;稀释沥青(或乳化沥青)涂抹均匀,无空白;沥青胶(或橡胶沥青胶)涂抹厚度基本符合设计要求,无鼓包,无流淌,与混凝土贴服牢靠。

优良:配料比例准确,稀释沥青(或乳化沥青)涂抹均匀,无空白、无团块,色泽一致;沥青胶(或橡胶沥青胶)涂抹厚度符合设计要求,与混凝土贴服牢靠,无鼓包,无流淌,表面平整光顺。

检验方法:观察检查,尺量检查,查看施工记录。

(2)沥青混凝土层面处理应符合下列质量要求。

合格:层面清理干净,无杂物、无水珠,层面下1cm处温度不低于70℃。

优良:层面清理干净无杂物、无水珠,且平整光顺,返油均匀,层面下1cm处温度不低于70℃,且各点温差不大于20℃。

检验方法:观察检查,温度测量每区段温度测量点数不少于10点。

(二)质量评定标准

沥青混凝土心墙基础面处理与沥青混凝土接合层面处理质量评定标准如下:

合格:保证项目符合相应的质量评定标准;基本项目符合相应的合格质量标准。

优良:保证项目符合相应的质量评定标准;基本项目符合相应的合格质量标准,其中必须有一项优良。

三、模板工程质量检验

(一)检验标准

(1)保证项目。沥青混凝土心墙模板架立必须牢固、不变形,拼接严密。

检验方法:观察检查。

(2)基本项目。架立后模板缝隙、平直度、表面处理,应符合下列质量要求。

合格:模板搭接缝隙不大于3mm;一次支立模板区段的平直度差值不大于2cm;模板面沥青混凝土残渣清除,并涂抹脱模剂。

优良:模板搭接缝隙不大于1mm;一次支立模板区段的平直度差值不大于1cm;模板面沥青混凝土残渣清除干净,表面光滑,脱模剂涂抹均匀,无空白。

检验方法:观察检查,用尺量测。

(3)允许偏差项目。模板支立允许偏差;支立后模板的中心线与心墙轴线,偏差不大于±1.0cm;模板内侧间距允许偏差为0~2cm。

检验方法与检测数量:仪器测量、拉线和尺量检测。每10延米为一组测点,每一验收区、段检测不少于10组。

(二)质量评定标准

沥青混凝土心墙施工时,对模板工程质量评定标准如下:

合格:保证项目符合相应的质量评定标准;基本项目符合相应的合格质量标准。允许偏差项目每项应有大于等于70%测点在相应的允许偏差质量标准范围内。

优良:保证项目符合相应的质量评定标准;基本项目必须符合相应的优良质

量标准;允许偏差项目每项须有大于等于90％测点在相应的允许偏差质量标准范围内。

四、沥青混合料铺筑质量检验

(一)检验要点

(1)沥青混合料的施工机具应按相关规定执行,及时清理,经常保持干净。

沥青混凝土心墙铺筑时,应尽可能采用专用机械施工。在缺乏专用机械或专用机械难以铺筑的部位,可用人工摊铺、小型机械压实,但应加强检查注意压实质量。

(2)心墙沥青混合料的铺筑,宜采用钢模。钢模表面应涂刷脱模剂。

1)钢模应架设牢固,拼接严密,尺寸准确。

2)相邻钢模应搭接,其长度不小于5cm。定位后的钢模距心墙中心线的偏差应小于±1cm。

3)钢模定位经常检查合格后,方可填筑两侧的过渡层。

(3)沥青混凝土心墙与过渡层、坝壳填筑应尽量平起平压,均衡施工。

(4)过渡层填筑前,可用防雨布等遮盖心墙表面,防止砂石落入钢模内。遮盖宽度应超出两侧模板各30cm以上。

(5)过渡层的填筑尺寸、填筑材料以及压实质量(相对密度或干容重)等均应符合设计要求。

(6)心墙两侧的过渡层应同时铺填压实、防止钢模移动。距钢模15～20cm的过渡层先不压实,待钢模拆除后,与心墙骑缝碾压。

(7)在已压实的心墙上继续铺筑前,应将结合面清理干净。污面可用压缩空气喷吹清除;如喷吹不能完全清除,可用红外线加热器烘烤粘污面,使其软化后铲除。

(8)过渡层压实合格后,再将沥青混合料填入钢模内铺平。在沥青混合料碾压之前,应将钢模拔出,并及时将表面粘附物清除干净。

(9)当沥青混凝土表面温度低于70℃时,宜采用红外线加热器加热;但加热时间不得过长,以防沥青老化。

(10)沥青混凝土心墙的铺筑,应尽量减少横向接缝。当必须有横向接缝时,其结合坡度一般为1∶3,上下层的横缝应相互错开,错距大于2m。

(11)沥青混合料宜采用汽车配保温料罐运输,由起重机吊运卸入模板内,再由人工摊铺整平。摊铺厚度一般为20～30cm。必要时,摊铺后可静置一定时间,预热下层冷面混凝土。

(12)沥青混凝土摊铺后,宜用防雨布将其覆盖,覆盖宽度应超出心墙两侧各30cm。

(13)沥青混合料宜采用振动碾在防雨布上进行碾压,一般先静压两遍,再振动碾压。振动碾压的遍数,按设计要求的密度通过试验确定。

碾压时,要注意随时将防雨布展平,并不得突然刹车或横跨心墙行车。横向接缝处应重叠碾压 30～50cm。

(14)心墙铺筑后,在心墙两侧 4m 范围内,禁止使用大型机械压实坝壳填筑料,以防心墙局部受震畸变或破坏。

(二)检验标准

(1)保证项目。沥青混凝土的摊铺厚度及碾压遍数,必须符合设计要求和相关规定。

在碾压过程中,要覆盖防雨布,不得污染沥青混凝土。

检验方法:观察检查及用尺量测。

(2)基本项目。碾压后沥青混凝土表面应符合下列质量要求。

合格:表面平整,心墙宽度符合设计要求(无缺损),表面返油,无异常现象。

优良:表面平整,心墙边线平直,宽度符合设计要求,表面返油,色泽均匀光亮,无异常现象。

检验方法:观察检查,用尺量测。

(3)允许偏差项目。碾压后的沥青混凝土心墙厚度不小于设计厚度,其允许偏差不大于 10% 的心墙厚度。

检验方法与检测数量:用尺量测;每 10 延米须检测一组,每一验收区段,检测不少于 10 组。

(三)质量评定标准

心墙沥青混凝土的摊铺与碾压质量评定标准如下:

合格:保证项目符合相应的质量评定标准;基本项目符合相应的合格质量标准;允许偏差项目有大于等于 70% 的测组在相应的允许偏差质量标准范围内。

优良:保证项目符合相应的质量评定标准;基本项目必须符合相应的优良质量标准;允许偏差项目须有大于等于 90% 的测组在相应的允许偏差质量标准范围内。

五、沥青混凝土面板铺筑检验

沥青混凝土施工,温度控制十分严格。必须根据材料的性质、配比、不同地区、不同季节,通过试验确定不同温度的控制标准。沥青混凝土面板施工过程中,各道工序的温度控制范围如图 8-2 所示。

沥青在泵送、拌合、喷射、浇筑和压实过程中对其运动粘度值 υ 应加以控制。沥青的运动粘度值 υ 与温度存在一定关系,因此,控制沥青运动粘度 υ 的过程,也是控制温度过程,二者应协调一致。

(一)整平层铺筑

1. 基本要求

(1)垫层铺筑前,应按设计要求对坝体的上游坝坡进行整修和压实。对土质坝坡应喷洒除草剂。

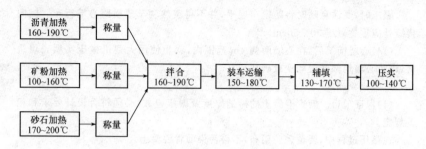

图 8-2　沥青混凝土施工过程温度控制范围图

(2)垫层坡面应力求平整,在 2m 长度范围内,干砌石垫层凹凸度应小于 50mm,碎石(或卵、砾石)垫层凹凸度应小于 30mm。

(3)碎石(或卵、砾石)垫层按设计的粒料分层填筑压实,而后用振动碾顺坡碾压。碾压遍数按设计的密实度要求通过碾压试验确定。

(4)干砌石垫层所用块石要求质地坚硬,禁止使用风化岩石,坡脚和封边应用较大的块石。块石间的缝隙需用片石嵌紧,孔隙率应小于 30%。

(5)铺筑沥青混合料前,先在垫层的表面喷涂一层乳化沥青或稀释沥青,其用量为 $0.5\sim2kg/m^2$,碎石垫层取大值。待其干燥后,方可铺筑沥青混合料。

乳化沥青或稀释沥青的喷涂宜采用喷洒方法分条进行。

2. 沥青混合料铺摊施工

(1)沥青混合料的摊铺宜采用摊铺机进行,摊铺速度以 $1\sim3m/min$ 为宜。

(2)沥青混合料的摊铺要求温度合适、厚度准确、质量均匀。摊铺厚度应根据设计通过试铺确定。机械摊铺时,压实系数约为 $1.2\sim1.35$,细粒混合料取大值。

(3)沥青混凝土面板应按设计的层次,沿垂直坝轴线方向依摊铺宽度分成条幅,自下而上摊铺。摊铺宽度以 $3\sim4m$ 为宜。

(4)铺摊时,应沿坝坡全长一次连续铺筑。当铺筑能力较小,坝坡过长或有渡汛拦洪等要求时,可将防渗层沿坝坡按不同高程分区,每区按铺筑条幅由一岸依次至另一岸铺筑。铺完一个区后再铺上面相邻的区。各区间的水平横向接缝应加热处理。

3. 沥青混合料碾压

(1)沥青混合料宜用振动碾碾压。

一般先用附在摊铺机后的小型振动碾或振动器进行初次碾压,待摊铺机从摊铺条幅上移出后,再用大型振动碾压进行二次碾压。若摊铺机没有初压设备,可直接用大型振动碾进行碾压。

(2)振动碾碾压时,应在上行时振动,下行时不振动,以防碾压层表面产生细微水平裂缝。

(3)沥青混合料应在合适的温度下进行碾压。初次及二次碾压温度,应根据现场铺筑试验确定;也可根据沥青混合料的针入度参考表进行选用。

(4)施工接缝处及碾压带之间,应重叠碾压 10～15cm。

4. 面板特殊部位铺筑

(1)面板周边、死角等特殊部位,可用人工摊铺,小型压实机具压实,不得漏压、欠压。

(2)铺筑面板曲面时,应以棱线将曲面分成几个扇形段,每段按平行该段曲面的中心线布置摊铺条幅。

(3)铺筑靠近坝顶部位的沥青混合料时,如难以采用机械铺筑,可采用人工铺筑。

(4)铺筑复式断面的排水层一般应先分段铺筑排水沥青混合料,以后再用防渗沥青混合料铺筑预留的隔水带。隔水带可视其设计宽度采用机械或人工摊铺。

5. 检验标准

(1)整平层(含排水层)所用的沥青、矿料及乳化沥青的质量必须符合规范和设计要求。

检验方法:检查出厂合格证和试验报告。

(2)沥青混合料的原材料配合比,以及铺筑工艺均须符合规范和设计的规定。

检验方法:观察检查和检查施工记录。

(3)整平层(含排水层)的铺筑,必须在垫层(含防渗底层)质量检测合格,并须待喷涂的乳化沥青(或稀释沥青)干燥后进行。

检验方法:检查施工记录和试验报告。

(4)整平层(含排水层)沥青混凝土的渗透系数其合格率指标应符合下列要求。

合格:合格率大于等于 80%。

优良:合格率大于等于 85%。

检验方法:现场或机口取样检验,或用非破损性仪器检测。

检测数量:每一铺筑层的每 500～1000m² 至少取一组(3 个)试件;或用非破损性仪器每 30～50m²,在条面选一测点;并每天机口取样一次做检验。

(5)整平层(含排水层)沥青混凝土孔隙率的合格率指标应符合下列要求:

合格:合格率大于等于 80%。

优良:合格率大于等于 85%。

(6)整平层(含排水层)的允许偏差项目应符合表 8-35 的质量要求。

表 8-35　　　　　　　　整平层(含排水层)质量允许偏差

项次	项 目		允许偏差	检验方法与检测数量
1	沥青配合比,其中:			机口或坝面取样做抽提试验每天至少一次,检查试验报告(骨料百分数、填料百分数均指用量为矿料的百分数)
	沥青用量为矿料的百分数		±0.5%	
	粒径 0.074mm 以上各级骨料百分数		±2.0%	
	粒径 0.074mm 以下的填料百分数		±1.0%	
2	机口与摊铺碾压温度按现场试验确定一般控制范围	机口 160℃	±25℃	机口每盘量测一次检查检测记录,坝面每 30～50m² 测 1 点;检查检测记录
		初碾 110℃	>0℃	
		终碾 80℃	>0℃	
3	铺筑层压实厚度,按设计厚度计		(−15～0)%	隔套取样量测,每 100m² 测 1 点;检查检测记录
4	铺筑层面平整度,在 2m 范围起伏差		≯10m	用 2m 靠尺检测,检测点每天不少于 10 个;检查检测记录

6. 质量评定标准

沥青混凝土面板铺筑整平层(含排水层)施工质量评定标准如下:

合格:保证项目符合相应的质量检验评定标准;基本项目应符合相应的合格质量标准;允许偏差项目每项应有大于等于 70%的测点应在相应的允许偏差质量标准范围内。

优良:保证项目符合相应的质量评定标准;基本项目应符合相应的合格质量标准,其中必须有大于等于 50%项目符合优良质量标准;允许偏差项目每项须有大于等于 90%的测点在相应的允许偏差质量标准范围内。

(二)防渗层

1. 检验要点

(1)防渗层的施工接缝是面板的薄弱部位,铺设时,应尽量加大摊铺条幅的宽度和长度,以减少纵、横向接缝。

(2)防渗层的施工接缝以采用斜面平接为宜,斜面坡度一般为 45°。

(3)对整平胶结层和排水层的施工接缝可不作处理。

(4)使用加热器加热施工接缝应严格控制温度和加热时间,防止因温度过高而使沥青老化。摊铺机因故停止摊铺时,应及时关闭加热器。

(5)对防渗层的施工接缝,应用渗气仪进行检验;若不合格,应用加热器加热后再用小型压实机具压实。

(6)当有水浸入接缝时,应烘干加热后再压实;必要时将该部分挖除,置换新的沥青混合料后压实。接缝修补后,应再次检验,至合格为止。

(7)防渗层间喷涂液所用沥青,其针入度应控制为 20~40,喷涂要均匀,沥青用量不得超过 $1kg/m^2$,以防止面板沿层面滑动。

2. 检验标准

(1)所用的沥青、矿料、掺料及乳化沥青必须符合规范和设计的要求。

检验方法:检查出厂合格证和试验报告。

(2)沥青混合料的原材料配合比必须符合规范和设计的规定,出机口的沥青混合料不得有花白料和温度不符合规范规定的情况。

检验方法:观察检查和检查施工纪录。

(3)防渗层的铺筑,必须在整平层(含排水层)的质量检测合格后进行;上层防渗层的铺筑应在下层防渗层检测合格后进行。防渗层层间的处理应符合规范的规定。

检验方法:检查施工记录和试验报告。

(4)各铺筑层间的坡向或水平接缝必须相互错开,不允许上下通缝。

检验方法:检查施工和放样记录。

(5)沥青混凝土防渗层表面严禁存在裂缝、流淌与鼓包。

检验方法:现场观察检查。

(6)防渗层沥青混凝土渗透系数的合格率指标应符合下列质量要求。

合格:合格率大于等于 90%。

优良:合格率大于等于 95%。

检验方法:现场或机口取样检验,也可用非破损性仪器检测。

检测数量:每一铺筑层的每 500~1000m² 至少取一组(3 个)试件;或每 30~50m²,用非破损性方法检测,在条面及接缝处各选一测点;并每天机口取样一次检验。

(7)防渗层沥青混凝土孔隙率的合格率指标应符合下列质量要求。

合格:合格率大于等于 90%。

优良:合格率大于等于 95%。

检验方法与检测数量:同(6)。

(8)防渗层的允许偏差项目应符合表 8-36 的质量要求。

表 8-36　　　　　　　　　　防渗层施工质量允许偏差

项次	项　目		允许偏差	检验方法与检测数量
1	沥青混合料配合比,其中:			机口或坝面取样做抽提试验,每天至少一次;检查试验报告(填料百分数,系指用量为矿料的百分数)
	沥青用量为矿料的百分数		±0.5%	
	粒径 0.074mm 以上的填料百分数		±2.0%	
	粒径 0.074mm 以下的填料百分数		±1.0%	
2	机口与摊铺碾压温度,按现场实验确定,一般控制范围	机口 160℃	±25℃	机口每盘量测一次;检查检测记录
		初碾 110℃	>0℃	坝面每 30~50m² 测一点检查检测记录
		终碾 80℃	>0℃	
3	铺筑层的施工接缝错距	上下层水平接缝错距 1m	0~20cm	检查施工记录或观测,测点不少于 10 个(n 为铺筑层数)
		上下层条幅坡向接缝错距(以 1/n 条幅宽计)	0~20cm	
4	铺筑层压层实厚度,按设计厚度计		(−10~0)%	隔套取样量测,每 100m² 测一点;检查检测记录
5	铺筑层面平整度,在 2m 范围起伏差		≯10mm	用 2m 靠尺检测,检测点每天不少于 10 个;检查检测记录

3. 质量评定标准

沥青混凝土面板防渗层铺筑质量评定标准如下:

合格:保证项目符合相应的质量评定标准;基本项目应符合相应的合格质量标准;允许偏差项目每项须有大于等于 90% 的测点在相应的允许偏差质量标准范围内。

优良:保证项目符合相应的质量评定标准;基本项目须符合相应的合格质量标准,其中须有大于等于 50% 项目符合优良质量标准;允许偏差项目每项须有大于等于 90% 的测点在相应的允许偏差质量标准范围内。

(三)封闭层铺筑

1. 检验要点

(1)面板表面应涂敷封闭层。封闭层材料可采用沥青胶等,其性能应满足设计要求,其配比由试验确定。

(2)沥青胶可采用机械或人工拌制,应搅拌均匀。出料的温度控制在180~200℃。

(3)涂刷沥青胶前,坝面应干净、干燥。污染而清理不净的部分,应喷涂乳化沥青或稀释沥青。

(4)沥青胶在运输中应防止填料沉淀。施工时,应用涂刷机或橡皮刮板沿坝坡方向分条涂刷,涂刷时的温度应在170℃以上。

涂刷后,如发现有鼓泡或脱皮等缺陷时,应及时处理。

(5)涂刷好的封闭层坝面,禁止人机行走。

(6)在寒冷地区,当面板基础设有防冻胀置换层时,应按设计要求选择透水性好、不易发生冻胀的材料。

(7)当面板表面设有防冻保护层时,应按设计要求,在冬季前完成覆盖。

2. 检验标准

(1)所用的原材料与配合比,以及施工工艺必须符合规范与设计的要求。

检验方法:检查施工记录和试验报告。

(2)封闭层的铺抹,必须在防渗层质检合格,表面洁净、干燥后进行。

检验方法:检查防渗层检验报告,施工记录和观察检查。

(3)封闭层严禁存在鼓包、脱层及流淌。

检验方法:观察检查。

(4)沥青胶软化点的合格率指标应符合下列质量要求。

合格:合格率大于等于80%,最低软化点不低于85℃。

优良:合格率大于等于85%,最低软化点不低于85℃。

检验方法:检查施工记录和试验报告。

检测数量:每 $500 \sim 1000 m^2$ 的铺抹层至少取一个试样,一天铺抹面积不足 $500 m^2$ 的也取一个试样。

(5)沥青胶的铺抹均匀一致,其铺抹量的合格指标应符合下列质量要求。

合格:合格率大于等于80%。

优良:合格率大于等于85%。

检验方法检测数量:每天至少观察与计算铺抹量一次,铺抹过程随时检查,铺抹量应在 $2.5 \sim 3.5 kg/m^2$ 之间。

(6)沥青胶的施工温度要求:搅拌出料温度(190±10)℃;铺抹温度≥170℃。

检验方法:检查施工记录或现场实测。

检测数量:随出料时量测出料温度,铺抹温度每天至少施测两次。

3. 质量评定标准

沥青混凝土面板封闭层施工质量评定标准如下:

合格:保证项目符合相应的质量评定标准;基本项目应符合相应的合格质量

标准;允许偏差项目应有大于等于 70%的测点在允许偏差质量标准的范围内。

优良:保证项目符合相应的质量评定标准;基本项目须达相应的合格质量标准,其中必须有一项优良;允许偏差项目须有大于等于 90%的测点在允许偏差标准范围内。

(四)面板与刚性建筑物的连接

1. 检验要点

(1)面板与刚性建筑物的连接是指面板与岸坡、坝基截水墙、坝顶防浪墙、溢洪道边墙、进水塔等刚性建筑物的连接。

(2)连接处使用的成品材料应经质量检验合格后方能使用。工地配制的材料,其原材料、配比和配制工艺应由试验确定。

(3)面板与岸坡连接的周边轮廓线尽量保持平顺,以便于机械施工。

(4)施工连接部位应留出一定的宽度,先铺筑的各层沥青混凝土应做成阶梯形,以满足接缝错距的要求。

(5)连接部位应避免锚栓、支杆等穿过面板;施工结束后,应及时拆除支撑杆件,并认真填补面留下的孔洞。

(6)面板与混凝土结构连接面施工前,应将混凝土表面清除干净,然后均匀喷涂一层稀释沥青或乳化沥青,用量为 $0.15 \sim 0.20 kg/m^2$。潮湿部位的混凝土在喷涂前应将表面烘干。

(7)混凝土结构的表面如需敷设沥青胶或橡胶沥青胶,应待稀释沥青或乳化沥青完全干燥后进行。沥青胶涂层要均匀平整,不得流淌。

如涂层较厚,可分层涂抹,涂抹层厚度应根据连接面的部位特点和施工难易,由试验确定。

(8)楔形体的材料可采用沥青砂浆、细粒沥青混凝土等,一般可采用全断面一次热浇筑施工。当楔形体尺寸较大时,也可分层浇筑,每层厚度以 30~50cm 为宜。

(9)楔形体的浇筑可采用模板施工。模板表面应涂刷脱模剂。

1)岸坡连接部位的楔形体模板应边浇筑边安装,每次架设长度以 1m 为宜。

2)在沥青混合料冷却,温度降至气温后方可拆模,但不得少于 24h。

(10)楔形体沥青混凝土浇筑温度应控制在 140~160℃。应由低到高依次浇筑,边浇筑边捣实。

(11)在混凝土面和楔形体上铺筑沥青混凝土防渗层,必须在沥青胶和楔形体冷凝后进行。

(12)连接部位的沥青混凝土防渗层与面板的同一防渗层的接缝应按施工接缝处理。

(13)连接部位的上层沥青混凝土防渗层必须待下层冷凝后方能铺筑,间隔时间一般不少于 12h,以防流淌。

(14)当连接部位设置金属止水片时,止水片表面应涂刷一层沥青胶,以利紧密结合。

(15)当连接部位使用玻璃丝布油毡或其他加强层时,应先清理沥青混凝土表面,再喷涂稀释沥青或乳化沥青,待其干燥后,再涂刷沥青胶,将加强层铺上、压平,与沥青混凝土粘牢。加强层的搭接宽度不小于 10cm。

当采用多层加强层时,上下层应相互错缝,错距不小于 1/3 幅宽。

2. 检验标准

(1)所用沥青砂浆(或细粒沥青混凝土)橡胶沥青胶(或沥青胶)及玻璃丝布等的原材料,配合比及配制工艺必须经过试验,其性能必须满足规范与设计的要求。

检验方法:检查试验报告和施工记录。

(2)刚性建筑物连接面的处理,楔形体的浇筑,滑动层与加强层的敷设等必须符合规范与设计的要求,并进行现场铺筑试验以确定合理施工工序与工艺。

在施工过程中,必须保持接头部位无熔化、流淌及滑移现象。

检查方法:观察检查和检查施工记录。

(3)在敷设刚性建筑物表面的橡胶沥青胶滑动层时,必须待喷涂的乳化沥青完全干燥后进行;在铺筑沥青混凝土防渗层时,必须待滑动层与楔形体冷凝且质量合格后进行。

检验方法:检查施工记录和观察检查。

(4)允许偏差项目应符合表 8-37 的质量要求。

表 8-37　　　　　　　沥青混凝土面板与刚性建筑物连接质量允许偏差

项次	项　目		允许偏差	检验方法与检测数量
1	沥青砂浆楔形体浇筑温度 150℃		±10℃	检验施工记录或现场量测每盘一次
2	橡胶沥青胶滑动层拌制温度 190℃		±5℃	检查施工记录或现场测量每盘一次
3	玻璃丝布加强层	上下层接缝的错距以布幅宽计,1/3 条幅宽	0～10cm	检查施工记录和现场检测,测点不少于 10 个
		搭接宽度 10cm	0～5cm	检查施工记录和现场检测,测点不少于 10 个

3. 质量评定标准

沥青混凝土面板与刚性建筑物连接质量评定标准如下:

合格:保证项目符合相应的质量评定标准;允许偏差项目每项应有大于等于 70%的测点在相应的允许偏差质量标准范围内。

优良:保证项目符合相应的质量评定标准;允许偏差项目每项须有大于等于 90%的测点在相应的允许偏差质量范围内。

第九章 堤 防 工 程

第一节 筑堤材料检验

一、基本要求

(1)开工前,应根据设计要求、土质、天然含水量、运距、开采条件等因素选择取料区。

(2)淤泥土、杂质土、冻土块、膨胀土、分散性黏土等特殊土料,一般不宜用于筑堤身,若必须采用时,应有技术论证,并需制定专门的施工工艺。

(3)土石混合堤、砌石墙(堤)以及混凝土墙(堤)施工所采用的石料和砂(砾)料质量,应符合《水电水利工程天然建筑材料勘察规程》(DL/T 5388—2007)的要求。

(4)拌制混凝土和水泥砂浆的水泥、砂石骨料、水、外加剂的质量,应符合《水工混凝土施工规范》(SDJ 207—1982)的规定。

(5)应根据反滤准则选择反滤层不同粒径组成的反滤料。

二、检验要点

1. 核查料场

(1)开工前,施工单位应对料场进行现场核查,内容如下:

1)料场位置、开挖范围和开采条件,并对可开采土料厚度及储量作出估算;

2)了解料场的水文地质条件和采料时受水位变动影响的情况;

3)普查料场土质和土的天然含水量;

4)根据设计要求对料场土质做简易鉴别,对筑堤土料的适用性做初步评估;

5)核查土料特性,采集代表性土样按《土工试验方法标准》(GB/T 50123—1999)的要求做颗粒组成、黏性土的液塑限和击实、砂性土的相对密度等试验。

(2)料场土料的可开采储量应大于填筑需要量的1.5倍。

(3)应根据设计文件要求划定取土区,并设立标志。严禁在堤身两侧设计规定的保护范围内取土。

2. 土料的鉴别

筑堤土料的简易鉴别与其适用性,见表9-1。

3. 堤料采集与选购

(1)陆上料区开挖前必须将其表层的杂质和耕作土、植物根系等清除;水下料区开挖前应将表层稀软淤土清除。

表 9-1

筑堤土料的简易鉴别与适用性汇总表

《土工试验操作规程》土的基本属性	土名	土在不同条件下的特征				各类土对筑堤的适用性				
		湿土用手搓捻时的感觉	土块的干强度	干土块劈裂后的断口状态	可塑状态时能搓成的土条直径(mm)	不同施工方法		均质堤	不同堤身部位 非均质堤	
						分层碾压填筑法	输泥管式吹填法		防渗体	排渗体
少黏性土	良好级配砂(SW)	只有砂粒的感觉,粗细不一,级配良好	缺乏胶结性,松散	—	无塑性	√	√	×△	×	√
	不良级配砂(SP)	只有砂粒的感觉,粗细均匀,级配不良	不结块	—		√	√	×△	×	√
	粉砂	手感是均匀的极细砂粒,无粘附性	无—微	—	>2.5	√	√	×△	×	×
	粉土	手感是均匀的粉粒,有面粉感,粘附性弱				√	+*	×△	×	×
低液限粉质土(ML)	轻、重砂质土	手感有砂粒和粉粒的感觉,没有粘附性	微	—	>2.5	√	+*	+	×	×
	轻、重粉质砂壤土	手感有砂粒和粉粒的感觉,粘附性弱				√	+*	+	×	×

续表

《土工试验规程》的基本属性	土名	土在不同条件下的特征				各类土对筑堤的适用性				
		湿土用手搓捻时的感觉	土块的干强度	干土块劈裂后的断口状态	可塑状态时能搓成的土条直径(mm)	不同施工方法			不同堤身质部位	非均质堤
						分层碾压填筑法	输泥管式吹填法	均质堤	防渗体	排渗体
少黏性土 低液限黏质土 (CL)	轻壤土	感觉有砂粒，但含粘粒也不明显，手感以粉状为主；有弱的塑性和粘附性	低	断口粗糙，结构很疏松，含砂粒、粉粒以粉粒为主	>2.5	√	×	√	×	×
	轻粉质壤土					√	×	√	×	×
	中壤土	感觉有砂粒，含粘粒以粉状为主，手感稍有塑性和粘附性	中	断口较粗糙，结构较疏松，含砂粒、粉粒以粉粒为主	1～2.5	√	×	√	+	×
	中粉质壤土					√	×	√	+	×
黏性土 中液限黏质土 (CI)	重壤土	感觉有砂粒，但手感以粘粒为主，土有塑性和粘附性	中—高	断口较粗糙，结构较密实，可见砂粒	1～2.5	√	×	√	√	×
	重粉质壤土					√	×△	√	√	×

续表

土的基本属性	《土工试验规程》土名		土在不同条件下的特征				各类土对筑堤的适用性				
			湿土用手搓捻时的感觉	土块的干强度	干土块劈裂后的断口状态	可塑状态时能搓成的土条直径(mm)	不同施工方法		不同堤身部位		
							分层碾压填筑法	输泥管武吹填筑法	均质堤	非均质堤	
										防渗体	排渗体
黏性土	中高液限粘质土(CI或CH)	砂质黏土	微感有砂粒,但手感以含粘粒为主,土的塑性和粘附性明显	中—高	断口粗糙,结构致密,可见砂粒	1~2.5	√	×	√	√	×
		粉质黏土									
	高液限黏质土(CH)	黏土	完全感觉不到砂粒,粘附性大,手捻有滑腻感,塑性强	高—很高	质细如瓷片,断口,结构致密,颗粒很细,看不到砂粒	<1.0	+	×△	+	+	×
		重黏土									

注:①本表适用于土粒径小于0.5mm,无机的粗、细粒土类;两种分类土名属粗类对应;
②对砾质土、有机质土、分散性土及膨胀土、黄土、红黏土等特殊土类,要通过专门试验鉴定;
③选择筑堤土料,除土质条件外,尚应有适宜的天然含水量才相匹配;
④表中符号的含义:√(适用)、+(可用)、×(不适用)、△(特殊条件可用)。

（2）土料的开采应根据料场具体情况、施工条件等因素选定,并应符合下列要求:

1)料场建设。

①料场周围布置截水沟,并做好料场排水措施;

②遇雨时,坑口坡道宜用防水编织布覆盖保护。

2)土料开采方式。

①土料的天然含水量接近施工控制下限值时,宜采用立面开挖;若含水量偏大,宜采用平面开挖。

②当层状土料有须剔除的不合格料层时,宜用平面开挖,当层状土料允许掺混时,宜用立面开挖。

③冬期施工采料,宜用立面开挖。

3)取土坑壁应稳定,立面开挖时,严禁掏底施工。

（3）不同粒径组的反滤料应根据设计要求筛选加工或选购,并需按不同粒径组分别堆放;用非织造土工织物代替时,其选用规格应符合设计要求或反滤准则。

（4）堤身及堤基结构采用的土工织物、加筋材料、土工防渗膜、塑料排水板及止水带等土工合成材料,应根据设计要求的型号、规格、数量选购,并应有相应的技术参数资料、产品合格证和质量检测报告。

三、质量检验标准

（1）在现场以目测、手测法为主,辅以简易试验,鉴别筑堤土料的土质及天然含水量。

（2）发现料场土质与设计要求有较大出入时,应取代表性土样做土工试验复验。

（3）采集或选购的石料,除应满足岩性、强度等性能指标外,砌筑用石料的形状、尺寸和块重还应符合表 9-2 的质量标准。

表 9-2   石料形状尺寸质量标准表

项目	质量标准		
	粗 料 石	块 石	毛 石
形状	棱角分明,六面基本平整,同一面上高差小于1cm	上下两面平行,大致平整,无尖角、薄边	不规则(块重大于25kg)
尺寸	块长大于50cm 块高大于25cm 块长:块高小于3	块厚大于20cm	中厚大于15cm

第二节　堤基清理

一、基本要求

(1)堤基清理的范围应包括堤身、戗台、铺盖、压载的基面,其边界应在设计基面边线外0.3～0.5m。老堤加高培厚,其清理范围应包括堤顶及堤坡。

(2)堤基表层的淤泥、腐殖土、泥炭等不合格土及草皮、树根、建筑垃圾等杂物必须清除。

(3)堤基内的井窖、墓穴、树坑、坑塘及动物巢穴,应按堤身填筑要求进行回填处理。

(4)堤基清理后,应在第一次铺填前进行平整,除深厚的软弱堤基需另行处理外,还应压实。压实后的质量应符合设计要求。

(5)新老堤结合部的清理、刨毛,应符合《堤防工程施工规范》(SL 260—1998)的要求。

二、检验要点

1. 堤基清理

(1)堤基基面清理范围包括堤身、铺盖、压载的基面,其边界应在设计基面边线外30～50cm。

(2)堤基表层不合格土、杂物等必须清除。堤基范围内的坑、槽、沟等,应按堤身填筑要求进行回填处理。

(3)堤基开挖、清除的弃土、杂物、废渣等,均应运到指定的场地堆放。

(4)基面清理平整后,应及时报验。基面验收后应抓紧施工,若不能立即施工时,应做好基面保护,复工前应再检验,必要时须重新清理。

2. 软弱堤基

(1)采用挖除软弱层换填砂、土时,应按设计要求用中粗砂或砂砾,铺填后及时予以压实。

(2)流塑态淤质软黏土地基上采用堤身自重挤淤法施工时,应放缓堤坡、减慢堤身填筑速度、分期加高,直至堤基流塑变形与堤身沉降平衡、稳定。

(3)软塑态淤质软黏土地基在堤身两侧坡脚外设置压载体处理时,压载体应与堤身同步、分级、分期加载,保持施工中的堤基与堤身受力平衡。

(4)抛石挤淤应使用块径不小于30cm的坚硬石块,当抛石露出土面或水面时,改用较小石块填平压实,再在上面铺设反滤层并填筑堤身。

(5)采用排水砂井、塑料排水板、碎石桩等方法加固堤基时,应符合有关标准的规定。

3. 透水堤基

(1)用黏性土做铺盖或用土工合成材料进行防渗,应按防渗工程施工。铺盖分片施工时,应加强接缝处的碾压和检验。

(2)黏性土截水槽施工时,宜采用明沟排水或井点抽排,回填黏性土应在无水基底上,并按设计要求施工。

(3)截渗墙可采用槽型孔、高压喷射等方法施工,施工时应符合相关规定。

1)开槽形孔灌注混凝土、水泥黏土浆等;

2)开槽孔插埋土工膜;

3)高压喷射水泥粉浆等形成截渗墙。

(4)砂性堤基采用振冲法处理时,应符合有关标准的规定。

4. 多层堤基

(1)多层堤基如无渗流稳定安全问题,施工时仅需将经清基的表层土夯实后即可填筑堤身。

(2)如采用盖重压渗、排水减压沟及减压井等措施处理,应根据设计要求与相关规定执行。

(3)堤基下有承压水的相对隔水层,施工时应保证保留设计要求厚度的相对隔水层。

5. 岩石堤基

(1)强风化岩层堤基,除按设计要求清除松动岩石外,筑砌石堤或混凝土堤时基面应铺水泥砂浆,层厚宜大于 30mm;筑土堤时基面应涂黏土浆,层厚宜为3mm,然后进行堤身填筑。

(2)裂缝或裂隙比较密集的基岩,采用水泥固结灌浆或帷幕灌浆进行处理时,应符合《水工建筑物水泥灌浆施工技术规范》(SL 62—1994)的规定。

三、检验评定标准

1. 质量检验数量

(1)堤基清理范围应根据堤防工程级别,按施工堤线长度每 20～50m 测量一次;

(2)压实质量检测取样应按清基面积平均每 400～800m² 取样一个。

2. 质量检验标准

(1)堤基清理质量检查项目与标准应符合表 9-3 的规定。

表 9-3   堤基清理质量检查项目与标准

项　次	检查项目	质量标准
1	基面清理	堤基表层不合格土、杂物全部清除
2	一般堤基处理	堤基上的坑塘洞穴已按要求处理
3	堤基平整压实	表面无显著凸凹,无松土、弹簧土

(2)堤基清理质量检测项目与标准应符合表 9-4 的规定。

表 9-4　　　　　　　　　　**堤基清理质量检测项目与标准**

项　次	检测项目	质量标准
1	堤基清理范围	清理边界超过设计基面边线 0.3m
2	堤基表层压实	符合设计要求

3. 质量评定标准

堤基清理质量评定标准应符合以下规定：

(1)合格标准：检查项目达到标准，清理范围检测合格率不小于 70%、压实质量检测合格率不小于 80%。

(2)优良标准：检查项目达到标准，清理范围与压实质量检测合格率不小于 90%。

第三节　堤身填筑检验

一、土料碾压筑堤质量检验

(一)基本要求

(1)上堤土料的土质及其含水率应符合设计和碾压试验确定的要求。

(2)填筑作业应按水平层次铺填，分段作业面的最小长度，机械作业不应小于 100m，人工作业不应小于 50m。

(3)填筑作业应统一碾压，严禁出现界沟。当相邻作业面之间不可避免出现高差时，应按相关规定执行。

(4)堤身土体必须分层填筑。铺料厚度和土块直径的限制尺寸应符合表 9-5 的规定。

表 9-5　　　　　　　　　　**铺料厚度和土块直径限制尺寸表**

压实功能类型	压实机具种类	铺料厚度(cm)	土块限制直径(cm)
轻型	人工夯、机械夯	15~20	≤5
	5~10t 平碾	20~25	≤8
中型	12~15t 平碾 斗容 2.5m³ 铲运机 5~8t 振动碾	25~30	≤10
重型	斗容大于 7m³ 铲运机 10~16t 振动碾 加载气胎碾	30~50	≤15

(5)碾压机械行走方向应平行于堤轴线,相邻作业面的碾迹必须搭接。

1)搭接碾压宽度,平行堤轴线方向不应小于 0.5m,垂直堤轴线方向不应小于 1.5m。

2)机械碾压不到的部位应采用人工或机械夯实,夯击应连环套打,双向套压,夯迹搭压宽度不应小于 1/3 夯径。

(6)土料的压实指标应根据试验成果和《堤防工程设计规范》(GB 50286—1998)的设计压实度要求,确定设计干密度值进行控制;砂料和砂砾料的压实指标按设计相对密度值控制。

(二)检验要点

1. 铺料

(1)土料中的杂质应予清除;严禁将砂(砾)料或其他透水料与黏性土料混杂。

(2)铺料时,土料或砾质土应采用进占法或后退法卸料,砂砾料应采用后退法卸料。卸料时,如砂砾料或砾质土发生颗粒分离现象,则应将其拌合均匀。

(3)土料应铺至设计要求规定的部位。至堤边时,应在设计边线外侧各超填一定余量:人工铺料宜为 10cm,机械铺料宜为 30cm。

(4)铺料厚度和土块直径的限制尺寸,宜通过碾压试验确定;在缺乏试验资料时,可参照表 9-5 的规定取值。

2. 压实

(1)施工前应先做碾压试验,验证碾压质量能否达到设计干密度值。

(2)已铺土料表面在压实前被晒干时,应洒水润湿。

(3)土料碾压应严密,不得有漏压、欠压和过压现象。上下层分段接缝的位置应错开。

(4)碾压机械行走方向应平行于堤轴线。拖拉机带碾磙或振动碾压实作业,宜采用进退错距法,碾迹搭压宽度应大于 10cm;铲运机兼作压实机械时,轮迹应搭压轮宽的 1/3。

(5)分段、分片碾压时,相邻作业面的搭接碾压宽度,平行堤轴线方向不应小于 0.5mm;垂直堤轴线方向不应小于 3m。

(6)机械碾压不到的部位,应铺以夯具夯实。分段、分片夯实时,夯迹搭压宽度应不小于 1/3 夯径。

(7)分段填筑,各段应设立标志,以防漏压、欠压和过压。上下层的分段接缝位置应错开。

(8)机械碾压时应控制行车速度,以不超过下列规定为宜:平碾为 2km/h,振动碾为 2km/h,铲运机为 2 挡。

(9)砂砾料压实时,洒水量宜为填筑方量的 20%～40%;中细砂压实的洒水量,宜按最优含水量控制;压实施工宜用履带式拖拉机带平碾、振动碾或气胎碾。

3. 加筋土堤填筑

(1)筋材铺放,基面应平整;筋材规格应符合设计要求;填土前,如发现筋材有破损或裂纹,应及时修补或做更换处理。

(2)筋材铺展方向应垂直堤轴线;长度应符合设计要求,但不得有拼接缝。

(3)如筋材必须拼接时,应按不同情况区别对待:

1)编织型筋材接头的搭接长度应不小于15cm,并以细尼龙线双道缝合。

2)土工网、土工格栅接头的搭接长度应不小于5cm,土工格栅至少应搭接一个方格。连接处应用尼龙绳绑扎牢固。

(4)铺放筋材不允许有褶皱,并尽量用人工拉紧,以U形钉定位于填筑土面上,填土时不得发生移动。

(5)筋材上可按规定层厚铺土,但施工机械与筋材间的填土厚度不应小于15cm。

(6)加筋堤应逐层填筑,最初二、三层的填筑应符合以下规定:

1)极软地基,宜先由堤脚两侧开始填筑,然后逐渐向堤中心扩展,在平面上呈凹字形向前推进;

2)一般地基,宜先从堤中心开始填筑,然后逐渐向两侧堤脚对称扩展,在平面上呈凸字形向前推进;

(7)加筋土堤压实时,宜用平碾或气胎碾;但在极软地基上筑加筋堤,开始填筑的二、三层宜用推土机或装载机铺土压实。当填筑层厚度大于0.6m后,方可按常规方法碾压。

(三)质量标准与评定

1. 质量检测数量

(1)铺料厚度检测应按作业面积大小每100～200m² 取一个测点。

(2)铺填边线应按堤轴线长度每20～50m取一个测点。

(3)每层取样数量:自检时可控制在填筑量100～150m² 取样一个。堤防加固的狭长作业面,取样可按每20～30m 一个。

2. 质量检验标准

(1)土料碾压筑堤质量检测项目与标准应符合表9-6的规定。

表 9-6　　　　　　　土料碾压筑堤质量检测项目与标准

项次	检测项目	质量标准
1	铺料厚度	允许偏差−5～0cm
2	铺填边线	允许偏差:人工作业+10～+20cm 机械作业+10～+30cm
3	压实指标	符合设计要求

(2)土料碾压筑堤压实质量合格标准,按表9-7的规定执行。

表 9-7　　　　　　　　　　　土料碾压筑堤压实质量合格标准

项次	填筑类型	筑堤材料	压实干密度合格率下限（%）	
			1、2 级土堤	3 级土堤
1	新填筑堤	黏性土	85	80
		少黏性土	90	85
2	老堤加高培厚	黏性土	85	80
		少黏性土	85	80

注：1. 不合格样干密度值不得低于设计干密度值的 96%。

　　2. 不合格样不得集中在局部范围内。

（3）土堤竣工后的外观质量合格标准，按表 9-8 的规定执行。

表 9-8　　　　　　　　　　　碾压土堤外观质量合格标准

检查项目		允许偏差（cm）或规定要求	检查频率	检查方法
堤轴线偏差		±15	每 200 延米测 4 点	用经纬仪测
高程	堤顶	0～+15	每 200 延米测 4 点	用水准仪测
	平台顶	−10～+15		
宽度	堤顶	−5～+15	每 200 延米测 4 处	用皮尺量
	平台顶	−10～+15		
边坡	坡度	不陡于设计值	每 200 延米测 4 处	用水准仪测和用皮尺量
	平顺度	目测平顺		

注：质量可疑处必测。

3. 质量评定标准

堤身土料填筑质量评定标准应符合以下规定：

合格标准：检查项目达到标准，铺料厚度和铺填边线偏差合格率不小于 70%，检测土体压实干密度合格率达到表 9-7 的要求。

优良标准：检查项目达到标准，铺料厚度和铺填边线偏差合格率不小于 90%，检测土体压实干密度合格率超过表 9-7 数值 5% 以上。

二、砌石筑堤质量检验

（一）基本要求

（1）浆砌石墙（堤）宜采用块石砌筑。如石料不规则，必要时可采用粗料石或混凝土预制块作砌体镶面。

（2）在仅有卵石的地区，可采用卵石砌筑。

（3）浆砌石防洪墙的变形缝和防渗止水结构的施工，宜预留茬口。茬口浇筑二期混凝土。

(4)砌体强度必须达到设计要求。

(5)变形缝施工和止水结构制作应符合设计要求。

(二)检验要点

1. 浆砌石砌筑

(1)砌筑前,应在砌体外将石料上的泥垢冲洗干净,砌筑时保持砌石表面湿润。

(2)应采用坐浆法分层砌筑,铺浆厚宜 3~5cm,随铺浆随砌后,砌缝需用砂浆填充饱满,不得无浆直按贴靠,砌缝内砂浆应采用扁铁插捣密实;严禁先堆砌石块再用砂浆灌缝。

(3)上下层砌石应错缝砌筑;砌体外露面应平整美观,外露面上的砌缝应预留约 4cm 深的空隙,以备勾缝处理;水平缝宽应不大于 2.5cm,竖缝宽应不大于 4cm。

(4)砌筑因故停顿,砂浆已超过初凝时间,应待砂浆强度达到 2.5MPa 后才可继续施工;在继续砌筑前,应将原砌体表面的浮渣清除;砌筑时应避免振动下层砌体。

(5)勾缝前必须清缝,用水冲净并保持缝槽内湿润,砂浆应分次向缝内填塞密实;勾缝砂浆强度等级应高于砌体砂浆;应按实有砌缝勾平缝,严禁勾假缝、凸缝;砌筑完毕后应保持砌体表面湿润做好养护。

(6)砂浆配合比、工作性能等,应按设计强度等级通过试验确定,施工中应在砌筑现场随机制取试件。

2. 干砌石砌筑

(1)不得使用有尖角或薄边的石料砌筑;石料最小边尺寸不宜小于 20cm;

(2)砌石应垫稳填实,与周边砌石靠紧,严禁架空;

(3)严禁出现通缝、叠砌和浮塞;不得在外露面用块石砌筑,而中间以小石填心;不得在砌筑层面以小块石、片石找平;堤顶应以大石块或混凝土预制块压顶。

(4)承受大风浪冲击的堤段,宜用粗料石丁扣砌筑。

3. 混凝土预制块镶面砌筑

(1)预制块尺寸及混凝土强度应满足设计要求;

(2)砌筑时,应根据设计要求布排丁、顺砌块;砌缝应横平竖直,上下层竖缝错开距离不应小于 10cm,丁石的上下方不得有竖缝。

(3)砌缝内应砂浆填充饱满,水平缝宽应不大于 1.5cm;竖缝宽不得大于 2cm。

(三)质量检验标准

1. 质量检验数量

干、浆砌石堤每 50~100m 堤长划分为一个单元。检查时,每单元工程检测点不应少于 4 个。

2. 质量检验标准

干、浆砌石堤的外观质量合格标准,应按表 9-9 的规定执行。

表 9-9　　　　　　　　　　砌石堤的外观质量合格标准

检查项目		允许偏差(mm)或规定要求	检查频率	检查方法
堤轴线偏差		±40	每 20 延米测不少于 2 点	用经纬仪测
墙顶高程	干砌石堤	0～+50	每 20 延米测不少于 2 点	用水准仪测
	浆砌石堤	0～+40		
	混凝土堤	0～+30		
墙面垂直度	干砌石堤	0.5%	每 20 延米测不少于 2 点	用吊垂线和皮尺量
	浆砌石堤	0.5%		
	混凝土堤	0.5%		

三、抛石筑堤质量检验

(一)基本要求

(1)抛填石料块重以 20～40kg 为宜,抛投时应大小搭配。

(2)抛石棱体达到预定断面,并经沉降初步稳定后,应按设计轮廓将抛石体整理成型。

(3)抛石棱体与闭气土方的接触面,应根据设计要求做好砂石反滤层或土工织物滤层。

(4)软基上抛石法筑堤,若堤基已有铺填的透水材料或土工合成加筋材料加固层时,应注意保护。

(5)用抛石法填筑土石混合堤时,应在堤身设置一定数量的沉降、位移观测标点。

(二)检验要点

(1)在陆域软基段或水域筑堤时,应先抛石棱体,再填筑堤身闭气土方。

(2)抛石棱体时,在陆域可在侧水侧做一道;在水域宜在堤两侧堤脚处各做一道。

(3)抛石棱体定线放样时,应符合以下规定:

1)在陆域软基段或浅水域可插设标杆,间距以 50m 为宜;

2)在深水域,放样控制点需专设定位船,并通过岸边架设的定位仪指挥船舶抛石。

(4)在陆域软基段或浅水域抛石,可采用自卸车辆以端进法向前延伸立抛。

(5)在软基上的立抛厚度,应不超过地基土的相应极限承载高度。

(6)在深水域抛石,宜用驳船在水上定位分层平抛,每层厚度不宜大于 2.5m。

(7)陆域抛石填筑闭气土方时,应从紧靠抛石棱体的背水侧开始,逐渐向堤身扩展;闭气土方有填筑密实度要求者,应符合其规定。

(8)水域抛石筑堤时,应用吹填法填筑两抛石棱体之间的闭气土体。吹填土层露出水面且表层初步固结后,应先用可塑性大的土料碾压填筑一个厚度约 1m 的过渡层,然后再填筑。

(三)质量检验标准

抛石筑堤质量检验数量和标准可参照砌石筑堤的相关要求和标准。

四、土料吹填筑堤质量检验

(一)基本要求

(1)根据填筑部位的吹填土质,应选用不同的船、泵及其冲、挖、抽方式。

(2)吹填区基础围堰应按设计修筑,逐次抬高的围堰高度不宜超过 1.2m(黏土团吹填筑堰高度可为 2m),顶宽宜采用 1~2m。

(3)输泥管出口的位置应合理安放、适时调整,采取措施减缓吹填区沉积比降。

(4)排泥管线路应平顺,避免死弯;水、陆排泥管连接时,应采用柔性接头。

(5)吹填筑堤的堤顶应预留足够的沉降量,堤顶沉降稳定后不得出现欠填。

(二)检验要点

1. 吹填材料

(1)吹填筑堤应采用无黏性土或少黏性土。培厚老堤背水侧更宜选用此类土。

(2)流塑—软塑态的中、高塑性有机黏土不应用于筑堤。

(3)软塑—可塑态黏粒含量高的壤土和黏土也不宜用于筑堤,但可用于充填堤身两侧池塘洼地,加固堤基。

(4)绞吸式、半轮式挖泥船以黏土团块方式吹填筑堤时,应采用可塑—硬塑态的重粉质壤土和粉质黏土。

2. 筑堰

(1)吹填区筑围堰时,每次筑堰高度不宜超过 1.2m(黏土团块吹填时筑堰高度可为 2m)。

(2)填筑围堰前,应注意清基,以确保围堰填筑质量。

(3)根据不同土质,围堰断面可采用下列尺寸:黏性土,顶宽 1~2m,内坡1:1.5,外坡 1:2.0;砂性土,顶宽 2m,内坡 1:1.5~1:2.0,外坡1:2.0~1:2.5。

(4)筑堰土料可就近取土或在吹填面上取用,但取土坑边缘距堰脚不应小于 3mm。

(5)在浅水域或有潮汐的江河滩地,可采用水力冲挖机组等设备,向透水的编织布长管袋中充填土(砂)料垒筑围堰,并需及时对围堰表面作防护。

3. 吹填新堤

(1)应先在两堤脚处各做一道纵向围堰,然后根据分仓长度要求做多道横向分隔封闭围堰,构成分仓吹填区。

(2)排泥管道应居中布放,采用端进法吹填直至吹填仓末端。

(3)每次吹填层厚一般宜为 0.3～0.5m(黏土团块吹填允许在 1.8m)。

(4)每仓吹填完成后应间歇一定时间,待吹填土初步排水固结后才允许继续施工,必要时需铺设内部排水设施。

(5)当吹填接近堤顶,吹填面变窄不便施工时,可改用碾压法填筑至堤顶。

4.其他检验要点

(1)排泥管线应平顺,避免死弯。

(2)堤身两侧池塘洼地充填时,排泥管出泥口应相对固定。

(3)堤身两侧填筑加固平台时,出泥口应适时向前延伸或增加出泥支管,不宜相对固定。

(4)每次吹填厚度不得超过 1.0m,应分段间歇施工,分层吹填。

(5)挖泥船取土区应设置水尺和挖掘导标。

(三)质量标准与评定

1.质量检验数量

(1)土料吹填筑堤质量检测应按吹填区长度每 50～100m 测一横断面,每个断面测点不应少于 4 个。

(2)吹填区土料固结干密度检测数量为每 200～400m² 取一个土样。

2.质量检验标准

(1)土料吹填筑堤质量检查项目与标准应符合表 9-10 的规定。

表 9-10   土料吹填筑堤质量检查项目与标准

项　次	检查项目	质量标准
1	吹填土质	符合设计要求
2	吹填区围堤	符合设计要求,无严重溃堤塌方事故
3	泥砂颗粒分布	吹填区沿程沉积的泥沙颗粒级配宜无显著差异

(2)土料吹填筑堤质量检测项目与标准应符合表 9-11 的规定。

表 9-11   土料吹填筑堤质量检测项目与标准

项　次	检测项目	质量标准
1	吹填高程	允许偏差 0～＋0.3m
2	吹填区宽度	吹填区宽＜50m,允许偏差±0.5m;吹填区宽＞50m,允许偏差±1.0m
3	吹填平整度	细粒 0.5～1.2m,粗粒 0.8～1.6m
4	吹填干密度	符合设计要求

3. 质量评定标准

土料吹填筑堤质量评定标准应符合以下规定：

合格标准：检查项目达到标准，吹填高程、宽度、平整度合格率不小于 70%；初期固结密度合格率达到表 9-7 要求，吹填高程、宽度、平整度合格率不小于 90%。

优良标准：检查项目达到标准，吹填高程、宽度、平整度合格率不小于 90%；初期固结干密度合格率超过表 9-7 要求 5% 以上。

五、土料吹填压渗平台质量检验

（一）基本要求

(1)压渗平台吹填的土质应尽可能选用透水性较强的土料。

(2)吹填区基础围堰应按设计修筑，在吹填过程中分次抬高围堰高度。

(3)输泥管出口的位置应合理安放、适时调整，采取措施减缓吹填区沉积比降。

（二）质量检验标准

(1)土料吹填压渗平台质量检测应按吹填区长度每 50～100m 测一横断面，每个断面测点不应少于 4 个。

(2)土料吹填压渗平台质量检查项目与标准应符合表 9-12 的规定。

表 9-12　　　　　　　　土料吹填筑堤质量检查项目与标准

项 次	检查项目	质量标准
1	吹填土质	符合设计要求
2	吹填区围堤	符合设计要求，无严重溃堤塌方事故
3	泥沙颗粒分布	吹填区沿程沉积的泥沙颗粒级配宜无显著差异

(3)土料吹填压渗平台质量检测项目与标准应符合表 9-13 的规定。

表 9-13　　　　　　土料吹填压渗平台筑堤质量检测项目与标准

项 次	检测项目	质量标准
1	吹填高程	允许偏差 0～+0.3m
2	吹填区宽度	吹填区宽＜50m，允许偏差±0.5m；吹填区宽＞50m，允许偏差±1.0m
3	吹填区平整度	细粒土 0.5～1.2m，粗粒土 0.8～1.6m

（三）质量评定标准

土料吹填筑堤质量评定标准应符合以下规定：

合格标准：检查项目达到标准，吹填高程、宽度、平整度合格率不小于 70%。

优良标准：检查项目达到标准，吹填高程、宽度、平整度合格率不小于 90%。

六、砂质土堤堤坡堤顶填筑质量检验

(一)基本要求

(1)土堤的迎水坡和堤顶应选择黏性土;背水坡包边土质应符合设计要求。

(2)堤坡堤顶填筑应按分区设计尺寸整形削坡。吹填区整平以后,按设计厚度均匀铺料。

(3)土堤包边可随主体填筑一并完成。包边土料应分层填筑、压实,压实质量应符合设计干密度指标。

(二)质量检验标准

1. 质量检测数量

砂质土堤堤坡堤顶的铺土厚度、宽度及压实质量测点数量为:包边沿堤轴线每 20～30m 取一个测点;盖顶每 200～400m² 取一个测点。

2. 质量检验标准

(1)对砂质土堤堤坡堤顶填筑质量检验,主要是检查所填土质是否符合设计要求。

(2)砂质土堤堤坡堤顶填筑质量检测项目及质量标准应符合表 9-14 的规定。

表 9-14　　　　　　砂质土堤堤坡堤顶质量检测项目及质量标准

项　次	检测项目	质量标准
1	铺料厚度	允许偏差 −5～0cm
2	铺填宽度	允许偏差 0～+10cm
3	压实干密度	符合设计要求

(三)质量评定标准

砂质土堤堤坡堤顶填筑质量评定标准应符合以下规定:

合格标准:检查项目达到标准,铺筑厚度宽度检测合格率不小于 70%,压实干密度合格率不小于表 9-7 的要求。

优良标准:检查项目达到标准,铺筑厚度宽度检测合格率不小于 90%,压实干密度合格率超过表 9-7 规定 5% 以上。

第四节　防渗工程检验

一、基本要求

(1)黏土防渗体铺筑土料应符合设计要求。

(2)黏土铺盖与堤身防渗结构的结合处质量应符合要求。

(3)土工织物防渗膜摄缝粘合质量及其与堤身结合的牢固性应符合设计要求。

(4)混凝土防渗体基底土层和变形缝止水的质量应符合设计要求。

(5)沥青混凝土和混凝土防渗施工,应符合《渠道防渗工程技术规范》(SL 18—2004)的有关规定。

(6)黏土防渗体的竣工尺寸应与设计相符,厚度不得小于设计值。

二、检验要点

1. 黏土防渗体

(1)在清理过的无水基底上进行;

(2)与坡脚截水槽和堤身防渗体协同铺筑,并尽量减少接缝;

(3)分层铺筑时,上下层接缝应错开,每层厚以 15～20cm 为宜,层面间应刨毛、洒水;

(4)分段、分片施工时,相邻工作面搭接碾压应符合相关规定。

2. 土工膜防渗

(1)铺膜前,应将膜下基面铲平,土工膜质量应检验合格。

(2)大幅土工膜拼接,宜采用胶接法粘合或热元件法焊接,胶接法搭接宽度为5～7cm,热元件法焊接叠合宽度为 1.0～1.5cm。

(3)应自下游侧开始,依次向上游侧平展铺设,避免土工膜打皱。

(4)已铺土工膜上的破孔应及时粘补,粘贴膜大小应超出破孔边缘 10～20cm。

(5)土工膜铺完后应及时铺保护层。

三、质量检验标准与评定

1. 质量检验数量

(1)黏土防渗体铺料厚度及铺填宽度检测及压实密度取样可按堤轴线长度每20～30m 取一个测点,或按填筑面积 100～200m² 取一个样进行控制。

(2)黏土防渗体压实质量检测,每层自检取样数可控制在每 100m³ 左右取样1 个,但不应少于 3 个。

2. 质量检验标准

黏土防渗体填筑质量检测项目与标准应符合表 9-15 的规定。

表 9-15   黏土防渗体填筑质量检测与标准

项　次	检测项目	质量标准
1	铺料厚度	允许偏差—5～0cm
2	铺填边线	允许偏差 0～+10cm
3	压实指标	符合设计要求

3. 质量评定标准

黏土防渗体质量评定标准应符合以下规定:

合格标准:检查项目达到标准,铺料厚度及铺填宽度合格率不小于 70%,土体压实干密度合格率不小于表 9-16 的规定。

优良标准:检查项目达到标准,铺料厚度及铺填宽度合格率不小于90%,土体压实干密度合格率超过表9-16规定5%以上。

表 9-16   黏土防渗体填筑压实质量合格标准

工程名称	干密度合格率下限(%)	
	1、2级堤防工程	3级堤防工程
黏土防渗体	90	85

注:1. 不合格样干密度不得低于设计干密度值的96%。

2. 不合格样不得集中在局部范围内。

第五节 护脚工程检验

一、基本要求

(1)在堤脚防护施工中,各种防冲体的形式、结构、质量、强度应符合设计要求。

(2)抛投防冲体过程中,应采取措施保护堤防护坡。

(3)抛投防冲体应按设计程序进行。不同防冲体的抛投位置、数量均应符合设计要求。

二、检验要点

1. 抛石护脚

(1)抛投石料的尺寸和质量应符合设计要求。

(2)抛投石料应选择在枯水期内,必要时应测量抛投区的水深、流速、断面形状等基本情况。

(3)抛石应从最能控制险情的部位抛起,依次展开。

(4)船上抛石应准确定位,自下而上逐层抛投,并及时探测水下抛石坡度、厚度。

(5)水深流急时,应先用较大石块在护脚部位下游侧抛一石埂,然后再逐次向上游侧抛投。

2. 抛土袋护脚

(1)装土(砂)编织袋布的孔径大小,应与土(砂)粒径相匹配。

(2)编织袋装土(砂)的充填度以 70%~80% 为宜,每袋重不应少于 50kg,装土后封口绑扎应牢固。

(3)岸上抛投宜用滑板,使土袋准确入水叠压。

(4)船上抛投土(砂)袋,如水流流速过大,可将几个土袋捆绑抛投。

3. 抛石笼护脚

(1)石笼大小应满足工程需要和抛投要求,石笼的体积以 1.0~2.5m³ 为宜。

(2)抛投时,应先从最能控制险情的部位抛起,依次扩展,并适时进行水下探测,坡度和厚度应符合设计要求。

(3)抛完后,须用大石块将笼与笼之间不严密处抛填补齐。

4. 混凝土沉井护脚

(1)施工前,应将质量合格的混凝土沉井运至现场。

(2)将沉井按设计要求在枯水时河滩面上准确定位。

(3)人工或机械挖除沉井内的河床介质,使沉井平衡沉至设计高程。

(4)向混凝土沉井中回填砂石料,填满后,顶面应以大石块盖护。

5. 土工织物软体沉排护脚

(1)在需沉排护堤(岸)段展开排体。先将土装入横袋内,装满后封口。

(2)在上游侧岸打一桩,将与软体排下端拉筋绳相连的拉绳活拴在该桩上,并派专人控制其松紧。

(3)将排体推入水中,在软体排展开的同时向竖袋内装土,直到横袋沉至河底。

(4)软体排上游侧竖袋充填土(砂)必须密实,必要时可充填碎石加重。

(5)软体排沉放过程中,要随时探测,如发现排脚下仍有冲刷坍塌,应继续向竖袋内加土,并放松拉筋绳,使排体紧贴岸边整体下滑,贴覆整个坍塌部位。

(6)两软体排搭接时,上游侧排体应搭接在下游侧排体上,搭接度不小于50cm,并应将搭接处压实。

三、质量检验标准与评定

1. 质量检测数量

(1)堤脚防护工程质量检测应沿堤轴线方向每 20～50m 测量一横断面,测点的水平间距应为 5～10m,并宜与设计横断面套,绘以检查护脚坡面相应位置的高程差。

(2)每座丁坝都应检测纵断面,裹头部分的横断面应不少于 2 个。

(3)堤脚防护工程质量抽检主要为断面复核:每 2000m 堤长至少抽验 3 个断面;每个单位工程至少抽验 3 个断面。

2. 质量检验标准

(1)堤脚防护工程质量检查项目与标准应符合表 9-17 的规定。

表 9-17　　　　　　　　堤脚防护质量检查项目与标准

项　次	检查项目	质量标准
1	抗冲体结构、质量、强度	符合设计要求
2	抛投程序	符合设计要求
3	抛投位置与数量	符合设计要求

（2）堤脚防护工程质量检测项目与标准应符合表 9-18 的规定。

表 9-18   **堤脚防护质量检测项目与标准**

项　次	检测项目	质量标准
1	各种抗冲体体积	允许偏差 0～＋10％
2	护脚坡面相应位置高程	允许偏差±0.3m

3. 质量评定标准

堤脚防护工程质量评定标准应符合以下规定：

合格标准：检查项目达到标准，检测项目合格率不小于 70％；

优良标准：检查项目达到标准，检测项目合格率不小于 90％。

第六节　护坡工程检验

护坡工程常见的结构形式有浆砌块石护坡、干砌块石护坡、混凝土板护坡、框架水泥土板护坡和模袋混凝土护坡等。

一、基本要求

（1）使用材料的品种、规格和性能，应符合设计要求。

（2）对于砌石护坡，应按设计要求进行削坡，并铺好垫层或反滤层。

（3）干砌石护坡应由低到高逐步铺砌，要嵌紧、整平。铺砌厚度应达到设计要求。

（4）灌砌石护坡，在保证混凝土质量的情况下，应符合有关标准的规定。

（5）草皮护坡应按设计要求选用适宜的草种。铺植要均匀，草皮厚度不应小于 3cm。

（6）护堤林、防浪林的林带宽度、树种和株、行距均应符合设计要求。

二、护坡垫层检验

1. 检验要点

（1）护坡垫层材料及尺寸应符合设计要求。

（2）石料的粒径、级配、坚硬度、渗透系数，土工合成材料的保土、透水、防堵性能及抗拉强度，干填石料的块径、强度和黏土的土质均应符合设计要求。

（3）削坡应符合设计要求，护坡垫层的施工方法和程序均应符合相关规范的施工要求。

2. 质量检测数量

垫层厚度检测为每 20m² 检测一个点次。

3. 质量检验标准

（1）护坡垫层质量检查项目与标准应符合表 9-19 的规定。

表 9-19　　　　　　　　　　垫层工程质量检查项目与标准

项　次	检查项目	质量标准
1	垫层基面	符合设计要求
2	垫层材料	符合设计要求
3	垫层施工方法及程序	符合施工规范要求

(2)护坡垫层质量检测项目与标准应符合表 9-20 的规定。

表 9-20　　　　　　　　　　垫层工程检测项目与标准

项　次	检测项目	质量标准
1	垫层厚度	每层厚度偏小值不大于设计厚度的 15％

4. 质量评定标准

合格标准:检查项目达到标准,检测项目合格率不小于 70％;

优良标准:检查项目达到标准,检测项目合格率不小于 90％。

三、毛石粗排护坡检验

1. 检验要点

(1)毛石粗排护坡工程坡面要做到丁向用石,层层压茬,结合平稳。

(2)采用毛石粗排护坡时,应采用大块石料,石料的尺寸和规格应符合设计要求。禁用小石、片石,且不得有通缝。

(3)护坡坡面应大致平顺,无明显外凸里凹现象。

2. 质量检测数量

毛石粗排护坡检测时,其厚度和平整度沿堤轴线长每 20m 应不少于一个检测点次。

3. 质量检验标准

(1)毛石粗排护坡质量检查应符合表 9-21 的规定。

表 9-21　　　　　　　　　　毛石粗排护坡质量检查项目与标准

项　次	检查项目	质量标准
1	石料	大小均匀、质地坚硬,块重不小于 25kg 且厚度不小于 15cm
2	石料排砌	禁用小石、片石,结合平稳
3	缝宽	无宽度在 3cm 以上、长度在 50cm 以上的连续缝

(2)毛石粗排护坡质量检测项目与标准应符合表 9-22 的规定。

表 9-22　　　　　　毛石粗排护坡质量检测项目与标准

项　次	检测项目	质量标准
1	砌体厚度	允许偏差＋5cm
2	坡面平整度	坡面坡度平顺,用 2m 靠尺检查凹凸不大于 10cm

4. 质量评定标准

毛石粗排护坡的质量评定标准应符合以下规定:

合格标准:检查项目达到标准,检测项目合格率不小于 70%。

优良标准:检查项目达到标准,检测项目合格率不小于 90%。

四、干砌石护坡检验

1. 检验要点

(1)不得使用裂石和风化石。加工石块时,要用手锤加工,打击口面。

(2)长度在 30cm 以下的石块,连续使用不得超过 4 块且两端需加丁字石。

(3)长条形石块须丁向砌筑,不得顺长使用。砌筑应由低向高逐步铺砌。

2. 质量检验数量

干砌石护坡质量检测主要是检测其厚度和平整度。检测数量为沿堤轴线方向每 10～20m 应不少于一个点次。

3. 质量检验标准

(1)干砌石护坡质量检查应符合表 9-23 的规定。

表 9-23　　　　　　干砌石护坡质量检查项目与标准

项　次	检查项目	质量标准
1	面石用料	大小均匀、质地坚硬,不得使用风化石料,单块重量不小于 25kg,最小边长不小于 20cm
2	腹石砌筑	排紧填严,无淤泥杂质
3	面石砌筑	禁止使用小石块,不得出现通缝、浮石、空洞
4	缝　宽	无宽度在 1.5cm 以上、长度在 0.5m 以上的连续缝

(2)干砌石护坡质量检测应符合表 9-24 的规定。

表 9-24　　　　　　干砌石护坡质量检测项目与标准

项　次	检查项目	质量标准
1	砌石厚度	允许偏差为设计厚度的±10%
2	坡面平整度	用 2m 靠尺测量,凹凸不超过 5cm

4. 质量评定标准

干砌石护坡质量评定标准应符合以下规定：

合格标准：检查项目达到标准，检测项目合格率不小于 70%。

优良标准：检查项目达到标准，检测项目合格率不小于 90%。

五、浆砌石护坡

1. 检验要点

浆砌石护坡施工除应符合干砌石工程施工要求外，尚应符合以下要求：

(1)砌筑护坡时应采用坐浆法。

(2)砂浆原材料、配合比、强度应符合设计要求。砂浆应随拌随用。砂浆达到初凝时，应作废料处理。

(3)浆砌石勾缝所用水泥砂浆应采用较小的水灰比。勾缝前，要先剔缝，缝深 20～40cm，用清水洗净，洒水养护不少于 3 天。

2. 质量检验数量

浆砌石护坡质量检验时，其检验数量除沿堤轴线方向每 10～20m 至少应检测一个点次外，每单元工程砂浆取成型试件 1～2 组，进行砂浆抗压强度试验。

3. 质量检验标准

(1)浆砌石护坡质量检查内容和标准除应符合干砌石检查项目与标准外，浆砌、勾缝检查还应符合表 9-25 的规定。

表 9-25　　　　　　浆砌、勾缝施工质量检查项目与标准

项　次	检查项目	质量标准
1	原材料	符合规范标准
2	砂浆配合比	符合设计要求
3	勾　缝	无裂缝、脱皮现象
4	砌　筑	空隙用小石填塞，不得用砂浆充填

(2)浆砌石护坡质量检测质量项目与标准可参照浆砌石护坡的质量检测标准。

4. 质量评定标准

浆砌石护坡的质量评定标准应符合以下规定：

合格标准：质量检查项目达到标准且水泥砂浆的 28 天抗压强度不小于设计强度的 80%。

优良标准：质量检查达到标准且水泥砂浆的 28 天抗压强度不小于设计强度的 90%。

六、混凝土预制块护坡

1. 检验要点

(1)混凝土预制块强度应符合设计要求。

(2)混凝土预制块铺砌应平整、稳定,缝隙应紧密,缝线应规则。

2. 质量检测数量

混凝土预制块护坡坡面平整度质量检测沿堤线每 10～20m 应不少于一个点次。

3. 质量检验标准

(1)混凝土预制块护坡质量检查项目与标准应符合表 9-26 的规定。

表 9-26　　　　　混凝土预制块护坡质量检测项目与标准

项　次	检查项目	质量标准
1	预制块外观	尺寸准确、整齐统一,表面清洁平整,强度符合设计要求
2	预制块铺砌	平整、稳定,缝线规则、紧密

(2)混凝土预制块护坡质量检测项目与标准应符合表 9-27 的规定。

表 9-27　　　　　混凝土预制块护坡质量检测项目与标准

项　次	检查项目	质量标准
1	坡面平整度	2m 靠尺检测,凹凸不超过 1cm

4. 质量评定标准

混凝土预制块护坡的质量评定标准应符合以下规定:

合格标准:检查项目达到标准,坡面平整度合格率不小于 70%。

优良标准:检查项目达到标准,坡面平整度合格率不小于 90%。

第十章　泵站与水闸

第一节　泵站概述

泵站的基本作用就是通过水泵中工作体(固体、液体或气体)的旋转或往复运动,把外加的能量转变为机械能,并传给被抽液体,使液体的位能、压能和动能增加,同时,通过管道把液体提升到高处,或输送到远处。

一、泵站类型

泵站是由泵房、管道、进出水建筑物以及变电站等几部分组成,见图10-1。其中,泵房内常安装有水泵、传动装置和动力机组组成的机组,还有辅助设备和电气设备等。进出水建筑物主要有取水、引水设施以及进水池和出水池(或水塔)等;泵站的管道包括进水管和出水管,进水管把水源和水泵进口连接起来,出水管则是连接水泵出口和出水池的管道。

在泵站投入运行后,水流可经过进水建筑物和进水管进入水泵,通过水泵加压后,将水流送往出水池(或水塔)或管网,从而达到提水或输水的目的。

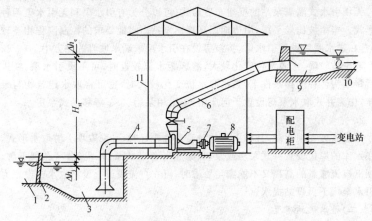

图 10-1　泵站示意图

1—水渠;2—拦污栅;3—进水池;4—进水管;5—水泵;6—出水管;

7—传动装置;8—电动机;9—出水池;10—干渠;11—泵房

根据泵站中水泵类型的不同,泵站可分为离心泵站、轴流泵站、混流泵站;按动力的不同,泵站可分为电动泵站、机动泵站、水轮泵站、风力泵站和太阳能泵站;

根据泵站功能的不同,可以分为供水泵站、排水泵站、调水泵站、加压泵站、蓄能泵站等。其中,供水泵站主要包括农田灌溉泵站、工业供水泵站以及城乡居民给水泵站等;排水泵站主要包括农田排水泵站、城镇排水泵站、工业排水泵站以及矿山排水泵站等,多在农田水利灌溉和市政给水排水工程中应用。而加压泵站多在以长管道输送水、油、泥浆、灰浆、水煤浆等的情况下,需要中途加压时应用。

二、泵站布置

在布置泵站时,应综合考虑各种条件和要求,确定建筑物种类,合理布置其相对位置并处理相互关系。

泵站工程枢纽布置时,应根据泵站所承担的任务来考虑,不同的泵站,其主体工程(泵房、进出水管道、进出水建筑物等)的布置也有所不同;其相应的涵闸、节制闸等附属建筑物也应与主体工程相适应,此外,在站区内如有公路、航运、过鱼等要求时,还应考虑公路桥、船闸、鱼道等的布置与主体工程的关系。

根据泵站担负的任务不同,泵站枢纽的布置一般有灌溉泵站、排水泵站、排灌结合站等几种。

(一)灌溉泵站布置

根据灌溉区有无拦水坝,灌溉泵站的布置形式可分为无坝引水式泵站和有坝引水式泵站两种。

1. 无坝引水式泵站

无坝引水式灌溉泵站的枢纽布置形式,可以分为有引水渠和无引水渠两种布置形式。当岸坡比较平缓,岸边地面高程比泵站出水池要求的控制高程相差较大时,常在进水闸后设置引水渠,将泵房设在引水渠末端岸坡脚的挖方中。

当岸坡较陡,水源水位变化较大,灌区距水源较近时,可不设引水渠,在进水闸后接泵房。在同样条件下,当水源水位变化较大时,也可将取水建筑物与泵房合建,作为井式取水泵房设置于河床中,或采用泵船、泵车等移动式泵房。

2. 有坝引水式泵站

当灌溉区在坝上游,且坝上游的地质条件较好时,可采取坝上游取水形式,也可在水库的岸边设置井式泵房或泵船、泵车等移动式泵房。当灌区在坝下游,而按坝下自流灌溉的高程又不能满足要求时,可在自流渠道上设站取水或设压力管道引水至坝下再设站提水。

(二)排水泵站布置

排水泵站的布置形式很多,常见布置形式有闸站分建和闸站结合两种。当泵站扬程较高,或内外水位变化幅度较大时,一般采用自流排水闸和排水泵站分开设置。当泵站扬程较低,或内外水位变化幅度较小,安装中小型立式轴流泵时,可采用闸站结合的形式。该种形式,常设有上、下游涵洞,出口设平板闸门。自流排水时,开启闸门,提排时则关闭闸门。

（三）排灌结合泵站布置

排灌结合泵站是指把排水和灌溉两者结合起来，以充分发挥泵站的作用。通常有三种布置形式，一种是以泵站为主体，附属建筑物相配合；一种是利用排水站的出水建筑物分水，以解决灌溉问题；也可利用双向流道来解决排灌结合问题。

第二节　泵房施工检验

一、一般规定

（1）泵房钢筋混凝土的施工，应做好施工组织设计。混凝土配合比应通过试验确定。

（2）泵房水下混凝土宜整体浇筑；安装大、中型立式机组的泵房工程可根据泵房结构由下至上分层施工。

（3）混凝土浇筑层面应平整；如出现高低不同时，应设斜面过渡段。

（4）泵房浇筑在平面上一般不再分块；如泵房较长，需分期分段浇筑时，应设置永久伸缩缝，划分为数个浇筑单元。

泵房挡水墙围护结构不宜设置垂直施工缝。

（5）泵房内部的机墩、隔墙、楼板、柱、墙外启闭台、导水墙等，均应分期浇筑。

二、底板施工检验

（1）底板地基经验收合格后，方可进行混凝土施工。

（2）施工时，应先在地基面上浇一层素混凝土垫层，其厚度为 $80\sim100mm$，混凝土强度不应低于 C10，垫层混凝土面积应大于底板的面积，以利施工，避免搅动地基土。

（3）底板上、下层钢筋骨架网应使用柱掌。柱掌应具有足够的强度和稳定性，应架设与上部结构相连接的插筋。插筋与上部钢筋的接头应错开。

（4）混凝土的水泥用量应满足设计要求，且不宜低于 $200kg/m^3$。使用的缓凝剂必须符合有关规定，并应在工地进行试验。

（5）混凝土浇筑前应全面检查；验收合格后，才能开盘浇筑。

（6）混凝土应分层连续浇筑，不得斜层浇筑。如浇筑仓面较大，应采用多层阶梯推进法浇筑，上下两层前后距离不得小于 1.5m；同层接头部位应充分振捣，不得漏振。

（7）在斜面基底上浇筑混凝土时，应从低处开始，逐层升高，并采取措施保持水平分层，防止混凝土向低处流动。

（8）混凝土浇筑过程中，应及时清除黏附在模板、钢筋、止水片和预埋件上的灰浆。混凝土表面泌水过多时，应及时采取措施，设法排去仓内积水，但不得带走灰浆。

（9）混凝土表面应抹平、压实、收光，防止松顶和干缩裂缝。

三、楼层结构施工检验

(1)施工时,所用的模板及支架必须符合设计要求,必须能保证结构和构件的形状、尺寸和相对位置符合设计要求。

(2)模板表面应平整,接缝应严密、不得漏浆。

(3)模板及支架、脚手架应有可靠的防滑措施;杆件节点应连接牢固。

(4)楼层混凝土结构施工缝的设置应符合下列规定:

1)墩、墙、柱底端的施工缝宜设在底板或基础老混凝土顶面;

2)与板连成整体的大断面梁宜整体浇筑。如需分期浇筑,其施工缝应设在板底面以下 20~30mm 处;当板下有梁托时,应设在梁托下面。

3)有主、次梁的楼板,施工缝应设在次梁跨中 1/3 范围内。

4)单向板施工缝宜平行于板的长边。

5)双向板、多层刚架及其他结构复杂的施工缝位置,应按设计要求留置。

(5)混凝土施工缝的处理应符合下列规定:

1)施工时,老混凝土的强度应达到 2.5MPa。

2)清除已硬化的混凝土表面的水泥浆薄膜和松弱层,并冲洗干净排除积水。

3)临近浇筑时,水平缝应铺一层厚 20~30mm 的水泥砂浆,垂直缝应刷一层水泥净浆,其水灰比均应较混凝土减少 0.03~0.05。

(6)对于有防渗要求的构筑物,其厚度小于 400mm 者,应配制防水混凝土。防水混凝土的水泥用量不宜小于 $300kg/m^3$,砂率应适当加大,且宜掺防水外加剂,其配合比应由试验确定。

(7)浇筑较高的墩、墙、柱时,应使用溜筒、导管等工具,将拌好的混凝土徐徐灌入;对于断面狭窄、钢筋较密的薄墙、柱等结构物,应在两侧模板适当部位均匀布置便于进料和振捣的窗口。随着浇筑面积的上升,窗口应及时封堵。

(8)浇筑混凝土时,应指派专人负责检查模板和支架,发现有变形迹象时,应及时加固纠正;发现模板漏浆或仓内积水时,应分别堵浆和处理。

(9)拆模后,应将螺杆两端外露段和深入保护层部分截除,并用与结构同质量的水泥砂浆填实抹光;必要时,可在螺栓中加焊截渗钢板。

(10)泵房建筑施工应保证下部结构的安全,应有合理的施工方案和技术措施。

四、埋件和二期混凝土施工检验

(1)各种埋件及插筋、铁件的安装均应符合设计要求,且牢固可靠。

(2)各种埋件及插筋在埋设前,应将表面的锈皮、油漆和油污清除干净。

(3)埋设于混凝土中的供、排水管,测压管等应符合设计要求。

(4)埋设的管子应无堵塞现象;其接头必须牢固,不得漏水、漏气。外露管口应临时加盖保护。

(5)管路安装后,应用压力水或充气的方法进行检查;如不畅通,应予以处理。

（6）混凝土浇筑过程中，应对各种管路进行保护，防止损坏、堵塞或变形。

（7）对闸门槽和水泵机座部位，应进行二期混凝土施工。浇筑前，应对一期混凝土表面进行凿毛清理，并刷洗干净。

（8）二期混凝土应采用细石混凝土，其强度等级应等于或高于同部位一期混凝土的强度等级。如体积较小，可采用水泥砂浆或水泥浆压入法施工。

（9）二期混凝土采用膨胀水泥或膨胀剂施工时，其品种和质量应符合有关规定，掺量和配比可通过试验确定。

（10）二期混凝土浇筑时，应注意已安装好的设备及埋件，且应振捣密实，收光整理。

（11）机、泵座二期混凝土，应保证设计标准强度达到 70% 以上，才能继续加荷安装。

五、移动式泵房施工检验

（1）岸坡地基必须稳定、坚实。岸坡开挖后经验收合格，方可进行上部结构物的施工。

（2）泵房施工时，应根据设计施工图标定各台车的轨道、输水管道的轴线位置。

（3）坡道工程施工时，应对坡道附近上、下游天然河岸进行平整，坡道面应高出上、下游岸坡 300～400mm。

（4）坡轨工程如需延伸到最低水位以下，应修筑围堰、抽水、清淤，保证能在干燥情况下施工。

（5）坡轨工程的位置偏差应符合设计规定；如没规定，可按下列要求执行：

1）岸坡轨道基础梁的中心线与泵车拖吊中心线的距离允许偏差为±3mm。

2）钢轨中心线与泵车拖吊中心线的距离允许偏差应为±2mm；同一断面处的轨距偏差不应超过±3mm。

（6）轨道梁上固定钢轨的预埋螺栓，宜采用二期混凝土施工。轨道螺栓中心与轨道中心线的偏差不应超过±2mm。

（7）泵车运行机构的制作与组装应符合有关规定；浮船船体的建造应按内河航运船舶建造的有关规定执行。

（8）输水管道应沿岸坡进行敷设；管道接头应密封牢固；如设置支墩固定，支墩应坐落在坚硬的地基上。

（9）浮船的锚固设施应牢固；承受荷载时，不得产生变形和位移。

第三节　水闸施工检验

水闸是一种低水头建筑物，在水利水电工程中应用相当广泛，可用于完成灌溉、排涝、防洪、给水等多种任务，多建于河道、渠系及水库、湖泊岸边，尤其适合在平原河流上修建。

一、水闸的类型

水闸有多种类型，根据闸室的结构型式，可分为开敞式、胸墙式及涵洞式三种；根据水流过闸量的大小，也可将水闸分为大、中、小三种型式，一般，过闸流量在 1000m³/s 以上的为大型水闸；在 100～1000m³/s 之间的为中型水闸；小于100m³/s 的为小型水闸。根据水闸在工程中承担的任务，也可作如下分类：

(1)节制闸。节制闸的主要任务是用于拦洪、调节水位或控制下泄流量，多修建在河道或渠道上。修建在河道上的节制闸，也称拦河闸。

(2)进水闸。也称取水闸，多修建在河道、水库或湖泊的岸边，用来控制引水流量。

(3)排水闸。多修建于江河沿岸，用来排除内河或低洼地区对农作物有害的渍水。

(4)分洪闸。多修建于有洪汛河道的一侧，用来将超过下游河道安全泄量的洪水泄入分洪道或滞洪区。

(5)挡潮闸。多修建在入海河口附近。涨潮时关闸，防止海水倒灌；退潮时开闸泄水，使水向海内泄流。具有双向挡水的功能。

此外，还有用于排除进水闸、节制闸前或渠道内沉积的泥砂的排沙闸，和为排除冰块、漂浮物等而设置的排冰闸、排污闸等。

二、水闸的组成

水闸一般由上游连接段、闸室段和下游连接段三部分组成，见图 10-2。

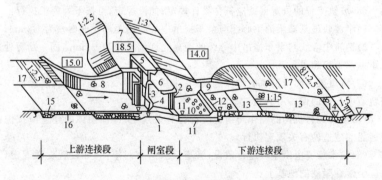

图 10-2　水闸组成

1—闸室底板；2—闸墩；3—胸墙；4—闸门；5—工作桥；6—交通桥；
7—堤顶；8—上游翼墙；9—下游翼墙；10—护坦；11—排水孔；12—消力坎；13—海漫；
14—下游防冲槽；15—上游防冲槽；16—上游护底；17—上、下游护坡

（一）上游连接段

水闸上游连接段主要包括两岸的翼墙、护坡和河床部分的铺盖,有时为保护河床免受冲刷加做防冲槽和护底,用以引导水流平顺地进入闸室,保护两岸及河床免遭冲刷,并与闸室等共同构成防渗地下轮廓,确保在渗流作用下两岸和闸基的抗渗稳定性。

1. 翼墙

水利水电工程中,常用的翼墙布置形式有曲线式、扭曲面式和斜降式等几种,见图 10-3。可根据地基条件,做成重力式、悬臂式、扶臂式或空箱式等形式。在松软地基上,为减少小边荷载对闸室底板的影响,在靠近边墩的一段用空箱式。如果水闸边墩不挡土,可不设翼墙,采用引桥与两岸相连,并在岸坡与引桥桥墩间设固定的挡水墙。

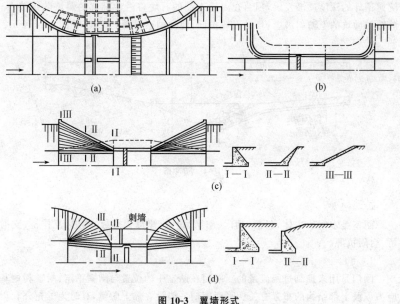

图 10-3　翼墙形式

(a)(b)曲线式;(c)扭曲面式;(d)斜降式

1—空箱岸墙;2—空箱翼墙

通常,上游翼墙的平面布置要与上游进水条件和防渗设施相协调,上端插入岸坡,墙顶要超出最高水位至少 0.5~1.0m。当泄洪过闸落差很小,流速不大时,为减小翼墙工程量,墙顶也可淹没在水下。如铺盖前端设有板桩,还应将板桩顺翼墙底延伸到翼墙的上游端。

2. 护坡

护坡常用在水流流速较大或有回流漩涡的与翼墙相连接的一段河岸。在靠近翼墙处，护坡常做成浆砌石的，然后接以干砌石的，保护范围稍长于海漫，包括预计冲刷坑的侧坡。干砌石护坡每隔 6～10m 设置混凝土埂或浆砌石埂一道，其断面尺寸约为 300mm×600mm。

在护坡的坡脚以及护坡与河岸土坡交接处应做一深 0.5m 的齿墙，以防回流淘刷和保护坡顶。护坡下面需要铺设各厚 100mm 的卵石层及粗砂垫层。

3. 防冲槽

为保证安全和节省工程量，常在海漫末端设置防冲槽、防冲墙或采用其他加固设施。

在海漫末端预留足够的粒径大于 300mm 的石块。当水流冲刷河床时，冲刷坑向预计的深度逐渐发展，预留在海漫末端的石块将沿冲刷坑的斜坡陆续滚下，散铺在冲坑的上游斜坡上，自动形成护面，使冲刷不再向上扩展，如图 10-4 所示。

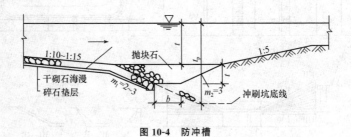

图 10-4　防冲槽

(二)闸室

闸室是水闸的主体，包括：闸门、闸墩、边墩(岸墙)、底板、胸墙、工作桥、交通桥、启闭机等。

1. 闸门

闸门是用来控制过闸流量的。闸门在闸室中的位置与闸室稳定、闸墩和地基应力以及上部结构的布置有关。平面闸门一般设在靠上游侧，有时为了充分利用水重，也可移向下游侧；为不使闸墩过长，弧形闸门需要靠上游侧布置。

平面闸门的门槽深度取决于闸门的支承形式，检修门槽与工作门槽之间应留有 1.0～3.0m 净距，以便检修。

2. 闸墩

闸墩是用来分隔闸孔和支承闸门、胸墙、工作桥和交通桥的。采用浆砌块石闸墩时，为保证墩头的外形轮廓，并加快施工进度，可采用预制构件。大、中型水闸因沉降缝常设在闸墩中间，故墩头多采用半圆形，有时也采用流线型闸墩。近年来，我国有些地区采用框架式闸墩。

3. 底板

底板是闸室的基础，用以将闸室上部结构的重量及荷载传至地基，并兼有防渗和防冲的作用。常用的闸室底板有水平底板和反拱底板两种类型。

为适应地基不均匀沉降和减小底板内的温度应力，常沿水流方向用横缝将闸室分成若干段，形成多孔水闸，每个闸段可分为单孔、两孔或三孔。如地基较好，在相邻闸墩之间不致出现不均匀沉降的情况下，还可将横缝设在闸孔底板中间，如图 10-5 所示。

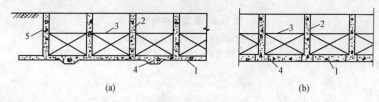

(a)　　　　　　　　　　　　　　　　(b)

图 10-5　水平底板

1—底板；2—闸墩；3—闸门；4—横缝（温度沉降缝）；5—边墩

根据横缝的位置，可将底板分为整体式和分离式两种：

(1)整体式底板。整体式底板的横缝设在闸墩中间，闸墩与底板连在一起。整体式底板常用实心结构；当地基承载力较差，如只有 30～40kPa 左右时，则需要考虑采用刚度大、重量轻的箱式底板。整体式底板闸孔两侧闸墩之间不会出现过大的不均匀沉降，对闸门启闭有利，用得较多。

(2)分离式底板。分离式底板多用在坚硬、紧密或中等坚硬、紧密的地基上。单孔底板上设双缝，将底板与闸墩分开，分离式底板闸室上部结构的重量将直接由闸墩或连同部分底板传给地基。底板可用混凝土或浆砌块石建造，当采用浆砌块石时，应在块石表面再浇一层厚约 150mm、强度等级为 C15 的混凝土或加筋混凝土，以使底板表面平整并具有良好的防冲性能。

4. 胸墙

(1)胸墙结构。胸墙一般有板式或梁板式等结构形式，如图 10-6 所示。通常，板式胸墙适用于跨度小于 5.0m 的水闸，墙板可做成上薄下厚的楔形板；梁板式胸墙适用于跨度大于 5.0m 的水闸，由顶梁、墙板和底板三部分组成。当胸墙高度大于 5.0m，且跨度较大时，可增设中梁及竖梁构成肋形结构。

(2)胸墙支承形式。胸墙的支承形式分为简支式和固接式两种，如图 10-7 所示。整体式底板多用固接式，分离式底板多用简支式。

简支胸墙与闸墩分开浇筑，缝间涂沥青；也可将预制墙体插入闸墩预留槽内，做成活动胸墙。固接式胸墙与闸墩同期浇筑，胸墙钢筋伸入闸墩内，形成刚性连接，截面尺寸较小，可以增强闸室的整体性，但受温度变化和闸墩变位影响，容易在胸墙支点附近的迎水面产生裂缝。

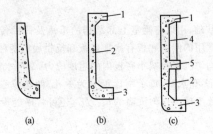

图 10-6　胸墙结构形式

(a)楔形式;(b)梁板式;(c)肋形式

1—顶梁;2—墙板;3—底梁;4—竖梁;5—中梁

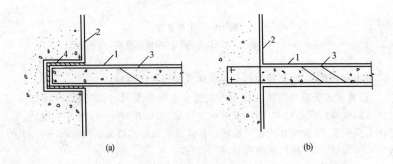

图 10-7　胸墙的支承形式

(a)简支式;(b)固接式

1—胸墙;2—闸墩;3—钢筋;4—涂沥青

5. 交通桥及工作桥

交通桥和工作桥用来安装启闭设备、操作闸门和联系两岸交通。一般,交通桥多设在水闸下游一侧,可采用板式、梁板式或拱形结构。为了安装闸门启闭机和便于操作管理,需要在闸墩上设置工作桥。小型水闸的工作桥一般采用板式结构;大、中型水闸多采用装配式梁板结构。

(三)下游连接段

下游连接段包括:护坦、海漫、防冲槽以及两岸的翼墙和护坡等,用以消除过闸水流的剩余能量,引导出闸水流均匀扩散,调整流速分布和减缓流速,防止水流出闸后对下游的冲刷。

海漫是设置在护坦后面的一种防冲加固设施,用以使水流均匀扩散,并将流速分布逐步调整到接近天然河道的水流形态。常用的海漫结构有干砌石海漫、浆砌石海漫、混凝土板海漫、钢丝石笼海漫及其他形式海漫。

海漫的起始段一般做成5～10m长的水平段,其顶面高程可与护坦齐平或在消力池尾坎顶以下0.5m左右。水平段后做成不陡于1:10的斜坡,以便水流均匀扩散,以保护河床不受冲刷,见图10-8。

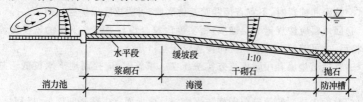

图 10-8　海漫布置及其流速分布示意图

三、土方开挖与填筑检验

(一)土方开挖

(1)土方开挖和填筑应优化施工方案,正确选定降水、排水措施,并进行挖填平衡计算;合理调配。

(2)土方开挖前,应降低地下水位,使其低于开挖面0.5m。

(3)合理布置施工现场道路和作业场地,并加强维护。必要时,加铺路面。

(4)基坑开挖应分层分段依次进行,逐层设置排水沟,层层下挖。

(5)根据土质、气候和施工机具等情况,基坑底部应留有一定厚度的保护层。在底部工程施工前,分块依次挖除。

(6)在负温下,挖除保护层后,应立即采取可靠的防冻措施。

(二)土方填筑

(1)填筑前,必须清除基坑底部的积水、杂物等。

(2)填筑土料,应符合设计要求。控制土料含水量;铺土厚度宜为25～30cm,并应使其密实至规定值。

(3)岸、翼墙后的填土,应符合下列要求:

1)墙背及伸缩缝经清理整修合格后,方可回填,填土应均衡上升;

2)靠近岸墙、翼墙、岸坡的回填土宜用人工或小型机具夯压密实,铺土厚度宜适当减薄;

3)分段处应留有坡度,错缝搭接,并注意密实。

(4)墙后填土和筑堤应考虑预加沉降量。

(5)墙后排渗设施的施工程序,应先回填再开挖槽坑,然后依次铺设滤料等。

四、地基处理质量检验

(一)检验要点

1. 换土(砂)地基

(1)砂垫层的砂料应符合设计要求并通过试验确定。如用混合砂料应按优选的比例拌合均匀。砂料的含泥量不应大于 5%。

（2）黏性土垫层的土料应符合设计要求。料场表面覆盖层应清理干净，并做好排水系统。

土料的含水量应在控制范围内，否则应在料场处理。

（3）挖土和铺料时，不宜直接践踏基坑底面，可边挖除保护层边回填。

（4）回填料应按规定分层铺填，密实度应符合设计要求。下层的密实度经检验合格后，方可铺填上一层。竖向接缝应相互错开。

（5）黏性土垫层宜用碾压或夯实法压实。填筑时，应控制地下水位低于基坑底面。

（6）黏性土垫层的填筑应做好防雨措施。填土面宜中部高四周低，以利排水。

2. 振冲地基

（1）振冲法适用于砂土或砂壤土地基的加固；软弱黏性土地基必须经论证方可使用。

（2）振冲置换所用的填料宜用碎石、角砾、砾砂或粗砂，不得使用砂石混合料。填料最大粒径不应大于 50mm，含泥量不应大于 5%，且不得含黏土块。

（3）造孔时，振冲器贯入速度宜为 $1\sim2m/min$，且每贯入 $0.5\sim1.0m$ 宜悬挂留振。留振时间应根据试验确定，一般为 $5\sim10s$。

（4）制桩宜保持小水量补给，每次填料应均匀对称，其厚度不宜大于 50cm。

（5）振冲桩宜采用由里向外或从一边向另一边的顺序制桩。

（6）孔位偏差不宜大于 100mm，完成后的桩顶中心偏差不应大于 0.3 倍的桩孔直径。

（7）制桩完毕后应复查，防止漏桩。桩顶不密实部分应挖除或采取其他补救措施。

3. 钻孔灌注桩基础

（1）根据地质条件选用回转、冲击、冲抓或潜水等钻机。钻机安置应平稳，不得产生沉陷或位移。

（2）采用回转钻机时，护筒内径宜大于钻头直径 20cm；采用冲击、冲抓钻机时，护筒内径宜大于 30cm。

（3）护筒埋置应稳定，其中心线与桩位中心的允许偏差不应大于 50mm。其顶端应高出地面 30cm 以上；当有承压水时，应高出承压水位 $1.5\sim2.0m$。

（4）在黏土和壤土中成孔时，可注入清水，以原土造浆护壁。排渣泥浆的密度应控制在 $1.1\sim1.2$。

（5）在砂土和夹砂土层中成孔时，孔中泥浆密度应控制在 $1.1\sim1.3$；在砂卵石或易坍孔的土层中成孔时，孔中泥浆密度应控制在 $1.3\sim1.5$。

（6）施工中，要经常在孔内取样，测定泥浆的密度，并注意土层变化情况，并做好记录。

4. 高压喷射灌浆

(1)高压喷射灌浆孔孔深应满足设计要求,成孔孔径一般比喷射管径大3～4cm。

(2)高压喷射灌浆的单管法用于制作直径0.3～0.8m的旋喷桩;二管法用于制作直径1m左右的旋喷桩;三管法用于制作直径1～2m的旋喷桩或修筑防渗板墙。

(3)水泥浆液的配合比和外加剂的用量应通过试验确定。

(4)水泥浆液应搅拌均匀,随拌随用。余浆存放时间不得超过4h。

(5)喷射前,应检查喷射管是否畅通,各管路系统应不堵、不漏、不串。

(6)喷射灌浆终了后,顶部出现稀浆层、凹槽、凹穴时,可将灌浆软管下至孔口以下2～3m处,用灌浆压力为0.2～0.3MPa,密度为1.7～1.8的水泥浆液,由下而上进行二次灌浆。

(7)施工完毕后,所有机具设备应立即清洗干净。

(二)检验标准

(1)灌注桩钻孔的质量标准应符合表10-1的规定。

表 10-1　　　　　　　　　　　灌注桩钻孔的质量标准

项　次	项　目	质量标准
1	孔的中心位置偏差	单排桩不大于100mm 群桩不大于150mm
2	孔径偏差	$+100mm, -50mm$
3	孔斜率	$<1\%$
4	孔　深	不得小于设计孔深

(2)换土(砂)地基、振冲地基、钻孔灌注桩基础及高压喷射灌浆的质量检验均应符合设计要求或相关规定。

五、钢筋混凝土质量检验

(一)钢筋

1. 检验要点

(1)所用钢筋的种类、钢号、直径和机械性能等均应符合设计要求。

(2)钢筋应有出厂质量保证书。使用前,仍应按规定做拉力、延伸率、冷弯试验。需要焊接的钢筋,应做焊接工艺试验。

(3)钢筋的接头应采用闪光对焊。无条件采用闪光对焊时,方可采用电弧焊。钢筋的交叉连接,宜采用接触点焊。

(4)轴心受拉构件、小偏心受拉构件或其他混凝土构件中直径大于25mm的钢筋接头,均应焊接。

(5)钢筋安装时,应严格控制保护层厚度。绑扎钢筋的铁丝和垫块上的铁丝均应按倒,不得伸入混凝土保护层内。

2. 检验标准

(1)加工钢筋的允许偏差,应符合表 10-2 的规定。

表 10-2　　　　　　　　加工后钢筋的允许偏差　　　　　　　　　(mm)

项　　次	项　　　　　目	允许偏差
1	受力钢筋顺长度方向全长净尺寸	±10
2	钢筋弯起点位置	±20
3	箍筋各部分长度	±5

(2)钢筋的根数和间距应符合设计规定,并应绑扎牢固,其位置偏差应符合表10-3 的规定。

表 10-3　　　　　　　　钢筋安装位置允许偏差　　　　　　　　　(mm)

项　　次	项　　　　　目	允许偏差
1	受力钢筋间距	±10
2	分布钢筋间距	±20
3	箍筋间距	±20
4	钢筋排距间的偏差(顺高度方向)	±5
5	钢筋保护层厚度	
	(1)基础、墩、厚墙	±10
	(2)薄墙、梁	−5,+10
	(3)桥面板	−3,+5

(3)钢筋的混凝土保护层厚度,应按表 10-4 的规定采用。

表 10-4　　　　　　　　钢筋的混凝土保护层最小厚度　　　　　　　　　(mm)

部　位	构件名称			保护层厚度
水下部位	底板、消力池、铺盖等	底层	土层	70
			混凝土垫层	50
		面层		50
水位变化区	墩,墙			50
	薄壁墙(厚度<60cm)			35

续表

部　位	构件名称	保护层厚度
水上部位	桥面板	20
	梁、柱	35

注:1. 保护层厚度系指钢筋外边至构件外表的尺寸,当箍筋直径超过 6mm 时,应加上超过的数值;

　　2. 有较高抗冻、抗冲磨要求,或经常受海水、盐雾等侵蚀影响的构件或部位,其保护层厚度,应按表列数字增加10～15mm;

　　3. 经常露出水面的底板、铺盖等部位,其保护层厚度,应酌量增加。

(二)模板

1. 检验要点

(1)模板和支架应采用钢材、木材或其他新型材料制作,并尽量少用木材。

(2)模板表面应光洁平整、接缝严密;且具有足够的强度、刚度和稳定性。

(3)模板及支架的安装应与钢筋架设、预埋件安装、混凝土浇筑等工序密切配合,做到互不干扰。

(4)支架或支撑应支撑在基础面或坚实的地基上,并应有足够的支承面积与可靠的防滑措施。

(5)多层支架的支柱应垂直,上、下层支柱应在同一中心线上,支架的横垫木应平整,并应采取有效的构造措施,确保稳定。

(6)支架、脚手架的各立柱之间,应由足够数量的杆件牢固连接。

脚手架不宜与模板及支架相连接;如必须连接时,应采取措施,确保模板及支架的稳定,防止模板变形。

2. 检验标准

制作和安装模板的允许偏差,应符合表 10-5 的规定。

表 10-5　　　　　　　模板制作和安装的允许偏差　　　　　　(mm)

项　次	项　　目	允许偏差
1	钢模板制作: (1)模板的长度和宽度	±2
	(2)模板表面局部不平(用 2m 直尺检查)	2
	(3)连接配件的孔眼位置	±1
2	木模板制作: (1)模板的长度和宽度	±3
	(2)相邻两板面高差	1
	(3)平面刨光模板局部不平(用 2m 直尺检查)	5

项 次	项　　　　目	允许偏差
3	模板安装：	
	(1)相邻两板面高差	2
	(2)水平截面内部尺寸	
	长度和宽度	±5
	平面对角线	±10
	(3)轴线对设计位置	
	基础	±10
	墩、墙、柱	±5
	梁、板	±10
4	承重底模上表面高程	±5
5	预留孔、洞尺寸及位置	10

(三)混凝土制备

1. 水泥

(1)混凝土所用水泥品质应符合国家标准，并应按设计要求和使用条件选用适宜的品种。

(2)水泥强度等级应与混凝土设计强度相适应，且不应低于 42.5 级。水位变化区的混凝土和有抗冻、抗渗、抗冲刷、抗磨损等要求的混凝土，其强度等级不宜低于 52.5 级。

(3)每一分部工程所用水泥品种不宜太多。未经试验论证，不同品种的水泥不得混合使用。

2. 粗骨料

(1)粗骨料宜用质地坚硬，粒形、级配良好的碎石、卵石，不得使用未经分级的混合石子。

(2)粗骨料最大粒径的选定，应符合下列规定：

1)不应大于结构截面最小尺寸的 1/4；

2)不应大于钢筋最小净距的 3/4；对双层或多层钢筋结构，不应大于钢筋最小净距的 1/2；

3)不宜大于 80mm；

4)经常受海水、盐雾作用或其他侵蚀性介质影响的钢筋混凝土构件面层，粗骨料最大粒径不宜大于钢筋保护层厚度。

(3)粗骨料的质量标准应符合表 10-6 的规定。

表 10-6　　　　　　　　　　粗骨料(碎石或卵石)的质量技术要求

项次	项　目	指　标	备　注
1	含泥量(%)	≤1	不应含有黏土团块
2	硫化物及硫酸盐含量(折算成 SO₂)(%)	≤0.5	
3	有机质含量	浅于标准色	如深于标准色,应进行混凝土对比试验,其强度降低不应大于 15%
4	针片状颗粒含量(%)	≤15	
5	坚固性(按硫酸钠溶液 5 次循环后损失)(%)	<5 <3	无抗冻要求的混凝土 有抗冻要求的混凝土
6	颗粒密度(t/m³)	>2.55	
7	吸水率(%)	<2.5	
8	超径	<5%	以原孔筛检验
9	逊径	<10%	

3. 细骨料

(1)细骨料宜采用质地坚硬、颗粒洁净、级配良好的天然砂。如使用海砂,应经过试验论证。

(2)砂的细度模数宜在 2.3~3.0 范围内。为改善砂料级配,可将粗、细不同的砂料分别堆放,配合使用。

(3)细骨料的质量标准应符合表 10-7 的规定。

表 10-7　　　　　　　　　　细骨料 (天然砂)的质量技术要求

项次	项　目	指　标	备　注
1	含泥量(%)	≤3	不应含有黏土团粒
2	云母含量(%)	≤2	对有抗冻、抗渗要求的混凝土,云母含量不应大于 1%
3	轻物质含量(%)	≤1	视密度小于 2.0
4	硫化物及硫酸盐含量(折算成 SO₃)(%)	≤1	
5	有机质含量	浅于标准色	如深于标准色,应做砂浆强度对比试验,其强度降低不应大于 15%
6	坚固性(按硫酸钠溶液 5 次循环后的损失)(%)	<10	

4. 外加剂

(1)在配制混凝土时,宜掺用外加剂。其品种应按照建筑物所处环境条件、混凝土性能要求和施工需要合理选用。

(2)有抗冻要求的混凝土必须掺用引气剂或引气减水剂。含气量宜为4%～6%。

(3)外加剂的技术标准应符合规定,其掺量应通过试验确定。

5. 配合比

(1)混凝土的配合比应通过计算和试验确定,应满足设计强度、耐久性及施工要求。

(2)混凝土的水灰比,应通过试验确定,并应符合表10-8的规定。

表 10-8   水灰比最大允许值

混凝土使用条件	寒冷地区(最冷月平均气温在-3～-10℃之间)	温和地区(最冷月平均气温在-3℃以上)
水上区: 桥架、桥梁、顶板等部位	0.55	0.60
水位变化区: 墩、墙、排架等部位	0.50	0.55
水下区: 底板、消力池、铺盖等部位	0.60	0.60
厚大结构内部	0.65	0.65
受严重冲刷的面层	0.55	0.55

(四)混凝土浇筑

1. 检验要点

(1)拌制混凝土时,应严格按照工地试验室签发的配料单配料,不得擅自更改。

(2)混凝土应搅拌至组成材料混合均匀,颜色一致。加料程序和搅拌时间应通过试验确定。

(3)混凝土的运输设备和运输能力,应与结构特点、仓面布置、拌合及浇筑能力相适应。

(4)混凝土浇筑前,应详细检查仓内清理、模板、钢筋、预埋件及永久缝的情况,验收合格后方可浇筑。

(5)混凝土应按一定厚度、顺序和方向,分层浇筑。浇筑面应大致水平。上下相邻两层同时浇筑时,前后距离不宜小于1.5m。

(6)在斜面上浇筑混凝土,应从低处开始,逐层升高,保持水平分层,并采取措施不使混凝土向低处流动。

(7)混凝土应随浇随平,不得使用振捣器平仓。有粗骨料堆叠时,应将其均匀地分布于砂浆较多处,严禁用砂浆覆盖。

(8)混凝土浇筑应连续进行。如因故中断,且超过允许的间歇时间,应按施工缝处理,若能重塑者,仍可继续浇筑上层混凝土。

(9)采用振捣器捣固混凝土时,应按一定顺序振捣,防止漏振、重振;移动间距应不大于振捣器有效半径的1.5倍。

当使用表面振捣器时,其振捣边缘应适当搭接。

(10)浇筑过程中,应随时检查模板、支架等稳固情况,如有漏浆、变形或沉陷现象,应立即处理。检查钢筋、止水片及预埋件的位置,如发现移动时,应及时校正。

(11)浇筑过程中,应及时清除黏附在模板、钢筋、止水片和预埋件表面的灰浆。浇筑到顶时,应立即抹平,排除泌水,待定浆后再抹一遍,防止产生松顶和表面干缩裂缝。

(12)混凝土浇筑过程中,如表面泌水过多,应设法减少。仓内泌水应及时排除,但不得带走灰浆。

(13)混凝土浇筑完毕后,应及时覆盖。面层凝结后,应立即洒水养护,使混凝土面和模板经常保持湿润状态。

2. 检验标准

(1)混凝土的坍落度应根据结构特点和部位选用,见表10-9。

表 10-9 混凝土在浇筑地点的坍落度(使用振捣器)

部位和结构情况	坍落度(cm)
基础、混凝土或少筋混凝土	2~4
闸底板、墩、墙等一般配筋	4~6
桥梁,配筋较密,捣实较难	6~8
胸墙、岸墙、翼墙等薄壁墙,断面狭窄,配筋较密,捣实困难	8~10

(2)混凝土浇筑层厚度,应根据搅拌、运输和浇筑能力、振捣器性能及气温因素确定,不应超过表10-10的规定。

表 10-10 混凝土浇筑层的允许最大厚度 (mm)

捣实方法和振捣器类别		允许最大厚度
插入式	软轴振捣器	振捣器头长度的1.25倍
表面式	在无筋或少筋结构中	250
	在钢筋密集或双层钢筋结构中	150
附着式	外挂	300

六、混凝土构件质量检验

（一）混凝土构件预制

1. 检验要点

（1）构件预制场地应平整坚实，排水良好。

（2）浇筑预制构件，应符合下列规定：

1）浇筑前，应检查预埋件的数量和位置；

2）每个构件应一次浇筑完成，不得间断，并宜采用机械振捣；

3）构件的外露面应平整、光滑，无蜂窝麻面；

4）重叠法制作构件时，其下层构件混凝土的强度达到5MPa后方可浇筑上层构件，并应有隔离措施；

5）构件浇制完毕后，应标注型号、混凝土强度等级、制作日期和上下面。无吊环的构件应标明吊点位置。

（3）小的定型构件，可采用干硬性混凝土，脱模后即进行修整。构件不得有掉角、扭曲和开裂等情况。

2. 检验标准

混凝土构件制作的允许偏差，设计无规定时，应符合表 10-11 的规定，经检验合格的构件应有合格标志。

表 10-11　　　　　混凝土预制构件制作的允许偏差　　　　　（mm）

| 项　目 | 截面尺寸 | | | | | 侧向弯曲 | 保护层厚度 | 对角线差 | 表面平整 | 预留孔 | 预留洞 | 预埋件 | | | 备注 |
	长度	宽度	高度	肋宽	厚度							中心线位移	螺栓位移	螺栓露出长度	
板、双T形模壳	+10 -5	±5	±5	+4 -2	+4 -2	L/1000且不大于20	+5 -3	10	5						
块体、I字形双悬臂箱形、箱形等模壳	±5	±5	±5	4 -2	+4 -2	L/1000且不大于20	+10 -5	10	5						
柱	+5 -10	±5	±5			L/750且不大于20	+10 -5			5	15	10	5	+10 -5	L为构件长度
梁	+10 -5	±5	±5			L/750且不大于20	+10 -5								
刚架、桁架、薄腹梁	+15 -10	±5	±5			L/1000且不大于20	+10 -5								

（二）混凝土构件装配

1. 检验要点

（1）支承构件部位的混凝土强度应符合设计要求。

（2）吊装前，对吊装设备、工具的承载能力等应进行系统检查，对构件应进行外形复查。

（3）构件安装前,应标注构件的中心线,其支承结构上也应校测和标划中心线及高程。

（4）闸墩、岸墙、翼墙等各种模壳预制构件的安装应符合下列规定：

1）吊装前,应将底板、构件洗刷干净；

2）构件与底板、构件与构件之间的缝隙宽度一般为 2～3cm,缝隙间应用水泥砂浆填塞密实；

3）砌筑用水泥砂浆的强度等级不应低于构件的混凝土强度等级；

4）构件安装砌筑到 1～3 层时应及时浇灌混凝土或逐层灌注块石混凝土；

5）各层混凝土接合面应按施工缝处理。

（5）刚架构件的安装应符合下列要求：

1）埋插构件的杯形基穴应凿毛清洗干净,其四周与构件边的最小间隙不得小于 3cm；

2）构件定位后,应立即锚固并支撑牢固,方能脱掉吊钩。

（6）构件与构件的外露主筋应焊接牢固,为防止混凝土在高温作用下受损,可采用间隔流水焊接或分层流水焊接。

（7）装配式结构中的接头和接缝应用不低于构件强度等级的混凝土或砂浆填筑,并可采用快硬措施或补偿收缩混凝土。

2. 检验标准

装配式水闸预制构件安装允许偏差值见表 10-12。

表 10-12　　　　　　　装配式水闸预制构件安装允许偏差

项　次	项　　　　目	允许偏差
1	墩、墙表面不平整度（凹凸）	3mm
2	相邻两构件顶部高差	10mm
3	墩、墙垂直度	1/400
4	柱架、垂直度	1/750
5	墩顶中心线平面位置	±15mm
6	工作桥预留孔中心位置	≤5mm

七、砌石工程质量检验

（一）检验要点

1. 材料

（1）砌石所用石料有粗料石和块石两种,石料质地应坚硬、无裂纹,风化石不得使用。

(2)混凝土灌砌块石所用的石子粒径不宜大小 2cm。水泥强度等级不宜低于 32.5 级;在水位变化区、受水流冲刷的部位以及有抗冻要求的砌体,其水泥强度等级不宜低于 32.5 级。

(3)使用混合材和外加剂,应通过试验确定。混合材宜优先取用粉煤灰,其品质指标参照有关规定。

2. 浆砌石

(1)砌筑前,应将石料刷洗干净,并保持湿润。砌体的石块间应有胶结材料粘结、填实。

(2)浆砌石墩、墙应符合下列要求:

1)砌筑应分层,各砌层均应坐浆,随铺浆随砌筑;

2)每层应依次砌角石、面石,然后砌腹石;

3)块石砌筑,应选择较平整的大块石经修整后用作面石,上下两层石块应骑缝,内外石块应交错搭接;

4)料石砌筑,按一顺一丁或两顺一丁排列,砌缝应横平竖直,上下层竖缝错开距离不小于 10cm,丁石的上下方不得有竖缝;粗料石砌体的缝宽可为 2~3cm;

5)砌体宜均衡上升,相邻段的砌筑高差和每日砌筑高度,不宜超过 1.2m。

(3)采用混凝土底板的浆砌石工程,在底板混凝土浇筑至面层时,宜在距砌石边线 40cm 的内部埋设露面块石,以增加混凝土底板与砌体间的结合强度。

(4)混凝土底板面应凿毛处理后方可砌筑。砌体间的接合面应刷洗干净,在湿润状态下砌筑。砌体层间缝如间隔时间较长,可凿毛处理。

(5)混凝土灌砌块石,块石净距应大于石子粒径,不得采取先嵌填小石块再灌缝的作法;灌入的混凝土应插捣密实。

(6)砌体的外露面和挡土墙的临土面均应勾缝。砌体勾缝前,应清理缝槽,并用水冲洗湿润,砂浆应嵌入缝内约 2cm。

3. 干砌石

(1)具有框格的干砌石工程,宜先修筑框格,然后砌筑。

(2)干砌石工程宜采用立砌法,不得叠砌和浮塞;石料最小边厚度不得小于 15cm。

(3)铺设大面积坡面的砂石垫层时,应自下而上,分层铺设,并随砌石面的增高分段上升。

(4)砌体缝口应砌紧,底部应垫稳填实,严禁架空。

(二)质量检验标准

1. 砌体质量检验

(1)材料和砌体的质量规格应符合要求;

(2)砌缝砂浆应密实,砌缝宽度、错缝距离应符合要求;

(3)砂浆、小石子混凝土配合比应正确,试件强度不低于设计强度。

2. 砌体质量标准

砌体尺寸的允许偏差不得超过表 10-13 的规定。

表 10-13　　　　　　砌体尺寸的允许偏差　　　　　　(mm)

项次	项　　目	允许偏差
1	墙面垂直度： (1)浆砌料石墙 (2)浆砌块石墙临水面	墙高的 0.5%且不大于 20 墙高的 0.5%且不大于 30
2	护底、海漫高程	+50，−100
3	护坡坡面平整度(每 10m 长范围内)	100
4	护底、海漫、护坡砌石厚度	厚度的 15%
5	垫层厚度	厚度的 20%
6	齿坎深度	±50

八、防渗与导渗质量检验

(一)检验要点

1. 防渗板桩

(1)防渗板桩应优先采用钢筋混凝土板桩，条件适宜时可采用木板桩。

(2)钢筋混凝土板桩应根据土质情况和施工条件，浇制一定数量的备用桩。施打前，应复查，并清除附着杂污。

(3)木板桩的凹凸榫应平整光滑，桩身宜超长 10cm。制成的板桩应拼编号，并套榫叠放。

(4)角桩或始桩长应加长 1~2m，其横截面宜放大，制成凹榫，桩尖应对称。

(5)打板桩宜凹榫套凸榫。自角桩或始桩接出的第一根板桩制成两面凸榫，两向合拢桩制成两面凹榫。

(6)打桩时，封闭型的板桩应先打角桩；多套桩架施打时，应分别设始桩；角桩和始桩应保持垂直。

(7)打桩过程中，要经常观测板桩的垂直度，并及时纠正；两向合拢时，按实际打入板桩的偏斜度，用大小头木板桩封闭。

(8)木板桩打完后，桩顶宜用马钉或螺栓与围图木联成一体，防止挤压变位，并按桩顶设计高程锯平。

2. 防渗铺盖

(1)钢筋混凝土铺盖应按分块间隔浇筑。在荷载相差过大的邻近部位，应等沉降基本稳定后，再浇筑交接处的分块或预留的二次浇筑带。

(2)黏土铺盖填筑时，应尽量减少施工接缝；如分段填筑，其接缝的坡度不应陡于1∶3。填筑达到高程后,应立即保护,防止晒裂或受冻。

(3)用塑料薄膜等高分子材料组合层或橡胶布作防渗铺盖时,应铺设平整,及时覆盖,同时防止沾染油污。

3.导渗

(1)铺筑反滤层时,应使滤料处于湿润状态,以免颗粒分离,同时,防止杂物或不同规格的料物混入。分段铺筑时,应将接头处各层铺成阶梯状,防止层间错位、间断、混杂。

(2)铺筑土工织物滤层应铺设平整,松紧度应均匀,端部锚应牢固。

(3)滤层与混凝土或浆砌石的交界面应加以隔离,以防止砂浆流入。放水前,排水孔应清理,并灌水检查,孔道畅通后,用小石子填满。

(二)检验标准

(1)板桩制作质量检验应符合表10-14的规定。

表 10-14　　　　　　　　板桩制作的允许偏差　　　　　　　　(mm)

项　次	项　　　目	允许偏差
1	木板桩: (1)厚度 (2)凸榫或凹榫 (3)桩身弯曲矢高	−10 ±2 桩长的0.3%
2	钢筋混凝土板桩: (1)横截面相对两边之差 (2)凸榫或凹榫 (3)保护层厚度 (4)桩尖对桩轴线位移 (5)桩身弯曲矢高	5 ±3 +5 10 桩长的0.1%并不得大于10

(2)打入板桩的允许偏差应符合表10-15的规定。

表 10-15　　　　　　　　打入板桩的允许偏差　　　　　　　　(mm)

项　次	项　　　目	允许偏差
1	木板桩: (1)桩轴线 (2)垂直度 (3)桩顶高程 (4)最大间隙	±20 1% ±50 10

续表

项　次	项　　目	允许偏差
2	钢筋混凝土板桩： (1)桩轴线 (2)垂直度 (3)桩顶高程 (4)最大间隙	±20 1% −50～+100 15

第四节　埋件制作与安装检验

一、埋件制作质量检验

1. 检验要点

(1)高水头弧门采用实扩式门槽时,侧轨上止水座基面的曲率半径允许偏差为±2.0mm,其偏差方向应与门叶面板外弧的曲率半径偏差方向一致。门槽上侧止水板和侧轮导板的中心曲率半径允许偏差为±3.0mm。

(2)当止水板布置在主轨上时,任一横断面的止水板与主轨轨面的距离的允许偏差为±0.5mm,止水板中心至轨面中心的距离的允许偏差为±2.0mm。

(3)当止水板布置在反轨上时,任一横断面的止水板与反轨工作面的距离允许偏差为±2.0mm,止水板中心至反轨工作面中心距离允许偏差为±3.0mm。

(4)护角如兼作侧轨,其与主轨轨面(或反轨工作面)中心距离 a 允许偏差为±3.0mm,其与主轨轨面(或反轨工作面)的垂直度公差应不大于±1.0mm。

(5)底槛和门楣的长度允许偏差为−4.0～0mm;如底槛不是嵌于其他构件之间,则允许偏差为±4.0mm。

胸墙的宽度允许偏差为−4.0～0mm;对角线相对差应不大于4.0mm。

(6)焊接主轨的不锈方钢、止水板与主轨面板组装时应压合,局部间隙应不大于0.5mm,且每段长度不超过100mm,累计长度不超过全长的15%。铸钢主轨支承面(踏面)宽度尺寸允许偏差为±3.0mm。

2. 制造允许公差

(1)底槛、主轨、副轨、反轨、止水座板、门楣、侧轮导板、侧轨、铰座钢梁和具有止水要求的胸墙及钢衬制造的允许公差,应符合表10-16的规定。

(2)没有止水要求的胸墙和钢衬制造公差应符合表10-17的规定。

(3)平面链轮闸门主轨承压凹槽及承压板加工应不低于IT8级精度要求,凹槽底面的直线度应符合表10-18的规定。

承压板装配在主轨上之后,接头的错位应不大于0.1mm,主轨承压面的直线度公差应符合表10-18的规定。

表 10-16   具有止水要求的埋件公差   (mm)

序号	项　目	公　差	
		构件表面未经加工	构件表面经过加工
1	工作面直线度	构件长度的 1/1500 且不大于 3.0	构件长度的 1/2000，且不大于 1.0
2	侧面直线度	构件长度的 1/1000 且不大于 4.0	构件长度的 1/2000，且不大于 2.0
3	工作面局部平面度	每米范围内不大于 1.0，且不超过 2 处	每米范围内不大于 0.5，且不超过 2 处
4	扭曲	长度小于 3.0m 的构件，应不大于 1.0；每增加 1.0m，递增 0.5，且最大不大于 2.0	

注：1. 工作面直线度，沿工作面正向对应支承梁腹板中心测量；

2. 侧向直线度，沿工作面侧向对应焊或隔板或筋板处测量；

3. 扭曲系指构件两对角线中间交叉占处不吻合值。

表 10-17   没有止水要求的埋件公差   (mm)

序号	项　目	公　差
1	工作面直线度	构件长度的 1/1500，且不大于 3.0
2	侧面直线度	构件长度的 1/1500，且不大于 4.0
3	工作面局面平面度	每米范围内不大于 3.0
4	扭曲	长度小于 3.0m，应不大于 2.0，每增加 1.0m，递增 0.5，且不大于 3.0

表 10-18   主轨凹槽底面和承压面公差   (mm)

主轨长度	公　差	
	主轨凹槽底面	主轨承压面
≤1000	0.15	0.20
>1000～2500	0.20	0.30
>2500～4000	0.25	0.40
>4000～6300	0.30	0.50
>6300～10000	0.40	0.60

二、埋件预组装质量检验

分节制造的埋件,应在制造厂进行预组装,预组装可以立拼,也可以卧拼,但必须符合下列规定:

(1)各构件之间的装配关系、几何形状应符合设计图样。

(2)整体几何尺寸及公差应符合有关规定。

(3)转铰式止水装置应转动灵活,无卡阻现象。

(4)相邻构件组合件的错位应符合下列规定:

1)链轮门主轨承压面应不大于 0.1mm。

2)其他经过加工的应不大于 0.5mm。

3)未经加工的应不大于 2.0mm。

(5)预组装检验合格后,应在埋件的工作面和止水面显著标记中心线,应在节间组合面两侧 150mm 处标定检查线;必要时应设置定位装置,并按有关规定进行编号和包装。

三、埋件安装质量检验

(1)混凝土开仓浇筑前,应对预埋的锚板(栓)位置进行检查、核对。

(2)埋件安装前,门槽中的模板等杂物必须清除干净。

(3)平面链轮闸门主轨承压面接头处的错位应不大于 0.2mm,并应作缓坡处理;孔口两侧主轨承压面应在同一平面之内,其平面度公差应符合表 10-19 的规定。

表 10-19 主轨承压面平面度公差 (mm)

主轨长度	公 差
≤1000	0.4
>1000~2500	0.5
>2500~4000	0.6
>4000~6300	0.8
>6300~10000	1.0

(4)弧门铰座的基础螺栓中心和设计中心的位置偏差应不大于 1.0mm。

(5)弧门铰座钢梁单独安装时,钢梁中心的里程、高程和对孔口中心线距离的极限偏差为 ±1.5mm。铰座钢梁的倾斜,按其水平投影尺寸 L 的偏差值来控制,要求 L 的偏差应不大于 $L/1000$。

(6)水平钢衬高程极限偏差为 ±3.0mm,侧向钢衬至孔口中心线距离极限偏差为 -2.0~+6.0mm,表面平面度公差为 4.0mm,垂直度公差为高度的 1/1000 且不大于 4.0mm,组合面错位应不大于 2.0mm。

(7)埋件安装调整好后,应按设计图样将调整螺栓与锚板(栓)焊牢,确保埋件在浇筑二期混凝土过程中不发生变形或移位。

（8）埋件工作面对接接头的错位均应进行缓坡处理，过流面及工作面的焊疤和焊缝余高应铲平磨光，凹坑应补焊平并磨光。

（9）埋件安装完，经检查合格，应在 5～7d 内浇筑二期混凝土。如过期或有碰撞，应予复测，复测合格，方可浇筑混凝土。混凝土一次浇筑高度不宜超过 5.0m，浇筑时应注意防止撞击埋件和模板，并采取措施捣实混凝土。

（10）埋件的二期混凝土拆模后，应对埋件进行复测，做好记录。

第五节　水泵机组安装检验

一、基础及预埋件质量检验

1. 基本要求

（1）预埋件的材料、型号及安装位置，均应符合图纸要求，预埋件与混凝土结合面应无油污、油漆、残砂和严重锈蚀。

（2）主机组的基础与进、出水流道（管道）的相对位置和空间几何尺寸应符合设计要求。

（3）主机组基础的标高应与设计图纸相符，并应一次浇筑成型，不得在初凝后补面，其允许偏差应为 −5～0mm。基础纵向中心线应垂直于横向中心线，与泵站机组设计中心线的偏差宜不大于 5mm。

（4）基础垫板埋设时其高程偏差宜为 −5～0mm。中心和分布位置偏差宜不大于 10mm，水平偏差宜不大于 1mm/m。

（5）安装中，如发现主机组基础有明显的不均匀沉陷，影响机组找平、找正和找中心时，应分析原因，调整施工方案和计划进度，直至不均匀沉陷等问题处理结束后，方可继续安装。

2. 地脚螺栓预留孔

（1）预留孔几何尺寸应符合设计要求，预留孔内应清理干净，无横穿的钢筋和遗留杂物。

（2）预留孔的中心线对基准线的偏差应不大于 5mm。

（3）孔壁铅垂度误差应不大于 10mm，孔壁力求粗糙。

3. 垫铁及其安装

（1）安放垫铁和调整千斤顶处的混凝土表面应平整。

（2）垫铁的材料应为钢板或铸铁件。

（3）斜垫铁的薄边厚度宜不小于 10mm，斜率应为 1/25～1/10，垫铁搭接长度应在 2/3 以上；垫铁面积应符合设计要求。

（4）每只地脚螺栓应不少于 2 组垫铁，每组垫铁宜不超过 5 块（层），其中只应用 1 对斜垫铁，对环形基础垫铁分布调整应当考虑环形基础变形量。

（5）放置平垫铁时,厚的宜放在下面,薄的宜放在中间且其厚度宜不小于2mm,调整合格后相互点焊固定,其中铸铁垫铁可以不焊。

（6）垫铁应平整,无毛刺和卷边,相互配对的两块之间的接触面应密实。设备调平后每组均应压紧,并应用手锤逐组轻击听音检查。

4. 基础板及螺栓

（1）基础板的加工面应平整、光洁。

（2）螺栓与螺栓孔四周应有间隙并垂直于被固定件平面,螺母与螺栓应配合良好。

（3）基础板应支垫稳妥,其基础螺栓紧固后,基础板不应松动,平面位置、标高和水平均应符合要求。

（4）基础螺栓、千斤顶、斜垫铁、基础板等埋设部件安装后均应点焊固定,基础板应与预埋钢筋焊接。

二、立式机组安装检验

（一）轴瓦检查

1. 导轴瓦质量检查

（1）水泵水润滑导轴瓦应符合下列要求:

1）轴瓦表面应光滑,无裂纹、起泡及脱壳等缺陷。

2）轴承与泵轴试装应考虑其材料浸水及温度升高后的膨胀量,轴承间隙应符合设计要求。

（2）水泵油润滑合金导轴瓦应符合下列要求:

1）轴瓦应无脱壳、裂纹、硬点及密集气孔等缺陷,油沟、进油边尺寸应符合设计要求。

2）筒式瓦的总间隙应符合设计要求,圆度及上端、下端总间隙之差,均不应大于实测平均总间隙的 10%。

2. 合金轴承质量检查

电动机合金轴承应符合下列要求:

（1）合金推力轴瓦应无脱壳、裂纹、硬点及密集气孔等缺陷。

（2）分块导轴瓦瓦面每平方厘米至少有 1 个接触点,轴颈与瓦面接触应均匀,轴瓦的局部不接触面积,每处应不大于轴瓦面积的 5%,其总和应不超过轴瓦总面积的 15%。

（3）镜板工作面应无伤痕和锈蚀,粗糙度应符合设计要求。

（4）镜板、推力头与绝缘垫用螺栓紧密组装后,镜板工作面不平度应符合设计要求。

（5）抗重螺栓与瓦架之间的配合应符合设计要求。瓦架与机架之间应接触严密,连接牢固。

3. 推力瓦

(1)电动机合金推力瓦如要求研刮,应符合下列要求:

1)推力瓦面每平方厘米内应至少有 1 个接触点。局部不接触面积每处应不大于推力瓦面积的 2%,其总和应不超过推力瓦面积的 5%。

2)进油边应按设计要求刮削,并应在 10mm 范围内刮成深 0.5mm 的斜坡并修成圆角。

3)以抗重螺栓为中心,将占每块总面积约 1/4 的部位刮低 0.01~0.02mm,然后在这 1/4 的部位中的 1/6 的部位,另从 90°方向再刮低约 0.01~0.02mm。

(2)电动机弹性金属塑料推力瓦不应修刮表面及侧面。底面承重孔不应重新加工。如发现瓦面及承重孔不符合要求,应退厂处理。

(3)弹性金属塑料推力瓦的瓦面应采用干净的汽油及布或毛刷清洗,不应用坚硬的铲刀、锉刀等硬器。

4. 轴瓦外观检查验收

电动机油润滑弹性金属塑料推力瓦及导轴瓦外观验收应符合以下要求:

(1)弹性金属塑料瓦的塑料复合层厚度宜为 8~10mm,其中塑料层厚度(不计入镶入金属丝内部)宜为 1.5~3.0mm(最终尺寸)。

(2)弹性金属塑料瓦表面应无金属丝裸露、分层及裂纹,同一套(同一台电动机)瓦的塑料层表面颜色和光泽应均匀一致。瓦的弹性金属丝与金属瓦基之间、弹性金属丝与塑料层之间结合应牢固,周边不应有分层、开裂及脱壳现象。

(3)瓦面不应有深度大于 0.05mm 的间断加工刀痕。

(4)瓦面不应有深度大于 0.10mm、长度超过瓦表面长度 1/4 的划痕或深度大于 0.20mm、长度大于 25mm 的划痕,每块瓦的瓦面不允许有超过 3 条划痕。

(5)瓦面不应有金属夹渣、气孔或斑点,每 100mm×100mm 区域内不应有多于 2 个直径大于 2mm、硬度大于布氏硬度(HBS)30 的非金属异物夹渣。

(6)每块瓦的瓦面不应有多于 3 处碰伤或凹坑,每处碰伤或凹坑其深度均应不大于 1mm、宽度不大于 1mm、长度不大于 3mm 或直径不大于 3mm。

(二)立式水泵安装

1. 基本要求

(1)导叶体预装前,应复测泵座上平面高程、水平、圆度。

(2)叶轮室组合缝间隙应符合设计规定,其圆度按叶片进水边和出水边位置所测半径与平均半径之差,应不超过叶片与叶轮室设计间隙值的±10%。

(3)机组固定部件垂直同轴度应符合设计要求。无规定时,水泵轴承插口垂直同轴度允许偏差应不大于 0.08mm。

测量机组固定部件垂直同轴度时,应以水泵轴承插口止口为基准,中心线的基准误差应不大于 0.05mm,水泵单止口承插口轴承平面水平偏差应不超过 0.07mm/m。

(4)泵座、底座等埋入部件安装的允许偏差应符合表 10-20 的规定。

表 10-20　　　　　　　　　　埋入部件安装允许偏差　　　　　　　　　　（mm）

序号	项　目	叶轮直径			说　　　明
		＜3000	3000～4500	＞4500	
1	中　心	2	3	4	测量机组十字中心线与埋件上相应标记间距离
2	高　程	±3			
3	水　平	0.07mm/m			
4	圆　度（包含同轴度）	1.0	1.5	2.0	测量机组中心线到止口半径

（5）轴承安装应在机组轴线摆度、推力瓦受力、磁场中心、轴线中心及电动机空气间隙等调整合格后进行，并应做好记录。

（6）立式轴流泵和导叶式混流泵的叶轮安装高程、叶片与叶轮室间隙的允许偏差，应符合表 10-21 要求，并应检查相关部件的轴向间距符合顶车要求。

表 10-21　　　　　　　　　　叶轮安装高程及间隙允许偏差　　　　　　　　　　（mm）

项　目		叶轮直径			说　　　明
		＜3000	3000～4500	＞4500	
高程	轴流泵	1～2	1～3	2～4	叶轮中心实际安装高程与设计值偏差。对新型机组，应通过计算运行时电机上机架下沉值和主轴线伸长值重新确定
	导叶式混流泵	间隙值按设计要求加大 0.5～1.0			按叶轮与叶轮室的设计间隙确定
间隙		实测叶片间隙与平均间隙之差不宜超过平均间隙值的±20%			轴流泵在叶片最大安装角位置测量进水边、出水边和中间三处并分别计算

2. 轴承密封装置安装

水泵油润滑与水润滑导轴承密封装置的安装应符合下列要求：

（1）水润滑轴承密封安装的间隙应均匀，允许偏差应不超过实际平均间隙值的±20%。

（2）空气围带装配前，应按制造厂的规定通入压缩空气在水中检查有无漏气现象。

(3)轴向端面密封装置动环、静环密封平面应符合要求,动环密封面应与泵轴垂直,静环密封件应能上下自由移动,与动密封面接触良好。排水管路应畅通。

3. 受油器安装

叶片液压调节装置受油器安装应符合下列要求:

(1)受油器水平偏差,在受油器底座的平面上测量,应不大于 0.04mm/m。

(2)受油器底座与上操作油管(外管)同轴度偏差应不大于 0.04mm。

(3)受油器体上各油封轴承的同轴度偏差,不应大于 0.05mm。

(4)操作油管的摆度应不大于 0.04mm,轴承配合间隙应符合设计要求。

(5)受油器对地绝缘,在泵轴不接地情况下测量,宜不小于 0.5MΩ。

4. 调节器安装

叶片机械调节装置调节器的安装应符合下列要求:

(1)操作拉杆与铜套之间的单边间隙应为拉杆轴颈直径的 0.1%～0.15%。

(2)操作拉杆连接应符合设计图纸要求,应有防松措施。

(3)调节器拉杆联轴器与上拉杆联轴器连接时,其同轴度应符合设计要求。

(4)调整水泵叶片角度为 0,测量上操作杆顶端至电动机轴端部相对高度,做好记录,供检修时参考。

(三)立式电动机安装

1. 基本要求

(1)上、下机架安装的中心偏差应不超过 1mm;上、下机架轴承座或油槽的水平偏差,宜不超过 0.10mm/m。

(2)推力头套入前,应检查轴孔与轴颈的配合尺寸;卡环受力后,其局部轴向间隙应不大于 0.03mm。间隙过大时,不应加垫。

(3)调整机组转动部分时,镜板水平度偏差应在 0.02mm/m 以内,各推力瓦受力应初调均匀。

1)机组各部位相对摆度值应不超过表 10-22 的规定。

表 10-22　　　　机组轴线的相对摆度允许值(双振幅)　　　　(mm)

轴的名称	测量部位	轴的转速(r/min)				
		$n{\leqslant}100$	$100{<}n{\leqslant}250$	$250{<}n{\leqslant}375$	$375{<}n{\leqslant}600$	$600{<}n{\leqslant}1000$
电动机轴	上下导轴承处轴颈及联轴器	0.03	0.03	0.02	0.02	0.02
水泵轴	轴承处的轴颈	0.05	0.05	0.04	0.03	0.02

注:相对摆度=绝对摆度(mm)/测量部位至镜板距离(m)。

2)在任何情况下,水泵导轴承处主轴的绝对摆度值应不超过表 10-23 的规定。

表 10-23　　　　　　　　　　　　水泵导轴承处轴颈绝对摆度允许值

水泵轴的转速(r/min)	$n \leqslant 250$	$250 < n \leqslant 600$	$n > 600$
绝对摆度允许值(mm)	0.30	0.25	0.20

（4）励磁机安装后应进行检查,转子轴线摆度应不大于 0.05mm/m;定子与转子的空气间隙,各间隙与平均间隙之差应不超过平均间隙值的±10%。

2. 定子安装

（1）定子按水泵垂直中心找正时,各半径与平均半径之差,应不超过设计空气间隙值的±5%。

（2）在机组轴线调整后,应按磁场中心核对定子安装高程,并使定子铁芯平均中心线等于或高于转子磁极平均中心线,其高出值应不超过定子铁芯有效长度的 0.5%。

（3）当转子位于机组中心时,应分别检查定子与转子间上端、下端空气间隙。各间隙与平均间隙之差应不超过平均间隙值的±10%。

3. 轴承和油槽安装

（1）镜板与推力头之间绝缘电阻值应在 40MΩ 以上,导轴瓦与瓦背之间绝缘电阻值应在 50MΩ 以上。

（2）电动机导轴瓦安装应根据泵轴中心位置,并计及摆度值及其方位进行间隙调整,安装总间隙应符合设计要求。

（3）沟槽式油槽盖板径向间隙宜为 0.5～1mm,毛毡装入槽内应有不小于 1mm 的压缩量。

（4）机组推力轴承在充油前,其绝缘电阻值应不小于 5MΩ。

（5）油槽油面高度与设计要求的偏差宜不超过±5mm。

三、卧式与斜式机组安装检验

（一）轴瓦研刮

（1）要求研刮的座式轴承轴瓦研刮时,应分两次进行,初刮应在转子穿入前,精刮应在转子中心找正后。

（2）轴瓦应无夹渣、气孔、凹坑、裂纹或脱壳等缺陷;轴瓦油沟形状和尺寸应正确。

（3）筒形轴瓦顶部间隙宜为轴颈直径的 1/1000 左右,两侧间隙各为顶部间隙的一半,两端间隙差应不超过间隙的 10%。

（4）下部轴瓦与轴颈接触角宜为 60°,沿轴瓦长度应全部均匀接触,每平方厘米应有 1～3 个接触点。

（5）推力瓦研刮接触面积应大于 75%,每平方厘米至少应有 1 个接触点。无调节螺栓推力瓦厚度应一致,同一组各推力瓦厚度差不大于 0.02mm。

(二)轴承安装

1. 滑动轴承安装

(1)圆柱面配合的轴瓦与轴承外壳,其上轴瓦与轴承盖间应无间隙,且应有0.03～0.05mm 的紧量,下轴瓦与轴承座接触应紧密,承力面应达 60％以上。

(2)轴瓦合缝放置的垫片,在调整顶间隙增减垫片时,两边垫片的总厚度应相等;垫片不应与轴接触,离轴瓦内径边缘不宜超过 1mm。

(3)球面配合的轴瓦与轴承,球面与球面座的接触面积应为整个球面的 75％左右,并均匀分布,轴承盖拧紧后,球面瓦与球面座之间的间隙应符合设计要求,组合后的球面瓦和球面座的水平结合面均不应错口。

(4)轴瓦进油孔应清洁畅通,并应与轴承座上的进油孔对正。

2. 滚动轴承安装

(1)滚动轴承应清洁无损伤,工作面应光滑无裂纹、蚀坑和锈污,滚子和内圈接触应良好,与外圈配合应转动灵活无卡涩,但不松旷;推力轴承的紧圈与活圈应互相平行,并与轴线垂直。

(2)滚动轴承内圈与轴的配合应松紧适当,轴承外壳应均匀地压住滚动轴承的外圈,不应使轴承产生歪扭。

(3)轴承使用的润滑剂应符合制造厂的规定,轴承室的注油量应符合要求。

(4)采用温差法装配滚动轴承,被加热的轴承其温度应不高于 100℃。

(三)卧式与斜式水泵安装

1. 水泵组装

(1)组装好的叶轮,其密封环处和轴套外圆的摆度值应不大于表 10-24 的规定。泵轴摆度值应不大于 0.05mm。

表 10-24　　　水泵叶轮密封环和轴套外圆允许摆度值　　　(mm)

水泵进口直径	$D\leqslant260$	$260<D\leqslant500$	$500<D\leqslant800$	$800<D\leqslant1250$	$D>1250$
径向摆度值	0.08	0.10	0.12	0.16	0.20

(2)叶轮与轴套的端面应与轴线垂直。

(3)密封环与泵壳间的单侧径向间隙,一般应为 0.00～0.03mm。

(4)密封环和叶轮配合的单侧径向间隙,应符合表 10-25 的规定。

表 10-25　　　　水泵密封环单侧径向间隙　　　　(mm)

水泵叶轮密封环处直径	120～180	180～260	260～360	360～500
密封环每侧径向间隙	0.20～0.30	0.25～0.35	0.30～0.40	0.40～0.60

(5)密封环处的轴向间隙应大于 0.5～1mm。

(6)斜式与卧式水泵安装时,应考虑机组旋转时因导轴承的油楔作用产生的叶轮上浮量,以确保运转时上、下叶片间隙满足要求,故安装时应使上叶片间隙大于下叶片间隙,具体数值应由制造厂提供。

2. 水泵安装

(1)基础埋入部件的安装应符合设计规定。

(2)安装基准线的平面位置允许偏差不宜超过±2mm,标高允许偏差不宜超过±1mm。

(3)安装前应对水泵各部件进行检查,各组合面应无毛刺、伤痕,加工面应光洁,各部件无缺陷,并配合正确。

(4)水泵安装的轴向、径向水平偏差不应超过0.1mm/m。水平测量应以水泵的水平中开面、轴的外伸部分、底座的水平加工面等为基准。

(5)填料密封时,填料函内侧、挡环与轴套的单侧径向间隙应为0.25~0.50mm。

1)水封环应对准水封进水孔。填料接口应严密,两端搭接角度一般宜为45°,相邻两层填料接口宜错开120°~180°。

2)填料压盖应松紧适当,与泵轴径向间隙应均匀。

(6)联轴器应根据不同配合要求进行套装,套装时不应直接用铁锤敲击。弹性联轴器的弹性圈和柱销应为过盈配合,过盈量宜为0.2~0.4mm。

柱销螺栓应均匀着力,当全部柱销紧贴在联轴器螺孔一侧时,另一侧应有0.5~1mm的间隙。

(7)联轴器安装后,应用盘车检查两联轴器的同轴度,其允许偏差应符合表10-26的规定。

表 10-26　　　　　　　　联轴器同轴度允许偏差值　　　　　　　　(mm)

转速	刚性连接		弹性连接	
(r/min)	径　向	端　面	径　向	端　面
1500~750	0.10	0.05	0.12	0.08
750~500	0.12	0.06	0.16	0.10
<500	0.16	0.08	0.24	0.15

(四)卧式与斜式电动机安装

(1)电动机解体检查和安装过程中,应防止杂物等落入定子内部。

(2)不应将钢丝绳直接绑扎在轴颈、集电环和换向器上起吊转子,不得碰伤定转子绕组和铁芯。

(3)卧式和斜式电动机的固定部件同轴度的测量,应以水泵为基准找正。初步调整轴承孔中心位置,其同轴度偏差应不大于0.1mm;轴承座的水平偏差轴向应不超过0.2mm/m,径向应不超过0.1mm/m。

(4)主电动机轴联轴器应按水泵联轴器找正,其同轴度应不大于 0.04mm,倾斜度应不大于 0.02mm/m。

(5)联轴器主轴连接后,应用盘车检查各部分摆度,其允许偏差应符合下列要求:

1)各轴颈处的摆度应小于 0.03mm。

2)推力盘的端面跳动量应小于 0.02mm。

3)联轴器侧面的摆度应小于 0.10mm。

4)滑环处的摆度应小于 0.20mm。

(6)卧式和斜式电动机滑环与电刷的安装应符合设计要求。

(7)滑环表面应光滑,摆度应不大于 0.05mm。滑环上的电刷装置应安装正确,电刷在刷握内应有 0.1～0.2mm 的间隙,刷握与滑环应有 2～4mm 间隙。

四、灯泡贯流式机组安装检验

(一)埋设部件检查

(1)流道盖板基础框架中心线应与机组中心线重合,允许偏差为±5mm;高程应符合设计要求,四角高差应不超过 3mm;各框边高差应不超过 1mm。

(2)灯泡贯流式水泵进、出水管的安装,其允许偏差应符合表 10-27 的规定。

表 10-27　　　　灯泡贯流式水泵进出水管安装允许偏差　　　　(mm)

项　　目	叶轮直径		说　　明
	D≤3000	3000<D≤6000	
管口法兰最大与最小直径差	3.0	4.0	有基础环的结构,指基础环上法兰
中心及高程	±1.5	±2.0	测管口水平标记的高程和垂直标记的左右偏差
法兰面与叶轮中心线的距离	±2.0	±2.5	1. 若先装座环,应以座环法兰面位置为基础; 2. 测上、下、左、右 4 点
法兰面垂直度	0.4mm/m	0.5mm/m	

(3)灯泡贯流式水泵座环的安装,其允许偏差应符合表 10-28 的规定。

表 10-28　　　　灯泡贯流式水泵座环安装允许偏差　　　　(mm)

项　　目	叶轮直径		说　　明
	D≤3000	3000<D≤6000	
中心位置	2	3	测部件上 X、Y 标记与相应基准线之距

续表

项　　目	叶轮直径		说　　　明
	$D \leqslant 3000$	$3000 < D \leqslant 6000$	
法兰面与叶轮中心线的距离	±2.0	±2.5	1. 若先装进出水管或基础环,应以进出水管法兰或基础环法兰为基础; 2. 测上、下、左、右四点
法兰面与 X、Y 基准面的平行度(mm/m)	0.4	0.5	
圆度	1.0	1.5	

（二）轴承装配

（1）轴瓦间隙应符合设计要求,轴承箱体应密封良好、回油畅通。

（2）有绝缘要求的轴承,在充油前用 1000V 摇表检查绝缘电阻应不低于 1MΩ。

（3）贯流式机组推力轴承的轴向间隙宜控制在 0.3～0.6mm 之间。

（4）推力盘与主轴应垂直,偏差应不超过 0.05mm,分瓣推力盘组合面应无间隙,用 0.05mm 塞尺检查不能塞入,摩擦面在接缝处错牙应不大于 0.02mm,且按机组抽水旋转方向检查,后一块不得凸出前一块。

（5）无抗重螺栓推力瓦(一般为反推力瓦)的平面应与主轴垂直(与推力盘平行),偏差应不超过 0.05mm/m。偏差的方向应与推力盘一致,每块推力瓦厚度偏差应不大于 0.02mm。

（6）有抗重螺栓时,抗重螺栓调整推力瓦与推力盘间隙(一般为正推力瓦),按制造厂设计要求进行调整。

（三）灯泡贯流泵安装

（1）调整轴线时,应计及由于轴上负荷和支承与运行时的不同所引起的轴线位置变化以及座环法兰的倾斜情况,并应符合设计要求。

（2）叶轮与主轴连接后,组合面应无间隙。用 0.05mm 塞尺检查,应不能塞入。

（3）受油器瓦座与转轴的同轴度应盘车检查。同轴度偏差,固定瓦应不大于 0.10mm,浮动瓦应不大于 0.15mm。

（4）叶轮室应以叶轮为中心进行调整与安装,叶轮室与叶轮间隙应根据设计要求,按叶轮的窜动量和充水运行后叶轮高低的变化进行调整。

（四）灯泡贯流式机组电动机安装

（1）主轴连接后,应盘车检查各部分摆度,并应符合下列要求:

1)各轴颈处的摆度应小于 0.03mm。

2)推力盘的端面跳动量应小于 0.05mm。

3)联轴法兰的摆度应小于 0.10mm。

4)滑环摆度应小于 0.20mm。

(2)调整定子与转子的空气间隙,其与平均间隙之差,应不超过平均间隙的±10%。

(3)顶罩与定子组合面应良好,应测量并记录由于灯泡重量引起定子进水侧的下沉值。

(4)支撑结构的安装,应根据不同结构型式按制造厂要求进行。

(5)挡风板与转动部件的径向间隙与轴向间隙应符合设计要求,其偏差应不大于设计值的 20%。

(6)总体安装完毕后,灯泡体应按设计要求进行严密性试验。

第六节　进出水管道安装检验

一、基本要求

(1)进、出水管道的坡向、坡度应符合设计要求。

(2)管子连接时,不得采用强力对口、加热管道、加偏垫或多层垫等方法来消除接口端面的空隙、偏差、错口等缺陷;安装工作间断时,应及时封闭敞开的管口。

(3)采用法兰连接时,应使用同一规格螺栓,安装方向应一致,紧固后外露长度宜为 1.5~5 倍螺距。

(4)管子采用法兰连接时,应保持法兰面平行,其偏差应不大于法兰外径的1.5/1000,且不大于 2mm。法兰螺栓孔中心偏差宜不超过螺栓孔径的 5%。

(5)地埋管道的安装应排除沟内积水,并经试压和防腐处理后埋好,按隐蔽工程进行验收,然后分层填土并夯实。

(6)管道阀门和管件的安装应根据设计文件核对其型号和规格,并进行检查和试验;确定安装方向,调整阀门的操作机构和传动装置,保证其动作灵活,指示准确。

二、检验要点

(一)金属管道安装检验

1. 管道质量检查

(1)检验钢管外径及壁厚,偏差应符合钢管制造标准和设计要求;钢板卷管的制造质量应符合有关规定。

(2)铸铁管应在每批中抽 10%作外观检查,检查内容包括表面状况、涂漆质量、尺寸偏差等;若制造厂没有水压试验资料,应补做水压试验。

（3）管道法兰面与管道中心线应互相垂直,两端法兰面应平行,法兰面凸台的密封沟应正常。

2. 管道焊缝位置

（1）直管段两焊接环缝间距应不小于 500mm,应按安装顺序逐条进行,并不应在混凝土浇筑后再焊接环缝。

（2）焊缝距弯管(不包括压制和热弯管)起弯点应不小于 100mm,且应不小于管外径。

（3）卷管的纵向焊缝应置于易检修的位置。

（4）在管道焊缝上应不开孔。若必须开孔,焊缝应经无损探伤检查合格。

（5）有加固环或支承环的卷管,其加固环或支承环的对接焊缝应与管道纵向焊缝错开,间距宜不小于 100mm,加固环或支承环距管道的环向焊缝应不小于 50mm。

3. 钢管安装

（1）钢管安装后,应与垫块、支墩和锚栓焊牢。

（2）将明管内壁、外壁和埋管内壁的焊疤等清理干净,局部凹坑深度应不超过板厚的 10%,且不大于 2mm,否则应予补焊。

4. 铸铁管安装

（1）铸铁管安装前,应清除承插部位的粘砂、毛刺、沥青块等,并烤去其沥青涂层。如发现裂缝、断裂等缺陷,不应使用。

（2）承插铸铁管对口的最小轴向间隙,应符合表 10-29 的规定。

表 10-29　　　　　　　　**铸铁管对口轴向间隙**　　　　　　　　（mm）

名义直径	沿直线铺设	沿曲线铺设
<75	4	
100～250	5	7～13
300～500	6	10～14
600～700	7	14～16
800～900	8	17～20
1000～1200	9	21～24

（3）沿曲线铺设的承插铸铁管道,名义直径不大于 500mm 时,每个承插接口的最大允许转角应为 2°;名义直径大于 500mm 时,最大允许转角为 1°。

（4）沿直线和沿曲线铺设的承插铸铁管道,承插接口环形间隙应均匀,其间隙值及允许偏差应满足表 10-30 的要求。

表 10-30	承插口环形间隙及允许偏差	（mm）
名义直径	沿直线铺设	沿曲线铺设
75～200	10	−2～+3
250～450	11	−2～+4
500～900	12	−2～+4
1000～1200	13	−2～+4

5. 承插接口填充

(1)用石棉水泥或膨胀水泥作接口材料时，其填塞深度应为接口深度的1/2～2/3。填实时应分层填打，其表面应平整严实，并需湿养护1～2d。冬季应有防冻措施。

(2)管道接口所用的橡胶圈不应有气孔、裂缝、重皮及老化等缺陷；装填时橡胶圈应平整、压实，不应有松动、扭曲及断裂等现象。

(3)用油麻辫作接口材料时，其外径应为接口缝隙的1.5倍。每圈麻辫应互相搭接，并压实打紧。打紧后的麻辫填塞深度应为承插深度的1/3，且应不超过承口三角凹槽的内边。

(二)混凝土管道安装检验

(1)混凝土管使用前，应核验混凝土管的强度等级及出厂合格证明。

(2)混凝土管道接口用的橡胶圈，其性能应符合设计要求；橡胶圈的环内径与管子插口外径之比(即环径系数)宜为0.85～0.9，安装后的橡胶圈压缩率应为30%～45%。

(3)混凝土管在安装过程中不得穿心吊，应采用两点兜身吊或用专用起吊机具，不应碰撞和损坏。待装管的插口套上橡胶圈后，整理顺直，不应有扭曲、翻转等现象。

(4)管道安装应按由坡下往坡上和承口向前的原则逐节推进。待装管的移动应平稳，插口圆周同步进入已装管的承口。

(5)管道就位后，应立即检查橡胶圈是否已进入工作面，相邻承口间的对口间隙应符合要求。

(6)钢管与混凝土管的连接，应按设计要求进行，钢管承(插)口的加工精度应与混凝土管插(承)口相一致。

(三)填料式补偿器安装检验

(1)补偿器安装时，应与管道保持同心，不应有歪斜、卡阻现象。

(2)在靠近补偿器的两侧应有导向支座，伸缩节应能伸缩自由，不得偏离中心。

(3)补偿器的伸缩量允许偏差应为±5mm;若泵站温差变化不大,伸缩节仅起安装作用,应经设计单位确认,可以锁定。

(4)插管应安装在水流入端。

(5)填料应逐圈装入压紧,各圈接口应错开。

(四)蝶阀安装检验

(1)橡胶水封装入前,通过0.5MPa的压缩空气在水中作渗漏试验,应无漏气现象。

(2)阀体各组合缝间隙应小于0.05mm,可用0.05mm塞尺予以检查,如允许有局部间隙时,可用不大于0.10mm塞尺检查,其深度不应超过组合面宽度的1/3,总长不得超过周长的20%。

组合面橡胶盘根的两端,应露出阀体法兰的盘根底面1～2mm。

(3)组装时,阀瓣在关闭位置与阀体间的间隙应均匀,偏差应不超过实际平均间隙值的±20%。

(4)阀瓣在关闭位置,橡胶水封在未充气状态下,其水封间隙应符合设计要求,偏差应不超过设计间隙值的±20%。在工作气压下,橡胶水封应无间隙。

(5)蝶阀安装应符合下列要求:

1)与阀门、管件连接的管子,伸出混凝土墙面的长度,宜控制在300～500mm之间。

2)沿水流方向的阀门、管件安装中心线,应根据蜗壳及钢管的实际中心确定;横向中心线与设计中心线的偏差,应不大于15mm,阀门、管件的水平和垂直度,在法兰焊接后其偏差应不大于1mm/m。

3)为便于检修时将蝶阀向伸缩方向移动,其基础螺栓和螺孔间应有足够的调节余量,其值应不小于法兰之间橡胶盘根的直径。

(五)球阀安装检验

(1)球阀安装时,轴承间隙及各组合缝间隙应符合设计要求。

(2)工作密封及检修密封的止水面接触应严密,用0.005mm塞尺检查,不能通过,否则应研磨处理。

(3)密封盖行程及配合尺寸应符合设计要求,其实际行程宜不小于设计值的80%,动作应灵活。

(4)进行严密性耐压试验,在最大静水压下保持30min,其密封的漏水量应不超过设计允许值。

(5)球阀的阀板转动应灵活,与固定部件之间的间隙宜不小于2mm。密封盖与密封圈之间的最大间隙应小于密封盖的实际行程。

(六)水压试验

1. 钢管水压试验

(1)明管安装后应作整体或分段水压试验。分段长度和试验压力应满足设计要求。

(2)若明管试验确有困难时,经监理工程师批准,可以不作水压试验,但应进行无损探伤检查。

(3)岔管应做水压试验,试验压力应为最大水锤压力的1.25倍。

(4)钢管试压应逐步升压至工作压力,保持10min,经检查正常再升至试验压力,保持5min,然后再降至工作压力,保持30min,并用0.5～1.0kg小锤在焊缝两侧各15～20mm处轻轻敲击,应无渗水及异常现象。

2. 铸铁管水压试验

(1)铸铁管明管水压试验,应为工作压力的1.25倍,保持30min,应无渗漏及异常现象。

(2)铸铁管地埋管道水压试验压力应为工作压力的2倍,保持10min,应无渗漏及异常现象。

3. 混凝土管水压试验

承插式预应力混凝土管道的水压试验应符合下列要求:

(1)直径1600mm及以上的混凝土管安装后,应逐节进行接头水压试验。试验压力应符合设计要求,宜为工作压力的1.25倍,保持5min。

(2)全线水压试验。长线管道可分段进行,分段长度宜不大于1km;全线(或分段)水压试验的试验压力,当工作压力小于0.6MPa时,应为工作压力的1.5倍;当工作压力不小于0.6MPa时,应为工作压力加0.3MPa,保持30min,在上述情况下均不得有破坏及漏水现象,其允许渗水量应不超过按式(10-1)计算所得的值:

$$q = 0.14D^{0.5} \tag{10-1}$$

式中　q——每公里长的管道总允许渗水量,L/min;

　　　D——管道内径,mm。

(3)进行水压试验应先对管道进行充水排气。充满水后,管径在1000mm及以下的管道需经48h以后,内径在1000mm以上的管道需经72h以后,方可进行水压试验。

三、质量检验标准

金属管道安装质量检验标准如下:

(1)金属管道始装管节的里程偏差应不超过±5mm。弯管起点轴线方向的位置偏差应不超过±10mm。

(2)始装管节鞍式支座的顶面弧度,应用样板检查,其间隙应不大于2mm。滚轮式和摇摆式支座的支墩垫板高程、纵向和横向中心偏差应不超过±5mm,与钢管设计轴线的平行度偏差应不大于2/1000。安装后应能灵活运作,无卡阻现象,各接触面应接触良好,局部间隙应不大于0.5mm。

(3)金属管道安装后管口中心的允许偏差应符合表10-31的规定。

表 10-31　　　　　　　**钢管管口中心的允许偏差**　　　　　　　　（mm）

管道内径 D	始装节管口中心	与设备连接的管节及 弯管起点的管口中心	其他部位管节的管口中心
$D \leqslant 2000$		±6.0	±15.0
$2000 < D \leqslant 5000$	5	±10.0	±20.0
$D > 5000$		±12.0	±25.0

第七节　辅助设备安装检验

一、基本要求

(1)辅助设备安装前应进行清理检查;安装完成并检查合格后,应进行分部试运行。

(2)辅助设备应标明设备编号;旋转设备应有表明转动方向的标志;易直接接触到的转动部位应装设牢固的遮栏或护罩。

(3)辅助设备安装时,轴向、径向中心线与设计位置偏差应不超过 10mm,标高与设计偏差应不超过 −10～20mm。

(4)水泵进水管带有底阀时,底阀与井底和侧壁间的距离宜不小于底阀或进水管口的外径,底阀作灌水试验应无渗漏,滤网进水应畅通。

(5)供水、排水系统的附件如滤水器、流量计、示流器、压力表、止回阀以及有关传感器等的安装,均应符合相关技术要求。

二、检验要点

(一)油压装置

(1)油压装置用油牌号、质量应符合设计和标准要求。压力油罐应经劳动部门检验合格。

(2)油压装置的工作油泵压力控制元件、备用油泵压力控制元件、溢流阀、减压阀和安全阀等的调整值,应符合设计要求,油泵自动启动和自动停止的动作及油压过高过低的信号均应准确可靠。

(3)回油箱应按规定进行渗漏试验,并无渗漏现象。

(4)回油箱、压力油罐的安装,其允许偏差应符合表 10-32 的规定。

表 10-32　　　　　　　**回油箱、压油罐安装允许偏差**

项　目	允许偏差	项　目	允许偏差
中　心	5mm	水　平	1mm/m
高　程	±5mm	压力油罐垂直度	2mm/m

注:中心偏差测量设备轴线标记与机组轴线间距离。

(5)压力油罐在工作压力下,油位处于正常位置时,应关闭各连通闸阀,保持8h,油压下降值应不大于0.15MPa。

(二)空气压缩机

(1)固定式空压机应安装稳固。压缩机的轴向及径向水平误差应不超过0.2‰。

(2)储气罐等承压设备应按设备技术文件规定的压力进行强度和严密性试验;所有阀门、管件应清洁无锈蚀,减压阀、安全阀等经检验动作应准确可靠。卧式设备的水平度和立式设备的垂直度应符合设备技术文件的规定。

(3)空气压缩机与储气罐相距应不超过10m。管路的材料性能与规格,应符合设计要求,并应具有强度检验证。

(4)压缩机安装应有完整的记录,并按规定进行机械部分试运行。试运行合格后,应更换压缩机油。

(5)压缩空气管道系统应以1.25倍额定气压进行漏气检查,8h内压降值应不超过10%。

(三)供水、排水泵

1. 离心泵

(1)离心泵安装前应进行检查,并应符合下列要求:

1)铸件应无残留的铸砂、重皮、气孔、裂纹等缺陷。

2)各部件组合面应无毛刺、伤痕和锈污,精加工面应光洁无损。

3)壳体上通往轴封和平衡盘等处的各个孔洞和通道应畅通无堵塞,堵头应严密。

4)泵轴与叶轮、轴套、轴承等相配合的精加工面应无缺陷和损伤,配合应准确。

5)泵体支脚和底座应接触密实。

(2)离心泵的安装应按制造厂技术文件要求规定进行。

2. 长轴深井泵

(1)长轴深井泵在安装前应进行检查并应符合下列要求:

1)用螺纹连接的深井泵宜用煤油清洗泵管及支架联管器的螺纹和端面,并检查其端面。端面应与轴线垂直并无损伤,螺纹应完好。

2)用法兰连接的深井泵,每节法兰结合面应平行,且与轴线垂直。

3)联轴器端面应平行,并与轴线垂直。端面晃动应小于0.04mm,传动轴应平直,径向摆度应小于0.20mm。螺纹应光洁、无损坏。

4)叶轮在轴上应紧固无松动。

5)用法兰连接的多级离心式深井泵,应检查防沙罩与密封环、泵叶轮与密封环,以及平衡鼓与平衡套等的配合间隙。各间隙应符合图纸要求。

(2)长轴深井泵的安装应按制造厂技术文件要求进行,并应符合下列要求:

1)泵体组装应按多级离心泵的组装程序进行,并应检查叶轮的轴向窜动,其值应为 6～8mm。

2)拧紧出水叶壳后,应复查泵轴伸出的长度,应符合图纸规定,偏差应不大于 2mm。

3)泵的叶轮与导水壳间的轴向间隙,应按设备技术文件和传动轴的长度准确计算后进行调整,其锁紧装置应锁牢。

3. 潜水电泵

(1)潜水电泵泵座水平允许偏差为 0.5mm/m,高程允许偏差为±10mm。

(2)立式潜水电泵井筒座水平允许偏差为 0.5mm/m,井筒座与泵座垂直同轴度偏差为 10mm。

(3)潜水电泵吊装过程中应就位正确,与底座配合良好,电缆应随同电泵移动,并保护电缆,不应将电缆用作起重绳索或用力拉拽。安装后应将电缆理直并用软绳将其捆绑在起重绳索上,捆绑间距应为 300～500mm。

(4)潜水电泵的防抬机装置及其井盖的安装应符合设计要求,不应有轴向位移间隙。

(5)井用潜水电泵的安装应符合下列要求:

1)安装前,应将井用潜水电泵全部浸入水中,作浸水试验,24h 后测量绝缘电阻值应不小于 5MΩ,然后方可下井通电使用。

2)电动机电缆线应紧附在出水管上,其接头应作浸水试验,24h 后测量绝缘电阻应不小于 5MΩ。

(四)管道及管件

1. 管道弯制

(1)冷弯管道时,弯曲半径宜不小于管径的 4 倍;热煨弯管道时,加热应均匀,温度应不超过 1000℃,加热次数宜不超过 3 次。其弯管的弯曲半径宜不小于管径的 3.5 倍;采用弯管机热弯时,其弯管的弯曲半径宜不小于管径的 1.5 倍。

(2)弯制后管截面的不圆度应不大于管径的 8%,弯管内侧波纹褶皱高度应不大于管径的 3%,波距应不小于 4 倍波纹高度。

(3)环形管弯制后,应进行预装,其半径偏差宜不大于设计值的 2%,不平度宜不大于 40mm。

(4)弯制有缝管时其纵缝应置于水平与垂直之间的 45°位置上。

2. 管件制作

(1)Ω形伸缩节应用一根管子弯成,并保持在同一平面内。

(2)焊接弯头的曲率半径,应不小于管径的 1.5 倍,90°弯头的分节数宜不少于 4 节。

(3)三通制作,其支管与主管垂直偏差,宜不大于支管高度的 2%。

(4)锥形管制作,其长度宜不小于两管径差的 3 倍,两端直径及圆度均应符合设计要求,同心大小头两端轴线应吻合,其偏心率应不大于大头外径的 1%,且应不大于+2mm,不小于-2mm。

(5)工地自行加工的管道及容器,工作压力在 1MPa 及以上时,应作强度耐压试验。

3. 埋入管道敷设

(1)管道出口位置偏差,宜不大于 10mm,管口伸出混凝土面的长度宜不小于 300mm,应不小于法兰的安装尺寸,管口应能可靠封堵。

(2)钢管宜采用焊接法连接,铸铁管宜采用承插式连接。

(3)量测用管道应减少拐弯,加大曲率半径,并可以排空。测压孔应符合设计要求。

(4)压力管道,在混凝土浇筑前,应按规定作严密性耐压试验。

4. 明管安装

(1)管道安装位置与设计值的偏差,在室内应不大于 10mm;在室外应不大于 15mm。自流排水(油)管的坡度应与液流方向一致,坡度宜为 0.2%~0.3%。

(2)水平管弯曲的允许偏差宜不超过 1.5‰,最大不超过 20mm。立管垂直度允许偏差宜不超过 2‰,最大不超过 15mm。

(3)成排管在同一平面上的允许偏差宜不超过 5mm,间距允许偏差宜为0~5mm。

5. 管道焊接

(1)管和管件的坡口型式、尺寸与组对,应按有关规定选用。壁厚不大于 4mm 的,宜选用 H 形坡口,对口间隙为 0~1mm;壁厚大于 4mm 的,宜选用 70°V 形坡口,对口间隙和钝边均为 0~2mm。

(2)管和管件组对时,其内壁应做到平齐,内壁错边量应不超过壁厚的 20%,且不大于 1mm。

(3)管和管件组对时,应检查坡口的质量。坡口表面不应有裂缝、夹层等缺陷。

(4)焊缝表面应无裂缝、气孔、夹渣及溶合性飞溅。咬边性深度应小于 0.5mm,长度应不超过焊缝全长的 10%,且小于 100mm,焊缝宽度以每边超过坡口边缘 2mm 为宜。

第十一章 水闸、启闭机制造与安装

第一节 水闸制作与安装检验

一、平面闸门制作与安装检验

（一）闸门制作

(1)平面闸门门叶制造、组装的公差和极限偏差应符合设计要求。

(2)平面链轮闸门门叶焊接完成后，应进行应力消除处理。

(3)根据设计图样要求，对平面闸门门叶进行机械加工后，应满足下列要求：

1)相应平面之间距离允许偏差为±0.5mm。

2)门叶两侧与承载走道相接触的表面平面度应不大于0.3mm。

3)平行平面的平行度公差应不大于0.3mm。

4)各机械加工面的表面粗糙度 $R_a \leqslant 25\mu m$。经加工后的梁系翼缘板板厚应符合设计图样尺寸，局部允许偏差为-2.0mm。

(4)平面链轮闸门的主要零部件的制造，应满足下列要求：

1)主要零部件的毛坯材料应满足相应标准的规定；

2)主要零部件的尺寸公差应符合设计要求，表面粗糙度 $R_a \leqslant 3.2\mu m$。

3)当需要对承载走道进行表面热处理时，热处理工艺不但应满足表面硬度要求，同时应满足硬度分布要求。

(5)滑道支承和轴承材料应符合设计图样的规定，其支承夹槽底面与门叶表面的间隙应符合表11-1的规定。

表 11-1 　　　　　　　滑道支承夹槽底面与门叶表面的间隙 　　　　　（mm）

序号	间隙性质	间隙数值	
		接触表面未经加工	接触表面经过加工
1	贯穿间隙	△应不大于1.0，每段长度不超过200，累计长度不大于滑道全长的20%	△应不大于0.3，每段长度不超过100，累计长度不大于滑道全长的15%
2	局部间隙	△≤0.5，b≤l/10（累计长度不大于滑道全长的50%）	△≤0.3，b≤l/10（累计长度不大于滑道全长的25%）

(6)闸门的主支承行走装置或反向支承装置组装时,应以止水座面为基准面进行调整。所有滚轮或支承滑道应在同一平面内,其平面度允许公差为:当滚轮或滑道的跨度小于或等于 10m 时,应不大于 2.0mm;跨度大于 10m 时,应不大于 3.0mm。每段滑道至少在两端各测一点,同时滚轮对任何平面的倾斜应不超过轮径的 2/1000。

(7)滑道支承与止水座基准面的平行度允许公差为:当滑道长度小于或等于 500mm 时,应不大于 0.5mm;当滑道长度大于 500mm 时,应不大于 1.0mm。相邻滑道衔接端的高低差应不大于 1.0mm。

(8)滚轮或滑道支承跨度的允许偏差应符合表 11-2 的规定,同侧滚轮或滑道的中心线极限偏差应不大于 2.0mm。

表 11-2　　　　　　　　　　　　支承跨度极限偏差　　　　　　　　　　　　(mm)

序号	跨　　度	极限偏差	
		滚轮	滑道支承
1	≤5000	±2.0	±2.0
2	5000～10000	±3.0	±2.0
3	>10000	±4.0	±2.0

(9)在同一横断面上,滚轮或主支承滑道的工作面与止水座面的距离允许偏差为±1.5mm;反向支承滑块或滚轮的工作面与止水座面的距离允许偏差为±2.0mm。

(10)闸门吊耳应以门叶中心线为基准,单个吊耳允许偏差为±2.0mm,双吊点闸门两吊耳中心距允许偏差为±2.0mm。闸门吊耳孔的纵向、横向中心线允许偏差为±2.0mm,吊耳、吊杆的轴孔应各自保持同心,其倾斜度应不大于 1/1000。

(二)闸门整体组装检验

(1)平面闸门门体应在制造厂进行整体组装,经检查合格方可出厂。

(2)平面闸门组装应在自由状态下进行,如节间系焊接连接的,则节间允许用连接板连接,但不得强制组合。

(3)平面闸门组装后,应对其进行检查,其组合处的错位应不大于 2.0mm。

(4)链条组装好后,应活动灵活、无卡滞现象。

(5)门叶水平放置时,每个链轮与承载走道面应接触良好,接触长度应不小于链轮长度的 80%,局部间隙应小于 0.10mm。

门叶处在工作位置时,应检查链轮与下部端走道之间的距离(下弛度),并满足设计的要求。

(6)反轮、侧轮及橡胶水封的组装,应以承载走道上的链轮所确定的平面和中心为基准进行调整与检查,检查结果应符合有关规定,且其组合处的错位应不大于 1.0mm。

(7)检查合格后,应明显标记门叶中心线、边柱中心线及对角线测控点,在组合处两侧 150mm 作供安装控制的检查线,设置可靠的定位装置并进行编号和标志。

(三)闸门安装检验

1. 检验要点

(1)整体闸门在安装前,应对其各项尺寸进行复查,并应符合有关规定的要求。

(2)分节闸门组装成整体后,除应对各项尺寸进行复查外,还应满足下列要求:

1)节间如采用螺栓连接,则螺栓应均匀拧紧,节间橡皮的压缩量应符合设计要求。

2)节间如采用焊接,则应采用已经评定合格的焊接工艺和相关焊接规定进行焊接和检验。焊接时,应采取措施控制变形。

(3)充水阀的尺寸应符合设计图样,其导向机构应灵活可靠,密封件与座阀应接触均匀,并满足止水要求。

(4)止水橡皮的物理机械性能应符合规范规定。

(5)止水橡皮的螺孔位置应与门叶或止水压板上的螺孔位置一致;孔径应比螺栓直径小 1.0mm,并严禁烫孔,当均匀拧紧螺栓后其端部至少应低于止水橡皮自由表面 8.0mm。

(6)止水橡皮表面应光滑平直,不得盘折存放。其厚度允许偏差为 ±1.0mm,其余外形尺寸的允许偏差为设计尺寸的 2%。

(7)止水橡皮接头可采用生胶热压等方法胶合,胶合接头处不得有错位、凹凸不平和疏松现象。

(8)止水橡皮安装后,两侧止水中心距离和顶止水中心至底止水底缘距离的允许偏差为 ±3.0mm,止水表面的平面度为 2.0mm。

闸门处于工作状态时,止水橡皮的压缩量应符合图样规定,其允许偏差为 −1.0～+2.0mm。

(9)平面闸门应作静平衡试验。试验方法为:将闸门吊离地面 100mm,通过滚轮或滑道的中心测量上、下游与左、右方向的倾斜,一般单吊点平面闸门的倾斜不应超过门高的 1/1000,且不大于 8.0mm;平面链轮闸门的倾斜应不超过门高的 1/1500,且不大于 3.0mm;当超过上述规定时,应予配重。

2. 质量检验标准

(1)反向滑块至滑道或滚轮的距离标准、检验工具、位置和方法见表 11-3。

(2)止水橡皮安装标准、检测工具、位置和方法见表 11-4。

表 11-3　　反向滑块至滑道或滚轮的距离标准、检验工具、位置和方法

项次	项　目	允许偏差(mm)		检验工具	检验位置和方法
		合格	优良		
△1	反向滑块至滑道或滚轮的距离(反向滑块自由状态)	±2	+2 −1	钢丝线、钢板尺	通过反向滑块面、滚轮面或滑道面拉钢丝线测量

表 11-4　　　　　　　止水橡皮安装标准、检测工具、位置和方法

项次	项　目	允许偏差(mm)		检验工具	检验位置和方法
		合格	优良		
1	两侧中心止水距离和顶止水至底止水边缘距离	±3		钢尺	每米测 1 点
△2	止水橡皮顶面平度	2		钢丝线、钢板尺	通过止水橡皮顶面拉线测量,每0.5m 测 1 点
△3	止水橡皮与滚轮或滑道面距离	+2 −1	±1	钢丝线、钢板尺	通过滚轮顶面或通过滑道面(每段滑道至少在两端各测 1点)拉线测量

二、弧形闸门制作与安装检验

(一)闸门制作

(1)弧形闸门门叶制造、组装的允许公差与偏差应符合相关规定。

(2)支臂下料时,应留出焊接收缩和调整的余量,在弧门整体组装时再修正。

(3)支臂的长度应能满足铰链轴孔中心至面板外缘曲率半径的要求。

(4)支腿开口处弦长的允许偏差应符合表 11-5 的规定。支腿的侧面扭曲应不大于 2.0mm。

表 11-5　　　　　　　　闸门支腿开口处弦长允许偏差　　　　　　　　(mm)

序号	支腿开口处弦长	允许偏差	序号	支腿开口处弦长	允许偏差
1	$l \leqslant 4000$	±2.0	3	$l > 6000$	±4.0
2	$4000 < l \leqslant 6000$	±3.0			

（5）分节弧门门叶组装成整体后，除应按有关规定对各项尺寸进行复查外，还应按相关焊接工艺和有关规定进行焊接和检验。焊接时，应采取措施控制变形。

（6）门体运到现场后，应对门体做单件或整体复测，各项尺寸应符合现行有关规范和设计图纸规定。

（二）闸门组装检验

（1）弧形闸门出厂前，应进行整体组装检查，其偏差应符合相关规定。

（2）两个铰链轴孔的同轴度公差应不大于 1.0mm，每个铰链轴孔的倾斜度应不大于 1/1000。

（3）铰链中心至门叶中心距离的允许偏差为±1.0mm。支臂中心与铰接中心的不吻合值应不大于 2.0mm；支臂腹板中心与主梁腹板中心的不吻合值应不大于 4.0mm。

（4）支臂中心至门叶中心距离的允许偏差为±1.5mm。支臂与主梁组合处的中心至支臂与铰链组合处的中对角线相对差应不大于 3.0mm。在上、下两支臂夹角平分线的垂直剖面上，上、下支臂侧面的位置度公差应不大于 5.0mm。

（5）铰链轴孔中心至面板外缘的半径 R 的偏差：露顶式弧门允许偏差为±7.0mm，两侧相对差应不大于 5.0mm；潜孔式弧门允许偏差为±3.0mm，两侧相对差应不大于 3.0mm；采用突扩式门槽的高水头弧门（包括偏心铰弧门）允许偏差为±3.0mm，其偏差应与门叶面板外弧曲率半径偏差方向一致，且两侧相对差应不大于 1.0mm。

（三）闸门安装检验

弧形闸门安装质量检验标准应符合以下各项规定：

（1）弧形闸门圆柱形、球形和锥形铰座安装标准、检验工具、位置见表 11-6。

表 11-6　　　　　圆柱形、球形和锥形铰座安装标准、检验工具

项次	项　目	允许偏差（mm）		检验工具
		合格	优良	
1	铰座中心对孔口中心的距离	±1.5	±1	钢丝线、垂球钢尺、钢板尺
2	铰座里程	±2	±1.5	
3	铰座高程	±2	±1.5	
△4	铰座轴孔倾斜度	1mm/m	1mm/m	
△5	两铰座轴线相对位置的偏移	2	1.5	

（2）弧形闸门门体安装标准、检验工具、位置见表 11-7。

（3）止水橡皮安装标准、检验工具、位置见表 11-8。

（4）支臂两端连接板和抗剪板安装标准、检验工具、位置见表 11-9。

表 11-7 门体安装标准、检验工具、位置

项次	项 目	允许偏差（mm）				检验工具	检验位置
		潜孔式		露顶式			
		合格	优良	合格	优良		
1	支臂中心与铰链中心吻合值△	2	1.5	2	1.5	钢尺、钢板尺	曲率半径R，在门叶两端各测1点，中间至少测2点
2	支臂中心至门叶中心的偏差 l	±1.5	±1.5	±1.5	±1.5		
△3	铰轴中心至面板外缘曲率半径 R	±4	±4	±8	±8		
△4	两侧曲率半径相对差	3	3	5	4		

表 11-8 止水橡皮安装标准、检验工具、位置

项次	项 目	允许偏差（mm）		检验工具	检验位置
		合格	优良		
1	止水橡皮实际压缩量和设计压缩量	+2	-1	钢板尺	沿止水橡皮长度检查

表 11-9 支臂两端连接板和抗剪板安装标准、检验工具、位置

项次	项 目	质量标准		检验工具	检验位置
		合格	优良		
1	支臂两端的连接板和铰链主梁接触	良好		塞尺	
2	抗剪板和连接板接触	顶紧		塞尺	

三、人字闸门制作与安装检验

（一）闸门制作

（1）人字闸门门叶制造、组装的允许公差和偏差应符合相关规定。

（2）支、枕垫块出厂前应逐对配装研磨，使其接触紧密，局部间隙应不大于 0.05mm，累计长度应不超过支、枕垫块长度的 10%。

（3）底枢蘑菇头与底枢顶盖轴套应在厂内组装研刮，并满足下列要求：

1）在加工时，定出蘑菇头的中心位置。应转动灵活，无卡阻现象。

2）蘑菇头与轴套接触面应集中在中间 120°范围内，接触面上的接触点数，在每 25mm×25mm 面积内应有 1～2 个点。

（4）除安装焊缝两侧外，门体防腐蚀工作均应在制造厂完成；如设计另有规定，则应按设计要求执行。

(5)门体运到现场后,应对门体做单件或整体复测;各项尺寸应符合现行有关规范要求和设计图纸规定。

(6)门体如分节运到现场,在现场采用平放位置或竖立位置组焊成整体。焊接前应编制焊接工艺措施。焊接时应监视变形,焊接后门体尺寸应符合现行有关规范和设计图纸规定。

(二)闸门组装检验

(1)门体应在制造厂进行整体组装,经检查合格方可出厂。

(2)人字闸门在整体组装检查时,其偏差应控制在规定的范围之内。

(3)底枢顶盖和门叶底横梁组装后,其中心偏差应不大于2.0mm,倾斜应不大于1/1000。

(4)如顶、底枢装置不是在工地进行镗孔和扩孔的,则顶、底枢中心的同轴度公差为:当门高小于或等于15m时,应不大于0.5mm;门高大于15m时,应不大于1.0mm。

(5)如顶、底枢装置是在工地进行镗孔或扩孔的,则顶、底枢中心的同轴度公差为:当门高小于或等于15.0m时,应不大于1.0mm;门高大于15.0m时,应不大于2.0mm。

(三)闸门安装检验

1. 检验要点

(1)底枢装置安装时,蘑菇头中心的允许偏差应不大于2.0mm,高程允许偏差为±3.0mm,左、右两蘑菇头标高相对差应不大于2.0mm。

底枢轴底的水平偏差应不大于1/1000。

(2)顶枢埋件应根据门叶上顶枢轴座板的实际高程进行安装,拉杆两端的高差应不大于1.0mm。两拉杆中心线的交点与顶枢中心应重合,其偏差应不大于2.0mm。

(3)顶枢轴线与底枢轴线应在同一轴线上,其同轴度公差为2.0mm。顶枢轴两座板要求同心,其倾斜度应不大于1/1000。

(4)支、枕座安装时,应检查中间支、枕座的中心线,其对称度公差应不大于2.0mm;与顶枢、底枢轴线的平行度公差应不大于3.0mm。

(5)支、枕座安装后,应进行调整:

1)不作止水的支、枕垫块间不应有大于0.2mm的连续间隙,局部间隙不大于0.4mm。

2)兼作止水的支、枕垫块间,应不大于0.15mm的连续间隙,局部间隙不大于0.3mm;间隙累计长度应不超过支、枕垫块长度的10%。

3)每对相接触的支、枕垫块中心线的对称度公差应不大于5.0mm。

(6)在垫块与支枕座间浇筑填料时,如浇筑环氧垫料,其厚度应不小于20.0mm;如浇筑巴氏合金,则当支、枕垫块与支、枕座间的间隙小于7.0mm时,应将垫块和支、枕座均匀加热到 200℃后方可浇筑;禁用氧-乙炔火焰加热。

(7)旋转门叶开关过程中,斜接柱上任意一点的最大跳动量:当门宽小于或等于 12m 时为 1.0mm;当门宽大于 12m 时为 2.0mm。

(8)人字闸门安装后,单扇门叶底横梁在斜接柱一端的下垂值应不大于 5.0mm。

(9)当单扇门叶全关、各项止水橡皮在压缩量为 2.0～4.0mm 时,门底的止水橡皮应与闸门底槛角钢的竖面均匀接触。

2. 质量安装标准

(1)顶底枢轴线安装标准、检验工具、检验位置和方法见表 11-10。

表 11-10　　　顶底枢轴线安装标准、检验工具、检验位置和方法

项次	项　目	允许偏差(mm)		检验工具	检验位置和方法
		合格	优良		
△1	顶、底枢轴线偏离值	2	1.5	垂球、钢板尺、经纬仪、水准仪	用胶布将钢板尺贴于门体斜接柱端上
△2	旋转门叶,从全开到全关过程中,斜接柱上任意一点的跳动量:				
	门宽小于 12m	1	1		
	门宽大于 12m	2	1.5		
△3	底横梁在斜接柱一端的下垂度	5	4		

(2)支、枕垫块安装标准、检验工具、位置见表 11-11。

表 11-11　　　　　　支、枕垫块安装标准、检验工具、位置

项次	项　目		允许偏差(mm)		检验工具	检验位置
			合　格	优　良		
1	支、枕垫块间隙	局部的	0.4 连续长度不大于垫块全长的 10%		塞尺、钢板尺	每支、枕垫块的全长
		连续的	0.1			
2	每对相对接触的支、枕垫块中心线偏移		5	4		每对支、枕垫块的两端

(3)止水橡皮安装标准、检验工具、检验位置和方法见表 11-12。

表 11-12　　　　　　止水橡皮安装标准、检验工具、检验位置和方法

项次	项目	允许偏差(mm)		检验工具	检验位置和方法
		合格	优良		
△1	止水橡皮顶面平度	2		钢丝线、钢板尺	通过止水橡皮顶面拉线测量,每 0.5m 测 1 次
△2	止水橡皮实际压缩量和设计压缩量	+2 −1		钢板尺	沿止水橡皮长度检查

四、活动式拦污栅安装检验

(一)基本要求

(1)栅体应在制造厂进行整体组装,经检查合格方可出厂。

(2)埋件和栅体运到现场后,应对其各项尺寸进行复测。

(3)埋件和栅体防腐工作均应在制造厂完成;如设计另有要求,则应按设计要求执行。

(4)埋件安装后,应加固牢靠,防止浇筑混凝土时发生位移,混凝土折模后埋件应进行复测。

(二)检验要点

1. 布置形式

(1)拦污栅的布置形式应根据河流中污物的性质、数量及对清污要求确定。

(2)在污物较少地区,可设置一道拦污栅,在污物较多地区,宜设两道拦污栅,并考虑排污设施。

(3)所有的拦污栅均应设置可靠的清污平台。

(4)在寒冷地区,必要时应采取有效措施,以防止栅条结冰或冰屑堵塞。

2. 栅体制造与安装

(1)栅条截面高度不得大于 12 倍厚度,也不宜小于 50mm。栅条的侧向支承间距不得大于 70 倍栅条厚度。

(2)拦污栅栅体制造的公差与偏差应符合下列规定:

1)栅体宽度和高度的允许偏差为 ±8.0mm。栅体厚度的允许偏差为 ±4.0mm。栅体对角线相对差应不大于 6.0mm;其扭曲应不大于 4.0mm。

2)各栅条应互相平行,其间距允许偏差为设计间距的 ±5%。

3)栅体的吊耳孔中心线的距离允许偏差为 ±4.0mm。

4)栅体的滚轮或滑道支承应在同一平面内,其工作面的平面度公差不大于 4.0mm。滑块或滚轮跨度允许偏差为 ±6.0mm,同侧滚轮或滑道支承的中心线允

许偏差为±3.0mm。

5)两边梁下端的承压板应在同一平面内,其平面度公差应不大于3.0mm。

(3)倾斜设置的拦污栅埋件,其倾斜角的角度允许偏差为±10′。

(4)在满足保护机组的前提下,栅条的净距应适当加大,以便于清污和减小水头损失。

(5)固定式拦污栅埋件安装时,各横梁工作表面应在同一平面内,其工作表面最高点和最低点的差值应不大于3.0mm。

(6)栅体吊入栅槽后,应作升降试验,检查栅槽有无卡滞情况,检查栅体动作和各节的连接是否可靠。

(三)质量检验标准

(1)埋件安装质量合格的基础上,孔口部位各埋件的距离有50%及其以上的实测点时,其标准、检验工具、位置见表11-13。

表 11-13　　　　　　　孔口部位各埋件间距标准、检验位置、工具

项次	项　目	允许偏差(mm)	检验工具	检验位置
1	主、反轨工作面间距离	$+7$ -3	钢尺或通过 计算求得	每米测1点
2	主轨中心距离	±8		
3	反轨中心距离	±8		

(2)埋件安装标准、检验工具、位置见表11-14。

表 11-14　　　　　　　埋件安装标准、检验工具、位置

项次	项　目	允许偏差(mm)		检验工具	检验位置
		合格	优良		
1	底槛里程	±5	±4	钢丝线、垂球、钢板尺、水准仪	两端各测1点,中间测1～3点
2	底槛高程	±5	±4		
3	底槛对孔口中心	±5	±4		每米至少测1点
△4	主轨对栅槽中心线	$+3$ -2	$+3$ -2		
△5	反轨对栅槽中心线	$+5$ -2	$+5$ -2	钢丝线、垂球、钢板尺、水准仪	每米至少测1点
6	主、反轨对孔口中心线	±5	±4		
7	倾斜设置的拦污栅的倾斜角度	10′	10′		

(3)拦污栅栅体安装标准、检验工具、位置见表 11-15。

表 11-15　　　　　　　　　　栅体安装标准、检验工具、位置

项次	项　目	质量标准	检验工具	检验位置
△1	栅体间连接	应牢固可靠	垂球、钢板尺	两端各测 1 点,中间测 1～3 点
△2	栅体在栅槽内升降	灵活、平稳、无卡阻现象	水准仪、肉眼	

第二节　启闭机制造与安装检验

一、固定卷扬式启闭机制造及安装检验

(一)卷扬式启闭机出厂检查

1. 滑轮

(1)铸造滑轮槽两侧的壁厚不得小于名义尺寸。壁厚误差最大允许值为:外径小于或等于 700mm 时,不大于 3mm;外径大于 700mm 时,不大于 4mm。

(2)滑轮轴孔内不允许焊补,但允许有不超过总面积 10%的轻度缩松,以及下列范围内单个面积小于 25mm² ,深度小于 4mm 的缺陷;其数量符合下列要求:

1)当孔径小于或等于 150mm 时不超过 2 个;

2)当孔径大于 150mm 时不超过 3 个;

3)任何相邻两缺陷的间距不小于 50mm,可算作合格,但应将缺陷边缘磨钝。

(3)绳槽面上或端面上的单个缺陷面积在清除到露出良好金属后不大于 200mm² 。深度不得超过该处名义壁厚的 20%,同一个加工面上不多于 2 处,焊补后不需进行热处理,但需磨光。

(4)装配好的滑轮应能用手灵活转动,侧向摆动不大于滑轮直径的 1/1000。

2. 卷筒

(1)卷筒切出绳槽后,各处壁厚不得小于名义厚度,且壁厚差不应超过下列值:

1)绳槽底径小于或等于 700mm 时,不大于 3mm;

2)绳槽底径大于 700～1000mm 时,不大于 5mm;

3)绳槽底径大于 1000mm 时,不大于 8mm。

(2)卷筒绳槽底径公差应不大于《极限与配合　公差带和配合的选择》(GB 1801—1999)中的 h_{10} ,对于双吊点中高扬程启闭机,其卷筒绳槽底径公差不大于 h_9 ;底径圆柱度公差不大于直径公差的一半。

(3)铸铁卷筒和焊接卷筒应经过时效处理,铸钢卷筒应退火处理。

(4)卷筒加工后,如加工面上的缺陷为局部砂眼、气孔,其直径不应大于 8mm,深度不应超过该处名义壁厚的 20%(绝对值不大于 4mm),在每 100mm 长

度内不多于1处,在卷筒全部加工面上的总数不多于5处,允许不焊补,可作为合格。

同一断面上和长度100mm的范围内缺陷不得多于2处,焊补后可不做热处理,但需磨光。

(5)卷筒上有裂纹时,不允许焊补,应报废。

3. 联轴器

(1)联轴器的组装应符合相关规定。铸钢件加工前应进行退火处理。

(2)齿轮联轴器加工后,其齿面和齿沟不得有焊补。检验时,有下列情况之一的,可作为合格,但应将缺陷边缘磨光:

1)在一个齿的加工面上的缺陷(局部砂眼、气孔)数量不多于1个,其大小沿长、宽、深方向都不超过模数的20%,绝对值不大于2mm;

2)径向细长缺陷的宽不大于1mm,长度不大于模数的80%,绝对值不大于5mm,距离齿的端面不超过齿宽的10%,且在一个联轴器齿面上有这种缺陷的齿数不超过3个。

(3)齿轮联轴器轴孔内不允许焊补。但若轴孔内单个缺陷的面积不超过25mm², 深度不超过该处名义壁厚的20%,其数量:

当孔径小于或等于150mm时不超过2个;当孔径大于150mm时不超过3个。

任何相邻两缺陷的间距不小于50mm时,可视为合格,但应将缺陷的边缘磨钝。

(4)其他部位的缺陷在清除到露出良好的金属后,单个面积不大于200mm²,深度不超过该处名义壁厚的20%,且同一加工面上不多于2个,允许焊补。

4. 制动轮与制动器

(1)制动轮外圆与轴孔的同轴度公差不大于GB 1184中的8级;制动轮工作表面的粗糙度R_a值不大于1.6μm。

(2)制动轮制动面的热处理硬度不低于35~45HRC,淬火深度不少于2mm。

(3)组装后制动轮的径向跳动应符合表11-16的要求。

表 11-16   制动轮径向跳动

制动轮直径(mm)	100	200	300	400	500	600
径向跳动(μm)	80	100	120	120	120	150

(4)组装制动器时,制动轮中心线对制动闸瓦中心线的位移不得超过下列数值:

1)当制动轮直径小于或等于200mm时,不大于2mm;

2)当制动轮直径大于200mm时,不大于3mm;

3)制动带与制动轮的实际接触面积不得小于总面积的 75%。

(5)制动带与制动闸瓦应紧密贴合,制动带的边缘应按闸瓦修齐,并使固定用铆钉的头部埋入制动带厚度的 1/3 以上。

(6)制动轮和闸瓦之间的间隙应符合表 11-17 的规定。

表 11-17　　　　　　　　　　制动轮与闸瓦间的间隙　　　　　　　　　(mm)

型号 \ 允许值	制动轮直径				
	$\phi100$	$\phi200$	$\phi300$	$\phi400$	$\phi500$
短行程 TJ$_2$	0.4	0.5	0.7		
长行程 JCZ		0.7	0.7	0.8	0.8
液压电磁		0.7	0.7	0.8	0.8
液压推杆		0.7	0.7	0.8	0.8

5. 齿轮与减速器

(1)开式齿轮与减速器的精度、表面粗糙度均应符合相关规范的规定。

(2)齿轮齿面、齿槽不允许有裂纹,也不允许焊补。端面处缺陷(不包括齿形端面)允许焊补的范围应符合表 11-18 的规定。

表 11-18　　　　　　　　　齿轮端面处缺陷允许焊补的范围

齿轮直径(mm)	缺陷面积(mm^2)	缺陷深度(mm)	数量(一个加工面上)
≤500	≤200	≤15%壁厚	≤2
>500	≤200	≤15%壁厚	≤2

(3)齿轮轴孔内不允许焊补,但允许有不超过总面积 10% 的轻度缩松(眼看不大明显)及单个缺陷数量不超过表 11-19 的规定。缺陷的边缘应磨钝。

表 11-19　　　　　　　　　齿轮轴孔内焊补面积及数量

齿轮直径(mm)	缺陷面积(mm^2)	缺陷深度(mm)	相邻间距(mm)	数量
≤500	≤25	≤20%壁厚	>50	≤3
>500	≤50	≤20%壁厚	>60	≤3

(4)减速器体的铸造应符合铸造的技术要求,并经过时效处理以消除内应力。

(5)渐开线齿轮的最小侧间隙和顶间隙应符合相关规定。

(6)封闭减速器前,两减速器体的接合面(包括瓦盖处)均需涂一层液体密封胶,但禁止放置任何衬垫,外流的密封胶必须除净。

(7)装配好的减速器,接合面间的间隙在任何位置都不应超过 0.03mm,并保证在运转时不漏油。

(8)轴承孔膛出后不准有倒锥现象,两减速器体结合面不得再行加工或研磨。

6. LT 型调速器

(1)活动锥套材料用铸件时,在半径相等不加工的外表面部分的壁厚不均匀差应不大于 2mm;并应进行动平衡试验,合格后才能使用。若用焊接件时,其焊缝质量必须满足设计要求。

(2)角形杠杆和轴销,其材料不低于 Q275;带螺纹部分其螺纹应无裂痕、断扣、毛刺等缺陷。

(3)摩擦制动带与活动锥面必须紧密贴合,螺钉头部埋入深度必须符合设计要求。锥面经加工后,其锥度误差不得超过 ±0.25°。

(4)制动带与固定支座锥面装配后的实际接触面积不得小于 75%。

(5)调速器装配后,左右锥套的轴向移动应相等,摆动飞球角形杠杆的动作应灵活,不得有卡阻现象。

7. 滑动轴承

(1)在轴承摩擦表面上,不许有碰伤、气孔、砂眼、裂缝及其他缺陷。

(2)油沟和油孔必须光滑,铲去锐边和毛刺,以防刮轴。

(3)轴颈与衬套的接触角应在 60°～120°范围内,接触面积每 1cm² 范围内不得少于 1 个点。

(4)轴颈与衬套间顶间隙应符合表 11-20 的规定,侧向间隙一般为顶间隙的50%～75%。

表 11-20　　　　　　　滑动轴承轴颈与衬套间顶间隙　　　　　　　(mm)

轴颈直径 D	顶间隙	轴颈直径 D	顶间隙
50～80	0.07～0.14	180～260	0.12～0.23
80～120	0.08～0.16	260～360	0.14～0.25
120～180	0.10～0.20		

8. 滚动轴承

(1)轴承在装配前必须用清洁的煤油洗涤,然后用压缩空气吹净,不得用破布、棉纱擦抹。

(2)已装好的轴承,如不能随即装配,应用干净的油纸遮盖好,以防铁屑、沙子等侵入轴承中。

(3)轴及轴承的配合面,必须先涂一层清洁的油脂再进行装配。

(4)轴承必须紧贴在轴肩或隔套上,不许有间歇。

(5)轴承座圈端面与压盖的两端必须平行,拧紧螺栓后必须均匀贴合。滚动轴承的轴向间隙,按图样上规定的间隙进行调整,并使四周均等,装配好的轴承,应转动灵活。

（二）卷扬式启闭机安装检验

1. 启闭机组装

（1）卷扬式启闭机应在工厂内进行整体组装，出厂前应作空载模拟试验，有条件的应作额定荷载试验，经检查合格后，方能出厂。

（2）所有零部件必须经检验合格，外购件、外协件应有合格证明文件方可进行组装。

（3）各零部件准确就位后，拧紧所有的紧固螺栓，弹簧垫圈必须整圈与螺母及零件支承面相接触。

（4）仪表式高度指示器和负荷控制器在出厂前，应进行检验，并提供产品调整说明。

2. 启闭机现场安装

（1）安装前，应对启闭机进行全面检查。合格后方可进行安装。

（2）对减速器进行清洗检查，其要求如下：

1）减速器内润滑油的油位应与油标尺的刻度相符，其油位不得低于高速级大齿轮最低齿的齿高，但亦不应高于两倍齿高。

2）减速器应转动灵活，其油封和结合面不得漏油。

（3）检查基础螺栓埋设位置，螺栓埋入深度及露出部分的长度应符合设计要求。

（4）检查启闭机平台高程，其偏差不应超过±5mm，水平偏差不应大于0.5/1000。

（5）启闭机安装时，应根据起吊中心线找正，其纵、横向中心线偏差不应超过±3mm。

（6）缠绕在卷筒上的钢丝绳长度应符合设计要求：

1）当吊点在下极限位置时，留在卷筒上的圈数一般不小于4圈；

2）当吊点在上极限位置时，钢丝绳不得缠绕到卷筒光筒部分。

（7）双吊点启闭机，吊距误差一般不超过±3mm；钢丝绳拉紧后，两吊轴中心线应在同一水平上，其高差在孔口内不超过5mm。对于中高扬程启闭机，全行程范围相应指标不超过30mm。

（8）卷筒上缠绕双层钢丝绳时，钢丝绳应有顺序地逐层缠绕在卷筒上，不得挤叠或乱槽，同时还应进行仔细调整，使两卷筒的钢丝绳同时进入第二层。对于采用自由双层卷绕的中高扬程启闭机，钢丝绳绕第二层时的返回角应不大于2°，也不能小于0.5°。对于采用排绳机构的高扬程启闭机，应保证其运行协调，往复平滑过渡。

（9）启闭机上电气设备的安装应符合有关规定。

（三）卷扬式启闭机试运转检验

1. 电气设备检查

（1）接电试验前应认真检查全部接线并符合图样规定，整个线路的绝缘电阻必须大于 0.5MΩ,才可开始接电试验。

(2)试验中,各电动机和电气元件温升不能超过各自的允许值,试验应采用该机自身的电气设备。

(3)试验中若有触头等元件有烧灼者应予更换。

2. 无负荷试验

启闭机无负荷试验为上下全行程往返 3 次,检查并调整下列电气和机械部分:

(1)电动机运行应平稳,三相电流不平衡度不超过±10%,并测出电流值。

(2)电气设备应无异常发热现象。

(3)检查和调试限位开关(包括充水平压开度接点),使其动作准确、可靠。

(4)高度指示和荷重指示准确反映行程和重量,到达上下极限位置后,主令开关能发出信号并自动切断电源,使启闭机停止运转。

(5)所有机械部件运转时,均不应有冲击声和其他异常声音,钢丝绳在任何部位,均不得与其他部件相摩擦。

(6)制动闸瓦松闸时应全部打开,间隙应符合要求,并测出松闸电流值。

(7)对快速闸门启闭机,利用直流松闸时,应分别检查和记录松闸直流电流值和松闸持续 2min 时,电磁线圈的温度。

3. 负荷试验

负荷试运转时,应检查下列电气和机械部分:

(1)电动机运行应平稳,三相电流不平衡度不超过±10%,并测出电流值;

(2)电气设备应无异常发热现象;

(3)所有保护装置和信号应准确、可靠;

(4)所有机械部件在运转中不应有冲击声,开放式齿轮啮合工况应符合要求;

(5)制动器应无打滑、无焦味和冒烟现象;

(6)荷重指示器与高度指示器的读数能准确反应闸门在不同开度下的启闭力值,误差不得超过±5%;

(7)对于快速闸门启闭机,快速闭门时间不得超过设计允许值,一般为 2min。

快速关闭的最大速度不得超过 5m/min;电动机(或调速器)的最大转速一般不得超过电动机额定转速的两倍。

(8)离心式调速器的摩擦面,其最高温度不得超过 200℃。采用直流电源松闸时,电磁铁线圈的最高温度不得超过 100℃。

二、螺杆式启闭机制造及安装检验

(一)螺杆式启闭机出厂检查

1. 螺杆

(1)螺纹工作表面必须光洁,无毛刺,其粗糙度 R_a 值不大于 6.3μm。

(2)螺杆直线度误差按《形状和位置公差　未注公差值》(GB/T 1184—1996)中的 D 级公差选用,但每 1000mm 不得超过 0.6mm;长度不超过 5m 时,全长直线度误差不超过 1.5mm;长度不超过 8m 时,全长直线度误差不超过 2mm。

(3)一个螺距误差(包括周期误差)不应大于 0.025mm。螺距最大累积误差:在 25mm 内不大于 0.035mm;在 100mm 内不大于 0.05mm;在 300mm 内不大于 0.07mm。

长度每增加 300mm,可增加 0.02mm,但丝杆全长最大累积误差不超过 0.15mm。

2. 螺母

(1)螺纹公差应按《梯形螺纹　第 4 部分:公差》(GB 5796.4—2005)中的 9H 级精度制造。

(2)螺纹工作表面必须光洁,无毛刺,其粗糙度 R_a 值不大于 6.3μm。

(3)螺母的螺纹轴线与支承外圆的同轴度及与推力轴承接合平面的垂直度均不得低于《形状和位置公差　未注公差值》(GB/T 1184—1196)中的 8 级精度。

(4)铸造螺母的螺纹工作面上不允许有气孔、砂眼及裂纹等缺陷。

3. 蜗杆与蜗轮

(1)蜗杆、蜗轮的制造精度不应低于《圆柱蜗杆、蜗轮精度》(GB/T 10089—1988)中的 8b 级。

(2)蜗杆齿面上不准有任何缺陷,也不允许焊补。

(3)蜗轮的规格和尺寸应符合设计要求;如发现有砂眼、气孔等缺陷时,应按相关规定处理。

4. 机身和机箱

(1)机箱和机身的尺寸偏差应符合《铸件尺寸公差与机械加工余量》(GB/T 6414—1999)中的规定。

(2)机箱和机身不应有降低强度和损害外观的缺陷存在。但此种缺陷允许焊补,焊补后应进行热处理。

(3)机箱和机身不允许有裂缝,也不允许焊补。

(4)机箱接合面间的间隙,在任何部位都不超过 0.03mm,并保证运转时不漏油。

(二)螺杆式启闭机安装检验

(1)螺杆启闭机机座的纵、横向中心线与闸门吊耳实际位置测得的起吊中心线的距离偏差不应超过±2mm,高程偏差不应超过±5mm。

(2)机座应与基础板紧密接触,其间隙在任何部位都不超过 0.5mm。

(3)螺杆安装后,其外径母线直线度公差应不大于 0.6/1000,且公差全长不超过杆长的 1/4000。

(三)螺杆式启闭机试运转检验

1. 空载试验

空载试验一般在工厂进行,若螺杆太长,厂内试运转有困难,经双方协议,也可在使用现场进行;但出厂前,应将螺母绕螺杆全行程旋转,保证良好接触,无卡阻现象。

(1)零部件组装是否符合图样及通用技术标准的要求。

(2)手摇部分应转动灵活平稳、无卡阻现象;手电两用机构,其电气闭锁装置应安全可靠。

(3)行程开关动作应灵敏、准确。

(4)机箱接触面应无漏油现象。

(5)电动机正反转运行时,应无振动或其他不正常现象。

(6)对双电机驱动的启闭机,应分别通电,使其旋转方向与螺杆升降方向一致。

2. 负荷试验

启闭机负荷试验是将闸门在全行程内启闭二次,可在使用现场内进行。试验时应检查以下内容:

(1)手摇部分应转动灵活,无卡阻现象。

(2)传动零部件运转平稳,无异常声音、发热和漏油现象。

(3)高度指示刻度是否准确,上下行程开关动作应灵敏、可靠。

(4)对于装有超载保护装置、高度显示装置的螺杆启闭机,应对信号发送、接收等进行专门测试,保证动作灵敏、指示正确、安全可靠。

(5)双吊点启闭机,应进行两螺杆同步运行测试,应确保两螺杆升降行程一致。对于双电机驱动启闭机,应检查运行是否平稳,电流是否平衡。

三、移动式启闭机制造及安装检验

(一)移动式启闭机出厂检查

1. 检查要求

(1)门架和桥架各构件焊接后的允许偏差应符合相关规定。

(2)钢丝绳、滑轮、卷筒、联轴器、制动轮和制动器、齿轮和减速器的制造和装配应符合相关规定。

(3)仪表式高度指示器、负荷控制器的技术要求应符合设计要求。

(4)滑动轴承和滚动轴承的组装要求应符合相关规定。

2. 车轮

(1)车轮的规格和尺寸应符合设计要求。

(2)车轮不允许有裂纹、龟裂和起皮等现象。加工面上不应有砂眼、气孔等缺陷,否则应按下列规定进行处理:

1)轴孔内允许有不超过总面积10%的轻度缩松(眼看不大明显)及表11-21内的单个缺陷,但应将缺陷磨钝。

2)除踏面和轮缘内侧面部位外,缺陷清除后的面积不超过3cm²,深度不超过壁厚的30%,且在同一加工面上不多于3处,允许焊补,焊补后可以不进行热处理,但应将缺陷磨光。

表 11-21 车轮轴孔内允许缺陷面积及数量

轮径(mm)	面积(mm²)	深度(mm)	间距(mm)	数量
≤500	≤25	≤4	>50	≤3
>500	≤50	≤6	>60	≤3

3)车轮踏面和轮缘内侧面上,除允许有直径 $d \leqslant 1$mm(当 $D \leqslant 500$)或 $d \leqslant 1.5$mm(当 $D > 500$),深度 $\leqslant 3$mm,个数不多于 5 处的麻点外,不允许有其他缺陷,也不允许焊补。

(3)对于踏面与轮缘内侧表面需要进行热处理的车轮,热处理后的硬度应符合表 11-22 的规定。

表 11-22 车轮热处理后的硬度值

车轮踏面直径(mm)	踏面和轮缘内侧面硬度 HB	硬度 HB260 层深度
≤400	300~380	≥15
>400		≥20

(4)装配后的车轮应能灵活转动,其径向跳动和端面跳动公差应不低于《形状和位置公差 未注公差值》(GB/T 1184—1996)中的 9 级和 10 级。

3. 自动挂梁的制造与组装

(1)自动挂梁吊点中心距与定位中心距的偏差不大于±2mm。

(2)自动挂梁的转动轴和销轴表面应作防腐处理,转动应灵活。

(3)机械式自动挂梁的卡体与挂体脱钩段之间必须保证一定的间隙。

(4)液压式自动挂梁的液压装置和信号装置应密封防水,供电插座严禁漏水。

(二)移动式启闭机安装

1. 桥架和门架组装

(1)主梁跨中上拱度应符合设计要求,最大上拱度应控制在跨度中部适当范围内。

(2)主梁的水平弯曲度应符合规定,最大不得超过 20mm,可在离盖板约 100mm 的腹板处测量。

(3)主梁上盖板的水平偏斜度应符合设计要求,应于未装轨道前在筋板处进行测量。

(4)主梁腹板的波浪度、垂直偏斜度应符合设计要求。支腿的倾斜方向应互相对称。

(5)两个支腿从车轮工作面算起到支腿上法兰平面的高度相对差应不大

于 8mm。

2. 小车轨道安装

(1)小车轨距公差应符合要求:当轨距小于或等于 2.5m 时,不应超过±2mm;当轨距大于2.5m时,不得超过±3mm。

(2)小车跨度相对差:当轨距小于或等于 2.5m 时,不超过 2mm;当轨距大于2.5m 时,不超过 3mm。

(3)同一横截面上小车轨道的高低差,当轨距小于等于 2.5m 时,不得超过3mm;当轨距大于 2.5m 时,不得超过 5mm。

(4)小车轨道中心线与轨道梁腹板中心线的位置偏差应符合设计要求。

(5)轨道居中的对称箱形梁,小车轨道中心线直线度不大于 3mm(带走台时,只许向走台侧凸曲)。

(6)小车轨道应与大车主梁上翼缘板紧密贴合,当局部间隙大于 0.5mm,长度超过 200mm 时,应加垫板垫实。

(7)小车轨道接头处的高低差和侧向错位不得超过 1mm;接头处头部的间隙不得大于 2mm。

(8)小车轨道侧向的局部弯曲,在任意 2m 范围内不大于 1mm。

3. 大车轨道安装

(1)大车车轮应与轨道面接触,不应有悬空现象。钢轨铺设前,应进行检查,合格后方可铺设。

(2)吊装轨道前,应确定轨道的安装基准线、轨道实际中心线与基准线偏差;当跨度小于或等于 10m 时,不应超过 2mm;当跨度大于 10m 时,不应超过 3mm。

(3)轨距偏差应符合下列要求:当跨度小于或等于 10m 时,不应超过±3mm;当跨度大于 10m,不应超过±5mm。

(4)轨道的纵向直线度误差不应超过 1/1500,在全行程上最高点与最低点之差不应大于 2mm。

(5)同跨两平行轨道的标高相对差:当跨度小于或等于 10m 时,其柱子处不应大于 5mm;当跨度大于 10m 时,其柱子处不应大于 8mm。

(6)两平行轨道的接头位置应错开,其错开距离不应等于前后车轮的轮距。接头用连接板连接时,接头左、右、上三面的偏移均不应大于 1mm,接头间隙不应大于 2mm。

(7)轨道上的车挡应安装稳妥;同一跨度两车挡均应与缓冲器接触,如有偏差应进行调整。

4. 运行机安装

(1)当桥机跨度小于或等于 10m 时,其跨度偏差不大于±3mm,且两侧跨度的相对差不大于 3mm;当跨度大于 10m 时,其跨度偏差不大于±5mm,且两侧跨度的相对差不大于 5mm。

（2）当门机跨度小于或等于 10m 时，其跨度偏差不大于±5mm，且两侧跨度的相对差不大于 5mm；当跨度大于 10m 时，其跨度偏差不大于±8mm，且两侧跨度的相对差不大于 8mm。

（3）车轮的垂直或水平偏斜应符合设计要求。但是，同一轴线上一对车轮的水平倾斜方向应相反。

（4）同一端梁下，车轮的同位差：两个车轮不得大于 2mm；3 个或 3 个以上车轮时不得大于 3mm；在同一平衡梁下不得大于 1mm。

5. 电气设备安装

（1）操纵室内的电气设备应无裸露的带电部分。在小车和走台上的电气设备，室内用启闭机应有护罩或围栏，室外用启闭机应备防雨罩。电气设备的安装底架必须牢固，其垂直度不大于 12/1000，设备应尽量留有 500mm 以上的通道。

（2）电阻籍叠置时不得超过 4 层，否则应另用支架固定，并采取相应的散热措施。电阻器引出线应予以固定。

（3）穿线用钢管应清除内壁锈渍、毛刺并涂以防锈涂料，管子的弯曲半径应大于其直径的 5 倍（管子两端不受此限）。出厂时应封住管口并按图编写管号。

（4）线管、线槽的固定可点焊在金属构件上，但不得焊穿。室外启闭机钢管管口的位置及线槽应能防止雨水直接进入。

（5）全部电气设备不带电的外壳或支架应可靠地接地。若用安装螺栓接地时应保证螺栓接触面接触良好。小车与桥架、启闭机与轨道之间应有可靠的电气连接。

（三）移动式启闭机试运转检验

1. 试运转前检查

（1）检查所有机械部件、连接部件，各种保护装置及润滑系统等的安装、注油情况，其结果应符合要求，并清除轨道两侧所有杂物。

（2）检查钢丝绳端的固定，固定应牢固，在卷筒、滑轮中缠绕方向应正确。

（3）检查电缆卷筒、中心导电装置、滑线、变压器以及各电机的接线是否正确，是否有松动现象存在，并检查接地是否良好。

（4）对于双电机驱动的起升机构，应检查电动机的转向是否正确及转速是否同步；双吊点的起升机构应使两侧钢丝绳尽量调至等长。

（5）检查运行机构的电动机转向是否正确及转速是否同步。

（6）用手转动各机构的制动轮，使最后一根轴（如车轮轴、卷筒轴）旋转一周，不应有卡阻现象。

2. 空载试运行

启闭机空载试运转就是将起升机构和运行机构分别在行程内上、下往返三次，借以检查以下电气和机械部分：

（1）电动机运行应平稳，三相电流应平衡。

(2)电气设备应无异常发热现象,控制器的触头应无烧灼现象。

(3)限位开关、保护装置及连锁装置等动作应正确、可靠。

(4)当大、小车运行时,车轮不允许有啃轨现象。

(5)当大、小车运行时,导电装置应平稳,不应有卡阻、跳动及严重冒火花现象。

(6)所有机械部件运转时,均不应有冲击声和其他异常声音。

(7)运转过程中,制动闸瓦应全部离开制动轮,不应有任何摩擦。

(8)所有轴承和齿轮应有良好的润滑,轴承温度不得超过 65℃。

(9)在无其他噪声干扰的情况下,各项机构产生的噪声,在司机座(不开窗)测得的结果不得大于 85dB(A)。

3. 荷载试验

(1)移动式启闭机静荷载试验的目的是检验启闭机各部件和金属结构的承载能力。

1)起升额定荷载(可逐渐增至额定荷载),将小车在门架或桥架上作往返运行,以检查门机和桥机性能是否达到设计要求。

2)卸去荷载,使小车分别停在主梁跨中和悬臂端,定出测量基准点,再分别逐渐起升 1.25 倍额定荷载,离地面 100～200mm,停悬不少于 10min,然后卸去荷载,检查门架或桥架是否有永久变形。

3)将小车开至门机支腿处或桥机跨端,检查实际上拱值和上翘值。

4)使小车仍停在跨中和悬臂端,起升额定荷载检查主梁挠度值。

5)静荷载试验结束后,启闭机各部分不应有破裂、连接松动或损坏等现象。

(2)启闭机动荷载试验的目的主要是检查启闭机机构及其制动器的工作性能。

1)试验时,按设计要求的机构组合方式,同时开动两个机构,作重复的启动、运转、停车、正转、反转等动作,延续时间应达 1h。

2)各机构应动作灵敏,工作平稳可靠,各限位开关、安全保护连锁装置、防爬装置应动作正确可靠,各零部件应无裂纹等损坏现象,各连接处不得松动。

(3)荷载试验用的试块,一般采用专用试块,当起升额定荷载超过 2000kN,采用专用试块有困难时,可用液压测力器只作静荷载试验。

四、液压式启闭机制造及安装检验

(一)液压式启闭机出厂检查

1. 油缸

(1)油缸缸体毛坯应优先选择整段无缝钢管,也可采用分段焊接钢管、锻件或铸件。

(2)缸体内径尺寸公差应不低于 GB 1801 中的 H9,圆度公差应不低于 GB 1184 中的 9 级,内表面母线的直线度公差应不大于 0.2/1000。

(3)缸体法兰端面圆跳动公差应不低于 GB 1184 中的 9 级,法兰端面与缸体轴线垂直度公差应不低于 GB 1184 中的 7 级。

(4)缸体内表面粗糙度:当活塞采用橡胶密封圈时,R_a 值不大于 $0.8\mu m$;采用其他密封件时,R_a 值不大于 $0.4\mu m$。

(5)油缸缸盖与相关件配合处的圆柱度公差不低于 GB 1184 中的 9 级,同轴度公差应不低于 7 级。

(6)缸盖与缸体配合的端面与缸盖轴线垂直度公差不低于 GB 1184 中的 7 级。

2. 活塞

(1)活塞外径公差应不低于 GB 1801 中的 e8。活塞外径对内孔的同轴度公差应不低于 GB 1184 中的 8 级。活塞外径圆柱度公差应不低于 GB 1184 中的 9 级。

(2)活塞外圆柱面粗糙度 R_a 值应不大于 $0.8\mu m$。

(3)活塞端面对轴线的垂直度公差应不低于 GB 1184 中的 7 级。

3. 活塞杆

(1)活塞杆导向段外径公差应不低于 GB 1801 中的 e8。活塞杆导向段圆度公差应不低于 GB 1184 中的 9 级;外径母线直线度公差应不大于 $0.1/1000$。活塞杆导向段外径的表面粗糙度 R_a 值不大于 $0.4\mu m$。

(2)与活塞接触之活塞杆端面对轴心线垂直度公差应不低于 GB 1184 中的 7 级。

(3)活塞杆表面,采取堆焊不锈钢防锈,加工后不锈钢层厚度应不小于 1mm。活塞杆表面采取镀铬防锈,先镀 $0.04\sim0.05mm$ 乳白铬,再镀 $0.04\sim0.05mm$ 硬铬,单边镀层厚度为 $0.08\sim0.10mm$。

4. 导向套及其他

(1)导向面配合尺寸公差应不低于 GB 1801 中的 H9 与 e8 级。导向面与配合面的同轴度公差不低于 GB 1184 中的 8 级。

(2)导向面的圆柱度公差不低于 GB 1184 中的 9 级。导向面粗糙度 R_a 值不大于 $0.4\mu m$。

(3)O 形密封圈的胶料性能应符合规定。

(4)动密封件应有足够的抗撕裂强度,耐高压,并具有耐油、防水、永久变形小、摩阻力小、抗老化等良好性能。

(5)上下法兰的紧固件及密封装置的紧固件应进行防腐处理。

(二)液压式启闭机安装检验

(1)安装前应检查活塞杆是否变形,在活塞杆竖直状态下,其垂直度不应大于 $0.5/1000$,且全长不超过杆长的 $1/4000$;并检查油缸内壁有无碰伤和拉毛现象。

(2)吊装液压缸时,应根据液压缸直径、长度和重量决定支点或吊点个数,以防变形。

（3）液压启闭机机架的横向中心线与实际测得的起吊中心线的距离不应超过±2mm;高程偏差不应超过±5mm。双吊点液压启闭机,支承面的高差不应超过±0.5mm。

（4）机架钢梁与推力支座的组合面不应有大于0.05mm的间隙,其局部间隙不应大于0.1mm,深度不应超过组合面宽度的1/3,累计长度不应超过周长的20%,推力支座顶面水平偏差不应大于0.2/1000。

（5）活塞杆与闸门（或拉杆）吊耳连接时,当闸门下放到底坎位置,在活塞与油缸下端盖之间应留有50mm左右的间隙,以保证闸门能严密关闭。

（6）管道弯制、清洗及安装均应符合《水轮发电机组安装技术规范》(GB/T 8564—2003)中的有关规定。管道设置应尽量减少阻力,管道布局应清晰、合理。

（三）液压式启闭机试运转检验

（1）启闭机试运转前,应将门槽内的一切杂物清除干净,保证闸门和拉杆不受卡阻。机架固定应牢固。

（2）油泵第一次启动时,应将油泵溢流阀全部打开,连续空转30～40min,油泵不应有异常现象。油泵空转正常后,在监视压力表的同时,将溢流阀逐渐旋紧使管路系统充油。充油时应排除空气。

（3）管路充满油后,应调整油泵溢流阀,使油泵在其工作压力的25%、50%、75%和100%的情况下分别连续运转15min;若无振动、杂音和温升过高等现象,可调整油泵溢流阀,使其压力达到工作压力的1.1倍时动作排油。

（4）油泵阀组的启动阀一般应在油泵开始转动后3～5s内动作,使油泵带上负荷,否则应调整弹簧压力或节油孔的孔径。

（5）无水时,应先手动操作升降闸门一次,以检验缓冲装置减速情况和闸门有无卡阻现象,并记录闸门全开时间和油压值。

（6）调整主令控制器凸轮片,使主令控制器的电气接点接通。断开时,闸门所处的位置应符合图纸要求,但门上充水阀的实际开度应调至小于设计开度30mm以上。

调整高度指示器,使其指针能正确指出闸门所处位置。

（7）第一次快速关闭闸门时,应在操作电磁阀的同时,做好手动关闭阀门的准备,以防闸门过快下降。

（8）将闸门提起,在48h内,闸门因活塞油封和管路系统的漏油而产生的沉降量不应大于200mm。

（9）手动操作试验合格后,方可进行自动操作试验。提升和快速关闭闸门试验时,记录闸门提升、快速关闭、缓冲的时间和当时水库水位及油压值,其快速关闭时间应符合设计规定。

第十二章　压力阀管与水力机械辅助设备

第一节　压力钢管制造检验

一、基本要求

(1)钢管、伸缩节和岔管的各项尺寸应按照现行有关规范和设计图纸规定执行。

(2)钢管制造前,应具备相关的技术资料、材质证明、焊接和探伤人员的资格评定、焊接工艺试验资料等。

(3)钢管制造时采用的工艺措施、量具仪器以及竣工后交接验收应提供的资料均应符合现行有关规范和设计规定。

(4)制作钢管的材料(包括焊接材料)必须符合设计图纸规定,其性能应符合现行有关规范规定,并具有出厂合格证,如无出厂合格证或强度等级不清楚应予复验,复验合格后方可使用。

(5)钢管、伸缩节和岔管的防腐工作,除焊缝两侧外,均应在安装前全部完成;如设计另有规定,则应按设计要求执行。

(6)施工单位、监理单位应按现行有关规范进行全面检查,并做好记录。

二、检验要点

1. 材料检查

(1)钢管所用钢材的技术要求应符合国家标准的规定。

(2)压力钢管使用的钢板和焊接材料必须符合图纸规定。钢板性能和表面质量应符合设计规定,并具有出厂质量证明。

(3)焊接材料必须具有出厂质量证明,其化学成分、机械性能等各项指标应符合规定。

2. 钢板划线

(1)钢板划线的极限偏差应符合表 12-1 的规定。

表 12-1　　　　　　　　　　　钢板划线的极限偏差

序号	项　　目	极限偏差(mm)	序号	项　　目	极限偏差(mm)
1	宽度和长度	±1	3	对应边相对差	1
2	对角线相对差	2	4	矢高(曲线部分)	±0.5

(2)明管的纵缝位置与明管的垂直轴或水平轴所夹的圆心角应符合图纸规定的范围。

(3)相邻管节的纵缝距离应大于板厚的 5 倍且不小于 100mm;在同一管节上相邻纵缝间距不应小于 500mm。

(4)钢板划线后应用钢印、油漆和冲眼等方法进行标号。

3. 钢管对圆

(1)钢板卷板方向应和钢板的压延方向一致。卷板后,应将瓦片以自由状态立于平台上,并用样板检查弧度。

(2)钢板上不得出现伤痕;卷板时,不得用锤敲击钢板。

(3)当钢管内径和壁厚关系符合表 12-2 的规定时,瓦片允许冷卷,否则应热卷或冷卷后进行热处理。

表 12-2

序 号	钢板牌号	钢管内径(D)与壁厚(δ)关系
1	碳素钢、16Mn、16MnR	$D \geqslant 33\delta$
2	15MnV、15MnVR、15MnTi	$D \geqslant 40\delta$

(4)钢管对圆应在平台上进行。对圆后,管口平整度和周长差应符合设计规定。

(5)钢管纵、环缝对口错边量的极限偏差应符合表 12-3 的规定。

表 12-3 (mm)

焊缝类别	板 厚δ	板限偏差
纵 缝	任意厚度	10%δ,且不大于 2
环 缝	$\delta \leqslant 30$	15%δ,且不大于 3
	$\delta > 30$	10%δ
	$\delta \geqslant 60$	$\leqslant 6$

(6)钢管圆度的偏差不应大于 3D/1000,最大不大于 30mm,每端管口至少测两对直径。

4. 钢管焊接

(1)钢管纵缝焊接后,应用样板检查纵缝处的弧度,其间隙应符合表 12-4 的规定。

(2)当钢管采用带垫板的 V 形坡口时,管口插入垫板处钢管的周长、圆度和纵缝焊后的弧度等,均应符合设计规定。

(3)如钢管焊有加劲环。安装加劲环时,其同端管口实测最大和最小直径之差,不应大于4mm,每端管口至少应测4对直径。

表 12-4

钢管内径 D(m)	样板弦长(mm)	样板与纵缝的极限间隙(mm)
$D \leqslant 5$	500	4
$5 < D \leqslant 8$	$D/10$	4
$D > 8$	1200	6

(4)加劲环、支承环和止水环与钢管外壁的局部间隙,不应大于3mm。

(5)加劲环、支承环和止水环的对接焊缝应与钢管纵缝错开100mm以上。

(6)加劲环装焊前,应在平台上进行预组装。组装时应注意控制加劲环与钢管外壁的间隙。

5. 岔管和伸缩节制造

(1)岔管和伸缩节的划线、切割、卷板应符合设计规定。

(2)肋梁系岔管应在厂内进行整体组装或组焊。岔管的各项尺寸应符合设计规定。

(3)伸缩节的内、外套管和止水压环焊接后的弧度,应用样板检查。

(4)伸缩节应具有足够的刚度,且能自由伸缩,内外套管间最大或最小间隙不得超过平均间隙的10%。

(5)伸缩节的止水橡胶盘根应粘接成整圈,每圈接头应斜接,相邻两圈接头应错开。

三、质量检验标准

1. 检查项目

压力钢管制造检查项目、检验工具及位置见表12-5。

表 12-5　　　　　压力钢管制造检查项目、检验工具及位置

项次	项目	检验工具	检验位置	备注
1	瓦片与样板间隙	钢管内径小于或等于2m,用弦长为0.5D(且不小于500mm)样板;钢管内径大于2m小于6m,用弦长为1.0m样板;钢管内径大于6m,用弦长为1.5m样板	卷板后,瓦片以自由状态立于平台上,在瓦片上、中、下3个断面上测量	D 为钢管内径
2	实际周长与设计周长差	钢尺		m 为周长

续表

项次	项 目	检验工具	检验位置	备注
3	相邻管节周长差	钢尺	通过两节管口实测值计算而得	
4	钢管管口平面度	线绳和塞尺或钢板尺		
5	纵缝焊后变形	用弦长为 $D/10$ 样板,且不小于 500mm,不大于 800mm	 上下两端管口	D 为钢管内径
6	钢管圆度	钢尺	在两端管口至少测 2 对直径;圆度为相互垂直的两直径差	
7	支承环或加劲环与管壁的铅垂度	钢尺或钢板尺		每圆周测 8 点
8	支承环或加劲环所组成的平面与管轴线的铅垂度	钢尺或钢板尺		每圆周测 8 点
9	相邻两环的间距 c	钢尺或钢板尺		每圆周测 8 点

2. 钢管对圆质量检查

　　压力钢管对圆后,应对压力钢管的圆度进行检验,其圆度要求、检测工具、位置见表 12-6。

表 12-6　　　　　　压力钢管圆度要求、检测工具、位置

项次	项目	允许偏差（mm）		检测工具	检测位置	备　注
		合格	优良			
△1	钢管圆度	$\dfrac{5D}{1000}$	$\dfrac{4D}{1000}$	钢尺	在上端或下端管口至少测两对直径，圆度为相互垂直的两直径差	D 为钢管内径

注：△表示主要检查项目，下同。

3. 钢管焊接质量检查

(1)压力钢管表面清除及局部凹坑焊补质量检验，见表12-7。

表 12-7　　　　　　表面清除及局部凹坑焊补要求

项次	项　目	质量标准		检验工具	检验位置
		合　格	优　良		
1	表面清除	内壁上临时支撑割除和焊疤清除	内壁上临时支撑割除和焊疤清除干净并磨光	肉眼检查	全部表面
2	局部凹坑焊补	凡凹坑深度大于板厚 10% 或大于 2mm 应焊补	凡凹坑深度大于板厚 10% 或大于 2mm 应焊补并磨光	肉眼检查	全部表面

(2)压力钢管一、二类焊缝及局部凹坑焊补要求见表12-8。

表 12-8　　　　　　一、二类焊缝及局部凹坑焊补要求

钢　种	板厚（mm）	射线探伤（%）		超声波探伤（%）	
		一　类	二　类	一　类	二　类
碳素钢	≥38	20	10	100	50
	<38	15	8	50	30
低合金钢	≥32	25	10	100	50
	<32	20	10	50	30
高强钢	任意厚度	40	20	100	50

4. 钢管伸缩节制造质量检验

压力钢管伸缩节的制造标准、检测工具及检测位置应符合表12-9的规定。

表 12-9   钢管伸缩节制造标准、检测工具、位置

项次	项目	允许偏差（mm）		检测工具	检测位置
		合格	优良		
1	内外套管、止水压环片和样板	1	1	钢管内径小于或等于 2m，用弦长为 0.5D（且不小于 500mm）样板；钢管内径大于 2m 小于 6m，用弦长为 1.0m 样板；钢管内径大于 6m，用弦长为 1.5m 样板	卷板后，瓦片以自由状态立于平台上，在瓦片上、中、下 3 个断面上测量
△2	内外套管、止水压环实际周长和设计周长差	±3D/1000	±2.5D/1000	钢尺	
△3	相邻管节、周长差	δ<106 δ≥1010	6 8	钢尺	通过两节管口实测值计算而得
△4	内外套管、止水压环纵缝对口错位	小于或等于板厚 10%，且不大于 2；当板厚小于或等于 10 时小于等于 1	小于或等于板厚 5%，且不大于 2；当板厚小于或等于 20 时为 1	钢尺	
△5	内外套管、止水压环管口平面度	D≤5m | D>5m 2.0 | 3.0	D≤5m | D>5m 1.5 | 2.0	线绳、塞尺或钢板尺	
6	焊缝外观检查	无气泡、流渣、缺口、漏焊		肉眼检查	

续表

项次	项　目	允许偏差（mm）		检测工具	检测位置
		合格	优良		
△7	一、二类焊缝内部焊接检查	无气泡、流渣、缺口、漏焊		肉眼检查煤油试验超声波检查	焊缝
△8	内外套管、止水环纵缝焊后变形	2	1.5	用弦长为 $D/10$ 样板且不小于 500mm 不大于 800mm	上下两端管口
△9	内外套管、止水压环的实测直径与设计直径	$\pm D/1000$ 且不超过±2.5	$\pm D/1000$ 且不超过±2.5	钢尺测量	至少测 4 对直径
10	内外套管间的最大和最小间隙与平均间隙差	不大于平均间隙的 10%	不大于平均间隙的 8%	钢板尺	沿周围选择不同间隙测量
11	实测伸缩行程与设计行程差	±4	±4	钢板尺	圆周测 8 点
12	内外套管、止水压环管壁表面清除和局部凹坑焊补	内外壁上安装无用的支撑、夹具和焊疤清除干净，内外壁上深度大于板厚10%或大于2mm 的凹坑应焊补	内外壁上安装无用的支撑、夹具和焊疤清除干净，内外壁上深度大于板厚10%或大于2mm 的凹坑应焊补磨光	肉眼观测、焊缝检验尺	局部凹坑焊补处

续表

项次	项 目	允许偏差(mm)		检测工具	检测位置
		合格	优良		
13	内外套管、止水压环内外管壁防腐蚀表面处理	内管壁用压缩空气喷砂或喷丸,彻底清除铁锈、氧化皮等,表面干净,露出白色金属光泽	表面处理量达到 $S_a 2\frac{1}{2}$ 标准,表面粗糙度 40~70μm	肉眼检查、标准图片样板对照	内、外套管
14	内外套管、止水压环内外管壁防腐蚀涂料涂装	层数、厚度、时间符合规范	层数、厚度、时间符合规范,黏附力好	用测厚仪、刮刀检测	内、外套管

5. 钢管岔管质量检查

压力钢管岔管的质量检验标准检测工具和检测位置应符合表 12-10 的规定。

表 12-10　　　　　压力钢管岔管制造标准、检测工具、位置

项次	项目	允许偏差(mm)						检测工具	检测位置方法
		合　格			优　良				
		$D\leqslant2$	$D\leqslant5$	$D>5$	$D\leqslant2$	$D\leqslant5$	$D>5$		
1	岔管瓦片与样板间隙	1.5	2.0	2.5	1.0	1.5	2.0	钢尺、钢板尺、垂球激光指向仪测量	始装节在上、下游管口测量,其余管节管口中心测一端管口
2	相邻管节周长差	$\delta<10$:≤6 $\delta\geqslant10$:≤10			$\delta<10$:≤6 $\delta\geqslant10$:≤8				
△3	纵、环缝对口错位								
4	焊缝外观检查	符合设计规定							
△5	一、二类焊缝内部焊接质量检查	—						钢尺	在两端管口至少测 2 对直径、圆度为相互垂直的两直径差

项次	项目	允许偏差（mm）		检测工具	检测位置方法
		合　格	优　良		
△6	纵缝焊后变形	4.0	4.0	肉眼及焊缝检验尺	纵缝对口部位
△7	与主、支管相邻的岔管管口圆度	5D/1000 且不大于 30	4D/1000 且不大于 30	肉眼及焊缝检验尺	环缝对口部位
8	与主、支管相邻的岔管管口中心偏差	5	4	钢尺、垂球、钢板尺、水准仪、经纬仪	
9	岔管内、外管壁表面清除和局部凹坑焊补	—		肉眼检查	全部表面
10	岔管管壁防腐蚀表面处理	除锈彻底，表面干净，露出灰白和金属光泽	表面处理达 Sa2½ 标准，表面粗糙度 40～70μm，表面处理达 Sa2½，粗糙度 50～70μm	同钢管	同埋管
11	岔管管壁防腐蚀涂料涂装	涂装符合厂家或设计规定，外观良好	涂层厚度、质量符合设计规范要求	同钢管	同埋管
△12	水压试验	无渗水及其他异常现象	无渗水及其他异常现象	0.5 ～ 1.0kg 小锤	在焊缝两侧各 15～20mm 处，用小锤轻轻敲打

第二节　压力钢管的安装检验

一、基本要求

(1)埋管管口中心和里程应符合设计要求,其他部位管节的管口中心应控制在合格范围内。

(2)明管安装时明管管口中心和里程应符合设计要求。其中其他部位管节的管口中心应控制在合格范围内。

(3)为避免影响焊接质量,不得用切割坡口的方法来调整管口中心,可允许个别管节的中心略有超差。在以后安装管节时,再设法调整至合格范围。

(4)安装前应对钢管、伸缩节和岔管的各项尺寸进行复测,符合设计图纸规定。

(5)安装后钢管应与支墩和锚焊牢,以防止浇混凝土时发生位移。

二、检验要点

(一)压力钢管布置

1. 明管线路布置

(1)明管线路应布置在地形、地质条件优越的地段,尽量避开可能发生滑坡、崩塌、沉降量很大的地段和村镇居民区及交通道路等。

(2)为防止发生意外事故时,危及电站设备和人身安全,钢管应设置事故排水和防冲工程设施。与水渠、道路、输电线、通信线等交叉时,应设置必要的交叉建筑物和防护设施。

(3)沿管线应设置排水沟、交通道路和照明设施。在交通道路沿线上,应设置休息平台、扶手栏杆、越过钢管的爬梯或管底通道。

(4)布置在洞内和室内的明管应布置通风防潮设施;为满足管道安装和检修要求,还应预留必要的空间和埋设必需的埋件。

(5)明管宜作成分段式。在转弯处宜设置镇墩;镇墩间应设支墩,以支承和架空钢管,并设置伸缩节。伸缩节宜放在镇墩的下游侧。

1)支墩间距应符合设计要求。两相邻镇墩之间的支墩宜按等距离布置;但设有伸缩节的一跨,其间距宜缩短。

2)直线管段长度在150m以上时,应在其间加设镇墩和伸缩节。若直线管段纵坡很缓且管段长度不超过200m,也可不加设中间镇墩,而将伸缩节置于管段中部。

3)在地震多发区,应采用较短的镇墩间距和支墩间距。

(6)有倒虹吸管道的钢管,在该管段的最低处必须设置放空(兼排沙)管。倒虹吸管末端必须设置充、排气装置。

(7)管道两侧边坡应满足稳定要求,土质边坡宜进行砌护。

2. 地下埋管布置

(1)地下埋管线路和进出口位置应选择地形地质条件相对优良地段,且具备成洞条件。

(2)多根管道线路布置时,邻管间岩体应满足施工期和运行期的稳定及强度要求。

(3)洞井型式(平洞、斜井、竖井)及斜井坡度,应根据布置要求、工程地质条件、施工条件等因素,经技术经济比较确定。长度和高差过大的斜井与竖井,宜布置中间平段。

(4)在地下水位较高地区,应布置排水系统。防渗排水设施必须可靠,且便于检修。

3. 坝内埋管布置

(1)压力钢管的平面位置宜位于坝段中央,其管径不宜大于坝段宽度的 1/3,不应大于坝段宽度的 1/2。

(2)管线在坝体铅垂面中的布置应符合设计要求。

4. 坝后背管布置

(1)管道平面布置宜位于坝段中央,对于拱坝宜沿径向布置。

(2)上弯管段和下弯管段的转弯半径宜采用管径的 2~3 倍。

(3)坝后背管段宜紧贴下游坝面布置,管道本体宜位于大坝基本断面以外。

(二)明管安装检验

(1)明管距地面、管槽的距离不应小于 600mm。

(2)分段式明管的支座应保证钢管在温度变化时能沿轴向自由伸缩,并能防止横向滑脱。此外,支座还应设置可装卸的活动防尘罩。

(3)在严寒地区,明管应有防止钢管、通气管、伸缩节和人孔等设备结冰的保温措施。

(4)镇墩、支墩混凝土强度等级不应低于 C15。在寒冷地区,墩底基面应深埋在冻土线以下。

(5)镇墩内的钢管应配置止推环和加劲环;镇墩管轴腰线部位混凝土内应配置弯道转弯半径方向的环筋,以保持镇墩的整体性。

(6)伸缩节应能保证自由伸缩,同时具有足够的刚度,以防止因变形而影响运行。

(7)凡能进人的钢管均应设置进人孔。人孔间距可取为 150m,不宜超过 300m,其位置宜放在镇墩的上游侧管道内。

(8)人孔内宜设置导流板。人孔盖板的密封止水材料应根据承压水头选取。

(9)滚轮式和摇摆式支座安装后,应能灵活动作,不应有任何卡阻现象,各接触面局部间隙不应大于 0.5mm。

(10)鞍式支座的顶面弧度,可用样板进行检查,其间隙不应大于 2mm。

(11)滚轮式和摇摆式支座支墩垫板的高程和纵、横向中心的偏差,不应超过±5mm,其与钢管设计轴线的平行度不应大于2/1000。

(三)埋管安装检验

1. 地下埋管

(1)钢管与围岩间的衬圈混凝土应浇筑密实,钢管安装支腿、阻水环、加劲环和止推环附近必须加强振捣。

(2)钢管壁上宜预设灌浆孔,并在管外焊接补强板。灌浆过程中,应进行监测;灌浆后,全部灌浆孔均应严密封堵。

(3)地下埋管(包括岔管)进行回填灌浆时,若衬圈顶拱与围岩间存在较大空腔,必采用水灰比较低的水泥砂浆或水泥浆。

1)回填灌浆应在衬圈混凝土强度达到设计强度的70%以后进行。

2)回填灌浆压力不应小于0.2MPa,也不得大于钢管抗外压临界压力。

(4)钢管与混凝土衬圈间若存在超过设计允许的缝隙,应进行接触灌浆。接触灌浆压力不宜大于0.2MPa,必须保证钢管在接触灌浆中的变形不超过设计允许值。接触灌浆宜安排在温度最低时段进行。

(5)回填灌浆、接触灌浆与固结灌浆可在同一孔中分序进行,但在进行固结灌浆时,必须设置封堵栓塞。固结灌浆压力不宜小于0.5MPa。

(6)钢管抗外压稳定宜设置加劲环。若为光面管,弯管处必须设置加劲环,其他管段则每隔10~20m应设置一道加劲环。

(7)钢管管壁与围岩之间的径向净空尺寸,应视施工方法和结构布置而定。凡钢管就位以后需要在管外进行焊接作业者,两侧和顶部不应小于500mm,底部不应小于600mm。阻水环和加劲环外缘距岩壁不应小于300mm。

(8)钢管内、外壁的局部凹坑深度不超过板厚10%,且不大于2mm,否则,应进行焊补。

(9)钢管支墩应有足够的强度和稳定性。埋管安装中心的极限偏差应符合表12-11的规定。

表12-11   埋管安装中心的极限偏差

钢管内径 D (m)	始装节管口中心的极限偏差 (mm)	与蜗壳、伸缩节、蝴蝶阀、球阀、岔管连接的管节及弯管起点的管口中心极限偏差(mm)	其他部位管节的管口中心极限偏差 (mm)
D≤2		6	15
2<D≤5	5	10	20
D>5		12	25

始装节的里程偏差不应超过±5mm。弯管起点的里程偏差不应超过

±10mm。始装节两端管口垂直度偏差不应超过±3mm。

（10）钢管安装后，管口圆度偏差不应大于 5D/1000，最大不应大于 40mm。

2. 坝内埋管

（1）坝内埋管安装，坡度较陡的管段可采用摆节法；坡度较缓的管段，以及坡度虽较陡但要求分期施工的管段，可在坝体内预留全埋式安装槽，或浅埋式安装台。

预留槽台的尺寸应满足钢管安装和回填混凝土的要求，两侧及底部最小净距不宜小于 1.0m。

（2）回填管周混凝土时，应有严格的温控措施，且应浇筑密实并限制混凝土上升速度，并防止钢管底部出现空洞。

（3）钢管跨越坝体纵缝处，应局部调整纵缝使其与管轴垂直。要灌浆的纵缝，应在管周的混凝土缝面上设置止浆片。

（4）坡度缓于 45°的钢管底部，必须进行钢管与混凝土间的接触灌浆，灌浆孔的孔口压力宜控制在 0.20～0.25MPa 范围内。预设灌浆孔外壁应补强，全部灌浆孔应严密封堵。

（5）与混凝土段连接的钢管（或钢衬）始端必须设置阻水环，并应在其后设置排水设施。

3. 坝后背管

（1）坝后背管外包混凝土强度等级不应低于 C20，不宜高于 C30，抗冻等级应符合要求。

（2）缝面键槽（或台阶）和插筋的布置，应根据管坝接缝面的应力分布确定。

（3）钢管纵缝应与环向钢筋的接头错开。钢管纵缝与环向钢筋接头间、环向钢筋接头与两腰及管顶间的中心角，均不应小于 15°，或弧线距离均不应小于 800mm。

（4）钢筋分内外圈布置，各圈不宜多于两层；内外圈钢筋之间宜布置联系钢筋。

内外圈钢筋之间的间距不宜小于 500mm；钢筋净保护层不宜小于 80mm；外圈外层钢筋可布置成方圆形，并可与管坝接缝面插筋相焊；每层纵向钢筋截面积与每层环向钢筋截面积之比，可采用 20％～40％；上弯段纵向钢筋应适当加强。

三、质量检验标准

（1）埋管安装检测项目、标准、检验工具、检验位置见表 12-12。

（2）灌浆孔堵焊标准、检验工具、位置见表 12-13。

（3）明管内、外壁防腐蚀涂料涂装标准、检验工具和方法、位置见表 12-14。

（4）明管内、外壁防腐蚀的表面处理要求标准、检测工具、位置见表 12-15。

（5）明管安装标准、检验工具、位置见表 12-16。

（6）明管支座中心、高程、弧度和间隙的标准、检验工具见表 12-17。

表 12-12   埋管安装检测项目、标准、检验工具、检验位置

项次	项目	允许偏差(mm)						检验工具	检验位置
		合 格			优 良				
		钢管内径 D(m)			钢管内径 D(m)				
		D≤3	3< D≤6	D>6	D≤3	3< D≤6	D>3		
△1	始装节管口里程	±5	±5	±5	±4	±4	±4	钢尺、钢板尺、垂球或激光指向仪	始装节在上、下钢管口测量,其余管节管口中心只测一端管口
△2	始装节管口中心	5	5	5	4	4	4		
3	与蜗壳、蝴蝶阀、球阀、岔管连接的管节及弯管起的管口中心	6	10	12	6	10	12		
4	其他部位节点的管口中心	15	25	30	10	20	25		

表 12-13   灌浆孔堵焊标准、检验工具、位置

项次	项目	质量标准	检验工具	检验位置
1	灌浆孔堵焊	堵焊后表面平整,无渗水现象	用肉眼检查或 5 倍放大镜检查	全部灌浆孔

表 12-14   明管内、外壁防腐蚀涂料涂装标准、
                          检验工具、方法、位置

| 项次 | 项目 | 质量标准 | | 检查工具方法 | 检验位置 |
		合 格	优 良		
1	明管内、外涂料涂装	内、外管壁涂料涂装的层数、每层厚度、间隔时间均按设计要求和厂家说明书规定进行;经外观检查,涂层均匀、表面光滑、颜色一致,无皱皮、脱皮、气泡、挂流、漏刷等缺陷	内、外管壁涂料涂装表面质量达到合格标准;深层厚度符合设计要求,无针孔,用刀划检查涂层黏附力,应不易剥离	用 5 倍放大镜检查或外观用肉眼检查;深层厚度用电磁或电磁测厚计检测;针孔用针孔探测器检测;黏附力检查用刀在涂层上划一个十字形裂口	安装焊缝两侧

表 12-15　　　明管内、外壁防腐蚀表面处理标准、检测工具、位置

项次	项目	质量标准		检测工具	检查位置	备注
		合　格	优　良			
1	明壁内、外壁防腐表面处理	内、外管壁用压缩空气喷砂或喷丸除锈，彻底消除铁锈、氧化皮、焊渣、油污、灰尘、水分等，使之露出灰白色金属光泽	内、外管壁用压缩空气喷砂或喷丸除锈，使表面清洁度达到《水电水利工程压力钢管制造安装及验收规范》（DL/T 5017—2007）中 Sa2½ 标准，表面粗糙率为 60～70μm	合格标准用肉眼检查；优良标准除用肉眼检查外，清洁度标准图片粗糙度应用样板对照检查	安装焊缝两侧	焊缝两侧如限于条件也可用砂轮作为表面处理手段

表 12-16　　　明管安装标准、检验工具、位置

项次	项　目	允许偏差（mm）						检测工具	检测位置
		合　格			优　良				
		钢管内径 D(m)			钢管内径 D(m)				
		D≤3	3<D≤6	D>6	D≤3	3<D≤6	D>6		
△1	始装节管口里程	±5	±5	±5	±4	±4	±4	钢板尺、钢尺、垂球或激光指向仪、水平仪、经纬仪	始节在上、下游管口测定；其余管节管口中心只测一端管口
△2	始装节管口中心	5	5	5	4	4	4		
3	与蜗壳、蝴蝶阀、岔管连接的管节及弯管起管口中心	6	10	12	6	10	12		
4	其他部位的管节管口中心	15	20	25	10	15	20		

表 12-17　　　明管支座中心、高程、弧度和间隙的标准、检验工具

项次	项　目	允许偏差（mm）		检验工具
		合　格	优　良	
1	鞍式支座顶面弧度和样板间隙	2	2	用样板检查
2	滚动支座或摆动支座的支墩板高程和纵横中心	±5	±4	水准仪和经纬仪

续表

项次	项　目	允许偏差（mm）		检验工具
		合　格	优　良	
3	与钢管设计轴线的平行度	2mm/m	2mm/m	
4	各接触面的局部间隙	0.5	0.5	塞　尺

第三节　压力钢管试验

一、基本规定

（1）水压试验的试验压力值应按图纸或设计文件规定执行。

（2）首次使用新钢种制造的岔管、新型结构的岔管、高水头岔管、高强度钢制造的岔管等应做水压试验。

（3）明管应做水压试验，可做整条或分段水压试验。分段长度和试验压力由设计单位提供。

（4）明管或岔管试压时，应缓缓升至工作压力，保持10min；对钢管进行检查，情况正常，继续升至试验压力，保持5min，再下降至工作压力，保持30min，并用0.5～1.0kg小锤在焊缝两侧各15～20mm处轻轻敲击，整个试验过程中应无渗水和其他异常情况。

（5）试压时水温应在5℃以上。

二、钢管水压试验

1. 试验方式

水压试验方式可分为分节式（或单体式）、分段式和整体式三种。其中现场分段式又可分为连续分段式和间歇分段式两种。

（1）压力钢管水压试验应在现场或工厂进行。

（2）明管应做全长整体式现场水压试验。当水头较高、内压变化较大和管线很长、管壁厚度变化大，整体式试验不能达到水压试验目的或不易实现时，可做分段式或分节式水压试验。

（3）分段式水压试验的分段应结合管线地形、管道内压和布置情况研究确定。分段闷头不宜布置在上凸弯管镇墩上游侧。

（4）当内水压力很高时，间歇分段式水压试验往往使镇墩尺寸过大，不宜采用。

（5）岔管宜在钢管厂内做单体水压试验。

2. 试验压力

（1）工厂水压试验的压力值应取正常运行情况最高内水压力设计值（含水锤）

的 1.25 倍,且不小于特殊运行情况最高内水压力设计值。

(2)现场水压试验的压力值应取正常运行情况最高内水压力设计值的 1.25 倍。当试验分段较长、段端压力差值较大时,任一端试验压力不得低于正常运行情况最高内水压力设计值的 1.15 倍。

(3)水压试验应分级加载,缓慢增压。各级稳压时间及最大试验压力下的保压时间,不应短于 30min。

3. 试验施工

(1)水压试验应符合运行状态,如排除或减轻闷头的影响。评价结构安全度,应根据试验状态与运行状态的差别作出界定。

(2)采用连续分段式水压试验,充水速度不宜过快,以免内闷头因压力过大而失稳破坏,或旁通管出口流速过高而使管内防腐涂料遭受破坏。充水流量应根据旁通管管径与长度,以及闷头抗外压能力等因素计算确定。

(3)水压试验管段中,应安装通气孔,其孔径应与充水流量相适应,通气孔风速不应大于 50m/s。

(4)钢管现场水压试验时,应监测镇墩变位和混凝土裂缝。如布置有应变原型观测设备,应同时监测。

(5)水压试验过程中应做好安全防范工作,避免发生突发性事故。

(6)试验完毕后,管道放空流量的大小应满足闷头不失稳和通气孔风速限制的要求。

三、钢管模型试验

(1)钢管结构模型试验分为抗内压和抗外压两大类,有下列情况之一者,应做结构模型试验:

1)采用新材料、新结构、新设计理论(和方法)或新工艺的钢管。

2)凡压力钢管基本参数(管径 D、作用水头 H 或 HD)超出本节在布置、材料、结构分析等有关条文所规定的压力钢管。

(2)结构模型试验宜采用仿真材料结构模型,可在试验室内进行,也可在实地进行。

(3)模型试验的模型比尺、模拟范围、模型结构及作用,应根据钢管的结构特点和试验目的确定。

(4)引用结构模型试验成果,应根据模型的比尺、材料、约束条件、相似条件等方面与实际结构的差别,界定结构的安全度。

(5)岔管等单体结构模型试验,实测整体屈服内水压力安全系数(折算为原型后)不得低于 2.0;若续作爆管试验,实测爆管内水压力安全系数不得低于 3.0。

(6)1、2 级钢管上体形复杂的岔管,宜做水力学模型试验。用以验证按分流比选定的支管断面尺寸、分岔角、导流板位置与尺寸等是否符合要求。

第四节 水力机械辅助设备安装检验

一、辅助设备安装工程检验

(一)设备安装位置

水力机械各类辅助设备的安装位置、检查项目、标准、检验方法见表 12-18。

表 12-18   设备安装位置、检查项目、标准、检验方法

项次	检查项目	允许偏差(mm)		检验方法
		合 格	优 良	
1	设备平面位置	±10	±5	用钢卷尺检查
2	高 程	+20 −10	+10 −5	用水准仪和钢板尺检查

(二)供水、排水系统设备

1. 水泵安装

(1)离心水泵安装检查项目、标准、检验方法见表 12-19。

表 12-19   离心水泵安装检查项目、标准、检验方法

项次	检查项目	允许偏差(mm)		检验方法
		合 格	优 良	
1	泵体纵、横向水平度	0.10mm/m	0.08mm/m	用方型水平仪检查
2	叶轮和密封环间隙	符合设计规定		用压铅法或塞尺检查
3	多级泵叶轮轴间间隙	大于推力头轴向间隙		用钢板尺、塞尺检查
4	主、从动轴中心	0.10	0.08	用钢板尺、塞尺或百分表检查
5	主、从动轴中心倾斜	0.20mm/m	0.10mm/m	用塞尺或百分表检查

(2)深井水泵安装检查项目、标准、检验方法见表 12-20。

表 12-20   深井水泵检查项目、标准、检验方法

项次	检查项目	允许偏差(mm)		检验方法
		合 格	优 良	
1	各级叶轮与密封环间隙	符合设计规定		用游标卡尺测量检查
2	叶轮轴向间隙	符合设计规定		用钢板尺检查
△3	泵轴提升量	符合设计规定		用钢板尺检查
4	泵轴与电动机轴线偏心	0.15	0.10	用游标卡尺或钢板尺、塞尺检查
5	泵轴与电动机轴线倾斜	0.5mm/m	0.2mm/m	用钢板尺、塞尺检查
6	泵座水平度	0.10mm/m	0.08mm/m	用方型水平仪检查

（3）潜水泵的安装主要检测泵座及吊钩尺寸,应符合有关规定。

若潜水泵是非固定式的,需对泵的吊装及泵与泵座的把合进行测试。泵与泵座的把合应灵活可靠;泵的吊装应安全、通畅。

2. 滤水器

（1）滤水器的操作检查及试运行应分别在无水及额定流量条件下,对滤水器操作机构进行检查。操作应方便、可靠,符合设计要求。

（2）检测滤水器泄漏情况,运行过程中渗漏以不形成水滴为合格。

3. 控制阀、仪表及自动化

（1）安全阀、减压阀及仪表等校验记录应符合设计要求及相关规范要求。

（2）系统动作应正确可靠,自动控制符合设计要求。

4. 泵试运行及运行检查

各类水泵在额定负荷下试运转不少于 2h,必须符合下列要求：

（1）填料承压盖松紧适当,只有滴状泄漏。

（2）运转中无异常振动及响声,各连接部分不应松动及渗漏。

（3）滚动轴承温度不超过 25℃,滑动轴承温度不超过 70℃。

（4）电动机电流不超过额定值。

（5）水泵压力、流量符合设计规定。

（6）深井水泵止退机构动作灵活可靠。

（7）测量水泵轴的径向振动,振幅值应符合有关规定。

（三）油系统设备

1. 油泵安装

（1）齿轮油泵安装检查项目、标准、检验方法见表 12-21。

表 12-21　　　　　齿轮油泵检查项目、标准、检验方法

项次	检查项目	允许偏差（mm）		检验方法
		合　格	优　良	
1	泵体水平度	0.20mm/m	0.10mm/m	用方型水平仪检查
△2	齿轮与泵体径向间隙	0.13～0.16		用塞尺检查
3	齿轮与泵体轴向间隙	0.02～0.03		用压铅法检查
△4	主、从动轴中心	0.10	0.08	用钢板尺、塞尺或百分表检查
5	主、从动轴中心倾斜	0.20mm/m	0.10mm/m	用塞尺或百分表检查

（2）螺杆油泵安装检查项目、标准、检验方法见表 12-22。

表 12-22　　　　　　螺杆油泵安装检查项目、标准、检验方法

项次	检查项目	允许偏差（mm）		检验方法
		合　格	优　良	
1	泵座纵、横向水平度	0.05mm/m	0.03mm/m	用方型水平仪检查
△2	螺杆与衬套间隙	符合设计规定		用塞尺测量检查
3	主、从螺杆接触面	符合设计规定		用着色法检查
4	螺杆端部与止推轴承间隙	符合设计规定		用压铅法检查
△5	主、从动轴中心	0.05	0.03	用百分表检查
6	主、从动轴中心倾斜	0.10mm/m	0.05mm/m	用塞尺或百分表检查

2. 油桶

(1)油桶的规格、尺寸及使用材料、焊接工艺等,均应符合设计要求。

(2)油桶若为现场制作件,则应在进行外观检查后再进行渗漏试验。

3. 仪表及自动化控制

(1)仪表及控制阀的校验记录必须完整正确。

(2)系统动作及自动化控制应符合设计要求。

4. 油泵试运行及运行检查

各类油泵在无压情况下运行 1h 及额定负荷的 25％、50％、75％、100％各运行 15min,必须符合下列要求:

(1)运转中无异常振动及响声,各连接部分不应松动及渗漏。

(2)油泵外壳振动不大于 0.05mm,油泵轴承处外壳温度不超过 60℃。

(3)齿轴油泵的压力波动小于设计值的±1.5％。

(4)油泵输油量不小于设计值。

(5)油泵电动机电流不超过额定值。

(6)螺杆油泵停止时不反转。

(四)压缩空气系统设备

1. 空气压缩机安装

(1)整体安装的空气压缩机检查项目、标准、检验方法见表 12-23。

表 12-23　　　　　整体安装空气压缩机检查项目、标准、检验方法

项次	检查项目	允许偏差（mm）		检验方法
		合　格	优　良	
△1	机身纵、横向水平度	0.10mm/m	0.08mm/m	方型水平仪检查
2	皮带轮端面垂直度	0.50mm/m	0.30mm/m	方型水平仪及吊垂线、钢板尺检查
3	两皮带轮端面在同一平面内	0.50	0.20	拉线用钢板尺检查

（2）解体安装的空气压缩机检查项目、标准、检验方法见表12-24。

表 12-24　　　　　　解体安装空气压缩机检查项目、标准、检验方法

项次	检查项目	允许偏差（mm）		检验方法
		合　格	优　良	
△1	机身纵、横向水平度	0.05mm/m	0.03mm/m	方型水平仪检查
2	轴瓦背与轴承座接触面积	不小于70%	不小于85%	用着色法检查
3	对开式轴瓦与轴颈接触面积	不小于60%		用着色法检查
△4	轴瓦与轴颈接触点	1～2 点/cm²	2～5 点/cm²	用着色法检查
△5	轴瓦与轴颈间隙	符合设计规定		用压铅法或塞尺检查
6	曲轴水平度	0.10mm/m	0.08mm/m	方型水平仪检查
△7	汽缸与机身组合缝	无渗漏,局部间隙不大于0.05	无渗漏,局部间隙不大于0.03	用塞尺检查后做水压试验检查
8	连杆大头瓦与曲柄销接触面积	不小于70%		用着色法检查
△9	连杆大头瓦与曲柄销接触点	1～2 点/cm²	2～3 点/cm²	用着色法检查
△10	连杆大头瓦与曲柄销间隙	符合设计规定		用压铅法或塞尺检查
11	连杆小头衬套与活塞销（十字头销）接触面积	不小于70%		用着色法检查
12	连杆小头衬套与活塞销（十字头销）间隙	符合设计规定		用塞尺检查
13	十字头滑履与滑道接触面积	不小于60%		用着色法检查
14	十字头滑履与滑道接触点	1～2 点/cm²	2～3 点/cm²	用着色法检查
15	十字头滑履与滑道间隙	符合设计规定		用塞尺检查
△16	活塞在汽缸上、下死点间隙	符合设计规定		用压铅法检查

　2. 空气压缩机试运行

（1）空气压缩机在无负荷状态下试运转 4～8h 时,能满足以下规定:

1）润滑油压不低于 0.1MPa;曲轴箱油温不超过 60℃。

2）运动部件声音正常,且无较大振动。各连接部件无松动。

（2）带负荷试运转按额定压力 25% 运转 1h,50%、75%各运转 2h,额定压力下运转 4～8h,除达到无负荷运转的要求外,还必须符合下列要求:

1）无渗油、漏气、漏水现象。

2)冷却水、排水温度不超过40℃。各级排气温度和压力符合设计规定。

3)各级安全阀动作压力正确,动作灵敏。自动控制装置灵敏可靠。

(五)通风系统的安装

1. 风管的安装

(1)按照设计图纸,用钢卷尺对风管的安装位置、标高进行检查。

(2)风管安装必须牢固,位置和走向符合设计要求。

(3)支、吊、托架的型式、规格、位置间距及固定必须符合设计要求和施工规范规定;如设计无要求时,对不保温风管支、吊、托架严禁设在风口、阀门、检视门处。若保温风管的支、吊、托架设在保温层外,不得损坏保温层。

(4)硬聚氯乙烯和玻璃钢风管的支管必须单独设支、吊架;法兰两侧必须加镀锌垫圈;螺栓按设计要求做防腐处理。

(5)法兰对接平行、严密、螺栓紧固。

(6)法兰垫料的材质应符合设计要求,如无设计要求时应满足下列要求:

1)输送空气或烟气温度高于70℃的风管,采用石棉绳或石棉橡胶板;

2)输送含有腐蚀性介质气体的风管,采用耐酸橡胶板或软聚氯乙烯板等。

2. 部件的安装

(1)按照设计图纸,用钢卷尺对部件的安装位置、标高进行检查。

(2)部件安装必须牢固,位置正确,部件方向正确,操作方便;防火阀检查孔的位置必须设在便于操作的部位。

(3)风口外露部分平整,同一房间内标高一致,排列整齐。用拉线、吊线和钢卷尺检查风口的水平度和垂直度,水平度应≤5mm,垂直度≤2mm。

(4)柔性短管松紧适度、长度符合设计要求,无开裂和明显扭曲现象。

(5)风帽安装必须牢固,可采用浇水的方法,检查风管与层面交接处,严禁漏水。

(6)其他部件的安装应满足规范要求。

3. 通风机的安装

(1)整装的风机采用手动盘车的方法,检查风机叶轮和机壳间隙,严禁相互碰擦,每次都不应停留在原来位置(包括现场组装风机)。

(2)现场组装的离心风机在组装完后进行检查,必须满足设备技术文件的要求。

(3)离心式通风机检查项目、标准、检验方法见表12-25。

(4)轴流通风机检查项目、标准、检验方法见表12-26。

(5)用手扳的方法检查地脚螺栓松紧;地脚螺栓必须拧紧,并有防松装置;垫铁放置位置正确,接触紧密,每组不超过三块。

表 12-25　　　　　　　　离心式通风机检查项目、标准、检验方法

项次	检查项目	允许偏差(mm)		检验方法
		合　格	优　良	
1	轴承座纵、横向水平度	0.20mm/m	0.10mm/m	用方型水平仪检查
2	机壳与转子同轴度	2	2	拉线用钢板尺检查
△3	叶轮与机壳轴向间隙	符合设计规定或 $\frac{1}{100}D$		用塞尺检查
4	叶轮与机壳径向间隙	符合设计规定或 $\frac{1.5\sim3}{100}D$		用塞尺检查
△5	主、从动轴中心	0.05	0.04	用钢板尺、塞尺或百分表检查
6	主、从动轴中心倾斜	0.20mm/m	0.10mm/m	用塞尺或百分表检查
7	皮带轮端面垂直度	0.50mm/m	0.30mm/m	吊线锤用钢板尺检查
8	两皮带轮端面在同一平面内	0.50	0.20	拉线用钢板尺检查

注:D 为叶轮直径。

表 12-26　　　　　　　　轴流通风机检查项目、标准、检验方法

项次	检查项目	允许偏差(mm)		检验方法
		合　格	优　良	
1	机身纵、横向水平度	0.20mm/m	0.10mm/m	用水平仪检查
△2	叶轮与主体风筒间隙或对应两侧间隙差	符合设计要求或 D≤600,大于±0.5;D 在 600～1200 之间,不大于±1.0		用塞尺检查

注:D 为叶轮直径。

4.通风机试运转

各类通风机试运转不少于 2h,应符合下列要求:

(1)叶轮旋转方向正确,运行平稳,转子与机壳无摩擦声音。

(2)转动部分径向振动应不超过表 12-27 中的规定。

表 12-27　　　　　　　　风机径向振动的允许值

转速(r/min)	750～1000	1000～1450	1450～3000
径向振幅(双向)(mm)	不超过 0.10	不超过 0.08	不超过 0.05

(3)轴承温度对滑动轴承不超过 60℃,滚动轴承不超过 80℃。

(4)电动机电流不超过额定值。

二、水力测量仪表

(1)水力测量仪表检查项目、标准、检验方法见表 12-28。

表 12-28　　　　　　　水力测量仪表检查项目、标准、检验方法

项次	检查项目	允许偏差（mm）		检验方法
		合　格	优　良	
1	仪表设计位置	10	5	用钢卷尺检查
2	仪表盘设计位置	20	10	用钢卷尺检查
3	仪表盘垂直度	3mm/m	2mm/m	吊线锤用钢板尺检查
4	仪表盘水平度	3mm/m	2mm/m	用水平尺检查
5	仪表盘高程	±5	±3	用水准仪、钢板尺检查
6	测压管位置	±10	±5	钢卷尺检查

（2）仪表校验记录正确完整。对于带有传感器等自动化元件的仪表还需进行带电试验，其结果必须符合设计要求。

（七）箱、罐及其他容器

箱、罐及其他容器安装检查项目、标准、检验方法见表 12-29。

表 12-29　　　　　箱、罐及其他容器安装检查项目、标准、检验方法

项次	检查项目	允许偏差（mm）		检验方法	备　注
		合　格	优　良		
1	容器水平度（卧罐）	不大于 $\frac{1}{1000}L$	不大于 10	用水平仪或 U 形水平管检查	L 为容器长度
2	容器垂直度（立罐）	不大于 $\frac{1}{1000}H$，且不超过 10	不大于 5	吊线锤用钢板尺检查	H 为容器高度
3	高程	±10	±5	用水准仪、钢板尺检查	
4	中心线位置	10	5	用经纬仪检查	

三、管路系统安装工程检验

（一）基本要求

（1）水利水电工程水力机械系统管路安装，应以同一类工作介质的管路来划分，如果工程范围过大，可在同一工作介质的管路中按工作压力等级来划分若干项工程。

（2）系统管路按管路的管件制作、管路安装、管路焊接及管路系统试验等分项进行检验。

（3）各分项按组成该系统的管路长度计算，每 50m 各检查两处，不足 50m 各检查一处的方式进行检验,具体检验位置由现场商定。

(4)对于工作压力在 2.5MPa 及以上的阀门及系统管路试验,必须逐项检验。

(二)检验要点

1. 管路安装检测

(1)埋管部分的安装检测必须根据混凝土浇筑进度分段进行,每当遇到新焊缝埋入混凝土中时均需进行水压试验。

(2)管道焊缝检查必须符合表 12-30 要求。

表 12-30　　　　　　　　　　管道焊缝检查项目

项次	检查项目	允许偏差	检验方法	备注
		合　格		
1	焊缝外观检查	符合《电力建设施工及验收技术规范管道篇》(DL 5031—1994)有关规定	按规定方法检查	
2	重要焊缝无损检验(工作压力≥6MPa)	符合《钢制承压管道对接焊接接头射线检验技术规范》(DL/T 821—2002)有关规定	按规定方法检查	

(3)管道的水压试验必须符合表 12-31 要求。

表 12-31　　　　　　　　　　管道水压试验标准

试验项目	试验性质	试验压力(MPa)	试压时间(min)	要求标准	备　　注
系统管道	强度	1.5P,不低于 0.4MPa	10	无渗漏	P 为额定工作压力
系统管道	严密性	1.25P	30	无渗漏	

(4)明管部分的充压试验(额定工作压力)应在系统管道完成后统一分系统进行,也可按需要分段进行。

(5)预埋管在试验完成后,需对埋管管口进行封堵并对该管进行紧固。

2. 管路试验

(1)管路试验应根据需要分别在管路安装过程中及管路系统完成后一起进行。

(2)管道水压试验分强度试验和严密性试验两种,1.5P/10min 为强度试验,一般用于薄壁管和高压管道。

在电站实际试验中,对于辅助系统管路按 1.5P/10min 进行试验,即认为进行了严密性试验和强度试验。

(3)管道充水时,在管道系统的最高点应设补排气阀,以排除管道系统中的气体。在系统的最低点设排水阀,用于实验后排水及吹扫排气。

(4)注水后,若管道系统无漏渗即可向系统加压。加压方式可使用手摇泵或水泵,当使用水泵加压时宜在泵出口处设安全阀,压力设定为 $1.5P$。

(5)管道系统加压后,需对管道进行检查。如压力不下降,管道无破裂、变形及渗漏水,则认为合格。

(6)管路泄压时,必须使用管路系统中的阀门泄压,而不能带压拆除泵与管路系统间的接头而泄压。

(7)管路泄压后需用低压气(0.6~0.8MPa)对管路系统进行吹扫以排除管内的积水。管路吹扫时用滤纸放于排气口,若其上无水滴,则认为积水已排除完毕。

3. 系统整体调试

(1)压缩空气系统管路。

1)阀门试验记录及管道试验记录检查。以上记录必须真实、完整、正确,签字认证齐全。阀门若无出厂压力试验报告,现场必须按 $1.5P/10min$ 完成水压试验。

2)60%气压试验及额定压力气压试验。注入压缩空气至 60%的试验压力,进行外观检查,无异常情况时再将气压升至额定压力历时 10min,无压力降现象,用毛笔蘸满肥皂泥对每一接口(主要为水压试验后管道上新增的连接口)进行认真检查,无胀裂、变形、气泡等现象时,认为合格。

3)仪表及系统整体自动化检查。仪表校验记录真实、完整、正确,签字认证齐全,系统动作及整体自动化符合设计要求。

(2)供、排水系统管路。

1)阀门试验记录及管道试验记录的检查:同压缩空气系统。

2)额定工作压力运行试验:对供、排水管及上接的阀门仪表进行外观检测后即可在正常运行条件下进行充水试验,在额定工作压力下对每一接口(主要为管道水压试验后管道上新增的接口)进行检查,无胀裂、变形、渗漏等现象时认为合格。

3)仪表及系统整体自动化检查:同压缩空气系统。

(3)油系统管路。

1)阀门试验记录及管道试验记录的检查:同压缩空气系统。

2)100%工作压力运行试验:同供、排水系统。若需对管道进行补焊时必须完全排除管内积油。

3)仪表及系统整体自动化检查:同压缩空气系统。

(4)其他系统管路。其他系统管路整体调试若设计及相应规范无具体要求时,可按供、排水系统的方法进行。

(三)质量检验标准

(1)管件制作检查项目、标准、检验方法见表12-32。

表 12-32　　　　　　　管件制作检查项目、标准、检验方法

项次	检查项目	允许偏差（mm）		检验方法	备注
		合格	优良		
△1	管截面最大与最小管径差	不大于 8%	不大于 6%	用外卡钳和钢板尺检查	
2	弯曲角度	±3mm/m，且全长不大于 10	±2mm/m，且全长不大于 8	用样板和钢板尺检查	
3	折皱不平度	不大于 3%D	不大于 2.5%D	用外卡钳和钢板尺检查	D 为管子、锥形管公称直径
△4	环形管半径	不大于 ±2%R	小于 ±2%R	用样板和钢卷尺检查	R 为环管曲率半径
5	环形管平面度	±20	±15	拉线用钢板尺检查	
6	Ω 形伸缩节尺寸	±10	±5	用样板和钢板尺检查	
7	Ω 形伸缩节平直度	3mm/m，且全长不超过 10	2mm/m，且全长不超过 8	拉线用钢板尺检查	
8	三通主管与支管垂直度	不大于 2%H	不大于 1.5%H	用角尺、钢板尺检查	H 为三通支管高度
9	锥形管两端直径	±1%D		用钢卷尺检查	
10	卷制焊管端面倾斜	$\pm\dfrac{1}{1000}D$		用角尺、钢板尺检查	
11	卷制焊管周长	$\pm\dfrac{1}{1000}L$		用钢卷尺检查	L 为焊管设计周长

（2）管路焊接及管件焊接的检查项目、标准、检验方法见表 12-33。

表 12-33　　　管路焊接及管件焊接的检查项目、标准、检验方法

项次	检查项目	允许偏差（mm）		检验方法
		合格	优良	
△1	焊缝外观检查	符合《水轮发电机组安装技术规范》（GB 8564—2003）要求		按规定方法检查
2	重要焊缝无损检验工作压力≥6MPa	符合《（钢制承压管道对接焊接接头射线检验技术规范）》（DL/T 821—2002）Ⅱ级焊缝		按规定方法检查

（3）管路安装检查项目、标准、检验方法见表 12-34。

表 12-34　　　　　　管路安装检查项目、标准、检验方法

项次	检查项目	允许偏差（mm）		检验方法
		合　格	优　良	
1	明管平面位置每 10m 内	±10，且全长不大于 20	±5，且全长不大于 15	拉线用钢卷尺检查
2	明管高程	±5	±4	用水准仪、钢板尺检查
3	立管垂直度	2mm/m，且全长不大于 15	1.5mm/m，且全长不大于 10	吊线用钢板尺检查
4	排管平面度	不超过 5	不超过 3	用水准仪、钢板尺检查
5	排管间距	0～+5	0～+5	用钢卷尺检查
6	与设备连接的预埋管出口位置	±10		用钢卷尺检查

（4）通风管道制作安装检查项目、标准、检验方法见表 12-35。

表 12-35　　　　　　通风管道制作安装检查项目、标准、检验方法

项次	检查项目	允许偏差（mm）		检验方法
		合　格	优　良	
1	风管直径或边长	−2	−1	用钢卷尺检查
2	风管法兰直径或边长	+2	+1	用钢卷尺检查
3	风管与法兰垂直度	2	1	用角尺、钢板尺检查
4	横管水平度	3mm/m，且全长不大于 20	2mm/m，且全长不大于 10	用水准仪、钢板尺检查
5	立管垂直度	2mm/m，且全长不大于 20	2mm/m，且全长不大于 15	吊线锤用钢板尺检查

（5）管件、阀门及管道系统试验项目、标准、检验方法见表12-36。

表 12-36　　　　　　管件、阀门及管道系统试验项目、标准、检验方法

项次	检查项目	试验性质	试验压力（MPa）	试压时间（min）	要求标准	备注
1	1.0MPa 以上阀门	严密性	$1.25P$	5	无渗漏	P 为额定工作压力
2	自制有压容器及管件	强度	$1.5P$ 并大于 0.4	10	无渗漏	
3	自制有压容器及管件	严密性	$1.25P$	30	无渗漏且压降小于 $5\%P$	
			$1P$	12h		
4	无压容器	渗漏	注水	12h	无渗漏	
5	系统管路	强度	$1.25P$	5	无渗漏	
6	系统管路	严密性	$1P$	10	无渗漏	
7	通风系统	漏风率	额定风压		不大于设计风量 10%	

参 考 文 献

[1] DL/T 5113.1—2005 水利水电基本建设工程.单元工程质量等级评定标准.第一部分:土建工程[S].北京:中国电力出版社,2005.

[2] SL 174—1996 水利水电工程混凝土防渗墙施工技术规范[S].北京:中国水利水电出版社,2006.

[3] DL/T 5019—1994 水利水电工程启闭机制造、安装及验收规范[S].北京:中国电力出版社,2006.

[4] 董邑宁.水利工程施工技术与组织[M].北京:中国水利水电出版社,2005.

[5] DL/T 5144—2001 水工混凝土施工规范[S].北京:中国电力出版社,2002.

[6] DL/T 5128—2001 混凝土面板堆石坝施工规范[S].北京:中国电力出版社,2001.

[7] DL/T 5135—2001 水利水电工程爆破施工技术规范[S].北京:中国电力出版社,2002.

[8] DL/T 5113.8—2000 水利水电基本建设工程.单元工程质量等级评定标准(八):水工碾压混凝土工程[S].北京:中国电力出版社,2001.

[9] DL/T 5110—2000 水利水电工程模板施工规范[S].北京:中国电力出版社,2002.

[10] 毛建平,金文良.水利水电工程施工[M].郑州:黄河水利出版社,2004.

[11] SL 176—2007 水利水电工程施工质量检验与评定规程[S].北京:中国水利水电出版社,2007.

[12] SL 239—1999 堤防工程施工质量评定与验收规程(试行)[S].北京:中国水利水电出版社,2005.

[13] SL 317—2004 泵站安装及验收规范[S].北京:中国水利水电出版社,2005.

[14] SL 27—1991 水闸施工规范[S].北京:中国水利水电出版社,2005.